大学化学习题精解系列

物理化学习题精解(下)
(第二版)

王文清　沈兴海　编著

科学出版社

北京

内 容 简 介

本书为《大学化学习题精解系列》之一,是原《大学基础课化学类习题精解丛书》之《物理化学习题精解(下)》的第二版.

全书(上、下册)按物理化学教学大纲编写,共分 11 章.上册内容包括热力学第一定律、热化学、热力学第二定律、多组分体系、相平衡、化学平衡;下册内容包括电化学、化学动力学、界面现象与胶体化学及统计热力学.第十一章为综合试题,供自学读者测试学习成绩.本书的编写由浅入深,适合自学读者需要,解答力求简明,条理清晰.

本书可作为高等院校化学、化工、生化、地质等专业本科生及硕士研究生备考者的参考用书.

图书在版编目(CIP)数据

物理化学习题精解(下)/王文清,沈兴海编著. —2 版. —北京:科学出版社,2004

大学化学习题精解系列

ISBN 978-7-03-012923-9

Ⅰ.物… Ⅱ.①王…②沈… Ⅲ.物理化学-高等学校-解题 Ⅳ.O64-44

中国版本图书馆 CIP 数据核字(2004)第 010996 号

责任编辑:王志欣 胡华强 丁 里 / 责任校对:朱光光
责任印制:赵 博 / 封面设计:陈 敬

科 学 出 版 社 出版

北京东黄城根北街16号
邮政编码:100717
http://www.sciencep.com

三河市骏杰印刷有限公司印刷
科学出版社发行 各地新华书店经销

*

1999 年 8 月第 一 版 　开本:720×1000 1/16
2004 年 7 月第 二 版 　印张:23 1/4
2017 年 4 月第八次印刷 　字数:437 000

定价:68.00元
(如有印装质量问题,我社负责调换)

第二版前言

作者王文清(女),出生于 1932 年 10 月,1950 年入学浙江大学,1953 年毕业于复旦大学,1956 年由浙江大学调入北京大学,曾在三个大学学习、执教过物理化学.作者前半生从事原子能核燃料萃取,后半生探索生命起源中手性均一性之谜.50 年的教学、科研经历,深感物理化学涵盖的自然规律的重要性,而一生从事的科学研究,就是一道道物理化学和统计力学的实例题解.

物理化学是化学专业的一门重要基础课,又是一门推理性极强的学科,它把人们对科学追求的实验事实与数学逻辑推理紧密结合,这需要深厚的基础与相当的科学造诣.物理化学中热力学一、二、三定律发展成熟,逻辑推理严密.例如讲热力学第三定律就是一个层层剖析的过程.最初,Richard 研究电池反应,发现低温时 ΔH 与 ΔG 趋于相等.1906 年 Nernst 系统研究低温下各种化学反应,提出在热力学温度趋于 0 K 时,凝聚相体系在等温过程中的熵变亦趋于零的热力学原理.1911年 Planck 又推进一步,在 0 K 时,纯凝聚态熵等于零.以后又发现了两种不同原子组成的分子晶体,在 0 K 时由于排列方式不同而有残余熵.1920 年 Lewis 和 Gibson 又修正为:在 0 K 时,一切完美晶体的量热熵等于零.Boltzmann 定理又把宏观熵与微观混乱度相联系($S = k\ln\Omega$),得到两种不同原子组成的分子晶体 $S = k\ln2^N = R\ln2$,与量热残余熵是绝妙的吻合.讲这样的课真是无穷乐趣,简直是一种享受.

但是,也有一些概念例如偏摩尔数量,讲解时感到枯燥.如果结合科研成果,就会栩栩如生.例如:我们曾接受核工业部委托测定我国自己的铀棒、国产萃取剂、硝酸的萃取数据.开始时物料不能平衡,后来发现是铀和硝酸在水相与有机相中的偏摩尔体积不同,萃取后水相减少的体积并不等于有机相增加的体积.如不加以偏摩尔体积校正,不仅物料不能平衡,也给核工业提供了不正确的数据,且会造成计算机模拟铀临界浓度曲线时,判断铀临界浓度的失误.

再如,讲解稀溶液的四个依数性之一——当溶质溶于溶液会引起蒸气压下降时,我以在美国马里兰大学生命起源实验室的一次学术讨论为例.土星的卫星 Titan 被认为很可能有生命或正在孕育生命的地方,它的大气中主要含氮(N_2)、甲烷(CH_4)及有机磷化物,它也有海洋,但海洋不是水.根据蒸气压与沸点测定,马里兰大学的物理学家认为可能是液态甲烷.根据他们的数据,我提出土星的卫星 Titan 的海洋可能是液氮,而甲烷是溶质的看法.它的蒸气压下降与沸点升高是由于甲烷溶入形成浓溶液之故.我的看法深得 Cyril Ponnmperuma 教授赞赏,给他印象极深.这样的讲解使同学们感到物理化学知识渗透到各个研究领域,可以激发他们的创新精神.

我感到常年的教学,能使我从学生众多问题中吸取智慧,它启发我的科学思维,它使我变得年轻、快乐.教师并不只是照亮别人、毁灭自己的蜡烛,而是燃起学生奋发之心、唤回自己青春的火种.以上体会愿与物理化学教育家共勉.

1999 年出版的《物理化学习题精解(上,下)》是北京大学技术物理系三代主讲教师 20 多年教学经验的积累,由王文清教授、高宏成教授、沈兴海副教授整理修编,至 2003 年已经四次印刷发行.

此次修订,作者结合化学、物理学、生命科学学科交叉需要,加强了统计热力学部分,鼓励青年要青出于蓝,探索科学真理.本书也可作为配合读者自学唐有祺先生所著《统计力学及其在物理化学中的应用》的基础教材.

本书上册由王文清教授、高宏成教授编著,下册由王文清教授、沈兴海教授(现为化学学院物理化学主讲教师之一)编著.以 * 号标注的习题系高盘良教授编著.

王文清

2004 年 3 月 4 日于北京大学

E-mail：wangwqchem@pku.edu.cn

第一版序

我国将开始全面实施《高等教育面向 21 世纪教育内容和课程体系改革计划》。按照新的专业方案,实现课程结构和教学内容的整合、优化,编写出版一批高水平、高质量的教材来。其目标就是转变教育思想,改革人才培养模式,实现教学内容、课程体系、教学方法和手段的现代化,形成和建立有中国特色高等教育的教学内容和课程体系。

演算习题是学习中的重要环节,是课堂和课本所学知识的初步应用与实践,通过演算和思考,不仅能考查对知识的理解和运用程度,巩固书本知识,而且培养了科学的思维方法和解题能力。在学习中,若仅是为了完成作业、应付考试,或舍身于题海,则会徒然劳多益少,趣味索然。反之,若能直取主题,举一反三,便可收事半功倍之效,心旷神怡。

本套丛书共分 8 卷,是从大学主干基础课的四大化学:无机化学、有机化学、物理化学和分析化学等课程中精选得来,包括了综合性大学、高等院校理科和应用化学类本科生从一年级至四年级的基本知识和能力运算。各书每章在简明扼要的基本知识或主要公式后,针对性挑选系列练习题,对每题均给出解题思路、方法和步骤,使同学能加深对相关章节知识的理解和掌握,以及运用知识之灵活性,并便于读者随时翻阅,不致在解题过程中因噎废食,半途而废。

约请参加本套丛书编写的有北京大学、南京大学、武汉大学、华中科技大学和华中师范大学等长期在教学第一线从事基础教学和科学研究的教师们,他们积累有丰富的教学经验和科研成果,相得益彰,并且深入同学实际,循循善诱。不管教育内容和课程体系作如何的更动调整,集四大化学的精选题解都具有提纲挈领的功力,因其中筛集以千计的题条几囊括了化学类题海之精英,包含各类题型和不同层面的难度及其变化。融会贯通的结果将熟能生巧,并对其他“高、精、尖”难题迎刃而解。工欲善其事,必先利其器。历年来综合性大学、高等院校理科化学专业及应用化学专业本科生、研究生和出国留学人员的沙场战绩证明,本套丛书将是对他们十分有用而必备的学习工具。

我们对北京大学、南京大学、武汉大学、华中科技大学、华中师范大学和科学出版社等有关领导给予的大力支持和积极帮助深表感谢。

　　鉴于是首次组织著名大学的化学教授和专家们分别执写基础化学课目,虽经认真磋商和校核,仍难免存在错误和不妥之处,还望专家和读者们不吝赐教和指正,以便我们今后工作中加以改进,不胜感谢。

唐任寰

1999 年 5 月于北京大学燕园

本书主要符号

A 频率因子

a 活度;范德华常量

$a_\pm$ 平均离子活度

b 范德华常量

C 比热容

c 光速;在脚标中表示临界状态

$c_\pm$ 平均离子浓度

$C_{p,m}$ 恒压摩尔热容

$C_{V,m}$ 恒容摩尔热容

D 扩散系数

d 相对密度;直径

E 能量;活化能

E_a 表观活化能

e 电子或电子电荷

F 自由能(Helmholz 自由能);法拉第常量

f 自由度;逸度

G Gibbs 自由能

$\Delta_f G_m^{\ominus}$ 标准摩尔生成吉布斯自由能

g 气态

g 简并度;重力加速度

H 焓

$\Delta_f H_m^{\ominus}$ 标准摩尔生成焓

h 普朗克常量

I 电流强度;光强;离子强度

K 组分数;平衡常数($K_p^{\ominus}$, K_p, K_x, K_c)

K_{sp} 溶度积

K_w 水的离子积

k 反应比速(速率常数);玻耳兹曼常量

L 阿伏伽德罗常量(N_A);角动量;电导

l 液态

l 自由程

M 相对分子质量

m 质量

N 分子数

n 物质的量;折射率

p 压力

Q 热量;电量;配分函数

R 摩尔气体常量;电阻

r 反应速率;半径;在脚标中表示反应或转动

S 熵

s 溶解度

s 固态

T 热力学温度

T_b 沸点

T_f 凝固点

t 时间;迁移数;在脚标中表示平动(正体)

U 内能;方均根速度

V 电压;体积;速度;在脚标中表示振动

V_m 最可几速度

W 功

Z 碰撞数;压缩因子

α 离解度;膨胀系数

β 压缩系数

Γ 表面吸附超量

γ 活度系数;表面自由能(表面张力);热容商 C_p/C_V

$\gamma_\pm$ 平均离子活度系数

ε 电动势;分子能量

ζ 电势

η 黏度;超电势

θ 接触角

κ 压缩系数;比电导(电导率)

Λ_m 摩尔电导率

λ 波长

μ_B 物质 B 的化学势

ν 频率;计量系数

$\bar{\nu}$ 波数

π 渗透压

ρ 密度;电阻率

σ 碰撞截面

τ　弛豫时间

Φ　相数;量子效率

φ　电极电势

Ω　微观状态数;热力学概率

$\ominus$　上脚标:标准状态

m　下脚标:物质的量

本书采用自然常数值及符号

普朗克常量	h	6.626×10^{-34}	$J \cdot s$
玻耳兹曼常量	k	1.381×10^{-23}	$J \cdot K^{-1}$
阿伏伽德罗常量	N_A(或 L)	6.022×10^{23}	mol^{-1}
摩尔气体常量	R	8.314	$J \cdot mol^{-1} \cdot K^{-1}$
法拉第常量	F	96 485	$C \cdot mol^{-1}$
光　速	c	2.998×10^{8}	$m \cdot s^{-1}$
重力加速度	g	9.8	$m \cdot s^{-2}$
大气压	atm	101.325	kPa
原子质量常量$\frac{1}{12}m(^{12}C)$	u	1.6605×10^{-27}	kg
电子伏	eV	1.6022×10^{-19}	J

＊摩尔气体常量 R 值的量纲换算

$R = 8.314 \ J \cdot K^{-1} \cdot mol^{-1}$

$\quad = 8.314 \times 10^{7} \ erg \cdot K^{-1} \cdot mol^{-1}$

$\quad = 1.987 \ cal \cdot K^{-1} \cdot mol^{-1}$

$\quad = 0.08206 \ dm^{3} \cdot atm \cdot K^{-1} \cdot mol^{-1}$

$\quad = 62.364 \ dm^{3} \cdot mmHg \cdot K^{-1} \cdot mol^{-1}$

目　　录

第七章 电 化 学

基 本 公 式

法拉第(M. Faraday)定律：

$$Q = nzF$$

离子迁移数：

$$t_i = \frac{I_i}{I} = \frac{Q_i}{Q}$$

$$\sum t_i = \sum t_+ + \sum t_- = 1$$

摩尔电导率：

$$\Lambda_m = \frac{\kappa}{c}$$

科尔劳许(F. Kohlraush)经验式：

$$\Lambda_m = \Lambda_m^\infty (1 - \beta \sqrt{c})$$

离子独立移动定律：

$$\Lambda_m^\infty = \nu_+ \lambda_{m,+}^\infty + \nu_- \lambda_{m,-}^\infty$$

奥斯特瓦尔德(W. Ostwald)稀释定律：

$$K_{c/c^\ominus} = \frac{\frac{c}{c^\ominus} \Lambda_m^2}{\Lambda_m^\infty (\Lambda_m^\infty - \Lambda_m)}$$

平均质量摩尔浓度：

$$m_\pm = (m_+^{\nu^+} \, m_-^{\nu^-})^{\frac{1}{\nu}}$$

平均活度系数：

$$\gamma_\pm = (\gamma_+^{\nu^+} \, \gamma_-^{\nu^-})^{\frac{1}{\nu}}$$

平均活度：

$$a_\pm = (a_+^{\nu^+} \, a_-^{\nu^-})^{\frac{1}{\nu}}$$

电解质 B 的活度：

$$a_B = a_\pm^\nu = \left(\gamma_\pm \frac{m_\pm}{m^\ominus} \right)^\nu$$

离子强度：

$$I = \frac{1}{2} \sum m_i z_i^2$$

德拜-休克尔(Debye-Hückel,以下简称 D -H)极限公式：

$$\lg\gamma_\pm = -\frac{A \mid z_+ \; z_- \mid \sqrt{I}}{1 + aB\sqrt{I}} \qquad (I < 0.1 \text{ mol} \cdot \text{kg}^{-1})$$

$$\lg\gamma_\pm = -A \mid z_+ \; z_- \mid \sqrt{I} \qquad (I < 0.01 \text{ mol} \cdot \text{kg}^{-1})$$

能斯特(Nernst)方程：

$$aA + bB \Longrightarrow cC + dD$$

$$E = E^\ominus - \frac{RT}{zF}\ln\frac{a_C^c a_D^d}{a_A^a a_B^b}$$

$E^\ominus$ 与 $K_a^\ominus$ 关系：

$$E^\ominus = \frac{RT}{zF}\ln K_a^\ominus$$

还原电极电势计算公式

$$\varphi = \varphi^\ominus - \frac{RT}{zF}\ln\frac{a_{还原态}}{a_{氧化态}}$$

$\Delta_r S_m$、$\Delta_r H_m$ 及 Q_R(恒温下可逆反应热效应)与 E 关系：

$$\Delta_r S_m = zF\left(\frac{\partial E}{\partial T}\right)_p$$

$$\Delta_r H_m = -zEF + zFT\left(\frac{\partial E}{\partial T}\right)_p$$

$$Q_R = T\Delta_r S_m = zFT\left(\frac{\partial E}{\partial T}\right)_p$$

超电势公式：

$$\eta_{阴} = (\varphi_{可逆} - \varphi_{不可逆})_{阴}$$

$$\eta_{阳} = (\varphi_{不可逆} - \varphi_{可逆})_{阳}$$

分解电压：

$$E_{分解} = E_{可逆} + \Delta E_{不可逆} + IR$$

$$\Delta E_{不可逆} = \eta_{阴} + \eta_{阳}$$

塔菲尔(Tafel)公式：

$$\eta = a + b\lg(j/j^\ominus)$$

$$(j^\ominus = 1 \text{ A} \cdot \text{cm}^{-2})$$

7-1　两个电解池串联如图,分别写出(A)、(B)两电解池的电极反应.现以 0.250 A 通电 0.5 h,问：

(a) 电解池(A)的阴极增重多少克？

(b) 电解池(B)的阴极释放气体的体积是多少？（标准状况下）

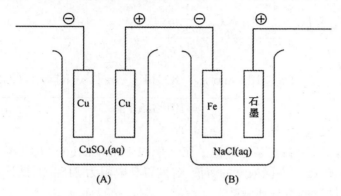

(A)　　　　　　　　(B)

解　电解池(A)的电极反应为

阳极：
$$\frac{1}{2}Cu(s) \longrightarrow \frac{1}{2}Cu^{2+}(aq) + e^-$$

阴极：
$$\frac{1}{2}Cu^{2+}(aq) + e^- \longrightarrow \frac{1}{2}Cu(s)$$

电解池(B)的电极反应为

阳极：
$$Cl^-(aq) \longrightarrow \frac{1}{2}Cl_2(g) + e^-$$

阴极：
$$H^+(aq) + e^- \longrightarrow \frac{1}{2}H_2(g)$$

通电 0.5 h 所耗电量为
$$Q = 0.250\,A \times 1800\,s = 4.50 \times 10^2\,C$$

由法拉第定律:各电极上发生变化的物质其物质的量（以元电荷为基本单元时）为
$$n = \frac{4.50 \times 10^2\,C}{96\,500\,C \cdot mol^{-1}} = 4.66 \times 10^{-3}\,mol$$

(a) 电解池(A)的阴极增重为
$$m = n_{Cu} \times (6.35 \times 10^{-2}\,kg \cdot mol^{-1})$$
$$= \frac{1}{2}n_{\frac{1}{2}Cu} \times (6.35 \times 10^{-2}\,kg \cdot mol^{-1})$$
$$= \frac{1}{2}n \times (6.35 \times 10^{-2}\,kg \cdot mol^{-1})$$

$$= \frac{1}{2} \times (4.66 \times 10^{-3} \text{ mol}) \times (6.35 \times 10^{-2} \text{ kg} \cdot \text{mol}^{-1})$$

$$= 1.48 \times 10^{-4} \text{ kg}$$

(b) 电解池(B)的阴极所释放的气体体积为

$$V_{H_2} = \frac{n_{H_2} RT}{p} = \frac{\frac{1}{2} n_{\frac{1}{2}H_2} RT}{p} = \frac{\frac{1}{2} nRT}{p}$$

$$= \frac{\frac{1}{2} \times (4.66 \times 10^{-3} \text{ mol}) \times (8.314 \text{ J} \cdot \text{mol}^{-1} \cdot \text{K}^{-1}) \times (273.2 \text{ K})}{101\ 325 \text{ Pa}}$$

$$= 5.22 \times 10^{-5} \text{ m}^3$$

7-2 298.2 K 时,在某电导池中充以 $0.010\ 00 \text{mol} \cdot \text{dm}^{-3}$ KCl 溶液,测得其电阻为 112.3 Ω,若改充以同浓度的溶液 X,测得其电阻为 2184 Ω,试计算:

(a) 此电导池的电导池常数.

(b) 溶液 X 的电导率.

(c) 溶液 X 的摩尔电导率(水的电导率可忽略不计).

解 (a) 由手册查得,在 298.2 K 时,$0.010\ 00 \text{ mol} \cdot \text{dm}^{-3}$ KCl 溶液的电导率为

$$\kappa = 0.141\ 06 \text{ S} \cdot \text{m}^{-1}$$

故

$$K_{\text{cell}} = \kappa R = (0.141\ 06 \text{ S} \cdot \text{m}^{-1}) \times (112.3 \text{ Ω}) = 15.84 \text{ m}^{-1}$$

(b) 溶液 X 的电导率为

$$\kappa_{X} = \frac{K_{\text{cell}}}{R_{X}} = \frac{15.84 \text{ m}^{-1}}{2184 \text{ Ω}} = 7.253 \times 10^{-3} \text{ S} \cdot \text{m}^{-1}$$

(c) 溶液 X 的摩尔电导率为

$$\Lambda_{m}(X) = \frac{\kappa_{X}}{c} = \frac{7.253 \times 10^{-3} \text{ S} \cdot \text{m}^{-1}}{0.010\ 00 \times 10^3 \text{ mol} \cdot \text{m}^{-3}}$$

$$= 7.253 \times 10^{-4} \text{ S} \cdot \text{m}^2 \cdot \text{mol}^{-1}$$

7-3 某电导池内装有两个半径为 2.00×10^{-2} m 相互平行的 Ag 电极,电极之间距离为 0.120 m. 若在电导池内装满 $0.1000 \text{ mol} \cdot \text{dm}^{-3}$ AgNO$_3$ 溶液,并施以 20.0 V 的电压,则所得电流强度为 0.1976 A. 试计算溶液的电导、电导池常数、电导率和摩尔电导率.

解

$$L = \frac{1}{R} = \frac{I}{U} = \frac{0.1976 \text{ A}}{20.0 \text{ V}} = 9.88 \times 10^{-3} \text{ S}$$

$$K_{\text{cell}} = \frac{l}{A} = \frac{0.120 \text{ m}}{3.14 \times (2.00 \times 10^{-2} \text{ m})^2} = 95.5 \text{ m}^{-1}$$

$$\kappa = LK_{cell} = (9.88 \times 10^{-3}\ S) \times (95.5\ m^{-1}) = 0.944\ S \cdot m^{-1}$$

$$\Lambda_m = \frac{\kappa}{c} = \frac{0.944\ S \cdot m^{-1}}{0.1000 \times 10^3\ mol \cdot m^{-3}} = 9.44 \times 10^{-3}\ S \cdot m^2 \cdot mol^{-1}$$

7-4 在 298.2 K 时测得不同浓度的 LiCl 水溶液的电导率,数据如下:

$c/(mol \cdot m^{-3})$	1.000	0.7500	0.5000	0.3000	0.1000
$10^2 \kappa/(S \cdot m^{-1})$	1.1240	0.8455	0.5658	0.3407	0.1142

试用外推法求 LiCl 的极限摩尔电导率.

解 在浓度极稀时,强电解质的 Λ_m 与 $\sqrt{c}$ 有如下线性关系:

$$\Lambda_m = \Lambda_m^{\infty}(1 - \beta\sqrt{c}) \tag{1}$$

由实验数据,可算出一系列 $\sqrt{c}$ 及 Λ_m 值(后者由公式 $\Lambda_m = \kappa/c$ 求算):

$\sqrt{c}/(mol \cdot m^{-3})^{1/2}$	1.000	0.8660	0.7071	0.5477	0.3162
$10^2 \Lambda_m/(S \cdot m^2 \cdot mol^{-1})$	1.1240	1.1273	1.1316	1.1357	1.1420

按式(1)对这些数据作线性拟合,得到

$$直线截距 = \Lambda_m^{\infty} = 1.150 \times 10^{-2}\ S \cdot m^2 \cdot mol^{-1}$$

7-5 用外推法得到下列强电解质溶液 298.2 K 时的极限摩尔电导率分别为

$$\Lambda_m^{\infty}(NH_4Cl) = 0.014\ 99\ S \cdot m^2 \cdot mol^{-1}$$

$$\Lambda_m^{\infty}(NaOH) = 0.024\ 87\ S \cdot m^2 \cdot mol^{-1}$$

$$\Lambda_m^{\infty}(NaCl) = 0.012\ 65\ S \cdot m^2 \cdot mol^{-1}$$

试计算 $NH_3 \cdot H_2O$ 的 $\Lambda_m^{\infty}(NH_3 \cdot H_2O)$.

解 $\Lambda_m^{\infty}(NH_3 \cdot H_2O) = \lambda_m^{\infty}(NH_4^+) + \lambda_m^{\infty}(OH^-)$

$$= \Lambda_m^{\infty}(NH_4Cl) - \Lambda_m^{\infty}(NaCl) + \Lambda_m^{\infty}(NaOH)$$

$$= (0.014\ 99 - 0.012\ 65 + 0.024\ 87)\ S \cdot m^2 \cdot mol^{-1}$$

$$= 0.027\ 21\ S \cdot m^2 \cdot mol^{-1}$$

*7-6 A、B、C 是八面体钴配合物的氯化物,Cl^- 是仅有的负离子,其中有两个含有 NO_2,A、B、C 均含有 NH_3. 今测定 A、B、C 三种配合物在不同浓度时的摩尔电导率数据如下:

$c/(mol \cdot dm^{-3})$	$\Lambda_m/(S \cdot m^2 \cdot mol^{-1})$		
	A	B	C
0.003 91	128.7	155.7	106.8
0.007 81	123.1	147.9	102.9
0.015 62	116.4	135.9	98.6

若遵守 Kohlraush 经验式 $\Lambda_m = \Lambda_m^\infty - b\sqrt{c}$，请分别写出配合物 A、B、C 的分子式.

解　Kohlraush 经验式又称 Onserger 方程. 电解质溶液由无限稀释逐渐增加浓度时，摩尔电导率降低. 其原因在于离子相距无限远时静电作用可忽略；浓度加大，离子间距离缩小，静电作用增强，离子迁移受阻，而离子价高则摩尔电导率降低更快，故 b 值正是反映了这种规律.

由已知数据作线性拟合，可得到 b 值. 对 A、B、C 三种配合物，其值 $(S \cdot m^2 \cdot mol^{-1})$ 分别为 196.0、317.7、130.3 $(c^\ominus)^{-1/2}$. 即 $b_B > b_A > b_C$，b_B 最大，反映库仑引力对 Λ_m 影响最显著，其中必有高价离子存在. 根据题意，八面体配合物中心离子 Co^{3+} 配体若为 NH_3，则最高价为 $+3$，故 B 为 $[Co(NH_3)_6]Cl_3$. A、C 分别为 $[Co(NH_3)_5(NO_2)]Cl_2$ 及 $[Co(NH_3)_4(NO_2)_2]Cl$.

7-7　298.2 K 时，将某电导池充以 0.1000 $mol \cdot dm^{-3}$ KCl，测得其电阻为 23.78 Ω；若换以 0.002 414 $mol \cdot dm^{-3}$ 的 HAc 溶液，则电阻为 3942 Ω. 试计算该 HAc 溶液的电离度 α 及其电离常数 $K_{c/c^\ominus}$.

解　查表得 298.2 K 时

$$\kappa_{KCl} = 1.289 \ S \cdot m^{-1}(0.1000 \ mol \cdot dm^{-3})$$

$$\Lambda_m^\infty(HAc) = 0.039\ 07 \ S \cdot m^2 \cdot mol^{-1}$$

由

$$\frac{\kappa_{HAc}}{\kappa_{KCl}} = \frac{K_{cell}/R_{HAc}}{K_{cell}/R_{KCl}} = \frac{R_{KCl}}{R_{HAc}}$$

得

$$\kappa_{HAc} = \frac{23.78 \ \Omega}{3942 \ \Omega} \times 1.289 \ S \cdot m^{-1} = 7.776 \times 10^{-3} \ S \cdot m^{-1}$$

则

$$\Lambda_m(HAc) = \frac{\kappa_{HAc}}{c_{HAc}} = \frac{7.776 \times 10^{-3} \quad S \cdot m^{-1}}{0.002\ 414 \times 10^3 \quad mol \cdot m^{-3}}$$
$$= 3.221 \times 10^{-3} \quad S \cdot m^2 \cdot mol^{-1}$$

$$\alpha = \frac{\Lambda_m(HAc)}{\Lambda_m^\infty(HAc)} = \frac{3.221 \times 10^{-3} \ S \cdot m^2 \cdot mol^{-1}}{0.039\ 07 \ S \cdot m^2 \cdot mol^{-1}} = 8.244 \times 10^{-2}$$

$$K_{c/c^\ominus} = \frac{\frac{c}{c^\ominus}\alpha^2}{1-\alpha} = \frac{0.002\ 414 \times (8.244 \times 10^{-2})^2}{1 - 8.244 \times 10^{-2}} = 1.788 \times 10^{-5}$$

7-8　298.2 K 时测得 $SrSO_4$ 饱和水溶液的电导率为 1.482×10^{-2} $S \cdot m^{-1}$，该温度下水的电导率为 1.50×10^{-4} $S \cdot m^{-1}$，试计算 $SrSO_4$ 在水中的溶解度及溶度积.

解　$\kappa_{SrSO_4} = \kappa_{溶液} - \kappa_{H_2O}$

$$= (1.482 \times 10^{-2} - 1.50 \times 10^{-4}) \text{ S·m}^{-1}$$
$$= 1.467 \times 10^{-2} \text{ S·m}^{-1}$$

已知 298.2 K 时

$$\lambda_m^\infty \left(\frac{1}{2} \text{Sr}^{2+} \right) = 5.946 \times 10^{-3} \text{ S · m}^2 · \text{mol}^{-1}$$

$$\lambda_m^\infty \left(\frac{1}{2} \text{SO}_4^{2-} \right) = 7.98 \times 10^{-3} \text{ S · m}^2 · \text{mol}^{-1}$$

所以

$$\Lambda_m \left(\frac{1}{2} \text{SrSO}_4 \right) \simeq \Lambda_m^\infty \left(\frac{1}{2} \text{Sr}^{2+} \right) + \Lambda_m^\infty \left(\frac{1}{2} \text{SO}_4^{2-} \right)$$
$$= (5.946 + 7.98) \times 10^{-3} \text{ S · m}^2 · \text{mol}^{-1}$$
$$= 1.393 \times 10^{-2} \text{ S · m}^2 · \text{mol}^{-1}$$
$$c_{\frac{1}{2}\text{SrSO}_4} = \frac{\kappa}{\Lambda_m \left(\frac{1}{2} \text{SrSO}_4 \right)} = \frac{1.467 \times 10^{-2} \text{ S · m}^{-1}}{1.393 \times 10^{-2} \text{ S · m}^2 · \text{mol}^{-1}}$$
$$= 1.053 \text{ mol · m}^{-3} \simeq 1.053 \times 10^{-3} \text{ mol · kg}^{-1}$$
$$c_{\text{SrSO}_4} = \frac{1}{2} c_{\frac{1}{2}\text{SrSO}_4} = 5.265 \times 10^{-4} \text{ mol · kg}^{-1}$$

所以

$$\text{溶解度} = M_{\text{SrSO}_4} \times c_{\text{SrSO}_4}$$
$$= (0.1836 \text{ kg · mol}^{-1}) \times (5.265 \times 10^{-4} \text{ mol · kg}^{-1})$$
$$= 9.667 \times 10^{-5}$$

$$K_{sp} = \frac{c_{\text{Sr}^{2+}}}{c^\ominus} \times \frac{c_{\text{SO}_4^{2-}}}{c^\ominus} = \left(\frac{1}{2} \times 1.053 \times 10^{-3} \right)^2 = 2.772 \times 10^{-7}$$

7-9　求 298.2 K 时纯水电导率的理论值. [已知：$K_w = 1.008 \times 10^{-14}$, $\lambda_m^\infty(\text{H}^+) = 349.82 \times 10^{-4} \text{ S·m}^2·\text{mol}^{-1}$, $\lambda_m^\infty(\text{OH}^-) = 198.0 \times 10^{-4} \text{ S·m}^2·\text{mol}^{-1}$]

解　纯水的 $\gamma_\pm = 1$,故

$$K_w = K_a = a_{\text{H}^+} · a_{\text{OH}^-} = \frac{c_{\text{H}^+}}{c^\ominus} \times \frac{c_{\text{OH}^-}}{c^\ominus}$$

所以

$$c_{\text{H}^+} = c_{\text{OH}^-} = \sqrt{K_w} \times c^\ominus = 1.004 \times 10^{-4} \text{ mol · m}^{-3}$$

设水的浓度为 c(298.2 K 时,此值为 $55.35 \times 10^3 \text{ mol·m}^{-3}$),电离度为 α,则

$$c\alpha = c_{\text{H}^+} = 1.004 \times 10^{-4} \text{ mol · m}^{-3}$$

$$\alpha = \frac{\Lambda_m}{\Lambda_m^\infty} = \frac{\kappa/c}{\Lambda_m^\infty} = \frac{\kappa}{c\Lambda_m^\infty}$$

所以

$$\kappa = (c\alpha) \times \Lambda_m^\infty$$
$$= (c\alpha) \times [\lambda_m^\infty(H^+) + \lambda_m^\infty(OH^-)]$$
$$= (1.004 \times 10^{-4} \text{ mol} \cdot \text{m}^{-3}) \times (349.82 + 198.0) \times 10^{-4} \text{ S} \cdot \text{m}^2 \cdot \text{mol}^{-1}$$
$$= 5.500 \times 10^{-6} \text{ S} \cdot \text{m}^{-1}$$

7-10　298.2 K 时,NH_4Cl 溶液无限稀释的摩尔电导率 Λ_m^∞ 为 0.014 99 $S \cdot m^2 \cdot mol^{-1}$,$t_+$ 为 0.491.试计算 NH_4^+ 和 Cl^- 的无限稀释的摩尔电导率及淌度.

解　因为 $t_+ = 0.491$,所以

$$t_- = 1 - t_+ = 0.509$$

$$\lambda_m^\infty(NH_4^+) = t_+ \Lambda_m^\infty(NH_4Cl) = 0.491 \times 0.014 \ 99 \text{ S} \cdot \text{m}^2 \cdot \text{mol}^{-1}$$
$$= 7.36 \times 10^{-3} \text{ S} \cdot \text{m}^2 \cdot \text{mol}^{-1}$$

$$\lambda_m^\infty(Cl^-) = t_- \Lambda_m^\infty(NH_4Cl) = 0.509 \times 0.014 \ 99 \text{ S} \cdot \text{m}^2 \cdot \text{mol}^{-1}$$
$$= 7.63 \times 10^{-3} \text{ S} \cdot \text{m}^2 \cdot \text{mol}^{-1}$$

$$U_{NH_4^+}^\infty = \frac{\lambda_m^\infty(NH_4^+)}{F} = \frac{7.36 \times 10^{-3} \text{ S} \cdot \text{m}^2 \cdot \text{mol}^{-1}}{96 \ 500 \text{ C} \cdot \text{mol}^{-1}} = 7.63 \times 10^{-8} \text{ m}^2 \cdot \text{s}^{-1} \cdot \text{V}^{-1}$$

$$U_{Cl^-}^\infty = \frac{\lambda_m^\infty(Cl^-)}{F} = \frac{7.63 \times 10^{-3} \text{ S} \cdot \text{m}^2 \cdot \text{mol}^{-1}}{96 \ 500 \text{ C} \cdot \text{mol}^{-1}} = 7.91 \times 10^{-8} \text{ m}^2 \cdot \text{s}^{-1} \cdot \text{V}^{-1}$$

7-11　在 291.2 K 时,将 0.100 $mol \cdot dm^{-3}$ NaCl 溶液充入直径为 2.00×10^{-2}m 的迁移管中,管中两个电极(涂有 AgCl 的 Ag 片)的距离为 0.200 m,电极间的电位降为 50.0 V.假定电位梯度很稳定,并已知 291.2 K 时 Na^+ 与 Cl^- 的淌度分别为 3.73×10^{-8} $m^2 \cdot s^{-1} \cdot V^{-1}$ 和 5.78×10^{-8} $m^2 \cdot s^{-1} \cdot V^{-1}$.试求通电 30 min 后:

(a) 各离子迁移的距离.

(b) 各离子通过迁移管某一横截面的物质的量.

(c) 各离子的迁移数.

解　(a)因为 $r_{Na^+} = U_{Na^+} \dfrac{dE}{dl}$,$r_{Cl^-} = U_{Cl^-} \dfrac{dE}{dl}$,所以

$$l_{Na^+} = r_{Na^+} t = U_{Na^+} \frac{dE}{dl} t$$
$$= (3.73 \times 10^{-8} \text{ m}^2 \cdot \text{s}^{-1} \cdot \text{V}^{-1}) \times \left(\frac{50.0 \text{ V}}{0.200 \text{ m}}\right) \times (1800 \text{ s})$$
$$= 1.68 \times 10^{-2} \text{ m}$$

$$l_{Cl^-} = r_{Cl^-} t = U_{Cl^-} \frac{dE}{dl} t$$

$$= (5.78 \times 10^{-8} \ \mathrm{m^2 \cdot s^{-1} \cdot V^{-1}}) \times \left(\frac{50.0 \ \mathrm{V}}{0.200 \ \mathrm{m}}\right) \times (1800 \ \mathrm{s})$$

$$= 2.60 \times 10^{-2} \ \mathrm{m}$$

(b) $n_{\mathrm{Na^+}} = \pi r^2 l_{\mathrm{Na^+}} c_{\mathrm{Na^+}}$

$$= 3.14 \times (1.00 \times 10^{-2} \ \mathrm{m})^2 \times (1.68 \times 10^{-2} \ \mathrm{m})$$

$$\times (0.100 \times 10^3 \ \mathrm{mol \cdot m^{-3}})$$

$$= 5.28 \times 10^{-4} \ \mathrm{mol}$$

$n_{\mathrm{Cl^-}} = \pi r^2 l_{\mathrm{Cl^-}} c_{\mathrm{Cl^-}}$

$$= 3.14 \times (1.00 \times 10^{-2} \ \mathrm{m})^2 \times (2.60 \times 10^{-2} \ \mathrm{m}) \times (0.100 \times 10^3 \ \mathrm{mol \cdot m^{-3}})$$

$$= 8.16 \times 10^{-4} \ \mathrm{mol}$$

(c) $t_{\mathrm{Na^+}} = \dfrac{n_{\mathrm{Na^+}}}{n_{\mathrm{Na^+}} + n_{\mathrm{Cl^-}}}$

$$= \frac{5.28 \times 10^{-4} \ \mathrm{mol}}{5.28 \times 10^{-4} \ \mathrm{mol} + 8.16 \times 10^{-4} \ \mathrm{mol}} = 0.393$$

$$t_{\mathrm{Cl^-}} = \frac{n_{\mathrm{Cl^-}}}{n_{\mathrm{Na^+}} + n_{\mathrm{Cl^-}}} = \frac{8.16 \times 10^{-4} \ \mathrm{mol}}{5.28 \times 10^{-4} \ \mathrm{mol} + 8.16 \times 10^{-4} \ \mathrm{mol}} = 0.607$$

或

$$t_{\mathrm{Cl^-}} = 1 - t_{\mathrm{Na^+}} = 1 - 0.393 = 0.607$$

7-12　298.2 K 时在毛细管中先注入浓度为 $3.327 \times 10^{-2} \ \mathrm{mol \cdot dm^{-3}}$ 的 $GdCl_3$ 水溶液,再在其上小心地注入 $7.300 \times 10^{-2} \ \mathrm{mol \cdot dm^{-3}}$ 的 LiCl 水溶液,使其有明显的分界面,然后通过 5.594×10^{-3} A 的电流,经 3976 s 后,界面向下移动的距离相当于 $1.002 \times 10^{-3} \ \mathrm{dm^3}$ 溶液在管中所占的长度,试求出 Gd^{3+} 及 Cl^- 的迁移数.

解　$1.002 \times 10^{-3} \ \mathrm{dm^3}$ 溶液中所含 Gd^{3+} 的物质的量为

$$n_{\mathrm{Gd^{3+}}} = (3.327 \times 10^{-2} \ \mathrm{mol \cdot dm^{-3}}) \times (1.002 \times 10^{-3} \ \mathrm{dm^3})$$

$$= 3.334 \times 10^{-5} \ \mathrm{mol}$$

则

$$n_{\frac{1}{3}\mathrm{Gd^{3+}}} = 3n(\mathrm{Gd^{3+}}) = 3 \times (3.334 \times 10^{-5} \ \mathrm{mol}) = 1.000 \times 10^{-4} \ \mathrm{mol}$$

$$t_{\mathrm{Gd^{3+}}} = \frac{Gd^{3+} \ \text{所运载的电量}}{\text{总电量}} = \frac{n_{1/3\mathrm{Gd^{3+}}} F}{It}$$

$$= \frac{(1.000 \times 10^{-4} \mathrm{mol}) \times 96\,500 \ \mathrm{C \cdot mol^{-1}}}{(5.594 \times 10^{-3} \ \mathrm{A}) \times 3976 \ \mathrm{s}} = 0.434$$

$$t_{\mathrm{Cl^-}} = 1 - t_{\mathrm{Gd^{3+}}} = 0.566$$

7-13　用界面移动法测离子迁移数时,事先在 HCl 底部加入 $CdCl_2$.后者可作为指示液以准确地量出界面移动的距离.试分析在通电过程中,为什么两电解质的界面可以保持清晰?

解　由于溶液要保持电中性,且任一截面都不会中断传递电流,所以 H^+ 迁移走后的区域,Cd^{2+} 紧紧跟上.于是两种离子的迁移速率相等,即 $r_{Cd^{2+}} = r_{H^+}$,从而

$$U_{Cd^{2+}} + \frac{dE'}{dl} = U_{H^+} + \frac{dE}{dl}$$

由于 $U_{Cd^{2+}} < U_{H^+}$,所以 $\dfrac{dE'}{dl} > \dfrac{dE}{dl}$,即 $CdCl_2$ 溶液层的电位梯度较 HCl 溶液层的电位梯度大.

现假设 H^+ 因扩散作用落入 $CdCl_2$ 溶液层,则它就处在更大的 $\dfrac{dE'}{dl}$ 作用下.此时 H^+ 不仅比 Cd^{2+} 迁移得快,而且比界面上的 H^+ 也要快,所以 H^+ 能马上赶回 HCl 层.如果 Cd^{2+} 因扩散进入低电位梯度 $\dfrac{dE}{dl}$ 的 HCl 溶液中,则它就会减速,一直到重又落后于 H^+ 为止.这样,界面在通电过程能始终保持清晰.

7-14　用金属铂作电极在希托夫管中电解 HCl 溶液.阴极区一定量的溶液中在通电前后含 Cl^- 的质量分别为 1.770×10^{-4} kg 和 1.630×10^{-4} kg.在串联的银库仑计中有 2.508×10^{-4} kg Ag 析出.试求 H^+、Cl^- 的迁移数.

解　阴极发生的反应是 $H^+(aq) + e^- \longrightarrow \dfrac{1}{2} H_2(g)$

阴极部 H^+ 的改变由 H^+ 迁入和 H^+ 在电极上还原引起,故有

$$n_{终} = n_{始} - n_{电解} + n_{迁}$$

$$n_{始} = \frac{1.770 \times 10^{-4}\ kg}{35.5 \times 10^{-3}\ kg \cdot mol^{-1}} = 4.986 \times 10^{-3}\ mol$$

$$n_{终} = 1.630 \times 10^{-4}\ kg / 35.5 \times 10^{-3}\ kg \cdot mol^{-1} = 4.592 \times 10^{-3}\ mol$$

$$n_{电解} = 2.508 \times 10^{-4}\ kg / 108 \times 10^{-3}\ kg \cdot mol^{-1} = 2.322 \times 10^{-3}\ mol$$

所以

$$n_{迁} = n_{终} + n_{电解} - n_{始} = 1.982 \times 10^{-3}\ mol$$

$$t_{H^+} = n_{迁} / n_{电解} = 1.982 \times 10^{-3}\ mol / 2.322 \times 10^{-3}\ mol = 0.830$$

$$t_{Cl^-} = 1 - t_{H^+} = 0.170$$

也可先求 t_{Cl^-}.在阴极区,Cl^- 因迁出而减少,所以

$$n_{终} = n_{始} - n_{迁}$$

$$n_{迁} = n_{始} - n_{终} = 0.394 \times 10^{-3}\ mol$$

所以

$$t_{Cl^-} = \frac{0.394 \times 10^{-3}\ mol}{2.322 \times 10^{-3}\ mol} = 0.170, \quad t_{H^+} = 1 - t_{Cl^-} = 0.830$$

7-15 通电于 AgCN 和 KCN 的混合溶液,Ag 在阴极上沉积,每通过 1.00 mol 电子电量,阴极区失去 1.40 mol 的 Ag^+ 和 0.80 mol 的 CN^-,增加了 0.60 mol 的 K^+. 试求络离子的组成和迁移数,并写出电极反应式及总反应式.

解 每通过 1.00 mol 电子电量,阴极上只能沉积出 1.00 mol 的 Ag,但实验测得阴极区失去了 1.40 mol 的 Ag^+,这说明有 0.40 mol 的 Ag^+ 与 CN^- 结合形成 $Ag(CN)_x^{1-x}$ 络阴离子而移出了阴极,故 $Ag(CN)_x^{1-x}$ 的迁移数为 0.40. 实验又知阴极区增加了 0.60 mol K^+,故 K^+ 的迁移数为 0.60. 总迁移数为 1,这说明溶液的导电主要由 K^+ 和 $Ag(CN)_x^{1-x}$ 承担,溶液中自由的 Ag^+ 和 CN^- 量很少.

根据从阴极区移出的 Ag^+ 及 CN^- 的物质的量之比为 $1:2$(即 $0.40:0.80$)可推知,络离子的组成为 $Ag(CN)_2^-$.

阴极反应: $Ag(CN)_2^-(aq) + e^- \longrightarrow Ag(s) + 2CN^-(aq)$

阳极反应: $\dfrac{1}{2}H_2O(l) \longrightarrow H^+(aq) + \dfrac{1}{4}O_2(g) + e^-$

总反应:

$$Ag(CN)_2^-(aq) + \dfrac{1}{2}H_2O(l) \longrightarrow Ag(s) + H^+(aq) + 2CN^-(aq) + \dfrac{1}{4}O_2(g)$$

7-16 298.2 K 时,TlCl 在纯水中的溶解度是 3.855×10^{-3},在 0.1000 mol·kg^{-1} NaCl 溶液中的溶解度是 9.476×10^{-4},TlCl 的活度积是 2.022×10^{-4},试求在不含 NaCl 和含有 0.1000 mol·kg^{-1} NaCl 的 TlCl 饱和溶液中离子的平均活度系数.

解 $K_{ap} = a_{Tl^+} a_{Cl^-} = \left(\gamma_{Tl^+} \dfrac{m_{Tl^+}}{m^{\ominus}} \right) \left(\gamma_{Cl^-} \dfrac{m_{Cl^-}}{m^{\ominus}} \right) = \gamma_{\pm}^2 \left(\dfrac{m_{Tl^+}}{m^{\ominus}} \right) \left(\dfrac{m_{Cl^-}}{m^{\ominus}} \right)$

在不含 NaCl 的 TlCl 饱和溶液中,有

$$m_{Tl^+} = m_{Cl^-} = \dfrac{3.855 \times 10^{-3}}{M_{TlCl}} = \dfrac{3.855 \times 10^{-3}}{0.2399 \text{ kg} \cdot \text{mol}^{-1}} = 1.607 \times 10^{-2} \text{ mol} \cdot \text{kg}^{-1}$$

故

$$\gamma_{\pm} = \dfrac{\sqrt{K_{ap}}}{m_{Tl^+}/m^{\ominus}} = \dfrac{\sqrt{2.022 \times 10^{-4}}}{1.607 \times 10^{-2}} = 0.8849$$

在含 0.1000 mol·kg^{-1} NaCl 的 TlCl 饱和溶液中,有

$$m_{Tl^+} = \dfrac{9.476 \times 10^{-4}}{M_{TlCl}} = \dfrac{9.476 \times 10^{-4}}{0.2399 \text{ kg} \cdot \text{mol}^{-1}} = 3.950 \times 10^{-3} \text{ mol} \cdot \text{kg}^{-1}$$

$$m_{Cl^-} = (3.950 \times 10^{-3} + 0.1000) \text{ mol} \cdot \text{kg}^{-1} = 0.1040 \text{ mol} \cdot \text{kg}^{-1}$$

故

$$\gamma_{\pm} = \sqrt{\dfrac{K_{ap}}{(m_{Tl^+}/m^{\ominus})(m_{Cl^-}/m^{\ominus})}} = \sqrt{\dfrac{2.022 \times 10^{-4}}{3.950 \times 10^{-3} \times 0.1040}} = 0.7016$$

7-17　　试用 D-H 极限公式,计算 298.2 K 时 1.00×10^{-3} mol·kg^{-1} 的 $K_3[Fe(CN)_6]$ 溶液的平均活度系数,并与实验值($\gamma_\pm = 0.808$)相对比.

解

$$I = \frac{1}{2} \sum_i m_i z_i^2$$

$$= \frac{1}{2} \times [3.00 \times 10^{-3}\ mol \cdot kg^{-1} \times 1^2 + 1.00 \times 10^{-3}\ mol \cdot kg^{-1} \times (-3)^2]$$

$$= 6.00 \times 10^{-3}\ mol \cdot kg^{-1}$$

$$\lg \gamma_\pm = -A \mid z_+ z_- \mid \sqrt{I}$$

$$= -0.509 (mol^{-1} \cdot kg)^{1/2} \mid 1 \times (-3) \mid \times \sqrt{6.00 \times 10^{-3} mol \cdot kg^{-1}}$$

$$= -0.118$$

$$\gamma_\pm = 0.762$$

此值与实验值的相对误差为

$$\sigma = \frac{0.808 - 0.762}{0.808} \times 100\% = 5.7\%$$

7-18　　设下列四种水溶液的质量摩尔浓度 m_B,离子平均活度系数 $\gamma_\pm$ 为已知值,如何求出 $m_\pm$、$a_\pm$ 和 a_B?

(a) KNO_3; (b) K_2SO_4; (c) $FeCl_3$; (d) $Al_2(SO_4)_3$

解　　对 $M_{\nu_+}^{Z_+} X_{\nu_-}^{Z_-}$:

$$m_\pm = (\nu_+^{\nu_+} \nu_-^{\nu_-})^{\frac{1}{\nu}} m_B, \quad \nu = \nu_+ + \nu_-$$

$$a_\pm = \gamma_\pm \frac{m_\pm}{m^\ominus} = \gamma_\pm (\nu_+^{\nu_+} \nu_-^{\nu_-})^{\frac{1}{\nu}} \left(\frac{m_B}{m^\ominus} \right)$$

$$a_B = a_\pm^\nu = \gamma_\pm^\nu (\nu_+^{\nu_+} \nu_-^{\nu_-}) \left(\frac{m_B}{m^\ominus} \right)^\nu$$

(a) 对 KNO_3 水溶液,$\nu_+ = \nu_- = 1$

$$m_\pm = m_B, \quad a_\pm = \gamma_\pm \frac{m_B}{m^\ominus}$$

$$a_B = a_\pm^2 = \gamma_\pm^2 \left(\frac{m_B}{m^\ominus} \right)^2$$

(b) 对 K_2SO_4 水溶液,$\nu_+ = 2, \nu_- = 1$

$$m_\pm = \sqrt[3]{4} m_B, \quad a_\pm = \gamma_\pm \left(\sqrt[3]{4} \frac{m_B}{m^\ominus} \right)$$

$$a_B = a_\pm^3 = 4\gamma_\pm^3 \left(\frac{m_B}{m^\ominus} \right)^3$$

(c) 对 $FeCl_3$ 水溶液，$\nu_+=1,\nu_-=3$

$$m_\pm=\sqrt[4]{27}\,m_B,\quad a_\pm=\gamma_\pm\left(\sqrt[4]{27}\,\frac{m_B}{m^\ominus}\right)$$

$$a_B=a_\pm^4=27\gamma_\pm^4\left(\frac{m_B}{m^\ominus}\right)^4$$

(d) 对 $Al_2(SO_4)_3$ 水溶液，$\nu_+=2,\nu_-=3$

$$m_\pm=\sqrt[5]{108}\,m_B,\quad a_\pm=\gamma_\pm\left(\sqrt[5]{108}\,\frac{m_B}{m^\ominus}\right)$$

$$a_B=a_\pm^5=108\gamma_\pm^5\left(\frac{m_B}{m^\ominus}\right)^5$$

7-19 判断下列反应的自发倾向(说明正向还是逆向反应是自发的).如这些反应能安排成电池，求电池的标准电动势.已知在 298.2 K 各有关物质的标准生成自由焓(单位:$kJ\cdot mol^{-1}$)如下：

$LiCl(s)$	$Fe_2O_3(s)$	$AgO(s)$	$C_2H_5OH(l)$
-383.7	-741.0	10.9	-174.77
$HCl(aq)$	$AgCl(s)$	$CO_2(g)$	$H_2O(l)$
-131.17	-109.72	-394.38	-237.19

(a) $2Li(s)+Cl_2(g)\longrightarrow 2LiCl(s)$

(b) $Fe_2O_3(s)+3Ag(s)\longrightarrow 3AgO(s)+2Fe(s)$

(c) $C_2H_5OH(l)+3O_2(g)\longrightarrow 2CO_2(g)+3H_2O(l)$

(d) $2Ag(s)+2HCl(aq)\longrightarrow 2AgCl(s)+H_2(g)$

解 对于反应(a)

$$\Delta_rG_m^\ominus=2\Delta_fG_m^\ominus(LiCl)-2\Delta_fG_m^\ominus(Li)-\Delta_fG_m^\ominus(Cl_2)$$
$$=2\times(-383.7\ kJ\cdot mol^{-1})-0-0=-767.4\ kJ\cdot mol^{-1}$$

$\Delta_rG_m^\ominus$ 为负值，故正向反应能自发进行.若安排为电池，有

$$E^\ominus=-\frac{\Delta_rG_m^\ominus}{zF}=-\frac{-767.4\times10^3\ J\cdot mol^{-1}}{2\times96\,500\ C\cdot mol^{-1}}=3.976\ V$$

对反应(b)、(c)、(d)，请读者自解.所得 $E^\ominus$ 值为(b)-1.336 V；(c)1.145 V；(d)-0.2223 V.

7-20 写出下列各电池的电极反应及电池反应：

(a) $Pt,H_2(p^\ominus)\mid HCl(a_\pm=0.1)\mid Cl_2(p^\ominus),Pt$

(b) $Ag(s)+AgCl(s)\mid HCl(a_\pm=0.1)\mid Cl_2(p^\ominus),Pt$

(c) $Pt,H_2(p^\ominus)\mid NaOH(a_\pm=0.05)\mid HgO(s)+Hg(l)$

(d) $Pb(s) + PbSO_4(s) | K_2SO_4(a_\pm = 0.02) \| KCl(a_\pm = 0.01) | PbCl_2(s) + Pb(s)$

解 (a) 负极：
$$\frac{1}{2}H_2(p^\ominus) - e^- \longrightarrow H^+(a_{H^+})$$

正极：
$$\frac{1}{2}Cl_2(p^\ominus) + e^- \longrightarrow Cl^-(a_{Cl^-})$$

电池反应：
$$\frac{1}{2}H_2(p^\ominus) + \frac{1}{2}Cl_2(p^\ominus) = HCl(a_\pm = 0.1)$$

(b) 负极：
$$Ag(s) + Cl^-(a_{Cl^-}) - e^- \longrightarrow AgCl(s)$$

正极：
$$\frac{1}{2}Cl_2(p^\ominus) + e^- \longrightarrow Cl^-(a_{Cl^-})$$

电池反应：
$$Ag(s) + \frac{1}{2}Cl_2(p^\ominus) = AgCl(s)$$

(c) 负极：
$$\frac{1}{2}H_2(p^\ominus) + OH^-(a_{OH^-}) - e^- \longrightarrow H_2O(l)$$

正极：
$$\frac{1}{2}HgO(s) + \frac{1}{2}H_2O(l) + e^- \longrightarrow \frac{1}{2}Hg(l) + OH^-(a_{OH^-})$$

电池反应：
$$\frac{1}{2}H_2(p^\ominus) + \frac{1}{2}HgO(s) = \frac{1}{2}Hg(l) + \frac{1}{2}H_2O(l)$$

(d) 负极：
$$\frac{1}{2}Pb(s) + \frac{1}{2}SO_4^{2-}(a_{SO_4^{2-}}) - e^- \longrightarrow \frac{1}{2}PbSO_4(s)$$

正极：
$$\frac{1}{2}PbCl_2(s) + e^- \longrightarrow \frac{1}{2}Pb(s) + Cl^-(a_{Cl^-})$$

电池反应：
$$\frac{1}{2}PbCl_2(s) + \frac{1}{2}SO_4^{2-}(a_{SO_4^{2-}}) = \frac{1}{2}PbSO_4(s) + Cl^-(a_{Cl^-})$$

7-21 写出下列各电池在通过 1 mol 电子电量时的电极反应、电池反应和电池电动势的能斯特公式：

(a) $Ag(s) + AgCl(s) | HCl(m') \| HCl(m'') | AgCl(s) + Ag(s)$

(b) $Pt, H_2(p^\ominus) | HCl(m') \| HCl(m'') | H_2(p^\ominus), Pt$

(c) $Pt, H_2(p^\ominus) | HCl(m') | AgCl(s) + Ag(s) \longrightarrow Ag(s) + AgCl(s) | HCl(m'') | H_2(p^\ominus), Pt$

解 (a) 负极：$Ag(s) + Cl^-(m') - e^- \longrightarrow AgCl(s)$

正极：$AgCl(s) + e^- \longrightarrow Ag(s) + Cl^-(m'')$

电池反应：$Cl^-(m') \longrightarrow Cl^-(m'')$

电池电动势：
$$E = 0 - \frac{RT}{F}\ln\frac{a''_{Cl^-}}{a'_{Cl^-}} = \frac{RT}{F}\ln\frac{\gamma'_{Cl^-}(m'/m^\ominus)}{\gamma''_{Cl^-}(m''/m^\ominus)} = \frac{RT}{F}\ln\frac{\gamma'_{Cl^-}m'}{\gamma''_{Cl^-}m''}$$

(b) 负极：
$$\frac{1}{2}H_2(p^\ominus) - e^- \longrightarrow H^+(m')$$

正极：
$$H^+(m'') + e^- \longrightarrow \frac{1}{2}H_2(p^{\ominus})$$

电池反应：
$$H^+(m'') \longrightarrow H^+(m')$$

电池电动势：

$$E = 0 - \frac{RT}{F}\ln\frac{a'_{H^+}}{a''_{H^+}} = \frac{RT}{F}\ln\frac{\gamma''_{H^+}(m''/m^{\ominus})}{\gamma'_{H^+}(m'/m^{\ominus})} = \frac{RT}{F}\ln\frac{\gamma''_{H^+}m''}{\gamma'_{H^+}m'}$$

(c) 负极(左电池)：
$$\frac{1}{2}H_2(p^{\ominus}) - e^- \longrightarrow H^+(m')$$

正极(左电池)：
$$AgCl(s) + e^- \longrightarrow Ag(s) + Cl^-(m')$$

负极(右电池)：
$$Ag(s) + Cl^-(m'') - e^- \longrightarrow AgCl(s)$$

正极(右电池)：
$$H^+(m'') + e^- \longrightarrow \frac{1}{2}H_2(p^{\ominus})$$

串联电池总反应：
$$H^+(m'') + Cl^-(m'') \longrightarrow H^+(m') + Cl^-(m')$$

电池电动势：

$$E = 0 - \frac{RT}{F}\ln\frac{a'_{H^+}a'_{Cl^-}}{a''_{H^+}a''_{Cl^-}} = \frac{2RT}{F}\ln\frac{a''_{\pm}}{a'_{\pm}}$$

$$= \frac{2RT}{F}\ln\frac{\gamma''_{\pm}(m''/m^{\ominus})}{\gamma'_{\pm}(m'/m^{\ominus})} = \frac{2RT}{F}\ln\frac{\gamma''_{\pm}m''}{\gamma'_{\pm}m'}$$

7-22 对于下列可逆电池：

(1) $Ag(s)|Ag^+(a_{Ag^+}) \parallel Zn^{2+}(a_{Zn^{2+}})|Zn(s)$

(2) $Hg(l) + Hg_2Cl_2(s)|KCl(a)|AgCl(s) + Ag(s)$

(3) $Pt, H_2(p^{\ominus})|H^+(a_{H^+}) \parallel Fe^{2+}(a_{Fe^{2+}}), Fe^{3+}(a_{Fe^{3+}})|Pt$

(4) $Ag(s) + AgCl(s)|HCl(a)|H_2(p^{\ominus}), Pt$

(a) 指明两个电极所属类型，并写出电极反应及电池反应.

(b) 自查 $\Delta_f G_m^{\ominus}$ 数据，计算 298.2 K 时电池反应的 $\Delta_r G_m^{\ominus}$.

(c) 计算 298.2 K 时电池的标准电动势.

解 电池(1)

(a) 两电极均属第一类电极(金属电极).电极反应为

负极：
$$Ag(s) - e^- \longrightarrow Ag^+(a_{Ag^+})$$

正极：
$$\frac{1}{2}Zn^{2+}(a_{Zn^{2+}}) + e^- \longrightarrow \frac{1}{2}Zn(s)$$

电池反应：
$$Ag(s) + \frac{1}{2}Zn^{2+}(a_{Zn^{2+}}) = Ag^+(a_{Ag^+}) + \frac{1}{2}Zn(s)$$

(b) 298.2 K 时

$$\Delta_r G_m^{\ominus} = \Delta_f G_m^{\ominus}(Ag^+) - \frac{1}{2}\Delta_f G_m^{\ominus}(Zn^{2+})$$

$$= 77.11 \text{ kJ} \cdot \text{mol}^{-1} - \frac{1}{2} \times (-147.21 \text{ kJ} \cdot \text{mol}^{-1})$$

$$= 150.72 \text{ kJ} \cdot \text{mol}^{-1}$$

(c) $\quad E^{\ominus} = -\dfrac{\Delta_r G_m^{\ominus}}{zF} = -\dfrac{150.72 \times 10^3 \text{ J} \cdot \text{mol}^{-1}}{96\,500 \text{ C} \cdot \text{mol}^{-1}} = -1.5619 \text{ V}$

电池(2)

(a) 两电极均为第二类电极(难溶盐电极). 电极反应为

负极: $\quad \dfrac{1}{2}Hg(l) + Cl^{-1}(a_{Cl^-}) - e^- \longrightarrow \dfrac{1}{2}Hg_2Cl_2(s)$

正极: $\quad AgCl(s) + e^- \longrightarrow Ag(s) + Cl^-(a_{Cl^-})$

电池反应: $\quad AgCl(s) + \dfrac{1}{2}Hg(l) =\!=\!= Ag(s) + \dfrac{1}{2}Hg_2Cl_2(s)$

(b) 298.2 K 时

$$\Delta_r G^{\ominus} = \frac{1}{2}\Delta_f G_m^{\ominus}(Hg_2Cl_2) - \Delta_f G_m^{\ominus}(AgCl)$$

$$= \frac{1}{2} \times (-210.66 \text{ kJ} \cdot \text{mol}^{-1}) - (-109.72 \text{ kJ} \cdot \text{mol}^{-1})$$

$$= 4.39 \text{ kJ} \cdot \text{mol}^{-1}$$

(c) $\quad E^{\ominus} = -\dfrac{\Delta_r G_m^{\ominus}}{zF} = -\dfrac{4.39 \times 10^3 \text{ J} \cdot \text{mol}^{-1}}{96\,500 \text{ C} \cdot \text{mol}^{-1}} = -0.0455 \text{ V}$

电池(3)

(a) 左电极属第一类电极(氢电极),右电极属第三类电极(氧化-还原电极). 电极反应为

负极: $\quad \dfrac{1}{2}H_2(p^{\ominus}) - e^- \longrightarrow H^+(a_{H^+})$

正极: $\quad Fe^{3+}(a_{Fe^{3+}}) + e^- \longrightarrow Fe^{2+}(a_{Fe^{2+}})$

电池反应: $\dfrac{1}{2}H_2(p^{\ominus}) + Fe^{3+}(a_{Fe^{3+}}) =\!=\!= H^+(a_{H^+}) + Fe^{2+}(a_{Fe^{2+}})$

(b) 298.2 K 时

$$\Delta_r G_m^{\ominus} = \Delta_f G_m^{\ominus}(Fe^{2+}) - \Delta_f G_m^{\ominus}(Fe^{3+})$$

$$= -84.94 \text{ kJ} \cdot \text{mol}^{-1} - (-10.54 \text{ kJ} \cdot \text{mol}^{-1})$$

$$= -74.40 \text{ kJ} \cdot \text{mol}^{-1}$$

(c)　　　$E^{\ominus} = -\dfrac{\Delta_r G_m^{\ominus}}{zF} = -\dfrac{-74.40 \times 10^3 \, J \cdot mol^{-1}}{96\,500 \, C \cdot mol^{-1}} = 0.7710 \, V$

电池(4)

(a) 左电极为第二类电极(难溶盐电极),右电极为第一类电极(氢电极).电极反应为

负极:　　　　　　$Ag(s) + Cl^-(a_{Cl^-}) - e^- \longrightarrow AgCl(s)$

正极:　　　　　　$H^+(a_{H^+}) + e^- \longrightarrow \dfrac{1}{2}H_2(p^{\ominus})$

电池反应:　　$Ag(s) + H^+(a_{H^+}) + Cl^-(a_{Cl^-}) = AgCl(s) + \dfrac{1}{2}H_2(p^{\ominus})$

(b) 298.2 K 时

$$\begin{aligned}
\Delta_r G_m^{\ominus} &= \Delta_f G_m^{\ominus}(AgCl) - \Delta_f G_m^{\ominus}(Cl^-) \\
&= -109.72 \, kJ \cdot mol^{-1} - (-131.17 \, kJ \cdot mol^{-1}) \\
&= 21.45 \, kJ \cdot mol^{-1}
\end{aligned}$$

(c)　　　$E^{\ominus} = -\dfrac{\Delta_r G_m^{\ominus}}{zF} = -\dfrac{21.45 \times 10^3 \, J \cdot mol^{-1}}{96\,500 \, C \cdot mol^{-1}} = -0.2223 \, V$

7-23　下面是锰和氯两种元素的主要价态:

$$Mn、Mn^{2+}、MnO_2、MnO_4^{2-}、MnO_4^-$$

$$Cl^-、Cl_2、ClO^-、ClO_3^-、ClO_4^-$$

(a) 写出从 0 价到 -1、$+2$、$+4$、$+7$ 价的电极反应(如没有那种价态则不写).分别指出电极类型.

(b) 根据有关物质的 $\Delta_f G_m^{\ominus}$ 计算上述反应形成单一电极时的标准电极电势 $\varphi^{\ominus}$(298.2 K),写出电极电势的能斯特公式,并注明 pH 对电极电势的影响.

(c) 若欲从 1 mol·dm^{-3} 的盐酸电解制备氯气,氯电极电势最低应为多少伏?如用化学方法,可选择 MnO_2 作氧化剂吗?

解　有关物质的 $\Delta_f G_m^{\ominus}$(kJ·mol^{-1})值如下:

Mn	Mn^{2+}(aq)	MnO$_2$(s)	MnO$_4^-$(aq)	H$_2$O(l)
0	-227.6	-466.1	-449.4	-237.19

Cl$^-$	Cl$_2$(g)	ClO$_4^-$(aq)	H$^+$(aq)	OH$^-$(aq)
-131.17	0	-8	0	-157.27

(a)、(b)的计算结果与解答列表于下:

电极反应	电极类型	$\varphi^{\ominus}/V$	能斯特公式	φ 随 pH 增大时的变化
A	第一类	-1.179	$\varphi = \varphi^{\ominus} - \dfrac{RT}{2F}\ln\dfrac{1}{a_{Mn^{2+}}}$	几乎不变
B	第二类	-0.807	$\varphi = \varphi^{\ominus} - \dfrac{RT}{F}\ln a_{OH^-}$	变小
C	第一类	-0.207	$\varphi = \varphi^{\ominus} - \dfrac{RT}{7F}\ln\dfrac{a_{OH^-}^8}{a_{MnO_4^-}}$	变小
D	第一类	1.359	$\varphi = \varphi^{\ominus} - \dfrac{RT}{F}\ln\dfrac{a_{Cl^-}}{a_{Cl_2}^{1/2}}$	几乎不变
E	第一类	1.393	$\varphi = \varphi^{\ominus} - \dfrac{RT}{7F}\ln\dfrac{a_{Cl_2}^{1/2}}{a_{H^+}^8 a_{ClO_4^-}}$	变小

注:A. $Mn^{2+} + 2e^- \longrightarrow Mn$;B. $MnO_2 + 2H_2O + 4e^- \longrightarrow Mn + 4OH^-$;C. $MnO_4^- + 4H_2O + 7e^- \longrightarrow Mn + 8OH^-$;D. $\frac{1}{2}Cl_2 + e^- \longrightarrow Cl^-$;E. $ClO_4^- + 8H^+ + 7e^- \longrightarrow \frac{1}{2}Cl_2 + 4H_2O$

(c) 电解盐酸制氯气时,氯电极的最低电极电势为 1.359 V.如果用化学方法,并用 MnO_2 为氧化剂,则相应反应为

$$MnO_2 + 2Cl^- + 4H^+ = Mn^{2+} + Cl_2 + 2H_2O$$

$$\begin{aligned}\Delta_r G_m^{\ominus} &= 2\Delta_f G_m^{\ominus}(H_2O) + \Delta_f G_m^{\ominus}(Mn^{2+}) - 2\Delta_f G_m^{\ominus}(Cl^-) - \Delta_f G_m^{\ominus}(MnO_2)\\ &= 2\times(-237.19\ kJ\cdot mol^{-1}) + (-227.6\ kJ\cdot mol^{-1}) - 2\\ &\quad \times(-131.17\ kJ\cdot mol^{-1}) - (-466.1\ kJ\cdot mol^{-1})\\ &= 26.46\ kJ\cdot mol^{-1}\gg0\end{aligned}$$

计算结果说明对 1 $mol\cdot dm^{-3}$ 的盐酸不能选用 MnO_2 为氧化剂来制氯气.

7-24 写出电池

$Cd(Hg)(c_1)|CdSO_4(0.05\ mol\cdot dm^{-3})|Cd(Hg)(c_2)$ 的能斯特公式,并计算其电动势(298.2 K).已知 $c_1 = 0.0300$ g Cd/150 g Hg,$c_2 = 0.1100$ g Cd/150 g Hg.将此电池放电 40.0 C,求电池重新达平衡后的电势.这种电池能当蓄电池吗?

解　此电池反应为

$$Cd(Hg)(c_1) \longrightarrow Cd(Hg)(c_2)$$

其电动势为

$$E = 0 - \frac{RT}{2F}\ln\frac{a_2}{a_1} = \frac{RT}{2F}\ln\frac{a_1}{a_2}$$

设汞齐为理想溶液,则

$$E = \frac{(8.314\ J\cdot mol^{-1}\cdot K^{-1})\times(298.2\ K)}{2\times 96\ 500\ C\cdot mol^{-1}}\times\ln\frac{0.0300}{0.1100} = -0.0167\ V$$

E 为负值,实际电池反应为:

$$Cd(Hg)(c_2) \longrightarrow Cd(Hg)(c_1)$$

放电 40.0 C, Cd 转移的质量为

$$m = \frac{40.0 \text{ C}}{96\,500 \text{ C} \cdot \text{mol}^{-1}} \times \frac{112.4 \text{ g} \cdot \text{mol}^{-1}}{2} = 0.0232 \text{ g}$$

则

$$c_2' = (0.1100 - 0.0232) \text{ g Cd}/150 \text{ g Hg} = 0.0868 \text{ g Cd}/150 \text{ g Hg}$$

$$c_1' = (0.0300 + 0.0232) \text{ g Cd}/150 \text{ g Hg} = 0.0532 \text{ g Cd}/150 \text{ g Hg}$$

故

$$E' = \frac{(8.314 \text{ J} \cdot \text{mol}^{-1} \cdot \text{K}^{-1}) \times (298.2 \text{ K})}{2 \times 96\,500 \text{ C} \cdot \text{mol}^{-1}} \times \ln \frac{0.0532}{0.0868} = -0.0063 \text{ V}$$

这种电池能蓄电,但不能当蓄电池使用,因为其电压随放电过程进行而不断变化,不符合蓄电池的要求.

7-25 在 298.2 K 时测得下列各物质的标准摩尔熵如下:

物质	Ag	AgCl	Hg$_2$Cl$_2$	Hg
$S_m^{\ominus}/(\text{J}\cdot\text{mol}^{-1}\cdot\text{K}^{-1})$	42.70	96.11	195.80	77.40

若反应 $Ag + \frac{1}{2}Hg_2Cl_2 = AgCl + Hg$ 的 $\Delta_r H_m^{\ominus} = 7.950$ kJ$\cdot$mol^{-1},求电池

$Ag(s) + AgCl(s) | KCl(aq) | Hg_2Cl_2(s) + Hg(l)$ 的电动势 E 和 $\left(\dfrac{\partial E}{\partial T}\right)_p$.

解 给定电池的总反应为

$$Ag(s) + \frac{1}{2}Hg_2Cl_2(s) = AgCl(s) + Hg(l)$$

$$\Delta_r S_m^{\ominus} = S_m^{\ominus}(AgCl) + S_m^{\ominus}(Hg) - S_m^{\ominus}(Ag) - \frac{1}{2}S_m^{\ominus}(Hg_2Cl_2)$$

$$= (96.11 + 77.40 - 42.70 - \frac{1}{2} \times 195.80) \text{ J} \cdot \text{mol}^{-1} \cdot \text{K}^{-1}$$

$$= 32.91 \text{ J} \cdot \text{mol}^{-1} \cdot \text{K}^{-1}$$

$$\Delta_r G_m^{\ominus} = \Delta_r H_m^{\ominus} - T\Delta_r S_m^{\ominus}$$

$$= 7.950 \times 10^3 \text{ J} \cdot \text{mol}^{-1} - (298.2 \text{ K}) \times (32.91 \text{ J} \cdot \text{mol}^{-1} \cdot \text{K}^{-1})$$

$$= -1864 \text{ J} \cdot \text{mol}^{-1}$$

$$E = -\frac{\Delta_r G_m^{\ominus}}{zF} = -\frac{-1864 \text{ J} \cdot \text{mol}^{-1}}{96\,500 \text{ C} \cdot \text{mol}^{-1}} = 1.932 \times 10^{-2} \text{ V}$$

$$\left(\frac{\partial E}{\partial T}\right)_p = \frac{\Delta_r S_m^{\ominus}}{zF} = \frac{31.91 \text{ J} \cdot \text{mol}^{-1} \cdot \text{K}^{-1}}{96\,500 \text{ C} \cdot \text{mol}^{-1}} = 3.410 \times 10^{-4} \text{ V} \cdot \text{K}^{-1}$$

7-26　给定电池 $Pt, H_2(p_1)|HCl(m)|H_2(p_2), Pt$，设 H_2 遵从的状态方程为 $pV_m = RT + \alpha p$，式中 $\alpha = 1.48 \times 10^{-5}\ m^3 \cdot mol^{-1}$，且与温度、压力无关. 当氢气的压力 $p_1 = 20p^{\ominus}$，$p_2 = p^{\ominus}$ 时，

(a) 写出电极反应和电池反应.

(b) 计算电池在 293 K 时的电动势.

(c) 当电池放电时是吸热还是放热? 为什么?

(d) 若 α 是温度的函数，$\alpha = b - \dfrac{a}{RT}$（$a, b$ 是常数），当电池输出 2 mol 电子的电量时，试列出下列函数值的计算公式：$\Delta_r S_m$、$\Delta_r H_m$ 和最大功 W_{max}.

解　(a) 负极：　　　　$H_2(p_1) - 2e^- \longrightarrow 2H^+(a_{H^+})$

　　　　正极：　　$2H^+(a_{H^+}) + 2e^- \longrightarrow H_2(p_2)$

　　　　电池反应：　　　　$H_2(p_1) \longrightarrow H_2(p_2)$

(b) 因为气体是非理想气体，应先求出这变化过程中的 $\Delta_r G_m$ 值，再计算 E 值.

$$\Delta_r G_m = \int_{p_1}^{p_2} V_m dp = \int_{p_1}^{p_2} \left(\frac{RT}{p} + \alpha \right) dp = RT \ln \frac{p_2}{p_1} + \alpha(p_2 - p_1)$$

$$E = \frac{-\Delta_r G_m}{zF} = \frac{RT}{zF} \ln \frac{p_1}{p_2} + \frac{\alpha}{zF}(p_1 - p_2)$$

$$= \frac{(8.314\ J \cdot mol^{-1} \cdot K^{-1}) \times 293\ K}{2 \times 96\,500\ C \cdot mol^{-1}} \ln 20 + \frac{1.48 \times 10^{-5}\ m^3 \cdot mol^{-1}}{2 \times 96\,500\ C \cdot mol^{-1}} \times 19\ p^{\ominus}$$

$$= 0.0378\ V + 0.000\,147\ V = 0.037\,95\ V$$

(c)　　　　　　　$\left(\frac{\partial E}{\partial T} \right)_p = \frac{R}{zF} \ln \frac{p_1}{p_2}$

$$\Delta_r S_m = zF \left(\frac{\partial E}{\partial T} \right)_p = R \ln \frac{p_1}{p_2} = 24.9\ J \cdot mol^{-1} \cdot K^{-1}$$

$$Q_R = T \Delta_r S_m = 293\ K \times 24.9\ J \cdot mol^{-1} \cdot K^{-1} = 7.30\ kJ \cdot mol^{-1}$$

所以电池放电时吸热.

(d) $\Delta_r S_m = -\left(\frac{\partial \Delta_r G_m}{\partial T} \right)_p = R \ln \frac{p_1}{p_2} - (p_2 - p_1) \frac{\partial \alpha}{\partial T} = R \ln \frac{p_1}{p_2} - (p_2 - p_1) \frac{a}{RT^2}$

$\Delta_r H_m = \Delta_r G_m + T \Delta_r S_m$

$$= RT \ln \frac{p_2}{p_1} + \alpha(p_2 - p_1) + RT \ln \frac{p_1}{p_2} - (p_2 - p_1) \frac{a}{RT}$$

$$= \left(b - \frac{a}{RT} \right)(p_2 - p_1) - (p_2 - p_1) \frac{a}{RT}$$

$$= \left(b - \frac{2a}{RT} \right)(p_2 - p_1)$$

$$W_{max} = -\Delta_r F_m = \int_{V_1}^{V_2} p\,dV = \int_{V_1}^{V_2} \frac{RT}{V-\alpha}\,dV = RT\ln\frac{V_2-\alpha}{V_1-\alpha} = RT\ln\frac{p_1}{p_2}$$

7-27 对于同一种有液接的浓差电池,(A)未消除液接电势;(B)消除了液接电势.请问哪种情况下电动势数值大?

解 先以下列电池为例:

$$H_2(p_1) \mid HCl(0.001\ mol\cdot kg^{-1}) \mid HCl(0.01\ mol\cdot kg^{-1}) \mid H_2(p_1) \tag{1}$$

$$H_2(p_1) \mid HCl(0.001\ mol\cdot kg^{-1}) \parallel HCl(0.01\ mol\cdot kg^{-1}) \mid H_2(p_1) \tag{2}$$

未消除液接电势(电池1),电池反应为

$$H^+\ (0.01\ mol\cdot kg^{-1}) \longrightarrow H^+\ (0.001\ mol\cdot kg^{-1}) \tag{a}$$

液接界面处通过 1 F 电流时,界面发生如下离子迁移

$$t_-\ Cl^-\ (0.01\ mol\cdot kg^{-1}) \longrightarrow t_-\ Cl^-\ (0.001\ mol\cdot kg^{-1}) \tag{b}$$

$$t_+\ H^+\ (0.001\ mol\cdot kg^{-1}) \longrightarrow t_+\ H^+\ (0.01\ mol\cdot kg^{-1}) \tag{c}$$

整个电池内的变化是反应(a)+反应(b)+反应(c),又考虑到 $t_+ = 1 - t_-$,则

$$t_-\ H^+\ (0.01\ mol\cdot kg^{-1}) + t_-\ Cl^-\ (0.01\ mol\cdot kg^{-1})$$

$$\longrightarrow t_-\ H^+\ (0.001\ mol\cdot kg^{-1}) + t_-\ Cl^-\ (0.001\ mol\cdot kg^{-1}) \tag{d}$$

$$E_1 = 2t_- \frac{RT}{F}\ln\frac{0.01}{0.001} = 2t_-\ (0.059)\ V$$

298 K,0.01 mol·kg^{-1} 与 0.001 mol·kg^{-1} HCl 溶液中 Cl$^-$ 的平均 $t_- = 0.18$,所以 $E_1 = 0.021$ V.

电池(2)消除了液接电势,则只发生(a)过程

$$E_2 = -\frac{RT}{F}\ln 0.1 = 0.059\ V \qquad (298\ K\ 时)$$

此时,消除了液接电势后的电动势大.

现在再以下列电池为例:

$$Cl_2(p_1) \mid HCl(0.01\ mol\cdot kg^{-1}) \mid HCl(0.001\ mol\cdot kg^{-1}) \mid Cl_2(p_1) \tag{3}$$

$$Cl_2(p_1) \mid HCl(0.01\ mol\cdot kg^{-1}) \parallel HCl(0.001\ mol\cdot kg^{-1}) \mid Cl_2(p_1) \tag{4}$$

此时按类似于上面的分析方法,可得

$$E_3 = 2t_+ \frac{RT}{F}\ln\frac{0.01}{0.001} = 2\times 0.82\times 0.059\ V = 0.097\ V$$

$$E_4 = 0.059\ V$$

此时,$E_3 > E_4$,即未消除液接电势时的电动势大.

总之,两种情况下电动势的大小要视具体情况,没有统一的结论.

7-28 电池 $Pt,H_2(p^\ominus) \mid HCl(0.1\ mol\cdot kg^{-1}) \mid AgCl(s) + Ag(s)$ 在 298.2 K 时的电动势 $E = 0.3524$ V,求 0.100 mol·kg^{-1} HCl 的平均活度 $a_\pm$ 及平均活度系数

$\gamma_{\pm}$.

解 电池反应为

$$\frac{1}{2}H_2(p^{\ominus}) + AgCl(s) = H^+ (0.100\ mol \cdot kg^{-1}) + Cl^- (0.100\ mol \cdot kg^{-1}) + Ag(s)$$

$$E = E^{\ominus} - \frac{RT}{F}\ln a_{H^+} a_{Cl^-} = \varphi^{\ominus}_{AgCl,Ag} - \frac{RT}{F}\ln a_{H^+} a_{Cl^-}$$

所以

$$\ln(a_{H^+} a_{Cl^-}) = \frac{\varphi^{\ominus}_{AgCl,Ag} - E}{(RT/F)}$$

$$= \frac{0.2224\ V - 0.3524\ V}{(8.314\ J \cdot mol^{-1} \cdot K^{-1}) \times 298.2\ K / 965\,000\ C \cdot mol^{-1}}$$

$$= -5.0600$$

$$a_{H^+} a_{Cl^-} = 6.346 \times 10^{-3}$$

$$a_{\pm} = (a_{H^+} a_{Cl^-})^{1/2} = (6.346 \times 10^{-3})^{1/2} = 7.966 \times 10^{-2}$$

因为

$$a_{H^+} a_{Cl^-} = \left(\gamma_{H^+} \frac{m_{H^+}}{m^{\ominus}}\right)\left(\gamma_{Cl^-} \frac{m_{Cl^-}}{m^{\ominus}}\right) = \gamma_{\pm}^2 \times 0.100^2$$

所以

$$\gamma_{\pm} = \left(\frac{a_{H^+} a_{Cl^-}}{0.0100}\right)^{1/2} = \left(\frac{6.346 \times 10^{-3}}{0.0100}\right)^{1/2} = 0.797$$

7-29 电池 $Pt, H_2(p^{\ominus}) | S \| KCl(0.1\ mol \cdot kg^{-1}) | Hg_2Cl_2(s) + Hg(l)$ 可用来测 S 的 pH. 当 S 代表 pH 为 6.86 的磷酸缓冲液时, $E_1 = 740.9\ mV$; 当 S 代表某未知溶液 X 时, $E_2 = 609.7\ mV$, 求 pH_X(设 $T = 298.2\ K$).

解 电池电动势

$$E = \varphi_{右} - \varphi_{左} = \varphi_{右} - \frac{RT}{F}\ln a_{H^+} = \varphi_{右} - \frac{2.303RT}{F}\lg a_{H^+}$$

故

$$E_1 = \varphi_{右} + \frac{2.303RT}{F}(pH), \quad E_2 = \varphi_{右} + \frac{2.303RT}{F}(pH_X)$$

两式相减, 得

$$pH_X = \frac{F}{2.303RT}(E_2 - E_1) + pH$$

$$= \frac{96\,500\ C \cdot mol^{-1} \times (0.6097\ V - 0.7409\ V)}{2.303 \times (8.314\ J \cdot mol^{-1} \cdot K^{-1}) \times (298.2\ K)} + 6.86 = 4.64$$

7-30 写出醌氢醌$(Q \cdot H_2Q)$电极的符号, 指出电极的类型、使用范围及优点;

写出电极反应、能斯特公式及与摩尔甘汞电极组成原电池时 pH 与电池电动势 E 的关系式.

解 醌氢醌($Q·H_2Q$)是等分子的醌(Q)和氢醌(H_2Q)所形成的化合物,在水中可分解成醌和氢醌. Q 和 H_2Q 的结构式分别为

$$O=\!\!\!\!\!\!\bigcirc\!\!\!\!\!\!=O \quad \text{和} \quad HO\!\!\!\!\!\!\bigcirc\!\!\!\!\!\!OH$$

醌氢醌电极符号:$H^+,Q,H_2Q|Pt$,属第三类电极(氧化还原电极).使用范围是 pH$=0\sim8.5$.当 pH>8.5 时,H_2Q 将按酸式电离,改变了分子状态的浓度,因而对体系的氧化还原电位产生很大的影响.在碱性溶液中,H_2Q 也易氧化,从而影响测定结果.该电极的优点是对溶液 pH 的变化响应快,精确度高(测得 pH 的绝对误差为 ±0.002 V).此外,使用也较方便,只要将 Pt 丝直接插入待测溶液中,投入少许 $Q·H_2Q$ 晶体,搅拌使均匀饱和,就可与其他参考电极组成测量电池.

电极反应:

$$\frac{1}{2}Q(a_Q)+H^+(a_{H^+})+e^- \longrightarrow \frac{1}{2}H_2Q(a_{H_2Q}) \qquad \text{(作正极时)}$$

$$\frac{1}{2}H_2Q(a_{H_2Q})-e^- \longrightarrow \frac{1}{2}Q(a_Q)+H^+(a_{H^+}) \qquad \text{(作负极时)}$$

能斯特公式:
$$\varphi = \varphi^\ominus - \frac{RT}{F}\ln\frac{a_{H_2Q}^{1/2}}{a_{H^+}a_Q^{1/2}}$$

稀溶液中,Q 和 H_2Q 的活度系数近似为 1,且浓度比近似为 1,故 $a_Q=a_{H_2Q}$. 又 $T=298.2$ K 时,$\varphi^\ominus=0.6995$ V,故

$$\varphi/V = 0.6995 - 0.059\,17\,\text{pH}$$

当 pH<7.1 时,$Q·H_2Q$ 电极作为正极与摩尔甘汞电极组成原电池.此时,
$$E = \varphi_{右} - \varphi_{左} = (0.6995 - 0.059\,17\text{pH} - 0.2801)\text{V}$$
则
$$\text{pH} = \frac{0.4194 - (E/V)}{0.059\,17}$$

当 $7.1<$pH<8.5,$Q·H_2Q$ 电极作为负极与摩尔甘汞电极组成原电池.此时,
$$E = \varphi_{右} - \varphi_{左} = (0.2801 - 0.6995 + 0.059\,17\,\text{pH})\text{V}$$
则
$$\text{pH} = \frac{(E/V) + 0.4194}{0.059\,17}$$

7-31 利用电池

$Hg(l) + Hg_2Cl_2(s)|KCl(饱和溶液)\;\|\;X,Q,H_2Q|Pt$ 进行酸碱滴定.如待测溶液 X 为 HCl 溶液(0.1 mol·dm^{-3}),滴定液是 NaOH 溶液,温度为 298.2 K.

(a) 估算滴定开始和终了时的电势.

(b) 投入醌氢醌量的多少会影响电势值吗?

解　(a) 电池反应为

$$\text{Hg(l)} + \frac{1}{2}\text{Q}(a_Q) + \text{H}^+(a_{H^+}) + \text{Cl}^-(a_{Cl^-}) = \frac{1}{2}\text{Hg}_2\text{Cl}_2(s) + \frac{1}{2}\text{H}_2\text{Q}(a_{H_2Q})$$

298.2 K 时,

$$E = \varphi_{右} - \varphi_{左} = (0.6995 - 0.059\ 17\text{pH} - 0.2412)\ \text{V}$$
$$= (0.4583 - 0.059\ 17\ \text{pH})\ \text{V}$$

滴定开始时,待测液的 pH = 1, $E = 0.3991$ V;滴定终了时,待测液的 pH = 7, $E = 0.0441$ V.

(b) 投入醌氢醌至待测溶液,充分搅拌,使其出现醌氢醌固相,以保证溶解的 Q·H₂Q、Q、H₂Q 与未溶解的 Q·H₂Q 呈平衡. 未溶解 Q·H₂Q 量的多少不影响 E 值.

7-32　试根据标准电极电势数据(请读者自行查表),计算在 298.2 K 时电池 Zn(s)|ZnSO₄(aq)‖CuSO₄(aq)|Cu(s)化学反应的平衡常数. 当电能耗尽时,电池中两电解质阳离子的活度比是多少?

解　电池反应为

$$\text{Zn(s)} + \text{Cu}^{2+}(a_{Cu^{2+}}) = \text{Zn}^{2+}(a_{Zn^{2+}}) + \text{Cu(s)}$$

电池的标准电动势为

$$E^{\ominus} = \varphi_{右}^{\ominus} - \varphi_{左}^{\ominus} = 0.337\ \text{V} - (-0.7628\ \text{V}) = 1.100\ \text{V}$$

则

$$\ln K_a^{\ominus} = \frac{zE^{\ominus}F}{RT} = \frac{2 \times 1.100\ \text{V} \times (96\ 500\ \text{C} \cdot \text{mol}^{-1})}{8.314\ \text{J} \cdot \text{mol}^{-1} \cdot \text{K}^{-1} \times 298.2\ \text{K}} = 85.631$$

$$K_a^{\ominus} = 1.55 \times 10^{37}$$

当电能耗尽时,电池的化学反应达到平衡. 此时,

$$\frac{a_{Zn^{2+}}}{a_{Cu^{2+}}} = K_a^{\ominus} = 1.55 \times 10^{37}$$

7-33　根据标准电极电势数据,计算下列各化学反应的平衡常数($T = 298.2$ K):

(a) Sn(s) + CuSO₄(aq) === SnSO₄(aq) + Cu(s)

(b) 2H₂(g) + O₂(g) === 2H₂O(l)

解　根据化学反应(a)设计电池:

$$\text{Sn(s)}|\text{SnSO}_4(aq)\ \|\ \text{CuSO}_4(aq)|\text{Cu(s)}$$

标准电动势为

$$E^{\ominus} = \varphi_{右}^{\ominus} - \varphi_{左}^{\ominus} = 0.337 \text{ V} - (-0.136 \text{ V}) = 0.473 \text{ V}$$

则

$$\ln K_a^{\ominus} = \frac{zE^{\ominus}F}{RT} = \frac{2 \times (0.473 \text{ V}) \times (96\,500 \text{ C} \cdot \text{mol}^{-1})}{(8.314 \text{ J} \cdot \text{mol}^{-1} \cdot \text{K}^{-1}) \times (298.2 \text{ K})} = 36.82$$

$$K_a^{\ominus} = 9.79 \times 10^{15}$$

根据化学反应(b)设计电池:

$$\text{Pt}, \text{H}_2(p^{\ominus}) | \text{HCl(aq)} | \text{O}_2(g), \text{Pt}$$

标准电动势为

$$E^{\ominus} = \varphi_{右}^{\ominus} - \varphi_{左}^{\ominus} = 1.229 \text{ V}$$

则

$$\ln K_a^{\ominus} = \frac{zE^{\ominus}F}{RT} = \frac{4 \times (1.229 \text{ V}) \times (96\,500 \text{ C} \cdot \text{mol}^{-1})}{(8.314 \text{ J} \cdot \text{mol}^{-1} \cdot \text{K}^{-1}) \times (298.2 \text{ K})} = 191.35$$

$$K_a^{\ominus} = 1.26 \times 10^{83}$$

7-34 (a) 试从 $\text{Ag}^+(\text{aq}) | \text{Ag(s)}$ 和 $\text{Fe}^{3+}(\text{aq}), \text{Fe}^{2+}(\text{aq}) | \text{Pt}$ 的标准电极电势, 计算反应 $\text{Ag(s)} + \text{Fe}^{3+}(\text{aq}) \Longrightarrow \text{Ag}^+(\text{aq}) + \text{Fe}^{2+}(\text{aq})$ 的平衡常数 $K_a^{\ominus}$.

(b) 设实验开始时取过量的 Ag 和 $0.100 \text{ mol} \cdot \text{kg}^{-1}$ 的 $\text{Fe(NO}_3)_3$ 溶液反应, 求平衡时溶液中 Ag^+ 的浓度(设溶液均为理想溶液).

解 (a) 由化学反应 $\text{Ag(s)} + \text{Fe}^{3+}(\text{aq}) \Longrightarrow \text{Ag}^+(\text{aq}) + \text{Fe}^{2+}(\text{aq})$ 设计电池:

$$\text{Ag(s)} | \text{Ag}^+(\text{aq}) \parallel \text{Fe}^{3+}(\text{aq}), \text{Fe}^{2+}(\text{aq}) | \text{Pt}$$

$$E^{\ominus} = \varphi_{右}^{\ominus} - \varphi_{左}^{\ominus} = (0.771 - 0.7991) \text{ V} = -0.028 \text{ V}$$

$$\ln K_a^{\ominus} = \frac{zE^{\ominus}F}{RT} = \frac{(-0.028 \text{ V}) \times (96\,500 \text{ C} \cdot \text{mol}^{-1})}{(8.314 \text{ J} \cdot \text{mol}^{-1} \cdot \text{K}^{-1}) \times (298.2 \text{ K})} = -1.09$$

$$K_a^{\ominus} = 0.336$$

(b) 给定溶液均为理想溶液, 故平衡时,

$$K_a^{\ominus} = \frac{a_{\text{Ag}^+} a_{\text{Fe}^{2+}}}{a_{\text{Fe}^{3+}}} = \frac{(m_{\text{Ag}^+}/m^{\ominus}) \times (m_{\text{Fe}^{2+}}/m^{\ominus})}{(0.100 \text{ mol} \cdot \text{kg}^{-1} - m_{\text{Fe}^{2+}})/m^{\ominus}}$$

$$= \frac{m_{\text{Ag}^+}^2}{m^{\ominus}(0.100 \text{ mol} \cdot \text{kg}^{-1} - m_{\text{Ag}^+})}$$

$$m_{\text{Ag}^+}^2 + 0.336 m^{\ominus} m_{\text{Ag}^+} - 0.336 m^{\ominus}(0.100 \text{ mol} \cdot \text{kg}^{-1}) = 0$$

$$m_{\text{Ag}^+} = 0.0806 \text{ mol} \cdot \text{kg}^{-1}$$

7-35 由电极 $\text{Cu}^{2+}(\text{aq}) | \text{Cu(s)}$ 和 $\text{Cu}^{2+}(\text{aq}), \text{Cu}^+(\text{aq}) | \text{Pt}$ 的 $\varphi^{\ominus}$ 值求电极 $\text{Cu}^+(\text{aq}) | \text{Cu(s)}$ 的 $\varphi^{\ominus}$ 值, 并计算 298.2 K 时反应

$$\text{Cu(s)} + \text{Cu}^{2+}(\text{aq}) \Longrightarrow 2\text{Cu}^+(\text{aq})$$

的平衡常数 $K_a^{\ominus}$.

解　　　　$Cu^{2+}(aq) + 2e^- \longrightarrow Cu(s)$,　　　$\Delta_r G_m^{\ominus}(1) = -2\varphi_1^{\ominus} F$　　　　　(1)

　　　　　　$Cu^{2+}(aq) + e^- \longrightarrow Cu^+(aq)$,　　$\Delta_r G_m^{\ominus}(2) = -\varphi_2^{\ominus} F$　　　　(2)

两式相减,得

$$Cu^+(aq) + e^- \longrightarrow Cu(s) \tag{3}$$

则

$$\Delta_r G_m^{\ominus}(3) = -\varphi_3^{\ominus} F = \Delta_r G_m^{\ominus}(1) - \Delta_r G_m^{\ominus}(2) = -2\varphi_1^{\ominus} F + \varphi_2^{\ominus} F$$

故

$$\varphi_3^{\ominus} = 2\varphi_1^{\ominus} - \varphi_2^{\ominus} = 2 \times 0.337\ V - 0.153\ V = 0.521\ V$$

反应 $Cu(s) + Cu^{2+}(aq) =\!=\!= 2Cu^+(aq)$,相应于电池

$$Cu(s) | Cu^+(aq) \parallel Cu^{2+}(aq), Cu^+(aq) | Pt$$

则　　$E^{\ominus} = \varphi_{右}^{\ominus} - \varphi_{左}^{\ominus} = \varphi_2^{\ominus} - \varphi_3^{\ominus} = 0.153\ V - 0.521\ V = -0.368\ V$

$$\ln K_a^{\ominus} = \frac{zE^{\ominus}F}{RT} = \frac{(-0.368\ V) \times (96\ 500\ C \cdot mol^{-1})}{(8.314\ J \cdot mol^{-1} \cdot K^{-1}) \times (298.2\ K)} = -14.32$$

$$K_a^{\ominus} = 6.04 \times 10^{-7}$$

7-36　298.2 K 时,$Cu^{2+}(aq) + I^-(aq) + e^- \longrightarrow CuI(s)$的标准电极电势 $\varphi_1^{\ominus} = 0.860\ V$;$Cu^{2+}(aq) + e^- \longrightarrow Cu^+(aq)$的标准电极电势 $\varphi_2^{\ominus} = 0.153\ V$. 试求 CuI 的活度积.

解　利用电极组成下列电池:

$$Pt, CuI(s) | Cu^{2+}(aq), I^-(aq) \parallel Cu^{2+}(aq), Cu^+(aq) | Pt$$

负极反应:　　　$CuI(s) - e^- \longrightarrow Cu^{2+}(aq) + I^-(aq)$

正极反应:　　$Cu^{2+}(aq) + e^- \longrightarrow Cu^+(aq)$

电池反应:　　　　$CuI(s) =\!=\!= Cu^+(aq) + I^-(aq)$

电池的标准电动势:

$$E^{\ominus} = \varphi_{右}^{\ominus} - \varphi_{左}^{\ominus} = \varphi_2^{\ominus} - \varphi_1^{\ominus}$$

$$= 0.153\ V - 0.860\ V = -0.707\ V$$

$$\ln K_a^{\ominus} = \ln K_{ap} = \ln(a_{Cu^+} a_{I^-})$$

$$= \frac{zE^{\ominus}F}{RT} = \frac{(-0.707\ V) \times (96\ 500\ C \cdot mol^{-1})}{(8.314\ J \cdot mol^{-1} \cdot K^{-1}) \times (298.2\ K)}$$

$$= -27.52$$

$$K_{ap} = 1.12 \times 10^{-12}$$

7-37　298.2 K 时测得电池 $Ag(s) + AgCl(s) | HCl(aq) | Cl_2(p^{\ominus}), Pt$ 的电动势 E 为 1.1371 V. 在此温度下 $\varphi_{Cl_2, Cl^-}^{\ominus} = 1.3595\ V$,$\varphi_{Ag^+, Ag}^{\ominus} = 0.7991\ V$. 试求 AgCl 的活度积.

解　所给电池的电池反应为

$$Ag(s) + \frac{1}{2}Cl_2(p^\ominus) =\!=\!= AgCl(s)$$

电池电动势为

$$E = E^\ominus - \frac{RT}{F}\ln\frac{1}{a_{Cl_2}^{1/2}} = \varphi^\ominus_{Cl_2,Cl^-} - \varphi^\ominus_{AgCl,Ag,Cl^-} - 0$$

故

$$\varphi^\ominus_{AgCl,Ag,Cl^-} = \varphi^\ominus_{Cl_2,Cl^-} - E = 1.3595\ V - 1.1371\ V = 0.2224\ V$$

而与反应 $AgCl(s) =\!=\!= Ag^+(a_{Ag^+}) + Cl^-(a_{Cl^-})$ 相应的电池为

$$Ag(s)\,|\,Ag^+(a_{Ag^+})\,\|\,HCl(aq)\,|\,AgCl(s) + Ag(s)$$

故

$$\ln K_a^\ominus = \ln K_{ap} = \frac{zE^\ominus F}{RT} = \frac{\varphi^\ominus_{AgCl,Ag,Cl^-} - \varphi^\ominus_{Ag^+,Ag}}{RT}$$

$$= \frac{(0.2224\ V - 0.7991\ V) \times (96\,500\ C\cdot mol^{-1})}{(8.314\ J\cdot mol^{-1}\cdot K^{-1}) \times (298.2\ K)} = -22.45$$

$$K_{ap} = 1.78 \times 10^{-10}$$

7-38 奥格(Ogg)为了确定亚汞在水溶液中究竟是以 Hg^+ 还是以 Hg_2^{2+} 的形式存在,他测定了在 291.2 K 时电池

$$Hg(l)\,|\,S_1\,\|\,S_2\,|\,Hg(l)$$

的电动势 $E = 0.0289\ V$. 如每千克 S_1 溶液中含有 6.30 g HNO_3 及 0.263 g 无水硝酸亚汞,每千克 S_2 溶液中含有 6.30 g HNO_3 及 2.63 g 无水硝酸亚汞,试分别计算亚汞仅以 Hg^+ 存在和仅以 Hg_2^{2+} 存在时的 E 值,并由此判断亚汞的存在形式.

解 设亚汞仅以 Hg^+ 存在,则电极反应和电池反应为

负极: $\qquad Hg(l) - e^- \longrightarrow Hg^+(m_1)$

正极: $\qquad Hg^+(m_2) + e^- \longrightarrow Hg(l)$

电池反应: $\qquad Hg^+(m_2) \longrightarrow Hg^+(m_1)$

$$E_1 = 0 - \frac{RT}{F}\ln\frac{a_1}{a_2} \approx \frac{RT}{F}\ln\frac{m_2}{m_1}$$

$$= \frac{(8.314\ J\cdot mol^{-1}\cdot K^{-1}) \times (291.2\ K)}{96\,500\ C\cdot mol^{-1}}\ln\frac{2.63\ g}{0.263\ g} = 0.0578\ V$$

设亚汞仅以 Hg_2^{2+} 存在,则此时电池反应为

$$Hg_2^{2+}(m_2) \longrightarrow Hg_2^{2+}(m_1)$$

$$E_2 = 0 - \frac{RT}{2F}\ln\frac{a_1}{a_2} \approx \frac{RT}{2F}\ln\frac{m_2}{m_1} = \frac{1}{2}E_1 = 0.0289\ V$$

对照 E 的实验值知,亚汞以 Hg_2^{2+} 形式存在.

7-39　下列电池可用来测定溶液 S 中 Ca^{2+} 浓度:

$$Hg(l) + Hg_2Cl_2(s) | KCl(1\ mol \cdot dm^{-3}) \parallel S | CaC_2O_4(s) + Hg_2C_2O_4(s) + Hg(l)$$

测定时用加入 $NaNO_3$ 的方法,使各测定液 S 中的离子强度恒定在 $0.1\ mol \cdot kg^{-1}$. 这样各测定液中 Ca^{2+} 的活度系数 $\gamma_{Ca^{2+}}$ 相等. 当 S 代表含有 $0.0100\ mol \cdot kg^{-1}$ $Ca(NO_3)_2$ 的溶液(1)时,于 291.2 K 测得 $E_1 = 0.3243\ V$;当 S 代表另一含 Ca^{2+} 的溶液(2)时,于同一温度测得 $E_2 = 0.3111\ V$.试求溶液(2)中 Ca^{2+} 的浓度.

解　负极反应为

$$Hg(l) + Cl^-(a_{Cl^-}) - e^- \longrightarrow \frac{1}{2}Hg_2Cl_2(s)$$

正极反应为

$$\frac{1}{2}Hg_2C_2O_4(s) + \frac{1}{2}Ca^{2+}(a_{Ca^{2+}}) + e^- \longrightarrow Hg(l) + \frac{1}{2}CaC_2O_4(s)$$

电池反应为

$$\frac{1}{2}Hg_2C_2O_4(s) + \frac{1}{2}Ca^{2+}(a_{Ca^{2+}}) + Cl^-(a_{Cl^-}) = \frac{1}{2}Hg_2Cl_2(s) + \frac{1}{2}CaC_2O_4(s)$$

电池电动势为

$$E_1 = E^\ominus - \frac{RT}{F}\ln\frac{1}{a_{Cl^-}[a_{Ca^{2+}(1)}]^{1/2}} = E^\ominus + \frac{RT}{F}\ln a_{Cl^-} + \frac{RT}{2F}\ln a_{Ca^{2+}(1)}$$

$$E_2 = E^\ominus + \frac{RT}{F}\ln a_{Cl^-} + \frac{RT}{2F}\ln a_{Ca^{2+}(2)}$$

两式相减,得

$$E_2 - E_1 = \frac{RT}{2F}\ln\frac{a_{Ca^{2+}(2)}}{a_{Ca^{2+}(1)}} = \frac{RT}{2F}\ln\frac{\gamma_{Ca^{2+}}[m_{Ca^{2+}(2)}/m^\ominus]}{\gamma_{Ca^{2+}}[m_{Ca^{2+}(1)}/m^\ominus]}$$

$$(0.3111 - 0.3243)V$$

$$= \frac{(8.314\ J \cdot mol^{-1} \cdot K^{-1}) \times (291.2\ K)}{2 \times 96\ 500\ C \cdot mol^{-1}} \times \ln\frac{m_{Ca^{2+}(2)}}{0.0100\ mol \cdot kg^{-1}}$$

$$m_{Ca^{2+}(2)} = 3.49 \times 10^{-3}\ mol \cdot kg^{-1}$$

7-40　291.2 K 时,对下列电池:

$$Cu(s) + CuBr(s) | KBr(5 \times 10^{-2}\ mol \cdot dm^{-3}) \parallel KCl(1mol \cdot dm^{-3}) |$$
$$Hg_2Cl_2(s) + Hg(l) \tag{1}$$

$$Hg(l) + Hg_2Cl_2(s) | KCl(1\ mol \cdot dm^{-3}) \parallel KBr(5 \times 10^{-2}\ mol \cdot dm^{-3}),$$
$$CuSO_4(5 \times 10^{-2}\ mol \cdot dm^{-3}) | CuBr(s),Pt \tag{2}$$

测得电动势 $E_1 = 0.1545\ V$,$E_2 = 0.1605\ V$.如果生成络合物和活度系数改变的影响均可以忽略不计,试推算如下电池的电动势 E_3 等于多少?

$$Hg(l) + Hg_2Cl_2(s)|KCl(1\ mol\cdot dm^{-3}) \parallel CuSO_4(5\times 10^{-2}\ mol\cdot dm^{-3})|Cu(s)$$

(3)

解　电池(1)反应为

$$Cu(s) + Br^-(5\times 10^{-2}\ mol\cdot dm^{-3}) + \frac{1}{2}Hg_2Cl_2(s)$$

$$====CuBr(s) + Hg(l) + Cl^-(1\ mol\cdot dm^{-3})$$

电池(2)反应为

$$Hg(l) + Cl^-(1\ mol\cdot dm^{-3}) + Cu^{2+}(5\times 10^{-2}mol\cdot dm^{-3})$$

$$+ Br^-(5\times 10^{-2}\ mol\cdot dm^{-3})====\frac{1}{2}Hg_2Cl_2(s) + CuBr(s)$$

由(2)-(1)可得到

$$2Hg(l) + 2Cl^-(1\ mol\cdot dm^{-3}) + Cu^{2+}(5\times 10^{-2}\ mol\cdot dm^{-3})====Hg_2Cl_2(s) + Cu(s)$$

此即为电池(3)的反应,故可得

$$E_3 = -\frac{\Delta_r G_m(c)}{z_c F} = -\frac{\Delta_r G_m(b) - \Delta_r G_m(a)}{z_c F}$$

$$= \frac{z_b E_b F - z_a E_a F}{z_c F} = \frac{E_b - E_a}{2}$$

$$= \frac{(0.1605 - 0.1545)V}{2} = 0.0030\ V$$

7-41　在298.2 K时测定电池

$$Zn(s)|ZnCl_2(m)|Hg_2Cl_2(s) + Hg(l)$$

的电动势.当 $m_1 = 0.251\ 48\ mol\cdot kg^{-1}$ 时,测得 $E_1 = 1.100\ 85\ V$;当 $m_2 = 0.005\ 00$ mol·kg^{-1}时,测得 $E_2 = 1.2244\ V$.试计算两份 $ZnCl_2$ 溶液的离子平均活度系数之比 $\gamma_\pm(1)/\gamma_\pm(2)$.

解　电池反应为

$$Zn(s) + Hg_2Cl_2(s)====Zn^{2+}(a_{Zn^{2+}}) + 2Cl^-(a_{Cl^-}) + 2Hg(l)$$

电池电动势为

$$E = E^\ominus - \frac{RT}{2F}\ln(a_{Zn^{2+}}a_{Cl^-}^2) = E^\ominus - \frac{RT}{2F}\ln a_\pm^3 = E^\ominus - \frac{RT}{2F}\ln\left[4\gamma_\pm^3\left(\frac{m}{m^\ominus}\right)^3\right]$$

则

$$E_2 - E_1 = \frac{RT}{2F}\ln\frac{\gamma_\pm^3(1)m_1^3}{\gamma_\pm^3(2)m_2^3}$$

$$(1.2244 - 1.100\ 85)V = \frac{3\times(8.314\ J\cdot mol^{-1}\cdot K^{-1})\times(298.2\ K)}{2\times 96\ 500\ C\cdot mol^{-1}}$$

$$\times \ln \frac{\gamma_{\pm}(1)(0.251\,48\ \text{mol} \cdot \text{kg}^{-1})}{\gamma_{\pm}(2)(0.005\,00\ \text{mol} \cdot \text{kg}^{-1})}$$

求得

$$\gamma_{\pm}(1)/\gamma_{\pm}(2) = 0.491$$

7-42　有一 Ag-Au 合金,其中 Ag 的摩尔分数 $x_{Ag} = 0.400$,此合金用于电池

$$\text{Ag} \mid \text{AgCl(s)} \mid \text{Ag-Au}$$

在 473.2 K 时测得电池的电动势 E 为 0.086 40 V,求该合金中 Ag 的活度及活度系数.

解　电极反应为

负极:
$$\text{Ag(纯)} + \text{Cl}^- \longrightarrow \text{AgCl} + \text{e}^-$$

正极:
$$\text{AgCl} + \text{e}^- \longrightarrow \text{Ag(合金)} + \text{Cl}^-$$

电池反应:
$$\text{Ag(纯)} \longrightarrow \text{Ag(合金)}$$

$$E = -\frac{RT}{F} \ln a_{Ag}$$

$$\ln a_{Ag} = -\frac{(0.086\,40\ \text{V}) \times (96\,500\ \text{C} \cdot \text{mol}^{-1})}{(8.314\ \text{J} \cdot \text{mol}^{-1} \cdot \text{K}^{-1}) \times (473.2\ \text{K})} = -2.119$$

所以

$$a_{Ag} = 0.120, \quad \gamma_{Ag} = \frac{a_{Ag}}{x_{Ag}} = \frac{0.120}{0.400} = 0.300$$

7-43　某溶液中含 0.0100 $\text{mol} \cdot \text{kg}^{-1}$ $CdSO_4$,0.0100 $\text{mol} \cdot \text{kg}^{-1}$ $ZnSO_4$ 和 0.500 $\text{mol} \cdot \text{kg}^{-1}$ H_2SO_4.把该溶液放在 Pt 电极之间,用低电流密度进行电解,同时均匀地搅拌.试问:

(a) 哪一种金属将首先沉积在阴极上?

(b) 当另一种金属开始沉积时,溶液中先前析出的那一种金属所剩浓度为多少?(已知 298.2 K 时,$\varphi^{\ominus}_{Zn^{2+},Zn} = -0.7628$ V,$\varphi^{\ominus}_{Cd^{2+},Cd} = -0.4029$ V)

解　(a)

$$\varphi_{Cd^{2+},Cd} = \varphi^{\ominus}_{Cd^{2+},Cd} + \frac{RT}{2F}\ln a_{Cd^{2+}} = \varphi^{\ominus}_{Cd^{2+},Cd} + \frac{RT}{2F}\ln\left(\gamma_{Cd^{2+}}\frac{m_{Cd^{2+}}}{m^{\ominus}}\right)$$

$$\varphi_{Zn^{2+},Zn} = \varphi^{\ominus}_{Zn^{2+},Zn} + \frac{RT}{2F}\ln\left(\gamma_{Zn^{2+}}\frac{m_{Zn^{2+}}}{m^{\ominus}}\right)$$

由于 Cd^{2+} 与 Zn^{2+} 均为二价正离子,且存在于同一溶液中,故其离子活度系数近似相等,即 $\gamma_{Cd^{2+}} \approx \gamma_{Zn^{2+}}$. 又 $m_{Cd^{2+}} = m_{Zn^{2+}}$,$\varphi^{\ominus}_{Cd^{2+},Cd} > \varphi^{\ominus}_{Zn^{2+},Zn}$,故可得 $\varphi_{Cd^{2+},Cd} > \varphi_{Zn^{2+},Zn}$.

根据"在阴极上,还原电极电势越大者,其氧化态越先还原析出"的原则,金属

Cd 首先沉积在阴极上.

(b) 当金属 Zn 开始在阴极沉积时,

$$\varphi_{Cd^{2+},Cd} = \varphi_{Zn^{2+},Zn}$$

$$\varphi_{Cd^{2+},Cd}^{\ominus} + \frac{RT}{2F}\ln\left(\gamma_{Cd^{2+}}\frac{m'_{Cd^{2+}}}{m^{\ominus}}\right) = \varphi_{Zn^{2+},Zn}^{\ominus} + \frac{RT}{2F}\ln\left(\gamma_{Zn^{2+}}\frac{m_{Zn^{2+}}}{m^{\ominus}}\right)$$

因为 $\gamma_{Cd^{2+}} \approx \gamma_{Zn^{2+}}$, $m_{Zn^{2+}}^{\ominus} = m_{Cd^{2+}}^{\ominus} = 0.0100 \text{ mol} \cdot \text{kg}^{-1}$, $\varphi_{Zn^{2+},Zn}^{\ominus} = -0.7628 \text{ V}$

$\varphi_{Cd^{2+},Cd}^{\ominus} = -0.4029 \text{ V}$,

$$\ln\frac{m'_{Cd^{2+}}}{0.0100 \text{ mol} \cdot \text{kg}^{-1}}$$

$$= \frac{2 \times 96\,500 \text{ C} \cdot \text{mol}^{-1}}{(8.314 \text{ J} \cdot \text{mol}^{-1} \cdot \text{K}^{-1}) \times (298.2 \text{ K})} \times (-0.7628 + 0.4029) \text{ V} = -28.02$$

所以

$$m'_{Cd^{2+}} = 6.79 \times 10^{-15} \text{ mol} \cdot \text{kg}^{-1}$$

7-44 在工业上,热力发电站是燃烧煤发电(燃烧——→蒸气机或涡轮机——→发电机),在此过程中燃烧反应的化学能利用率很低.如果我们能设法使燃烧反应 $C + O_2 \rightarrow CO_2$ 在电池中进行,则效率要高得多(电解质可以是含有 O^{2-} 离子的液体,例如熔融的氧化物等).试求 298.2 K 和 101 325 Pa 下,这个设想的电池的标准电动势 $E^{\ominus}$.在该温度和压力下,碳(石墨)的燃烧热为 393.51 kJ·mol^{-1}.各有关物质的标准摩尔熵如下:

物质	C(石墨)	$CO_2(g)$	$O_2(g)$
$S_m^{\ominus}/(\text{J}\cdot\text{mol}^{-1}\cdot\text{K}^{-1})$	5.69	213.64	205.03

解 设想电池为

$$C | 熔融氧化物 | O_2, M$$

电极反应为

负极： $$C + 2O^{2-} \longrightarrow CO_2 + 4e^-$$

正极： $$O_2 \longrightarrow 2O^{2-} - 4e^-$$

电池反应为

$$C + O_2 \longrightarrow CO_2$$

$$\Delta_r S_m^{\ominus} = S_m^{\ominus}(CO_2) - S_m^{\ominus}(C) - S_m^{\ominus}(O_2)$$

$$= (213.64 - 5.69 - 205.03)\text{J} \cdot \text{mol}^{-1} \cdot \text{K}^{-1}$$

$$= 2.92 \text{ J} \cdot \text{mol}^{-1} \cdot \text{K}^{-1}$$

$$\Delta_r G_m^{\ominus} = \Delta_r H_m^{\ominus} - T\Delta_r S_m^{\ominus}$$

$$= -393.51 \text{ kJ} \cdot \text{mol}^{-1} - (298.2 \text{ K}) \times (2.92 \times 10^{-3} \text{ kJ} \cdot \text{mol}^{-1} \cdot \text{K}^{-1})$$

$$= - 394.38 \text{ kJ} \cdot \text{mol}^{-1}$$

所以

$$E^{\ominus} = -\frac{\Delta_r G_m^{\ominus}}{zF} = -\frac{-394.38 \times 10^3 \text{ J} \cdot \text{mol}^{-1}}{4 \times 96\,500 \text{ C} \cdot \text{mol}^{-1}} = 1.0217 \text{ V}$$

7-45　298.2 K 时电池

$$\text{Pt}, \text{H}_2(p^{\ominus}) \,|\, \text{稀 H}_2\text{SO}_4 \,|\, \text{Au}_2\text{O}_3(s) + \text{Au}(s)$$

的电动势 $E = 1.362\text{V}$.

(a) 求 298.2 K 时 Au_2O_3 的 $\Delta_f G_m^{\ominus}$ 值.

(b) 在该温度 O_2 的逸度 f_{O_2} 等于多少, 才能使 Au_2O_3 与 Au 呈平衡?

已知 $\Delta_f G_m^{\ominus} = - 237.19 \text{ kJ} \cdot \text{mol}^{-1}$.

解　(a) 给出电池的总反应为

$$3\text{H}_2(p^{\ominus}) + \text{Au}_2\text{O}_3(s) = 2\text{Au}(s) + 3\text{H}_2\text{O}(l)$$

电池电动势　　　　　　$E = E^{\ominus} = 1.362 \text{ V}$

则

$$\Delta_r G_m^{\ominus} = -zE^{\ominus}F = -6 \times (1.362 \text{ V}) \times (96\,500 \text{ C} \cdot \text{mol}^{-1}) = -788.6 \text{ kJ} \cdot \text{mol}^{-1}$$

又因为

$$\Delta_r G_m^{\ominus} = 3\Delta_f G_m^{\ominus}(\text{H}_2\text{O}) - \Delta_f G_m^{\ominus}(\text{Au}_2\text{O}_3)$$

所以

$$\begin{aligned}
\Delta_f G_m^{\ominus}(\text{Au}_2\text{O}_3) &= 3\Delta_f G_m^{\ominus}(\text{H}_2\text{O}) - \Delta_r G_m^{\ominus} \\
&= 3 \times (-237.19 \text{ kJ} \cdot \text{mol}^{-1}) - (-788.6 \text{ kJ} \cdot \text{mol}^{-1}) \\
&= 77.0 \text{ kJ} \cdot \text{mol}^{-1}
\end{aligned}$$

(b) 对反应　$2\text{Au}(s) + \dfrac{3}{2}\text{O}_2(g) = \text{Au}_2\text{O}_3(s)$

$$K_a^{\ominus} = \frac{1}{(f_{O_2}/p^{\ominus})^{3/2}}$$

$$\Delta_r G_m^{\ominus} = \Delta_f G_m^{\ominus}(\text{Au}_2\text{O}_3) = -RT\ln K_a^{\ominus} = \frac{3}{2}RT\ln(f_{O_2}/p^{\ominus})$$

$$\ln(f_{O_2}/p^{\ominus}) = \frac{77.0 \times 10^3 \text{ J} \cdot \text{mol}^{-1}}{1.5 \times (8.314 \text{ J} \cdot \text{mol}^{-1} \cdot \text{K}^{-1}) \times (298.2 \text{ K})} = 20.71$$

$$f_{O_2} = 9.9 \times 10^8 \, p^{\ominus} = 1.0 \times 10^{11} \text{ kPa}$$

7-46　计算 298.2 K 时下列电解池的可逆分解电压:

(a) $\text{Pt}(s) \,|\, \text{HBr}(0.0500 \text{ mol} \cdot \text{kg}^{-1}, \gamma_{\pm} = 0.860) \,|\, \text{Pt}(s)$

(b) $\text{Ag}(s) \,|\, \text{AgNO}_3(0.0100 \text{ mol} \cdot \text{kg}^{-1}, \gamma_{\pm} = 0.902) \,\|\, \text{AgNO}_3(0.500 \text{ mol} \cdot \text{kg}^{-1}, \gamma_{\pm} = 0.526) \,|\, \text{Ag}(s)$

解 (a) 电解时

阴极反应:
$$H^+(a_{H^+}) + e^- \longrightarrow \frac{1}{2}H_2(p^\ominus)$$

阳极反应:
$$Br^-(a_{Br^-}) - e^- \longrightarrow \frac{1}{2}Br_2(l)$$

$E_{分解} = \varphi_{阳} - \varphi_{阴}$

$$= \left(\varphi_{Br_2,Br^-}^\ominus - \frac{RT}{F}\ln a_{Br^-}\right) - \left(0 - \frac{RT}{F}\ln\frac{1}{a_{H^+}}\right)$$

$$= \varphi_{Br_2,Br^-}^\ominus - \frac{RT}{F}\ln(a_{H^+}a_{Br^-})$$

$$= \varphi_{Br_2,Br^-}^\ominus - \frac{RT}{F}\ln\left(\gamma_\pm\frac{m}{m^\ominus}\right)^2$$

$$= 1.065\text{ V} - \frac{(8.314\text{ J}\cdot\text{mol}^{-1}\cdot\text{K}^{-1})\times(298.2\text{ K})}{96\,500\text{ C}\cdot\text{mol}^{-1}}\times\ln(0.860\times0.0500)^2$$

$$= 1.227\text{ V}$$

(b) 解法与(a)类似,可求解得到 $E_{分解} = 0.0867\text{ V}$.

(Ag$^+$ 活度近似地通过平均活度系数求得)

7-47 当电流密度为 $0.100\text{ A}\cdot\text{cm}^{-2}$ 时,H_2 和 O_2 在 Ag 电极上的超电势分别为 0.87 V 及 0.98 V.今将一个电极插入 $1.00\times10^{-2}\text{ mol}\cdot\text{dm}^{-3}$ 的 NaOH 溶液中,通电使发生电解反应.若电流密度为 $0.100\text{ A}\cdot\text{cm}^{-2}$,问电极上首先发生什么反应?此时外加电压为多少?

解 阴极反应为

$$H^+(1.00\times10^{-12}\text{ mol}\cdot\text{dm}^{-3}) + e^- \longrightarrow \frac{1}{2}H_2(p^\ominus)$$

阳极反应为

$$OH^-(1.00\times10^{-2}\text{ mol}\cdot\text{dm}^{-3}) - e^- \longrightarrow \frac{1}{2}H_2O(l) + \frac{1}{4}O_2(p^\ominus)$$

此时外加电压为

$E_{外} = E_{可逆} + \eta_{阳} + \eta_{阴}$

$$= \varphi_{阳,可逆} - \varphi_{阴,可逆} + \eta_{阳} + \eta_{阴}$$

$$= \left(\varphi_{O_2,OH^-}^\ominus - \frac{RT}{F}\ln a_{OH^-}\right) - \left(\varphi_{H^+,H_2}^\ominus - \frac{RT}{F}\ln\frac{1}{a_{H^+}}\right) + \eta_{阳} + \eta_{阴}$$

$$= 0.401\text{ V} - \frac{RT}{F}\ln(1.00\times10^{-2}) - \frac{RT}{F}\ln(1.00\times10^{-12}) + 0.98\text{ V} + 0.87\text{ V}$$

$$= 3.08\text{ V}$$

7-48 某溶液中含 $Ag^+(a=0.05)$,$Fe^{2+}(a=0.01)$,$Cd^{2+}(a=0.001)$,

$Ni^{2+}(a=0.1)$，$H^+(a=0.001)$，又已知 H_2 在 Ag,Fe,Cd,Ni 上的超电势分别为 $0.20\ V$、$0.18\ V$、$0.30\ V$ 和 $0.24\ V$. 当外加电压从 0 开始逐渐增加时，在阴极上发生什么变化？

解　在阴极上析出 Ag、Fe、Cd、Ni 及逸出 H_2 时的平衡电势为

$$\varphi_{Ag^+,Ag} = \varphi_{Ag^+,Ag}^{\ominus} + \frac{RT}{F}\ln a_{Ag^+}$$

$$= 0.7991\ V + \frac{RT}{F}\ln 0.05 = 0.7221\ V$$

$$\varphi_{Fe^{2+},Fe} = \varphi_{Fe^{2+},Fe}^{\ominus} + \frac{RT}{2F}\ln a_{Fe^{2+}}$$

$$= -0.4402\ V + \frac{RT}{2F}\ln 0.01 = -0.4994\ V$$

$$\varphi_{Cd^{2+},Cd} = \varphi_{Cd^{2+},Cd}^{\ominus} + \frac{RT}{2F}\ln a_{Cd^{2+}}$$

$$= -0.4029\ V + \frac{RT}{2F}\ln 0.001 = -0.4916\ V$$

$$\varphi_{Ni^{2+},Ni} = \varphi_{Ni^{2+},Ni}^{\ominus} + \frac{RT}{2F}\ln a_{Ni^{2+}}$$

$$= -0.250\ V + \frac{RT}{2F}\ln 0.1 = -0.280\ V$$

$$\varphi_{H^+,H_2} = \frac{RT}{F}\ln a_{H^+} = \frac{RT}{F}\ln 0.001 = -0.178\ V$$

当 $a_{H^+}=0.001$ 时，在 Ag、Fe、Cd、Ni 上逸出 H_2 的电势为

$$\varphi_{Ag|H^+,H_2} = \varphi_{H^+,H_2} - \eta_{H_2}(Ag) = (-0.178-0.20)V = -0.38\ V$$

$$\varphi_{Fe|H^+,H_2} = \varphi_{H^+,H_2} - \eta_{H_2}(Fe) = (-0.178-0.18)V = -0.36\ V$$

$$\varphi_{Cd|H^+,H_2} = \varphi_{H^+,H_2} - \eta_{H_2}(Cd) = (-0.178-0.30)V = -0.48\ V$$

$$\varphi_{Ni|H^+,H_2} = \varphi_{H^+,H_2} - \eta_{H_2}(Ni) = (-0.178-0.24)V = -0.42\ V$$

所以，当外加电压从零开始逐渐增加时，在阴极上的变化为：Ag 析出 $\longrightarrow Ni$ 析出 $\longrightarrow Ag$ 上逸出 $H_2 \longrightarrow Ni$ 上析出 $H_2 \longrightarrow Cd$ 析出同时逸出 $H_2 \longrightarrow Fe$ 析出同时逸出 H_2.

7-49　每千克镀镍溶液中 $NiSO_4\cdot 5H_2O$ 含量为 270 g，溶液中还有 Na_2SO_4、$MgSO_4$、$NaCl$ 等物质. 已知氢气在 Ni 上的超电势为 $0.42\ V$，O_2 在 Ni 上的超电势为 $0.10\ V$. 问在阴极和阳极上首先析出(或溶解)的可能是哪些物质？

解　Na^+、Mg^{2+} 在阴极上还原析出时，标准电极电势分别为 $-2.714\ V$ 和 $-2.363\ V$. 故 Na、Mg 析出的可能性不大.

Ni 在阴极上析出时反应为

$$Ni^{2+}(a_{Ni^{2+}}) + 2e^- \longrightarrow Ni(s)$$

$$\varphi_{Ni^{2+},Ni} = \varphi^{\ominus}_{Ni^{2+},Ni} + \frac{RT}{2F}\ln a_{Ni^{2+}} \simeq -0.250\ V + \frac{RT}{2F}\ln\frac{270}{244.7} = -0.247\ V$$

H_2 析出时反应为

$$H^+(a_{H^+}) + e^- \longrightarrow \frac{1}{2}H_2(p^{\ominus})$$

H_2 在 Ni 上的析出电势为

$$\varphi_{阴,析} = \varphi^{\ominus}_{H^+,H_2} + \frac{RT}{F}\ln a_{H^+} - \eta_阴 \simeq \frac{RT}{F}\ln 10^{-7} - 0.42\ V = -0.83\ V$$

故阴极上首先析出 Ni.

阳极上析出 O_2 时反应为

$$\frac{1}{4}H_2O(l) - e^- \longrightarrow \frac{1}{4}O_2(p^{\ominus}) + H^+(a_{H^+})$$

O_2 在 Ni 上的析出电势为

$$\varphi_{阳,析} = \varphi^{\ominus}_{O_2,H_2O,H^+} + \frac{RT}{F}\ln a_{H^+} + \eta_阳 \simeq 1.229\ V + \frac{RT}{F}\ln 10^{-7} + 0.10\ V = 0.92V$$

阳极 Ni 电极本身溶解

$$Ni(s) - 2e^- \longrightarrow Ni^{2+}(a_{Ni^{2+}})$$

$$\varphi_{Ni^{2+},Ni} = -0.247\ V$$

又

$$2SO_4^{2-}(aq) - 2e^- \longrightarrow S_2O_8^{2-}(aq),\ \varphi^{\ominus} = 2.05\ V$$

$$2Cl^- - 2e^- \longrightarrow Cl_2(p^{\ominus}),\ \ \ \varphi^{\ominus} = 1.3595\ V$$

故阳极上首先发生的反应是 Ni 的溶解.

7-50 在 $0.50\ mol\cdot kg^{-1}$ $CuSO_4$ 及 $0.010\ mol\cdot kg^{-1}$ H_2SO_4 的混合液中,使 Cu 镀到 Pt 电极上.若 H_2 在 Cu 上的超电势为 0.23 V,问当外加电压增加到有 H_2 在电极上析出时,溶液中所余 Cu^{2+} 的浓度为多少?(设活度系数为 1,H_2SO_4 一级电离)

解 初解 $m_{Cu^{2+}}$ 为 10^{-23},表明有 $H_2\uparrow$ 时,Cu^{2+} 几全成为 Cu,这样应考虑电解时,有 $2\times 0.50 mol\cdot kg^{-1}$ 的 H^+ 的增加,其中一半与 SO_4^{2-} 结合生成 HSO_4^-,故溶液中 H^+ 浓度为 $(0.50 + 0.01)mol\cdot kg^{-1}$,再如上求解。

$$\frac{RT}{F}\ln 0.51 - 0.23V = 0.337V + \frac{RT}{2F}\ln a_{Cu^{2+}}$$

$$a_{Cu^{2+}} = 1.75\times 10^{-20}$$

设活度系数为 1,$m_{Cu^{2+}} = 1.75\times 10^{-20} mol\cdot kg^{-1}$

7-51 要自某溶液中析出 Zn,直至溶液中 Zn^{2+} 浓度不超过 1.00×10^{-4}

$mol \cdot kg^{-1}$,同时在析出 Zn 的过程中不会有 H_2 逸出,问溶液的 pH 至少为若干? 已知在 Zn 阴极上 H_2 开始逸出的超电势为 0.72 V,且认为该超电势与溶液中电解质浓度无关.

解　当溶液中 Zn^{2+} 的浓度为 1.00×10^{-4} $mol \cdot kg^{-1}$ 时,析出 Zn 的平衡电势为

$$\varphi_{Zn^{2+},Zn} = \varphi^{\ominus}_{Zn^{2+},Zn} + \frac{RT}{2F}\ln a_{Zn^{2+}} \simeq -0.7628 \text{ V} + \frac{RT}{2F}\ln(1.00 \times 10^{-4}) = -0.881 \text{ V}$$

H_2 在 Zn 阴极上开始析出时的电极电势为

$$\varphi_{阴,析}(H_2) = \varphi^{\ominus}_{H^+,H_2} + \frac{RT}{F}\ln a_{H^+} - \eta_{阴} = -\frac{2.303 RT}{F} \times \text{pH} - 0.72 \text{ V}$$

若不让 H_2 逸出,应满足

$$\varphi_{Zn^{2+},Zn} \geqslant \varphi_{阴,析}(H_2)$$

即

$$-\frac{2.303 RT}{F} \times \text{pH} - 0.72 \text{ V} \leqslant -0.881 \text{ V}$$

$$\text{pH} \geqslant 2.7$$

7-52　求在 Fe 电极上自 1.00 $mol \cdot dm^{-3}$ KOH 水溶液中,每小时电解出 H_2 为 1.00×10^{-4} $kg \cdot cm^{-2}$ 时应维持的电极电势. [已知塔菲尔公式 $\eta = a + b\lg(j/j^{\ominus})$ 中 $a = 0.76$ V,$b = 0.11$ V,温度为 298.2 K]

解

$$j = \frac{\dfrac{1.00 \times 10^{-4} kg \cdot cm^{-2}}{2 \times 10^{-3} \text{ kg} \cdot mol^{-1}} \times 2 \times 96\ 500 \text{ C} \cdot mol^{-1}}{3600 \text{ s}} = 2.68 \text{ A} \cdot cm^{-2}$$

$$\eta = a + b\lg(j/j^{\ominus}) = (0.76 + 0.11\lg 2.68)\text{V} = 0.81 \text{ V}$$

$$\varphi_{H^+,H_2} = \frac{RT}{F}\ln a_{H^+}$$

$$= \frac{(8.314 \text{ J} \cdot mol^{-1} \cdot K^{-1}) \times (298.2 \text{ K})}{96\ 500 \text{ C} \cdot mol^{-1}}\ln(1.00 \times 10^{-14})$$

$$= -0.828 \text{ V}$$

在题设条件下,H_2 在 Fe 电极上析出的电势为

$$\varphi_{阴,析} = \varphi_{H^+,H_2} - \eta = (-0.828 - 0.81)\text{V} = -1.64 \text{ V}$$

7-53　在 1 $mol \cdot dm^{-3}$ 酸性溶液中,有三种不同金属(Pt、Fe、Hg),令维持三者的电势相同(-0.40 V),求 1h 内不同金属上逸出 H_2 的质量.

解　H_2 在阴极上析出时

$$\eta = \varphi_{可逆} - \varphi_{不可逆}$$

$$\varphi_{不可逆} = -0.40 \text{ V}$$

$$\varphi_{可逆} = \varphi_{2H^+, H_2}^{\ominus} + \frac{RT}{2F}\ln a_{H^+}^2 = 0$$

所以

$$\eta = 0 - (-0.40\ V) = 0.40\ V$$

又因为

$$\eta = a + b\lg(j/j^{\ominus})$$

所以

$$\lg(j/j^{\ominus}) = (\eta - a)/b \tag{1}$$

$t = 3600$ s 时

$$m_{H_2} = \frac{j \times 3600\ s}{96\ 500\ C \cdot mol^{-1}} \times \left(\frac{2 \times 10^{-3}}{2}kg \cdot mol^{-1}\right) \tag{2}$$

由式(1)、式(2)及三种金属的 a、b 值可求得 m_{H_2},结果如下:

金属	a/V	b/V	j/(A·cm^{-2})	m_{H_2}/(kg·cm^{-2})
Pt	0.10	0.030	10^{10}	3.7×10^5
Fe	0.70	0.12	3.2×10^{-3}	1.2×10^{-7}
Hg	1.41	0.114	1.4×10^{-9}	5.2×10^{-14}

7-54 请解释以下两个金属腐蚀的现象:

(a) 在一块铁片上,滴上一滴 NaCl 溶液.过了一定的时间后,发现有"铁锈"漂浮在液滴表面.

(b) 将一铁片垂直地部分插入稀盐水溶液中,将会出现"水线腐蚀"现象,即邻近水线部分腐蚀最为严重,往下是腐蚀最轻部分,再往下是一片普遍的腐蚀区域(如下图所示).

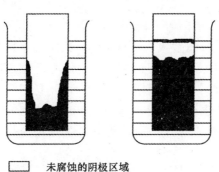

☐ 未腐蚀的阴极区域

■ 被腐蚀的阳极区域

解 这两个现象实际上都是"氧浓差腐蚀"的例子.与"充气电池"的情形本质上是一样的.在"充气电池"中,两个 Fe 电极放在稀 NaCl 溶液中,电极 A 通以空

气;电极 B 通以富氮空气(含氧量少),结果发现电极 B 会发生腐蚀.电极反应是:

电极 A(正极):　　$\dfrac{1}{2}O_2(g) + H_2O + 2e^- \longrightarrow 2OH^-(aq)$

电极 B(负极):　　　　　　　$Fe(s) \longrightarrow Fe^{2+}(aq) + 2e^-$

(a) 在铁片上,滴上 NaCl 液滴,则在液滴的中心部位和液滴的周边上,O_2 的补充很不相同.在中心区,液滴本身阻隔了它与空气的接触.但液滴的周边却有足够的氧补充,这样便形成了"充气电池",中心区是负极,Fe 被氧化成 Fe^{2+};液滴周边是正极,O_2 和 H_2O 还原形成 OH^-.通过扩散、对流、迁移等过程,Fe^{2+} 与 OH^- 相遇形成 $Fe(OH)_2$,在 O_2 参与下,可进一步被氧化成 $2Fe_2O_3 \cdot H_2O$,从而形成了铁锈漂在液滴表面.以上过程可用下图表示:

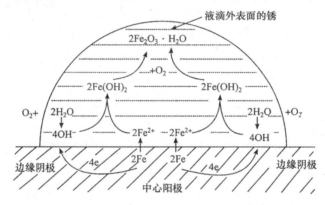

(b) 当铁片垂直地部分插入稀盐水溶液中,铁片的底部和在水面下的铁片的上部之间,由于 O_2 供应不同,形成"充气电池".显然,底部 O_2 的补充较少,成为负极.于是腐蚀就从铁片底部开始.在正极区域的最低部分,氧气与 H_2O 生成 OH^-,故氧气逐渐耗尽,这一部分也转化成含氧量少的负极区.腐蚀区域就这样从底部开始向上蔓延.在水线部分,氧的补充最充分,从而发生正极反应而产生 OH^-,它可破坏铁片上可能有的油膜,使金属表面更亲水,从而使水面以上的铁片润湿,形成水膜.显然,水面以上铁片上的水膜与空气更充分地接触.这样,水线部位由原来的正极变成了负极而被腐蚀.生成的铁锈漂浮在水面上,对金属不会有任何保护作用.由于水面以上的水膜部分,O_2 补充非常充分,因此水线部分的腐蚀十分严重.
(可参考:谢乃贤,《电世界的奇葩》,湖南教育出版社,1998)

第八章 化学动力学

基本公式

反应速率定义式:

$$r = \frac{1}{V}\frac{d\xi}{dt} = \frac{1}{\nu_B}\frac{d[B]}{dt}$$

质量作用定律(只适用于基元反应):

$$cC + dD \xrightarrow{k} P \quad (c + d \leqslant 3)$$
$$r = k[C]^c[D]^d$$

具体简单级数反应的速率公式及特点:

级数	反应类型	微分式	积分式	半寿期 $t_{1/2}$	k 量纲
零级	表面催化反应	$\frac{dx}{dt} = k_0$	$x = k_0 t$	$\frac{a}{2k_0}$	(浓度) (时间)$^{-1}$
一级	A$\longrightarrow$P	$\frac{dx}{dt} = k_1(a-x)$	$\ln\frac{a}{a-x} = k_1 t$	$\frac{\ln 2}{k_1}$	(时间)$^{-1}$
二级	A+B$\longrightarrow$P $(a=b)$	$\frac{dx}{dt} = k_2(a-x)^2$	$\frac{x}{a(a-x)} = k_2 t$	$\frac{1}{k_2 a}$	(浓度)$^{-1}$ (时间)$^{-1}$
	$(a \neq b)$	$\frac{dx}{dt} = k_2(a-x)(b-x)$	$\frac{1}{a-b}\ln\frac{b(a-x)}{a(b-x)} = k_2 t$		
三级	A+B+C$\longrightarrow$P $(a=b=c)$	$\frac{dx}{dt} = k_3(a-x)^3$	$\frac{1}{2}\left[\frac{1}{(a-x)^2} - \frac{1}{a^2}\right] = k_3 t$	$\frac{3}{2k_3 a^2}$	(浓度)$^{-2}$ (时间)$^{-1}$
n 级 $(n \neq 1)$	R^n$\longrightarrow$P	$\frac{dx}{dt} = k(a-x)^n$	$\frac{1}{n-1}\left[\frac{1}{(a-x)^{n-1}} - \frac{1}{a^{n-1}}\right]$ $= kt$	$\frac{2^{n-1}-1}{(n-1)ka^{n-1}}$	(浓度)$^{1-n}$ (时间)$^{-1}$

阿伦尼乌斯(Arrhenius)公式:

$$k = A\exp\left(-\frac{E_a}{RT}\right)$$

$$\ln\frac{k_2}{k_1} = \frac{E_a}{R}\left(\frac{1}{T_1} - \frac{1}{T_2}\right)$$

活化能定义式：

$$E_a = RT^2 \frac{\mathrm{d}\ln k}{\mathrm{d}T}$$

双分子互碰频率：

$$Z_{AB} = \pi D_{AB}^2 L^2 \sqrt{\frac{8RT}{\pi\mu}} [A][B]$$

$$Z_{AA} = 2\pi D_{AA}^2 L^2 \sqrt{\frac{RT}{\pi M_A}} [A]^2$$

碰撞截面：

$$\sigma_c = \pi D_{AB}^2$$

用简单碰撞理论计算双分子反应速率常数：

$$k = \pi D_{AB}^2 L \sqrt{\frac{8RT}{\pi\mu}} \exp\left(-\frac{E_c}{RT}\right)$$

$$k = 2\pi D_{AA}^2 L \sqrt{\frac{RT}{\pi M_A}} \exp\left(-\frac{E_c}{RT}\right)$$

用过渡态理论计算速率常数：

$$k = \frac{k_B T}{h} L^{n-1} \frac{f^{\neq\prime}}{\prod\limits_B f_B} \exp\left(-\frac{E_0}{RT}\right)$$

(统计热力学方法)

$$k = \frac{k_B T}{h} (c^\ominus)^{1-n} \exp\left(-\frac{\Delta_r^{\neq} G_{m,c}^\ominus}{RT}\right)$$

$$= \frac{k_B T}{h} (c^\ominus)^{1-n} \exp\left(\frac{\Delta_r^{\neq} S_{m,c}^\ominus}{R}\right) \exp\left(-\frac{\Delta_r^{\neq} H_m^\ominus}{RT}\right)$$

(热力学方法：$\Delta_r^{\neq} G_{m,c}^\ominus$，$\Delta_r^{\neq} S_{m,c}^\ominus$是各物质以浓度表示时的标准值)

原盐效应：

$$\lg \frac{k}{k_0} = 2Z_A Z_B A \sqrt{I}$$

8-1　1129.2 K 时,氨在钨丝上的催化分解反应动力学数据如下:

t/s	200	400	600	1000
p_t/kPa	30.40	33.33	36.40	42.40

求反应级数和反应速率常数.

解
$$2NH_3 \longrightarrow N_2 + 3H_2$$

$$t = 0 \qquad p_0 \qquad\qquad 0 \qquad\qquad 0$$

$$t = t \qquad p_0 - x \qquad \frac{1}{2}x \qquad \frac{3}{2}x \quad p_t = p_0 + x$$

体系中氨的分压 $p_{NH_3} = p_0 - x = 2p_0 - p_t$

$$r = -\frac{1}{2}\frac{\mathrm{d}p_{NH_3}}{\mathrm{d}t} = -\frac{1}{2}\frac{\mathrm{d}(2p_0 - p_t)}{\mathrm{d}t} = \frac{1}{2}\frac{\mathrm{d}p_t}{\mathrm{d}t} = k_p p_{NH_3}^n$$

或

$$\mathrm{d}p_t = 2k_p p_{NH_3}^n \mathrm{d}t \tag{1}$$

根据动力学数据分析, $\dfrac{\Delta p_t}{\Delta t} \simeq 0.015 \ kPa \cdot s^{-1}$, 反应速率不随反应物浓度(压力)而变, 这是零级反应的特点, 故 $n = 0$. 积分式(1)得到

$$p_t = 2k_p t + B \tag{2}$$

按式(2)对实验数据作线性拟合, 得

$$斜率 = 2k_p = 0.015\ 03 \ kPa \cdot s^{-1}$$

所以

$$k_p = 7.52 \times 10^{-3} \ kPa \cdot s^{-1}$$

$$k_c = \frac{k_p}{RT} = \frac{7.52 \ Pa \cdot s^{-1}}{(8.314 \ J \cdot mol^{-1} \cdot K^{-1}) \times (1129.2 \ K)}$$

$$= 8.01 \times 10^{-4} \ mol \cdot m^{-3} \cdot s^{-1}$$

8-2 N_2O_5 分解为一级反应, 其反应速率常数 $k_1 = 4.80 \times 10^{-4} \ s^{-1}$, 请问反应的半寿期是多少? 当初始压力 $p_0 = 66.66 \ kPa$, 反应开始(a)10s、(b)10min 后, 总压力 p_t 为多少?

解 对一级反应

$$t_{1/2} = \frac{\ln 2}{k_1} = \frac{\ln 2}{4.80 \times 10^{-4} \ s^{-1}} = 1.44 \times 10^3 \ s$$

$$N_2O_5(g) === N_2O_4(g) + \frac{1}{2}O_2(g)$$

$$t = 0 \qquad p_0 \qquad\qquad 0 \qquad\qquad 0$$

$$t = t \qquad p_0 - x \qquad\qquad x \qquad\qquad \frac{1}{2}x$$

$$p_t = p_0 + \frac{1}{2}x$$

由一级反应动力学方程得

$$p_0 - x = p_0 \exp(-k_1 t)$$

(a) $t = 10$ s 时,

$$x = p_0 [1 - \exp(-k_1 t)]$$

$$= 66.66 \text{ kPa} \times [1 - \exp(-4.80 \times 10^{-4} \text{ s}^{-1} \times 10 \text{ s})]$$

$$= 0.319 \text{ kPa}$$

$$p_t = (66.66 + \frac{1}{2} \times 0.319) \text{ kPa} = 66.82 \text{ kPa}$$

(b) $t = 600$ s 时,

$$x = p_0 [1 - \exp(-k_1 t)]$$

$$= 66.66 \text{ kPa} \times [1 - \exp(-4.80 \times 10^{-4} \text{ s}^{-1} \times 600 \text{ s})]$$

$$= 16.68 \text{ kPa}$$

$$p_t = \left(66.66 + \frac{1}{2} \times 16.68\right) \text{ kPa} = 75.00 \text{ kPa}$$

8-3 天然铀矿中,$[U^{238}] : [U^{235}] = 139 : 1$,已知$[U^{238}]$、$[U^{235}]$蜕变反应的速率常数分别为 $k_1 = 1.52 \times 10^{-10} \text{a}^{-1}$,$k'_1 = 9.72 \times 10^{-10} \text{a}^{-1}$,试计算在 2×10^9a 以前,在铀矿中$[U^{238}]_0 : [U^{235}]_0$ 为多少?

解 放射性蜕变反应均为一级反应.

$$[U^{238}] = [U^{238}]_0 \exp(-k_1 t)$$

$$[U_{235}] = [U_{235}]_0 \exp(-k'_1 t)$$

$$\frac{[U^{238}]_0}{[U^{235}]_0} = \frac{[U^{238}]}{[U^{235}]} \exp[(k_1 - k'_1)t]$$

$$= 139 \exp[(1.52 - 9.72) \times 10^{-10} \text{a}^{-1} \times (2 \times 10^9 \text{a})]$$

$$= 27.0$$

8-4 二甲醚的气相分解反应是一级反应:

$$CH_3OCH_3(g) \longrightarrow CH_4(g) + H_2(g) + CO(g)$$

777.2 K 时把二甲醚充入真空反应球内,测量球内压力的变化,数据如下:

t/s	390	777	1587	3155	∞
p_t/kPa	54.40	65.06	83.19	103.86	124.12

试计算该反应在 777.2 K 时反应速率常数 k_1 及半寿期 $t_{1/2}$.

解

	$CH_3OCH_3(g)$	$\longrightarrow$	$CH_4(g)$	+	$H_2(g)$	+	$CO(g)$	总压 p_t
$t = 0$	p_0		0		0		0	p_0
$t = t$	p		$p_0 - p$		$p_0 - p$		$p_0 - p$	$3p_0 - 2p$
$t = \infty$	0		p_0		p_0		p_0	$3p_0$

因为 $p_t = 3p_0 - 2p$，所以

$$p = \frac{3p_0 - p_t}{2}$$

又因为 $p_\infty = 3p_0$，故对所给一级反应有下列关系：

$$k_1 = \frac{1}{t}\ln\frac{p_0}{p} = \frac{1}{t}\ln\frac{\dfrac{p_\infty}{3}}{\dfrac{3p_0 - p_t}{2}} = \frac{1}{t}\ln\frac{2p_\infty}{3(p_\infty - p_t)}$$

将数据代入，得

t/s	390	777	1587	3155
p_t/kPa	54.40	65.06	83.19	103.86
$10^4 k_1/\text{s}^{-1}$	4.39	4.34	4.44	4.46

取平均值，$\overline{k_1} = 4.41 \times 10^{-4}\ \text{s}^{-1}$

$$t_{1/2} = \frac{\ln2}{\overline{k_1}} = \frac{\ln2}{4.41 \times 10^{-4}\ \text{s}^{-1}} = 1.57 \times 10^3\ \text{s}$$

8-5　N_2O_5 的气相分解反应：

$$N_2O_5 \longrightarrow N_2O_4 + \frac{1}{2}O_2$$

为一级反应. 现测得不同时刻 t 时体系压力的增值 Δp：

t/s	223	463	703	943	1303	∞
$\Delta p/\text{kPa}$	12.7	22.4	29.0	33.6	38.1	44.1

试求反应速率常数 k_1.

解

$$N_2O_5 \longrightarrow N_2O_4 + \frac{1}{2}O_2$$

$$t = 0 \quad p_0 \qquad\qquad 0 \qquad\qquad 0$$

$$t = t \quad p \qquad\quad p_0 - p \qquad \frac{1}{2}(p_0 - p)$$

$$\Delta p = p + (p_0 - p) + \frac{1}{2}(p_0 - p) - p_0 = \frac{1}{2}(p_0 - p) \tag{1}$$

所以

$$p = p_0 - 2\Delta p \tag{2}$$

由于 $t \to \infty$ 时，$p = 0$，故由式(1)可得

$$p_0 = 2\Delta p_\infty \tag{3}$$

将式(3)代入式(2),得

$$p = 2(\Delta p_\infty - \Delta p) \tag{4}$$

对一级反应

$$\ln \frac{p_0}{p} = k_1 t \tag{5}$$

将式(3)和式(4)两式代入式(5),得

$$\ln \frac{\Delta p_\infty}{\Delta p_\infty - \Delta p} = k_1 t \tag{6}$$

将实验数据代入式(6)可得 $\overline{k_1} = 1.53 \times 10^{-3} \text{ s}^{-1}$.

8-6 蔗糖转化是一级反应

$$C_{12}H_{22}O_{11}(\text{蔗糖}) + H_2O \xrightarrow{H_3O^+} C_6H_{12}O_6(\text{果糖}) + C_6H_{12}O_6(\text{葡萄糖})$$

H_3O^+ 在反应中只起催化剂的作用. 蔗糖和葡萄糖是右旋的, 而果糖是左旋的. 设某时刻的旋光度为 α, 起始和水解完毕时的旋光度分别为 α_0 和 α_∞, 试说明为什么可以用下式计算反应速率常数:

$$k_1 = \frac{1}{t} \ln \frac{\alpha_0 - \alpha_\infty}{\alpha - \alpha_\infty}$$

解 设右旋为"+", 左旋为"−", 蔗糖、果糖和葡萄糖的旋角与浓度的比例系数分别为 c_1, c_2, c_3.

$$C_{12}H_{22}O_{11}(\text{蔗糖}) + H_2O \xrightarrow{H_3O^+} C_6H_{12}O_6(\text{果糖}) + C_6H_{12}O_6(\text{葡萄糖})$$

$t = 0$	a	0	0
$t = t$	$a - x$	x	x
$t = \infty$	0	a	a

$$\alpha_0 = c_1 a$$
$$\alpha = c_1(a - x) - c_2 x + c_3 x = c_1 a + (c_3 - c_1 - c_2)x$$
$$\alpha_\infty = (c_3 - c_2)a$$

所以

$$\alpha_0 - \alpha_\infty = (c_1 + c_2 - c_3)a$$
$$\alpha - \alpha_\infty = (c_1 + c_2 - c_3)(a - x)$$

所以

$$k_1 = \frac{1}{t} \ln \frac{a}{a - x} = \frac{1}{t} \ln \frac{\alpha_0 - \alpha_\infty}{\alpha - \alpha_\infty}$$

8-7 气相反应 $2NO_2 + F_2 \longrightarrow 2NO_2F$, 当 2.00 mol NO_2 与 3.00 mol F_2 在 400 dm^3 的反应釜中混合, 已知 300.2 K 时反应速率常数 $k_2 = 38.0$

$dm^3 \cdot mol^{-1} \cdot s^{-1}$,反应速率方程 $r = k_2[NO_2][F_2]$. 试计算反应 10 s 后,NO_2、F_2、NO_2F 在反应器中的物质的量.

解
$$2NO_2 \quad + \quad F_2 \quad \longrightarrow \quad 2NO_2F$$

$$t = 0 \qquad a_0 \qquad\qquad b_0 \qquad\qquad\qquad 0$$

$$t = t \quad a_0 - x \qquad b_0 - \frac{1}{2}x \qquad\qquad\qquad x$$

所以

$$r = \frac{1}{2}\frac{dx}{dt} = k_2(a_0 - x)(b_0 - \frac{1}{2}x) \tag{1}$$

积分式(1),得

$$\frac{1}{2b_0 - a_0}\ln\frac{a_0\left(b_0 - \frac{1}{2}x\right)}{b_0(a_0 - x)} = k_2 t \tag{2}$$

$$a_0 = [NO_2]_0 = \frac{2.00 \text{ mol}}{400 \text{ dm}^3} = 5.00 \times 10^{-3} \text{ mol} \cdot dm^{-3}$$

$$b_0 = [F_2]_0 = \frac{3.00 \text{ mol}}{400 \text{ dm}^3} = 7.50 \times 10^{-3} \text{ mol} \cdot dm^{-3}$$

将 a_0、b_0、k_2 值及 $t = 10$ s 代入式(2),得

$$x = 4.92 \times 10^{-3} \text{ mol} \cdot dm^{-3}$$

所以反应 10 s 后,NO_2、F_2、NO_2F 的物质的量分别为

$$n_{NO_2} = (5.00 - 4.92) \times 10^{-3} \text{mol} \cdot dm^{-3} \times (400 \text{ dm}^3) = 0.032 \text{ mol}$$

$$n_{F_2} = \left(7.50 - \frac{1}{2} \times 4.92\right) \times 10^{-3} \text{mol} \cdot dm^{-3} \times (400 \text{ dm}^3) = 2.02 \text{ mol}$$

$$n_{NO_2F} = 4.92 \times 10^{-3} \text{mol} \cdot dm^{-3} \times (400 \text{ dm}^3) = 1.97 \text{ mol}$$

8-8 反应 $H_2 + I_2 \longrightarrow 2HI$ 的速率方程为 $r = k_2[H_2][I_2]$. 在 715.2 K 时,速率常数 $k_2 = 0.079 \text{ mol}^{-1} \cdot dm^3 \cdot s^{-1}$,问:

(a) 当 H_2 和 I_2 的初始压力均为 $0.500p^{\ominus}$ 时,反应进行 1 s 后每立方分米中消耗了多少摩尔 H_2 和 I_2,生成了多少摩尔 HI? H_2、I_2、HI 浓度各为多少?

(b) 当体系中 H_2 和 I_2 的初始压力分别为 $0.900p^{\ominus}$ 和 $0.100p^{\ominus}$ 时,反应进行 1s 后每立方分米中消耗了多少摩尔 H_2 和 I_2,生成了多少摩尔 HI? H_2,I_2,HI 浓度各为多少?

(c) 当 H_2 和 I_2 的初始压力分别为 $0.990p^{\ominus}$ 和 $0.0100p^{\ominus}$ 时,请论证反应速率可按下式给出:$r = k_2[H_2][I_2] = k'[I_2]$,式中 $k' = 1.34 \times 10^{-3} \text{ s}^{-1}$.

解 (a) 由理想气体状态方程可得

$$c_B = \frac{n_B}{V} = \frac{p_B}{RT}$$

因而　　$[H_2]_0 = [I_2]_0 = \dfrac{0.500 \times (101\ 325\ Pa)}{(8.314\ J \cdot mol^{-1} \cdot K^{-1}) \times (715.2\ K)}$

$$= 8.52\ mol^{-1} \cdot m^{-3} = 8.52 \times 10^{-3}\ mol \cdot dm^{-3}$$

$$\begin{array}{ccccc}
 & H_2 & + & I_2 & \longrightarrow & 2HI \\
t = 0 & a & & a & & 0 \\
t = t & a - x & & a - x & & 2x
\end{array}$$

$$r = \frac{dx}{dt} = k_2(a - x)^2$$

积分后可得

$$\frac{1}{a - x} - \frac{1}{a} = k_2 t$$

将 $a = [H_2]_0 = [I_2]_0 = 8.52 \times 10^{-3}\ mol \cdot dm^{-3}$，$k_2 = 0.079\ mol^{-1} \cdot dm^3 \cdot s^{-1}$ 及 $t = 1$ s代入上式后求得 $x = 5.73 \times 10^{-6}\ mol \cdot dm^{-3}$. 此值即为 H_2 和 I_2 消耗的量. 生成 HI 的量为 $2 \times (5.73 \times 10^{-6}\ mol \cdot dm^{-3}) = 1.15 \times 10^{-5}\ mol \cdot dm^{-3}$. 故反应 1 s 后各物质的浓度为

$$[H_2] = [I_2] = 8.52 \times 10^{-3}\ mol \cdot dm^{-3}$$

$$[HI] = 1.15 \times 10^{-5}\ mol \cdot dm^{-3}$$

(b)　　　　$[H_2]_0 = \dfrac{0.900 \times (101\ 325\ Pa)}{(8.314\ J \cdot mol^{-1} \cdot K^{-1}) \times (715.2\ K)}$

$$= 15.34\ mol \cdot m^{-3} \simeq 1.53 \times 10^{-2}\ mol \cdot dm^{-3}$$

$$[I_2]_0 = \dfrac{0.100 \times (101\ 325\ Pa)}{(8.314\ J \cdot mol^{-1} \cdot K^{-1}) \times (715.2\ K)}$$

$$= 1.70\ mol \cdot m^{-3} = 1.70 \times 10^{-3}\ mol \cdot dm^{-3}$$

$$\begin{array}{ccccc}
 & H_2 & + & I_2 & \longrightarrow & 2HI \\
t = 0 & a & & b & & 0 \\
t = t & a - x & & b - x & & 2x
\end{array}$$

$$r = \frac{dx}{dt} = k_2(a - x)(b - x)$$

积分后可得

$$\frac{1}{a - b} \ln \frac{b(a - x)}{a(b - x)} = k_2 t$$

将 $a = [H_2]_0 = 1.53 \times 10^{-2}\ mol \cdot dm^{-3}$、$b = [I_2]_0 = 1.70 \times 10^{-3}\ mol \cdot dm^{-3}$、$k_2 = 0.079\ mol^{-1} \cdot dm^3 \cdot s^{-1}$ 及 $t = 1$ s 代入上式后可求得 $x = 2.06 \times 10^{-6}$

$mol \cdot dm^{-3}$, 此值即为 H_2 和 I_2 消耗的量. 生成 HI 的量为 $2 \times (2.06 \times 10^{-6}$ $mol \cdot dm^{-3}) = 4.12 \times 10^{-6} \, mol \cdot dm^{-3}$, 故反应 1 s 后各物质的浓度为

$$[H_2] = (1.53 \times 10^{-2} - 2.06 \times 10^{-6}) mol \cdot dm^{-3}$$

$$\simeq 1.53 \times 10^{-2} \, mol \cdot dm^{-3}$$

$$[I_2] = (1.70 \times 10^{-3} - 2.06 \times 10^{-6}) mol \cdot dm^{-3}$$

$$\simeq 1.70 \times 10^{-3} \, mol \cdot dm^{-3}$$

$$[HI] = 4.12 \times 10^{-6} \, mol \cdot dm^{-3}$$

(c)
$$[H_2]_0 = \frac{0.990 \times (101\,325 \, Pa)}{(8.314 \, J \cdot mol^{-1} \cdot K^{-1}) \times (715.2 \, K)}$$

$$= 16.87 \, mol \cdot m^{-3}$$

$$\simeq 1.69 \times 10^{-2} \, mol \cdot dm^{-3}$$

$$[I_2]_0 = \frac{0.0100 \times (101\,325 \, Pa)}{(8.314 \, J \cdot mol^{-1} \cdot K^{-1}) \times (715.2 \, K)}$$

$$= 0.170 \, mol \cdot m^{-3} = 1.70 \times 10^{-4} \, mol \cdot dm^{-3}$$

即 $[H_2]_0 \simeq 100[I_2]_0$, $[H_2]_0 \gg [I_2]_0$.

在反应期间 $[H_2]$ 可认为基本不变,这样可把二级反应当作一级反应来处理:

$$r = k_2[H_2][I_2] = k'[I_2]$$

$$k' = k_2[H_2] = 0.079 \, mol^{-1} \cdot dm^3 \cdot s^{-1} \times 1.69 \times 10^{-2} \, mol \cdot dm^{-3} = 1.34 \times 10^{-3} \, s^{-1}$$

8-9 将 1.8029 g 乙酰胺溶于 0.200 dm^3、浓度为 0.9448 $mol \cdot dm^{-3}$ 的 KOH 溶液内(体积变化忽略不计),立即把该溶液放在 291.2 K 的恒温槽内,280 min 后,取 0.0100 dm^3 该反应混合物样品,加入足量的溴,使反应生成的氨氧化为氮气(乙酰胺与溴不生成氮气). 在 290.8 K 和 99.19 kPa 下,测得氮气为 0.005 10 dm^3,试求 291.2 K 时该二级反应

$$CH_3CONH_2 + OH^- \longrightarrow CH_3COO^- + NH_3 \tag{1}$$

的速率常数.

解 对于反应物初始浓度不等的二级反应,其速率方程的积分式为

$$k_2 = \frac{1}{t(a-b)} \ln \frac{b(a-x)}{a(b-x)} \tag{2}$$

由题设,$a = [KOH]_0 = 0.9448 \, mol \cdot dm^{-3}$

$$b = [CH_3CONH_2]_0 = \frac{1.8029 \, g}{(59 \, g \cdot mol^{-1}) \times (0.200 \, dm^3)} = 0.153 \, mol \cdot dm^{-3}$$

根据反应 $3Br_2 + 2NH_3 \longrightarrow N_2 + 6HBr$,每产生 1 mol N_2 必消耗 2 mol NH_3,故从 N_2 的物质的量可推算出反应(1)产生 NH_3 的物质的量,也即反应(1)消耗的乙酰胺或 KOH 的物质的量,进而可求得 x 的值.

$$n_{N_2} = \frac{pV}{RT} = \frac{(99.19 \times 10^3 \text{ Pa}) \times (0.005\ 10 \times 10^{-3} \text{ m}^3)}{(8.314 \text{ J} \cdot \text{mol}^{-1} \cdot \text{K}^{-1}) \times (290.8 \text{ K})} = 2.09 \times 10^{-4} \text{ mol}$$

反应(1)产生 NH_3 的物质的量为

$$n_{NH_3} = 2n_{N_2} \times \frac{0.200 \text{ dm}^3}{0.0100 \text{ dm}^3} = 8.36 \times 10^{-3} \text{ mol}$$

$$x = \frac{8.36 \times 10^{-3} \text{ mol}}{0.200 \text{ dm}^3} = 4.18 \times 10^{-2} \text{ mol}$$

将 a、b、x 值及 $t = 280$ min $= 1.68 \times 10^4$ s 代入式(2),得

$$k_2 = \frac{1}{(1.68 \times 10^4 \text{ s}) \times (0.9448 - 0.153) \text{ mol} \cdot \text{dm}^{-3}}$$

$$\times \ln \frac{(0.153 \text{ mol} \cdot \text{dm}^{-3}) \times (0.9448 - 0.0418) \text{mol} \cdot \text{dm}^{-3}}{(0.9448 \text{ mol} \cdot \text{dm}^{-3}) \times (0.153 - 0.0418) \text{mol} \cdot \text{dm}^{-3}}$$

$$= 2.07 \times 10^{-5} \text{ mol}^{-1} \cdot \text{dm}^3 \cdot \text{s}^{-1}$$

8-10　一个二级反应,其反应式为 $2A + 3B \rightleftharpoons P$,请写出反应速率的积分表达式.已知 298.2 K 时 $k_2 = 2.00 \times 10^{-4}$ $\text{mol}^{-1} \cdot \text{dm}^3 \cdot \text{s}^{-1}$,反应起始时,混合物中 A 占 20%、B 占 80%、$p_0 = 2p^\ominus$,计算 1 h 后 A、B 各反应了多少?

解　　　　　　　　　2A　　+　　3B　　$\rightleftharpoons$　　P

$$t = 0 \qquad a \qquad\qquad b \qquad\qquad 0$$

$$t = t \quad a - 2x \qquad b - 3x \qquad x$$

$$r = \frac{dx}{dt} = k_2(a - 2x)(b - 3x)$$

积分,得

$$\int_0^x \frac{dx}{(a - 2x)(b - 3x)} = \int_0^t k_2 dt$$

$$k_2 = \frac{1}{t(3a - 2b)} \ln \frac{b(a - 2x)}{a(b - 3x)} \qquad (1)$$

反应起始时,混合物总浓度为

$$c_t = \frac{p_0}{RT} = \frac{2 \times (101\ 325 \text{ Pa})}{(8.314 \text{ J} \cdot \text{mol}^{-1} \cdot \text{K}^{-1}) \times (298.2 \text{ K})}$$

$$= 81.74 \text{ mol} \cdot \text{m}^{-3} \simeq 0.0817 \text{ mol} \cdot \text{dm}^{-3}$$

$$a = 20\% \times c_t = 0.0163 \text{ mol} \cdot \text{dm}^{-3}$$

$$b = 80\% \times c_t = 0.0654 \text{ mol} \cdot \text{dm}^{-3}$$

将 a、b 数据,及 $k_2 = 2.00 \times 10^{-4}$ $\text{mol}^{-1} \cdot \text{dm}^3 \cdot \text{s}^{-1}$,$t = 3600$ s 代入式(1)后可求得

$$x = 7.19 \times 10^{-4} \text{ mol} \cdot \text{dm}^{-3}$$

A 反应掉： $\dfrac{2x}{a} = \dfrac{2 \times (7.19 \times 10^{-4}\ \text{mol·dm}^{-3})}{0.0163\ \text{mol·dm}^{-3}} = 8.82\%$

B 反应掉： $\dfrac{3x}{b} = \dfrac{3 \times (7.19 \times 10^{-4}\ \text{mol·dm}^{-3})}{0.0654\ \text{mol·dm}^{-3}} = 3.30\%$

8-11 反应 $A + 2B \longrightarrow P$ 的速率方程为

$$-\frac{\mathrm{d}c_A}{\mathrm{d}t} = kc_Ac_B$$

298.2 K 时,测得 $k = 6.06 \times 10^{-3}\ \text{mol}^{-1}\cdot\text{dm}^3\cdot\text{s}^{-1}$,试求 A 消耗掉 25% 时所需时间.

(a) 若 $c_{A,0} = 5.00 \times 10^{-3}\ \text{mol·dm}^{-3}$,$c_{B,0} = 1.00\ \text{mol·dm}^{-3}$;

(b) 若 $c_{A,0} = 5.00 \times 10^{-3}\ \text{mol·dm}^{-3}$,$c_{B,0} = 1.00 \times 10^{-3}\ \text{mol·dm}^{-3}$.

解 (a) $c_{B,0} \gg c_{A,0}$,所以 $c_B \simeq c_{B,0} =$ 常数,故有

$$-\frac{\mathrm{d}c_A}{\mathrm{d}t} = k_1 c_A, \quad k_1 = kc_{B,0}$$

$$t = \frac{1}{k_1}\ln\frac{1}{1-y}$$

$$= \frac{1}{(6.06 \times 10^{-3}\ \text{dm}^3\cdot\text{mol}^{-1}\cdot\text{s}^{-1}) \times (1.00\ \text{mol·dm}^{-3})}\ln\frac{1}{1-0.25}$$

$$= 47.5\ \text{s}$$

(b) 由于反应物按计量系数比(1:2)进料,故任何时刻,

$$c_B = 2c_A$$

所以

$$-\frac{\mathrm{d}c_A}{\mathrm{d}t} = 2kc_A^2$$

积分上式,得

$$\frac{1}{c_A} - \frac{1}{c_{A,0}} = 2kt$$

所以

$$t = \frac{1}{2k}\left(\frac{1}{0.75c_{A,0}} - \frac{1}{c_{A,0}}\right) = \frac{1}{2k} \times \frac{1}{3c_{A,0}}$$

$$= \frac{1}{6 \times (6.06 \times 10^{-3}\ \text{dm}^3\cdot\text{mol}^{-1}\cdot\text{s}^{-1}) \times (5.00 \times 10^{-3}\ \text{mol·dm}^{-3})}$$

$$= 5.50 \times 10^3\ \text{s}$$

8-12 在一个反应中,若定义完成初始浓度的某一分数 $\alpha\left(\frac{1}{2}, \frac{1}{3}, \cdots < 1\right)$ 所

需时间 t_α 为该组分的分数寿期,对于速率方程 $r = k_n[A]^n$,请证明分数寿期有如下关系:

$$n \neq 1 \qquad \ln t_\alpha = \ln \frac{(1-\alpha)^{1-n} - 1}{(n-1)k_n} - (n-1)\ln[A]_0$$

$$n = 1 \qquad t_\alpha = \frac{-\ln(1-\alpha)}{k_1}$$

解
$$r = -\frac{d[A]}{dt} = k_n[A]^n \tag{1}$$

$n \neq 1$ 时,积分式(1)可得

$$\frac{[A]^{1-n} - [A]_0^{1-n}}{1-n} = -k_n t \tag{2}$$

$$\left(\frac{[A]}{[A]_0}\right)^{1-n} = 1 + [A]_0^{n-1}(n-1)k_n t \tag{3}$$

根据分数寿期定义,$\frac{[A]}{[A]_0} = 1 - \alpha$,代入式(3),得

$$\frac{(1-\alpha)^{1-n} - 1}{(n-1)k_n} = [A]_0^{n-1} t_\alpha$$

$$\ln t_\alpha = \ln \frac{(1-\alpha)^{1-n} - 1}{(n-1)k_n} - (n-1)\ln[A]_0$$

$n = 1$ 时,积分式(1),得

$$\ln \frac{[A]}{[A]_0} = -k_1 t$$

所以

$$t_\alpha = \frac{-\ln(1-\alpha)}{k_1}$$

8-13 对于某一反应物 A 为 n 级的反应,其半寿期 $t_{1/2}$ 与四分之一寿期 $t_{1/4}$ 之比仅是 n 的函数,用该式能很快地求出反应级数,试求该函数表达式.

解 该反应为 $A \longrightarrow P$,根据题 8-12 结果

$n = 1$ 时,$t_\alpha = \frac{-\ln(1-\alpha)}{k_1}$,故

$$\frac{t_{1/2}}{t_{1/4}} = \frac{\ln 2}{\ln \frac{4}{3}} = 2.41$$

$n \neq 1$ 时,$t_\alpha = \frac{(1-\alpha)^{1-n} - 1}{[A]_0^{n-1}(n-1)k_n}$,故

$$\frac{t_{1/2}}{t_{1/4}} = \frac{2^{n-1} - 1}{\left(\frac{4}{3}\right)^{n-1} - 1}$$

$n = 2,3$ 时,$\dfrac{t_{1/2}}{t_{1/4}}$ 值分别为 3.00 和 3.86. 因此,只要把一次实验的 $t_{1/2}$ 和 $t_{1/4}$ 确定,很快就可以得到反应物 A 的级数.

8-14　液相反应 $2A \longrightarrow B$,今在不同反应时间用光谱法测定产物 B 的浓度,结果如下:

t/min	0	10	20	30	40	∞
$[B]/(mol \cdot dm^{-3})$	0	0.089	0.153	0.200	0.230	0.310

请确定该反应的级数,并求算其反应速率常数.

解　　　　　　　　　　$2A \longrightarrow B$

由于 B 的起始浓度为 0,故

$$[A] = [A]_0 - 2[B] \tag{1}$$

当 $t \to \infty$ 时,$[A] \to 0$,由式(1)可得

$$[A]_0 = 2[B]_\infty = 0.620 \ mol \cdot dm^{-3}$$

所以

$$[A] = 0.620 \ mol \cdot dm^{-3} - 2[B] \tag{2}$$

将实验数据代入式(2),可得

t/min	0	10	20	30	40
$[A]/(mol \cdot dm^{-3})$	0.620	0.442	0.314	0.220	0.160

作 $[A]$-t 曲线,在图上找到:

$$t_{1/2} = 20.2 \ min, \quad t_{1/4} = 8.5 \ min$$

$$\frac{t_{1/2}}{t_{1/4}} = \frac{20.2 \ min}{8.5 \ min} = 2.4$$

由题 8-13 之结论可知 $n = 1$,反应速率常数为

$$k_1 = \frac{\ln 2}{t_{1/2}} = \frac{\ln 2}{20.2 \times 60 \ s} = 5.72 \times 10^{-4} \ s^{-1}$$

8-15　(a) 某一反应的速率方程为

$$-\frac{dc}{dt} = kc^n \tag{1}$$

现按等时间间隔读取一组浓度数据

$$t \qquad t_1 \quad t_2 \quad t_3 \quad \cdots$$
$$c \qquad c_1 \quad c_2 \quad c_3 \quad \cdots$$

试证明:如 $c_i - c_{i+1}$,c_i/c_{i+1} 和 $\dfrac{1}{c_i} - \dfrac{1}{c_{i+1}}$ 为常数,则反应的级数分别为零级、一级和二级.

(b)已知某单组分反应呈简单级数,在不同时刻 t 测得反应物浓度如下:

t/s	4	8	12	16	20
$c/(\text{mol·dm}^{-3})$	0.480	0.326	0.222	0.151	0.103

请判断反应级数.

解 (a) 由式(1)可得

$$t = \frac{1}{k_1}\ln\frac{c_0}{c} \qquad (n = 1) \tag{2}$$

$$t = \frac{1}{k_n(1-n)}(c_0^{1-n} - c^{1-n}) \quad (n \neq 1) \tag{3}$$

现以反应进程中某一时刻 t_i 为反应起点,以 $t(c_i \longrightarrow c_{i+1})$ 表示反应物浓度由 c_i 变至 c_{i+1} 所需时间,则 $n=1$ 时,由式(2)可得

$$t(c_i \longrightarrow c_{i+1}) = \frac{1}{k_1}\ln\frac{c_i}{c_{i+1}} \tag{4}$$

令 $t(c_i \longrightarrow c_{i+1})$ 固定不变,则由式(4)即得

$$\frac{c_i}{c_{i+1}} = 常数$$

$n \neq 1$ 时,由式(3)可得

$$t(c_i \longrightarrow c_{i+1}) = \frac{1}{k_n(1-n)}(c_i^{1-n} - c_{i+1}^{1-n}) \tag{5}$$

令 $t(c_i \longrightarrow c_{i+1})$ 固定不变,则由式(5)可得

$$c_i^{1-n} - c_{i+1}^{1-n} = 常数$$

对零级反应:　　　　　　$c_i - c_{i+1} = 常数$

对二级反应:　　　　　　$\dfrac{1}{c_i} - \dfrac{1}{c_{i+1}} = 常数$

(b) 反应物浓度是按等时间间隔测得的.观察这些浓度数据可发现:

$$\frac{0.480}{0.326} = \frac{0.326}{0.222} = \frac{0.222}{0.151} = \frac{0.151}{0.103} \simeq 1.47$$

故反应级数为一级.

8-16 A 与 B 发生化学反应,当保持 B 的压力(1.33 kPa)不变,改变 A 的压力,测得反应初速 r_0 的数据如下:

$p_{A,0}$/kPa	1.33	2.00	3.33	5.33	8.00	13.3
$r_0/(\text{Pa·s}^{-1})$	0.133	0.163	0.212	0.267	0.327	0.421

当保持 A 的压力(1.33 kPa)不变而改变 B 的压力时,测得反应初速数据如下:

$p_{B,0}$/kPa	1.33	2.00	3.33	5.33	8.00	13.3
$r_0/(\text{Pa·s}^{-1})$	0.133	0.245	0.527	1.07	1.96	4.21

(a) 求该反应对 A 和 B 的级数和总级数.

(b) 求压力表示的反应速率常数 k_p.

(c) 如反应温度为 673.2 K,试用浓度表示反应速率常数.

解 (a) 设反应速率方程为 $r = k_p p_A^a p_B^b$,则

$$r_0 = k_p p_{A,0}^a p_{B,0}^b \tag{1}$$

当 $p_{B,0}$ 不变而改变 $p_{A,0}$ 时,

$$r_0 = k'_p p_{A,0}^a, \quad k'_p = k_p p_{B,0}^b$$

$$\lg r_0 = \lg k'_p + a \lg p_{A,0} \tag{2}$$

同理,当 $p_{A,0}$ 不变时,令 $k''_p = k_p p_{A,0}^a$

$$\lg r_0 = \lg k''_p + b \lg p_{B,0} \tag{3}$$

由实验数据可得到一系列 $\lg p_{A,0}$、$\lg p_{B,0}$ 值及相应 $\lg r_0$ 值($p_{A,0}$ 和 $p_{B,0}$ 以 Pa 为量纲;r_0 以 Pa·s^{-1} 为量纲):

$\lg p_{A,0}$ (或 $\lg p_{B,0}$)	3.124	3.301	3.522	3.727	3.903	4.124
$\lg r_0$ ($p_{B,0}$ 恒定)	−0.876	−0.788	−0.674	−0.573	−0.485	−0.376
$\lg r_0$ ($p_{A,0}$ 恒定)	−0.876	−0.611	−0.278	0.029	0.292	0.624

分别按式(2)和式(3),对上述数据作线性拟合,可得到

$$斜率(1) = a = 0.50$$
$$截距(1) = \lg k'_p = -2.439$$
$$斜率(2) = b = 1.50$$
$$截距(2) = \lg k''_p = -5.562$$

所以反应对 A、B 的级数分别为 0.50 和 1.50,反应总级数 $n = a + b = 2.00$.

(b) 由 $k'_p = 3.64 \times 10^{-3}$ 得

$$k_p = \frac{k'_p}{p_{B,0}^{1.50}} = \frac{3.64 \times 10^{-3}}{(1.33 \times 10^3)^{1.50}} = 7.50 \times 10^{-8} \text{Pa}^{-1} \cdot \text{s}^{-1}$$

由 $k''_p = 2.74 \times 10^{-6}$ 得

$$k_p = \frac{k''_p}{p_{A,0}^{0.5}} = \frac{2.74 \times 10^{-6}}{(1.33 \times 10^3)^{0.5}} = 7.51 \times 10^{-8} \text{Pa}^{-1} \cdot \text{s}^{-1}$$

取平均得

$$k_p = 7.51 \times 10^{-8} \text{ Pa}^{-1} \cdot \text{s}^{-1}$$

(c) $k_c = k_p(RT)$

$= (7.51 \times 10^{-8} \text{ Pa}^{-1} \cdot \text{s}^{-1}) \times (8.314 \text{ J} \cdot \text{mol}^{-1} \cdot \text{K}^{-1}) \times (673.2 \text{ K})$

$= 4.20 \times 10^{-4} \text{ mol}^{-1} \cdot \text{m}^3 \cdot \text{s}^{-1}$

8-17 反应 $A \Longrightarrow B$ 的正逆两个方向上均是一级的,当 A、B 的初始浓度分别为 $[A]_0$ 和 $[B]_0$ 时,求 $[A]$ 随反应时间 t 变化的函数关系,当 $t = \infty$ 时,求 $\dfrac{[B]}{[A]}$ 的值.

解
$$A \underset{k_{-1}}{\overset{k_1}{\rightleftharpoons}} B$$

$$\frac{d[A]}{dt} = -k_1[A] + k_{-1}[B] \tag{1}$$

根据物料平衡,

$$[A] + [B] = [A]_0 + [B]_0 \quad \text{或} \quad [B] = [A]_0 + [B]_0 - [A] \tag{2}$$

将式(2)代入式(1),得

$$\frac{d[A]}{dt} = -k_1[A] + k_{-1}([A]_0 + [B]_0 - [A])$$

$$= -(k_1 + k_{-1})[A] + k_{-1}([A]_0 + [B]_0) \tag{3}$$

积分式(3),经整理得

$$[A] = \frac{k_{-1}([A]_0 + [B]_0)}{k_1 + k_{-1}} + \frac{(k_1[A]_0 - k_{-1}[B]_0)\exp[-(k_1 + k_{-1})t]}{k_1 + k_{-1}}$$

当 $t = \infty$ 时,

$$[A]_\infty = \frac{k_{-1}([A]_0 + [B]_0)}{k_1 + k_{-1}}$$

$$[B]_\infty = [A]_0 + [B]_0 - [A]_\infty = \frac{k_1([A]_0 + [B]_0)}{k_1 + k_{-1}}$$

所以

$$\frac{[B]_\infty}{[A]_\infty} = \frac{k_1}{k_{-1}}$$

8-18 快速反应 $A \Longrightarrow B + C$ 中正向反应为一级,逆向反应为二级.如用弛豫法测定反应速率常数,请推导弛豫时间 τ 的表达式.

解

$$A \xrightleftharpoons[k_{-2}]{k_1} B + C$$

$$t = 0 \quad a \qquad 0 \qquad 0$$

$$t = t \quad a - x \qquad x \qquad x$$

$$r = \frac{\mathrm{d}x}{\mathrm{d}t} = k_1(a - x) - k_{-2}x^2 \tag{1}$$

设法给体系以极快速的微扰,原平衡被破坏,体系向新条件下的平衡转移. 设新条件下产物的平衡浓度为 x_e,则

$$k_1(a - x_e) = k_{-2}x_e^2 \tag{2}$$

体系在未达新平衡前,产物浓度 x 与 x_e 之差为 Δx,

$$\Delta x = x - x_e \quad 或 \quad x = x_e + \Delta x \tag{3}$$

将式(3)代入式(1)可得

$$\frac{\mathrm{d}(\Delta x)}{\mathrm{d}t} = k_1(a - x_e - \Delta x) - k_{-2}(x_e + \Delta x)^2 \tag{4}$$

Δx 很小,故 $(\Delta x)^2$ 项与 Δx 项相比可忽略,又将式(2)代入式(4)后可得

$$\frac{\mathrm{d}(\Delta x)}{\mathrm{d}t} = -(k_1 + 2k_{-2}x_e)\Delta x$$

积分上式,当 $t = 0, \Delta x = \Delta x_0$ 为微扰刚停止并开始计时时偏离新平衡的最大值. 可得到

$$\ln \frac{\Delta x_0}{\Delta x} = (k_1 + 2k_{-2}x_e)t$$

令 $\dfrac{\Delta x_0}{\Delta x} = \mathrm{e}$,得

$$\tau = \frac{1}{k_1 + 2k_{-2}x_e}$$

8-19 (a) 试导出反应 $A \xrightleftharpoons[k_{-2}]{k_1} 2B$ 的弛豫时间 τ 的表达式.

(b) 298.2 K 时,反应 $N_2O_4(g) \xrightleftharpoons[k_{-2}]{k_1} 2NO_2(g)$ 的速率常数 $k_1 = 4.80 \times 10^4 \ \mathrm{s}^{-1}$,已知 NO_2 和 N_2O_4 的 $\Delta_f G_m^\ominus$ 值分别为 51.3 $\mathrm{kJ \cdot mol^{-1}}$和 97.8 $\mathrm{kJ \cdot mol^{-1}}$,试计算 298.2 K 时,$N_2O_4$ 的初始压力为 $1p^\ominus$ 时,NO_2 的平衡分压,并求出该反应的弛豫时间 τ.

解 (a) 用类似于题 8-18 的方法,可求得反应 $A \xrightleftharpoons[k_{-2}]{k_1} 2B$ 的弛豫时间为

$$\tau = \frac{1}{k_1 + 4k_{-2}x_e}$$

此处 x_e 为产物 B 的平衡浓度,即 $x_e = [B]_e$.

(b) $\Delta_r G_m^\ominus = 2\Delta_f G_m^\ominus(NO_2) - \Delta_f G_m^\ominus(N_2O_4)$

$$= (2 \times 51.3 - 97.8)\ kJ \cdot mol^{-1} = 4.8\ kJ \cdot mol^{-1}$$

对理想气体,

$$K_p^\ominus = \exp\left(-\frac{\Delta_r G_m^\ominus}{RT}\right) = \exp\left[\frac{-4.8 \times 10^3\ J \cdot mol^{-1}}{(8.314\ J \cdot mol^{-1} \cdot K^{-1}) \times (298.2\ K)}\right] = 0.144$$

由 $K_p^\ominus = K_p (p^\ominus)^{-1}$ 可得

$$K_p = K_p^\ominus p^\ominus = 0.144 p^\ominus$$

故

$$k_{-2} = \frac{k_1}{K_p} = \frac{4.80 \times 10^4\ s^{-1}}{0.144 \times (101\ 325\ Pa)} = 3.29\ Pa^{-1} \cdot s^{-1}$$

$$N_2O_4(g) \quad \rightleftharpoons \quad 2NO_2(g)$$

$$t = 0 \qquad p^\ominus \qquad\qquad 0$$

$$t = t_e \quad p^\ominus - \frac{1}{2}p_{NO_2} \qquad p_{NO_2}$$

$$K_p = \frac{p_{NO_2}^2}{p^\ominus - \frac{1}{2}p_{NO_2}} = 0.144 p^\ominus$$

求得

$$p_{NO_2} = 3.50 \times 10^4\ Pa$$

所以

$$\tau = \frac{1}{k_1 + 4k_{-2}p_{NO_2}}$$

$$= \frac{1}{4.80 \times 10^4\ s^{-1} + 4 \times (3.29\ Pa^{-1} \cdot s^{-1}) \times (3.50 \times 10^4\ Pa)}$$

$$= 1.97 \times 10^{-6}\ s$$

8-20 298 K 时用压力突跃技术研究了反应

$$Ni(NCS)^+ + NCS^- \underset{k_{-1}}{\overset{k_1}{\rightleftharpoons}} N_i(NCS)_2$$

实验测得不同产物浓度时的弛豫时间 τ 值如下:

$[Ni(CNS)_2]/(mol \cdot dm^{-3})$	0.001	0.002	0.005	0.010	0.025	0.050	0.100
$10^3 \tau/s$	4.08	3.74	2.63	1.84	1.31	0.88	0.67

假设反应物的初始浓度相等,试计算 k_1、k_{-1} 值.

解 对 $A + B \underset{k_{-1}}{\overset{k_1}{\rightleftharpoons}} C$ 型反应，τ 具有如下一般表达式

$$\tau = \frac{1}{k_1([A]_e + [B]_e) + k_{-1}}$$

已知反应物的初始浓度相等，故可推知 $[A]_e = [B]_e$

$$k_1/k_{-1} = K = \frac{[C]_e}{[A]_e[B]_e} = \frac{[C]_e}{[A]_e^2}$$

所以

$$[A]_e = (k_{-1}/k_1)^{1/2}[C]_e^{1/2}$$

$$\tau = \frac{1}{2k_1(k_{-1}/k_1)^{1/2}[C]_e^{1/2} + k_{-1}}$$

$$1/\tau = 2(k_1 k_{-1})^{1/2}[C]_e^{1/2} + k_{-1}$$

由已知实验数据可得

$[C]_e^{1/2}/(\text{mol}\cdot\text{dm}^{-3})$	0.0316	0.0447	0.0707	0.1000	0.1581	0.2236	0.3160
$(1/\tau)/s$	245	267	380	543	763	1136	1493

以 $1/\tau$ 对 $[C]_e^{1/2}$ 作线性拟合，可得

截距 $= 78.7 \text{ s}^{-1} = k_{-1}$，　斜率 $= 4.525 \times 10^3 = 2(k_1 k_{-1})^{1/2}$

所以

$$k_1 = 6.50 \times 10^4 \text{ dm}^3 \cdot \text{mol}^{-1} \cdot \text{s}^{-1}$$

8-21 298.2 K 在 0.20 mol·dm⁻³ HCl 溶液中研究了 γ-羟基丁酸转变为 γ-丁内酯的反应：

$$CH_2OH—CH_2—CH_2COOH \underset{k_{-1}}{\overset{k_1}{\rightleftharpoons}} \begin{array}{c} H_2C—CH_2 \\ | \quad\quad | \\ H_2C \quad\quad C=O \\ \backslash \quad / \\ O \end{array} + H_2O$$

羟基丁酸的起始浓度为 18.23 mol·dm⁻³. 在不同时间测得 γ-丁内酯的浓度如下：

$10^{-3}t/s$	0	1.26	2.16	3.00	3.90	4.80	6.00	∞
[γ-丁内酯]/(mol·dm⁻³)	0	2.41	3.76	4.96	6.10	7.08	8.11	13.28

试计算平衡常数和反应速率常数 k_1 和 k_{-1}.

解 $$CH_2OH—CH_2—CH_2COOH \underset{k_{-1}}{\overset{k_1}{\rightleftharpoons}} \begin{array}{c} H_2C—CH_2 \\ | \quad\quad | \\ H_2C \quad\quad C=O \\ \backslash \quad / \\ O \end{array} + H_2O$$

$$t = 0 \qquad\qquad\qquad a \qquad\qquad\qquad\qquad 0$$

$$t = t \qquad\qquad\qquad a - x \qquad\qquad\qquad\qquad x$$

体系达到平衡时,

$$K = \frac{k_1}{k_{-1}} = \frac{x_e}{a - x_e} \tag{1}$$

或

$$k_{-1} = \frac{a - x_e}{x_e} k_1 \tag{2}$$

则

$$r = \frac{\mathrm{d}x}{\mathrm{d}t} = k_1(a - x) - k_{-1}x \tag{3}$$

将式(2)代入式(3)并整理后,得

$$\frac{\mathrm{d}x}{\left(1 - \dfrac{x}{x_e}\right)} = ak_1\mathrm{d}t \tag{4}$$

积分式(4)后,得

$$k_1 = \frac{x_e}{at}\ln\frac{x_e}{x_e - x} \tag{5}$$

将已知实验数据代入式(5)求 k_1 并取平均值,得

$$\overline{k_1} = 1.14 \times 10^{-4} \ \mathrm{s}^{-1}$$

由式(1)可得

$$K = \frac{13.28 \ \mathrm{mol \cdot dm^{-3}}}{(18.23 - 13.28) \ \mathrm{mol \cdot dm^{-3}}} = 2.68$$

$$k_{-1} = \frac{k_1}{K} = \frac{1.14 \times 10^{-4} \ \mathrm{s}^{-1}}{2.68} = 4.25 \times 10^5 \ \mathrm{s}^{-1}$$

8-22　设有一连续反应 $A \xrightarrow{k_1} B \xrightarrow{k_2} C$,已知 $k = 0.1 \ \mathrm{h}^{-1}$,$k_2 = 0.05 \ \mathrm{h}^{-1}$.
(a) 求出反应物 A、中间物 B 和产物 C 的浓度随时间变化的函数式;
(b) 作组分浓度-时间图.

解　(a)

$$A \xrightarrow{k_1} \qquad B \xrightarrow{k_2} \qquad C$$

$$t = 0 \qquad 1 \qquad\qquad\quad 0 \qquad\qquad\quad 0$$

$$t = t \quad 1 - x \qquad\qquad x - y \qquad\qquad y$$

该连续反应每一步均为一级反应,可得

$$\frac{\mathrm{d}[A]}{\mathrm{d}t} = -k_1[A] \tag{1}$$

$[A] = 1 - x$，$[A]_0 = 1$，积分式(1)得

$$[A] = 1 - x = e^{-k_1 t} \tag{2}$$

$$\frac{d[B]}{dt} = k_1[A] - k_2[B] = k_1 e^{-k_1 t} - k_2[B] \tag{3}$$

以 $e^{k_2 t} dt$ 乘式(3)两边，得

$$e^{k_2 t} d[B] + e^{k_2 t} k_2[B] dt = k_1 e^{(k_2 - k_1)t} dt$$

或

$$d(e^{k_2 t}[B]) = k_1 e^{(k_2 - k_1)t} dt$$

积分上式，得

$$\int_0^{[B]} d(e^{k_2 t}[B]) = \frac{k_1}{k_2 - k_1} \int_0^t e^{(k_2 - k_1)t} d[(k_2 - k_1)t]$$

$$e^{k_2 t}[B] = \frac{k_1}{k_2 - k_1} [e^{(k_2 - k_1)t} - 1]$$

或

$$[B] = x - y = \frac{k_1}{k_2 - k_1} (e^{-k_1 t} - e^{-k_2 t}) \tag{4}$$

因为

$$[A] + [B] + [C] = [A]_0 = 1$$

所以

$$[C] = y = 1 - \frac{k_2}{k_2 - k_1} e^{-k_1 t} + \frac{k_1}{k_2 - k_1} e^{-k_2 t} \tag{5}$$

根据式(2)、式(4)、式(5)计算不同时间各组分之浓度，数据及图如下：

t/h	0	5.0	10	20	30	40	50	60
[A]	1	0.607	0.368	0.135	0.0498	0.0183	0.0067	0.0025
[B]	0	0.345	0.477	0.465	0.347	0.234	0.151	0.0946
[C]	0	0.048	0.155	0.400	0.603	0.748	0.842	0.903

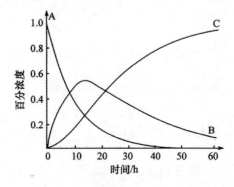

由上图可见中间物 B 的浓度随反应时间出现一峰值.

8-23　设 $A \xrightarrow{k_1} B \xrightarrow{k_2} C$ 为连续的一级反应.

(a) 请求出 B 浓度的极大值及出现极大值的反应时间.

(b) 请解释:若 $k_1 \gg k_2$,则 C 的生成速率只与 k_2 有关;若 $k_2 \gg k_1$,则只与 k_1 有关.

解　由题 8-22 结果可知,当 A 初始浓度为 a 时,

$$[B] = \frac{ak_1}{k_2 - k_1}(e^{-k_1 t} - e^{-k_2 t}) \tag{1}$$

$$[C] = a\left(1 - \frac{k_2}{k_2 - k_1}e^{-k_1 t} + \frac{k_1}{k_2 - k_1}e^{-k_2 t}\right) \tag{2}$$

(a) 当 [B] 有极大值时,

$$\frac{d[B]}{dt} = 0, \quad t = t_m$$

所以

$$\frac{ak_1}{k_2 - k_1}(k_2 e^{-k_2 t_m} - k_1 e^{-k_1 t_m}) = 0$$

$$\ln k_2 - k_2 t_m = \ln k_1 - k_1 t_m$$

$$t_m = \frac{\ln k_2 - \ln k_1}{k_2 - k_1}$$

将 t_m 值代入式(1)可得

$$[B]_m \doteq a\left(\frac{k_1}{k_2}\right)^{\frac{k_2}{k_2 - k_1}}$$

(b) 由式(2)可得

$$\frac{d[C]}{dt} = \frac{ak_1 k_2}{k_2 - k_1}(e^{-k_1 t} - e^{-k_2 t}) \tag{3}$$

当 $k_1 \gg k_2$ 时,

$$\frac{d[C]}{dt} = \frac{ak_1 k_2}{-k_1}(-e^{-k_2 t}) = ak_2 e^{-k_2 t}$$

故 C 的生成速率只与 k_2 有关.

当 $k_2 \gg k_1$ 时,

$$\frac{d[C]}{dt} = \frac{ak_1 k_2}{k_2}e^{-k_1 t} = ak_1 e^{-k_1 t}$$

在上述两种情况下,[C] 值分别为

$$[C] = a(1 - e^{-k_2 t}) \qquad (k_1 \gg k_2)$$

$$[C] = a(1 - e^{-k_1 t}) \qquad (k_2 \gg k_1)$$

C 的生成速率即为反应总速率. 故 $k_1 \gg k_2$ 时, 总反应相当于一个在 B 和 C 间进行的一级反应(B 的初始浓度为 a, 速率常数为 k_2); $k_2 \gg k_1$ 时, 总反应相当于直接在 A 和 C 间进行的一级反应(速率常数为 k_1).

8-24 试写出反应 $A \xrightarrow{k_1} B \underset{k_3}{\overset{k_2}{\rightleftharpoons}} C$ 的动力学方程的微分形式和积分形式.

解

$$A \xrightarrow{k_1} B \underset{k_3}{\overset{k_2}{\rightleftharpoons}} C$$

$$
\begin{array}{cccc}
t = 0 & a & 0 & 0 \\
t = t & x & y & z
\end{array}
$$

求微分式:

$$-\frac{\mathrm{d}x}{\mathrm{d}t} = k_1 x \tag{1}$$

$$-\frac{\mathrm{d}y}{\mathrm{d}t} = k_2 y - k_1 x - k_3 z \tag{2}$$

$$\frac{\mathrm{d}z}{\mathrm{d}t} = k_2 y - k_3 z \tag{3}$$

求积分式:

由式(1)得

$$x = a e^{-k_1 t} \tag{4}$$

式(4)及 $z = a - x - y$ 代入式(2), 得

$$\frac{\mathrm{d}y}{\mathrm{d}t} + (k_2 + k_3)y = ak_3 + (k_1 - k_3)a e^{-k_1 t}$$

解此一阶微分方程, 得

$$y = a\left\{\frac{k_1 - k_3}{k_1 - k_2 - k_3}[e^{-(k_2 + k_3)t} - e^{-k_1 t}] + \frac{k_3}{k_2 + k_3}[1 - e^{-(k_2 + k_3)t}]\right\}$$

所以

$$z = a\left\{1 - e^{-k_1 t} - \frac{k_3}{k_2 + k_3}[1 - e^{-(k_2 + k_3)t}] + \frac{k_1 - k_3}{k_1 - k_2 - k_3}[e^{-k_1 t} - e^{-(k_2 + k_3)t}]\right\}$$

8-25 d -樟脑- 3 羧酸(A)的热分解反应为

$$C_{10}H_{15}OCOOH(A) = C_{10}H_{16}O + CO_2 \tag{1}$$

实验表明溶剂不同, A 随时间减少的速度不同, 而以无水乙醇中减少较快, 这是因为在乙醇中有下列副反应发生:

$$C_{10}H_{15}OCOOH + C_2H_5OH = C_{10}H_{15}OCOOC_2H_5 + H_2O \tag{2}$$

今在 321.2 K 时用无水乙醇为溶剂进行实验,每次反应物的总体积为 $2.00 \times 10^{-4} m^3$, 在不同的时间, 每一次取出 $2.00 \times 10^{-5}\ m^3$ 样品, 用 5.00×10^{-2} $mol \cdot dm^{-3}$ 的 $Ba(OH)_2$ 滴定其中的酸(A)的量, 并用 KOH 溶液吸收反应放出的 CO_2, 数据如下:

$10^{-3}t/s$	0	0.600	1.200	1.800	2.400	3.600	4.800
$10^6 V_{Ba(OH)_2}/m^3$	20.00	16.26	13.25	10.68	8.74	5.88	3.99
$10^4 m_{CO_2}/kg$	0	0.841	1.545	2.095	2.482	3.045	3.556

请计算反应(1)和反应(2)的速率常数 k_1 和 k_2.

解　设反应(1)为一级反应. 在大量溶剂存在下, 反应(2)对 A 也可作为准一级反应处理, 并设在实验时间内该反应的逆反应可忽略. 则反应(1)和反应(2)可以作为下面类型的平行一级反应处理:

$$A \xrightarrow{k_1} B + C \tag{3}$$

$$A \xrightarrow{k_2} R + S \tag{4}$$

设 A 的初始浓度为 a, t 时刻消耗的 A 浓度为 x, 其中通过反应(1)和反应(2)消耗的部分分别为 y 和 z, 则

$$x = y + z \tag{5}$$

$$\frac{dy}{dt} = k_1(a - y - z) \tag{6}$$

$$\frac{dz}{dt} = k_2(a - y - z) \tag{7}$$

$$\frac{dx}{dt} = (k_1 + k_2)(a - y - z) = (k_1 + k_2)(a - x) \tag{8}$$

所以

$$k_1 + k_2 = \frac{1}{t}\ln\frac{a}{a - x} \tag{9}$$

由式(6)和式(7)两式相除, 得

$$\frac{k_1}{k_2} = \frac{y}{z} \tag{10}$$

现以 $t = 0.600 \times 10^3$ s 为例做计算.

$$a = \frac{(20.00 \times 10^{-6}\ m^3) \times (5.00 \times 10^{-2}\ mol \cdot dm^{-3})}{2.00 \times 10^{-5}\ m^3} \times 2 = 0.100\ mol \cdot dm^{-3}$$

$$a - x = \frac{(16.26 \times 10^{-6}\ m^3) \times (5.00 \times 10^{-2}\ mol \cdot dm^{-3})}{2.00 \times 10^{-5}\ m^3} \times 2 = 0.0813\ mol \cdot dm^{-3}$$

所以

$$k_1 + k_2 = \frac{1}{0.600 \times 10^3 \text{ s}} \ln \frac{0.100 \text{ mol} \cdot \text{dm}^{-3}}{0.0813 \text{ mol} \cdot \text{dm}^{-3}} = 3.45 \times 10^{-4} \text{ s}^{-1}$$

又

$$n_{CO_2} = \frac{0.841 \times 10^{-4} \text{ kg}}{44.0 \times 10^{-3} \text{ kg} \cdot \text{mol}^{-1}} = 1.91 \times 10^{-3} \text{ mol}$$

所以

$$y = \frac{1.91 \times 10^{-3} \text{ mol}}{0.200 \text{ dm}^3} = 9.55 \times 10^{-3} \text{ mol} \cdot \text{dm}^{-3}$$

$$z = 9.15 \times 10^{-3} \text{ mol} \cdot \text{dm}^{-3}$$

$$\frac{k_1}{k_2} = \frac{9.55 \times 10^{-3} \text{ mol} \cdot \text{dm}^{-3}}{9.15 \times 10^{-3} \text{ mol} \cdot \text{dm}^{-3}} = 1.04$$

所以

$$k_1 = 1.76 \times 10^{-4} \text{ s}^{-1}$$

$$k_2 = 1.69 \times 10^{-4} \text{ s}^{-1}$$

同理,由其余时刻的数据可求得 k_1 和 k_2 值:

$10^{-3}t/\text{s}$	0.600	1.200	1.800	2.400	3.600	4.800
$10^4 k_1/\text{s}^{-1}$	1.76	1.78	1.78	1.73	1.67	1.68
$10^4 k_2/\text{s}^{-1}$	1.69	1.64	1.71	1.73	1.73	1.67

以上结果说明 k_1 和 k_2 在实验时间内均为一常数,故反应(1)和反应(2)确为一级反应.取平均值,得

$$\overline{k_1} = 1.73 \times 10^{-4} \text{ s}^{-1}$$

$$\overline{k_2} = 1.70 \times 10^{-4} \text{ s}^{-1}$$

8-26　乙酸高温裂解制乙烯酮,副反应生成甲烷:

$$CH_3COOH \xrightarrow{k_1} CH_2 = CO + H_2O \tag{1}$$

$$CH_3COOH \xrightarrow{k_2} CH_4 + CO_2 \tag{2}$$

已知 1189.2 K 时,$k_1 = 4.65 \text{ s}^{-1}$,$k_2 = 3.74 \text{ s}^{-1}$,试计算

(a) 99% 乙酸反应需要的时间.

(b) 1189.2 K 时,乙烯酮的最高产率(Y_{max}).应如何提高选择性?

解　设 x 和 y 分别代表乙烯酮和甲烷在时间为 t 时的浓度,a 为乙酸的起始浓度.反应(1)、反应(2)的速率方程为

$$\frac{dx}{dt} = k_1(a - x - y) \tag{3}$$

$$\frac{dy}{dt} = k_2(a - x - y) \tag{4}$$

$$\frac{d(x + y)}{dt} = (k_1 + k_2)(a - x - y) \tag{5}$$

积分式(5),得

$$t = \frac{1}{k_1 + k_2}\ln\frac{a}{a - (x + y)} \tag{6}$$

(a) 将 $x + y = 0.99a$ 代入式(6)可求得

$$t = \frac{1}{(4.65 + 3.74)\text{s}^{-1}}\ln\frac{a}{0.01a} = 0.549 \text{ s}$$

(b) 将 $\dfrac{x}{y} = \dfrac{k_1}{k_2} = \dfrac{4.65}{3.74}$ 与 $x + y = 0.99a$ 联立,可求得

$$x = 0.549a, \quad y = 0.441a$$

所以

$$Y_{max} = \frac{0.549a}{0.99a} = 55.5\%$$

由于主、副反应的 k 值相差不大,说明两反应的活化能相近,故改变温度不足以提高乙烯酮在产品中含量.惟有选择适当的催化剂,降低主反应活化能 $E_{a,1}$,使 k_1 增大才有可能提高选择性.

8-27 设平行反应 $A \xrightarrow{k_1} B$ (1)与 $A \xrightarrow{k_2} C$ (2)有如下动力学数据:

反应	活化能 $E_a/(\text{kJ}\cdot\text{mol}^{-1})$	指前因子 A/s^{-1}
(1)	108.8	1.00×10^{13}
(2)	83.7	1.00×10^{13}

(a) 试问提高反应温度时,哪一个反应的反应速率增加较快? 为什么?

(b) 提高反应温度,能否使 $k_1 > k_2$?

(c) 如把温度由 300 K 增高至 1000 K,试问反应产物中 B 和 C 的分布(以物质的量计)发生了怎样的变化?

解 由阿伦尼乌斯公式

$$k = A\exp\left(-\frac{E_a}{RT}\right), \qquad \frac{d\ln k}{dT} = \frac{E_a}{RT^2}$$

(a)　　　$\dfrac{d\ln k_1}{dT} = \dfrac{E_{a,1}}{RT^2}, \quad \dfrac{d\ln k_2}{dT} = \dfrac{E_{a,2}}{RT^2}$

因为

$$E_{a,1} > E_{a,2}$$

所以

$$\frac{\mathrm{d}\ln k_1}{\mathrm{d}T} > \frac{\mathrm{d}\ln k_2}{\mathrm{d}T}$$

即提高反应温度,反应(1)的反应速率 k_1 增加较快.

(b) 已知 $A_1 = A_2$,故有

$$\frac{k_1}{k_2} = \exp\left(\frac{-E_{a,1} + E_{a,2}}{RT}\right) = \exp\left(-\frac{3019\ \mathrm{K}}{T}\right) < 1$$

即 $k_1 < k_2$,即使 $T \to \infty$,也只能使 $k_1 \to k_2$.

(c)
$$\frac{\mathrm{d}[\mathrm{B}]}{\mathrm{d}t} = k_1[\mathrm{A}]$$

$$\frac{\mathrm{d}[\mathrm{C}]}{\mathrm{d}t} = k_2[\mathrm{A}]$$

所以

$$\frac{\mathrm{d}[\mathrm{B}]/\mathrm{d}t}{\mathrm{d}[\mathrm{C}]/\mathrm{d}t} = \frac{k_1}{k_2}$$

由于反应(1)和反应(2)同时开始而又彼此独立进行,且开始时 $[\mathrm{B}]_0 = [\mathrm{C}]_0 = 0$,所以有

$$\frac{\mathrm{d}[\mathrm{B}]/\mathrm{d}t}{\mathrm{d}[\mathrm{C}]/\mathrm{d}t} = \frac{[\mathrm{B}]}{[\mathrm{C}]}$$

$$\frac{[\mathrm{B}]}{[\mathrm{C}]} = \frac{k_1}{k_2}$$

$$\frac{\left(\frac{[\mathrm{B}]}{[\mathrm{C}]}\right)_{T=1000\ \mathrm{K}}}{\left(\frac{[\mathrm{B}]}{[\mathrm{C}]}\right)_{T=300\ \mathrm{K}}} = \frac{\left(\frac{k_1}{k_2}\right)_{T=1000\ \mathrm{K}}}{\left(\frac{k_1}{k_2}\right)_{T=300\ \mathrm{K}}} = \frac{\exp\left(-\dfrac{3019\ \mathrm{K}}{1000\ \mathrm{K}}\right)}{\exp\left(-\dfrac{3019\ \mathrm{K}}{300\ \mathrm{K}}\right)} = e^{7.04} = 1.14 \times 10^3$$

即把反应温度由 300 K 升到 1000 K,反应产物中 B 和 C 的物质的量之比提高 1.14×10^3 倍.但不管温度增加多少,$[\mathrm{B}]/[\mathrm{C}]$ 增大多少倍,$[\mathrm{B}]$ 不可能超过 $[\mathrm{C}]$.

8-28 现有如下可逆气相基元反应(设气体为理想气体)

$$a\mathrm{A} + b\mathrm{B} \Longrightarrow g\mathrm{G} + h\mathrm{H}$$

(a) 以压力和浓度为量纲表示反应速率时,相应的速率常数为 k_p 和 k_c.请导出两者之间的关系式.

(b) 同一反应以压力和浓度单位表示物种数量时的阿伦尼乌斯活化能分别为 $E_{a,p}$ 和 $E_{a,c}$.请问两者是否相等? 对上述正、逆反应,两者的关系如何?

(c) "正逆反应的活化能之差等于反应焓变",请问此命题是否成立?

解　(a)
$$r_c = -\frac{1}{a}\frac{d[A]}{dt} = k_c[A]^a[B]^b \tag{1}$$

$$r_p = -\frac{1}{a}\frac{dp_A}{dt} = k_p p_A^a p_B^b \tag{2}$$

对理想气体, $[A] = \dfrac{p_A}{RT}$, $[B] = \dfrac{p_B}{RT}$. 将 $\dfrac{d[A]}{dt} = \dfrac{1}{RT}\dfrac{dp_A}{dt}$ 代入式(1),得

$$-\frac{1}{a}\frac{d[A]}{dt} = -\frac{1}{a}\frac{1}{RT}\frac{dp_A}{dt} = k_c\left(\frac{p_A}{RT}\right)^a\left(\frac{p_B}{RT}\right)^b$$

所以

$$-\frac{1}{a}\frac{dp_A}{dt} = k_c(RT)^{1-(a+b)}p_A^a p_B^b \tag{3}$$

比较式(2)、式(3),得

$$k_p = k_c(RT)^{1-(a+b)} = k_c(RT)^{1-n} \tag{4}$$

$n = a + b$ 为反应总级数.

(b) 活化能的定义式为 $E_a = RT^2\dfrac{d\ln k}{dT}$,用于式(4)可得

$$RT^2\frac{d\ln k_p}{dT} = RT^2\frac{d\ln k_c}{dT} + [1-(a+b)]RT$$

$$E_{a,p} = E_{a,c} + [1-(a+b)]RT$$

这是对上述正反应而言的,故可写成

$$E_{a,p}(\text{正}) = E_{a,c}(\text{正}) + [1-(a+b)]RT \tag{5}$$

同理

$$E_{a,p}(\text{逆}) = E_{a,c}(\text{逆}) + [1-(g+h)]RT \tag{6}$$

(c) 由范特霍夫(Van't Hoff)方程,对理想气体

$$\frac{d\ln K_p^\ominus}{dT} = \frac{\Delta_r H_m^\ominus}{RT^2}, \qquad \frac{d\ln K_c^\ominus}{dT} = \frac{\Delta_r U_m^\ominus}{RT^2}$$

或

$$\frac{d\ln K_p}{dT} = \frac{\Delta_r H_m^\ominus}{RT^2}, \qquad \frac{d\ln K_c}{dT} = \frac{\Delta_r U_m^\ominus}{RT^2}$$

所以

$$\frac{d\ln k_p(\text{正})}{dT} - \frac{d\ln k_p(\text{逆})}{dT} = \frac{\Delta_r H_m^\ominus}{RT^2}$$

$$\frac{d\ln k_c(\text{正})}{dT} - \frac{d\ln k_c(\text{逆})}{dT} = \frac{\Delta_r U_m^\ominus}{RT^2}$$

由此可得

$$E_{a,p}(正) - E_{a,p}(逆) = \Delta_r H_m^{\ominus} \tag{7}$$

$$E_{a,c}(正) - E_{a,c}(逆) = \Delta_r U_m^{\ominus} \tag{8}$$

因此,"正逆反应活化能之差等于反应焓变"这一命题是不全面的.此外,由于 $\Delta_r H_m^{\ominus} = \Delta_r U_m^{\ominus} + \Delta(pV) = \Delta_r U_m^{\ominus} + [(g+h)-(a+b)]RT$,故由式(7)、式(8),

$$E_{a,p}(正) - E_{a,p}(逆) = E_{a,c}(正) - E_{a,c}(逆) + [(g+h)-(a+b)]RT \tag{9}$$

而由式(5)−式(6)同样可以得到式(9).特例是当反应前后分子数不变,即 $g+h=a+b$,则 $\Delta_r H_m^{\ominus} = \Delta_r U_m^{\ominus}$,$E_{a,p}(正) - E_{a,p}(逆) = E_{a,c}(正) - E_{a,c}(逆)$此时题中所给命题完全正确.

*8-29　对于负活化能问题,在不同层次有不同的解释.请从总反包应层次、元反应层次、态-态反应层次对负活化能问题给予说明.

解　(a) 在总包反应层次,活化能没有明确的物理意义.根据活化能的定义式:$E_a = RT^2(\mathrm{d}\ln k/\mathrm{d}T)$,此时负活化能只是指反应速率的负温度系数.其原因相当复杂,如酶催化剂在高温时失活使反应速率降低、反应机理的改变、决速步的改变等.

(b) 在元反应层次,根据 Tolman 的定义:$E_a = \langle E^* \rangle - \langle E \rangle$,即能发生反应的活化分子的平均能量与所有分子平均能量的差值.这是运用能量的量子能级表述及统计力学求统计平均的方法得到的,所以元反应的活化能具有明确的物理意义.但研究发现元反应也有负活化能现象,主要为 NO 参与的反应和原子复合反应两类三分子反应:

$$2NO + O_2 \longrightarrow 2NO_2$$

$$I + I + M \longrightarrow I_2 + M$$

如何认识这种现象? 有一公认的观点,认为并非真正的三分子反应,而是由两个双分子反应所组成.例如:

传能历程:　$I + I \underset{}{\overset{K}{\rightleftharpoons}} I_2^*$,　$I_2^* + M \overset{k_3}{\longrightarrow} I_2 + M$(传能作用)

媒介物历程:　$R + M \underset{}{\overset{K}{\rightleftharpoons}} RM^*$,　$RM^* + R \underset{}{\overset{k_3}{\rightleftharpoons}} R_2 + M$

由以上历程可得 $k = Kk_3$,则 $E_a = \Delta_r H_m + E_{a,3}$.若 $\Delta_r H_m$ 为强放热反应,且 $E_{a,3} < |\Delta_r H_m|$,则 $E_a < 0$.但难于用纯动力学方法鉴别这两种历程,而微观反应动力学则给出了新的解释.

(c) 在态-态反应层次,负活化能现象是简单碰撞理论和过渡态理论都不能解释的宏观动力学现象.这里以 $HO_2 + NO$ 反应为例,按 Tolman 观点解释其负活化能($E_a = -2.1$ kJ·mol^{-1}).当指定能态的自由基 HO_2 与 NO 分子相互接近时,彼此吸引不断放出能量,逐步形成活化络合物 HO…O…NO.这种络合物的结构比较紧密,寿命较长,其结果使得它的平均能量 $\langle E^* \rangle$ 明显低于反应物分子的平均能量

(如下图所示). 如果这种长寿命络合物被第三体碰撞, 取走一定能量, 它将变成分子 HOONO; 如活化络合物没遭到第三体碰撞, 则它将分解出产物分子 HO + NO$_2$, 完成反应. 按 Tolman 的观点, $\langle E^* \rangle$ 与 $\langle E \rangle$ 之差就是活化能。所以图中清楚地显示了元反应 HO$_2$ + NO 的活化能是一负值.

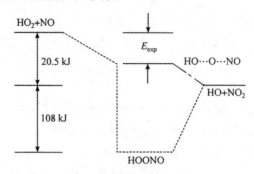

8-30　在自催化反应中, 反应产物之一对正反应有促进作用, 因而反应速率增长极快, 今有一简单反应 A ⟶ B, 其速率方程为

$$-\frac{d[A]}{dt} = k[A][B]$$

当初始浓度分别为 $[A]_0$ 和 $[B]_0$ 时, 解上述速率方程, 以求出在反应某时刻 t 时产物 B 的浓度.

解　　　　　　　　　　　A　⟶　B

$$t = 0 \qquad [A]_0 \qquad [B]_0$$
$$t = t \qquad [A]_0 - x \quad [B]_0 + x$$

所以

$$\frac{dx}{dt} = k([A]_0 - x)([B]_0 + x)$$

$$k\,dt = \frac{dx}{([A]_0 - x)([B]_0 + x)} = \frac{1}{([A]_0 + [B]_0)}\left\{\frac{dx}{([A]_0 - x)} + \frac{dx}{([B]_0 + x)}\right\}$$

积分上式, 得

$$kt = \frac{1}{[A]_0 + [B]_0}\ln\frac{([B]_0 + x)[A]_0}{([A]_0 - x)[B]_0}$$

或

$$\frac{[B]_0 + x}{[A]_0 - x} = \frac{[B]_0}{[A]_0}\exp\{([A]_0 + [B]_0)kt\}$$

为简化, 令 $([A]_0 + [B]_0)kt = M$, 则

$$[B]_0 + x = \frac{[B]_0}{[A]_0}([A]_0 - x)e^M$$

$$x = \frac{[B]_0 e^M - [B]_0}{1 + \frac{[B]_0}{[A]_0} e^M}$$

所以

$$[B] = [B]_0 + x = [B]_0 + \frac{[B]_0 e^M - [B]_0}{1 + \frac{[B]_0}{[A]_0} e^M}$$

$$= \frac{[B]_0([A]_0 + [B]_0)}{[A]_0 e^{-M} + [B]_0} = \frac{[B]_0([A]_0 + [B]_0)}{[A]_0 e^{-([A]_0 + [B]_0)kt} + [B]_0}$$

8-31　设一反应 $A + B \longrightarrow 2B + C$ 的速率方程为 $r = k[A][B]$.

(a) 请推导该自催化反应的速率方程的积分式.

(b) 若 $[A]_0 = 0.100$ mol·dm^{-3}, $[B]_0 = 0.001$ mol·dm^{-3}, $k = 0.100$ dm^3·mol^{-1}·s^{-1}, 请大致描出 $[B]$-t 曲线.

解　(a)　　　　　　　　　$r = k[A][B]$

$$-\frac{d[A]}{dt} = \frac{dx}{dt} = k([A]_0 - x)([B]_0 + x)$$

$$\frac{dx}{([A]_0 - x)([B]_0 + x)} = k\,dt$$

或

$$\frac{1}{[A]_0 + [B]_0}\left\{\frac{dx}{([A]_0 - x)} + \frac{dx}{([B]_0 + x)}\right\} = k\,dt$$

积分上式,得

$$\frac{1}{[A]_0 + [B]_0}\ln\frac{[A]_0([B]_0 + x)}{[B]_0([A]_0 - x)} = kt$$

或写成

$$\frac{1}{[A]_0 + [B]_0}\ln\frac{[B]_0^{-1}[B]}{[A]_0^{-1}[A]} = kt$$

(b) 将 $[A]_0$、$[B]_0$ 和 k 的给定值代入速率方程积分式,得

$$\ln\frac{[B]}{[A]} = 1.01 \times 10^{-2}\ t/s - 4.61$$

计算出不同时刻的 x 值,进而可得到 $[B]$ 值,有关数据如下(为作图方便,t 以分为单位):

t/min	0.50	1.00	2.00	4.00	6.00	8.00	10.00	20.00
$x \times 10^3/(\text{mol·dm}^{-3})$	0.35	0.82	2.26	9.10	26.2	55.4	81.0	100
$[B] \times 10^3/(\text{mol·dm}^{-3})$	1.35	1.82	3.26	10.10	27.2	56.4	82.0	101

由下图可看到,反应有一诱导期,其后反应速率急剧上升,达到一最大值后,速率逐渐趋于平缓.

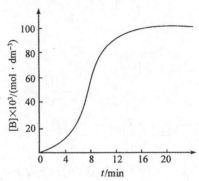

8-32 已知反应 $2NO + O_2 \longrightarrow 2NO_2$,其 $r = k[NO]^2[O_2]$.试设想一符合该速率方程的反应历程.

解　根据已知速率方程,反应物浓度之方次与化学反应式计量系数一致,故可设想其反应历程如下:

(a) $\qquad\qquad\qquad 2NO + O_2 \longrightarrow 2NO_2$

但由于三分子基元反应极少,我们设想可能在平衡过程中生成中间物,再由中间物参加决速步反应.故设想另外两种反应历程.

(b) $\qquad\qquad 2NO \underset{k_{-1}}{\overset{k_1}{\rightleftharpoons}} N_2O_2$　　　（快速平衡）　　　　　(1)

$\qquad\qquad N_2O_2 + O_2 \overset{k_2}{\longrightarrow} 2NO_2$　　　（决速步）　　　　(2)

$$r = -\frac{d[O_2]}{dt} = \frac{1}{2}\frac{d[NO_2]}{dt} = k_2[N_2O_2][O_2] \qquad\qquad (3)$$

若反应(1)符合"平衡假设",则

$$k_1[NO]^2 = k_{-1}[N_2O_2] \qquad\qquad\qquad (4)$$

将式(4)代入式(3),得

$$r = k_2[O_2] \times \frac{k_1}{k_{-1}}[NO]^2 = k[NO]^2[O_2] \qquad\qquad (5)$$

$$\left(k = \frac{k_1 k_2}{k_{-1}} \right)$$

(c) $\qquad\qquad NO + O_2 \underset{k_4}{\overset{k_3}{\rightleftharpoons}} NO_3$　　　（快速平衡）　　　(6)

$\qquad\qquad NO_3 + NO \overset{k_5}{\longrightarrow} 2NO_2$　　　（决速步）　　　(7)

若反应(6)符合"平衡假设",则

$$k_3[NO][O_2] = k_4[NO_3] \qquad\qquad\qquad (8)$$

$$r = \frac{1}{2}\frac{d[NO_2]}{dt} = k_5[NO_3][NO] = k_5[NO] \times \frac{k_3}{k_4}[NO][O_2]$$

$$= k[NO]^2[O_2] \qquad \left(k = \frac{k_3k_5}{k_4}\right)$$

以上三种历程,还可以从物质结构及热力学原理进一步分析可能性,最终则由实验做出判断.

8-33 在水溶液中,Br^- 催化的苯胺与亚硝酸反应式如下:

$$H^+ + HNO_2 + C_6H_5NH_2 \xrightarrow{Br^-} C_6H_5N_2^+ + 2H_2O$$

已知速率方程为 $r = k[H^+][HNO_2][Br^-]$,若中间物 NOBr 存在,试设想其反应历程.

解 Br^- 在计量方程中不存在,却出现在速率方程中且级数为正,故 Br^- 为正催化剂.它或为速控步前平衡反应的反应物,或参加速控步反应,而在随后的快速反应中再生.反应物 $C_6H_5NH_2$ 不出现在速率方程中,故在速控步后出现.现设想如下历程:

(1) $H^+ + HNO_2 \underset{k_{-1}}{\overset{k_1}{\rightleftharpoons}} H_2NO_2^+$ (快速平衡)

(2) $H_2NO_2^+ + Br^- \xrightarrow{k_2} NOBr + H_2O$ (决速步)

(3) $NOBr + C_6H_5NH_2 \xrightarrow{k_3} C_6H_5N_2^+ + H_2O + Br^-$ (快反应)

由于反应历程(2)是总反应的决速步,故总反应速率为

$$r = k_2[H_2NO_2^+][Br^-]$$

中间产物的浓度 $[H_2NO_2^+]$ 可由快速平衡反应(1)求得:

$$[H_2NO_2^+] = \frac{k_1}{k_{-1}}[H^+][HNO_2]$$

故

$$r = \frac{k_1k_2}{k_{-1}}[H^+][HNO_2][Br^-] = k[H^+][HNO_2][Br^-]$$

其中,$k = \dfrac{k_1k_2}{k_{-1}}$.

可见,由反应历程(1)~反应历程(3)导出的反应速率方程与实验得出的速率方程一致.

8-34 298.2 K 在水溶液中有反应 $ClO^- + I^- \longrightarrow Cl^- + IO^-$.在不同初始浓度时,测得相应的初始速率,实验结果如下页表:

项目	1	2	3	4
$10^3[ClO^-]_0/(mol \cdot dm^{-3})$	4.00	2.00	2.00	2.00
$10^3[I^-]_0/(mol \cdot dm^{-3})$	2.00	4.00	2.00	2.00
$10^3[OH^-]_0/(mol \cdot dm^{-3})$	1000	1000	1000	250
$10^3 r_0/(mol \cdot dm^{-3} \cdot s^{-1})$	0.48	0.50	0.24	0.94

(a) 求反应速率方程及速率常数.

(b) 试设计一反应历程,使符合(a)的速率方程.

解　(a) 设该反应速率方程为

$$r = k[ClO^-]^a[I^-]^b[OH^-]^c \tag{1}$$

先由上表实验(3)、实验(4)数据进行分析. 仅改变$[OH^-]$而其他组分不变时,代入式(1):

$$\frac{r_0(3)}{r_0(4)} = \frac{0.24 \times 10^{-3}\ mol \cdot dm^{-3} \cdot s^{-1}}{0.94 \times 10^{-3}\ mol \cdot dm^{-3} \cdot s^{-1}} \approx \frac{1}{4}$$

$$\frac{r_0(3)}{r_0(4)} = \left(\frac{[OH^-](3)}{[OH^-](4)}\right)^c = \left(\frac{1000}{250}\right)^c = \left(\frac{1}{4}\right)^{-1}$$

所以

$$c = -1$$

同理,分别由上表实验(2)、实验(3)数据和实验(1)、实验(2)数据,得

$$b = 1, \quad a = 1$$

所以

$$r = k[ClO^-][I^-][OH^-]^{-1} \tag{2}$$

将四组实验数据分别代入式(2)求 k 并取平均值,得

$$\bar{k} = 60.3\ s^{-1}$$

(b) OH^-不出现在计量方程中,而出现在速率方程中,且级数为-1,故 OH^- 为负催化剂,在决速步前快速平衡反应的产物一方出现而又不参加决速步. 可设想如下历程:

$$I^- + H_2O \underset{k_{-2}}{\overset{k_2}{\rightleftharpoons}} HI + OH^- \qquad \text{(快速平衡)}$$

$$HI + ClO^- \xrightarrow{k_3} IO^- + H^+ + Cl^- \qquad \text{(决速步)}$$

$$k_2[I^-][H_2O] = k_{-2}[OH^-][HI]$$

$$[HI] = \frac{k_2[I^-][H_2O]}{k_{-2}[OH^-]}$$

所以

$$r = k_3[\mathrm{HI}][\mathrm{ClO}^-]$$

$$= \frac{k_2 k_3 [\mathrm{H_2O}]}{k_{-2}}[\mathrm{ClO}^-][\mathrm{I}^-][\mathrm{OH}^-]^{-1}$$

$$= k[\mathrm{ClO}^-][\mathrm{I}^-][\mathrm{OH}^-]^{-1}$$

其中,$k = \dfrac{k_2 k_3 [\mathrm{H_2O}]}{k_{-2}}$.

$\mathrm{H_2O}$ 为溶剂,故 $[\mathrm{H_2O}]$ 归入常数项. 可见,由上述反应机理导出的速率方程与实验方程一致.

8-35 气相反应

$$2\mathrm{NO_2Cl} \longrightarrow 2\mathrm{NO_2} + \mathrm{Cl_2}$$

速率方程为 $r = k[\mathrm{NO_2Cl}]$,试设计一反应历程,使与反应速率方程相符合.

解 反应级数小于 $\mathrm{NO_2Cl}$ 的计量系数,故速控步后必有 $\mathrm{NO_2Cl}$ 参与的反应. 设想如下历程:

(1) $\mathrm{NO_2Cl} \xrightarrow{k_1} \mathrm{NO_2} + \mathrm{Cl}$ （决速步）

(2) $\mathrm{NO_2Cl} + \mathrm{Cl} \xrightarrow{k_2} \mathrm{NO_2} + \mathrm{Cl_2}$ （快速反应）

由稳态近似,得

$$\frac{\mathrm{d}[\mathrm{Cl}]}{\mathrm{d}t} = k_1[\mathrm{NO_2Cl}] - k_2[\mathrm{NO_2Cl}][\mathrm{Cl}] = 0$$

所以

$$[\mathrm{Cl}] = \frac{k_1}{k_2}$$

以 $\mathrm{NO_2Cl}$ 的消耗来表示反应速率,则

$$r = -\frac{1}{2}\frac{\mathrm{d}[\mathrm{NO_2Cl}]}{\mathrm{d}t} = \frac{1}{2}(k_1[\mathrm{NO_2Cl}] + k_2[\mathrm{NO_2Cl}][\mathrm{Cl}]) = k_1[\mathrm{NO_2Cl}]$$

这与实验速率方程一致.

8-36 气相反应

$$2\mathrm{Cl_2O} + 2\mathrm{N_2O_5} \longrightarrow 2\mathrm{NO_3Cl} + 2\mathrm{NO_2Cl} + \mathrm{O_2}$$

假设反应历程如下:

(1) $\mathrm{N_2O_5} \underset{k_{-1}}{\overset{k_1}{\rightleftharpoons}} \mathrm{NO_2} + \mathrm{NO_3}$ （快速平衡）

(2) $\mathrm{NO_2} + \mathrm{NO_3} \xrightarrow{k_2} \mathrm{NO} + \mathrm{O_2} + \mathrm{NO_2}$ （决速步）

(3) $\mathrm{NO} + \mathrm{Cl_2O} \xrightarrow{k_3} \mathrm{NO_2Cl} + \mathrm{Cl}$ （快速反应）

(4) $\mathrm{Cl} + \mathrm{NO_3} \xrightarrow{k_4} \mathrm{NO_3Cl}$ （快速反应）

以后的反应,为由反应物 Cl_2O 参与的若干快速基元反应组成.请根据平衡假设写出其速率表达式.

解 由平衡假设可得

$$k_1[N_2O_5] = k_{-1}[NO_2][NO_3]$$

所以

$$[NO_2][NO_3] = \frac{k_1}{k_{-1}}[N_2O_5]$$

决速步的反应速率即为反应总速率,故有

$$r = k_2[NO_2][NO_3] = \frac{k_1 k_2}{k_{-1}}[N_2O_5]$$

8-37 N_2O_5 分解历程如下:

$$N_2O_5 \underset{k_{-1}}{\overset{k_1}{\rightleftharpoons}} NO_2 + NO_3 \tag{1}$$

$$NO_2 + NO_3 \overset{k_2}{\longrightarrow} NO + O_2 + NO_2 \tag{2}$$

$$NO + NO_3 \overset{k_3}{\longrightarrow} 2NO_2 \tag{3}$$

(a) 请用稳态近似证明 $r_a = k[N_2O_5]$,此处 $k = \dfrac{k_1 k_2}{k_{-1} + 2k_2}$.

(b) 请用平衡假设求反应速率方程 r_b. 设反应(2)为决速步.

(c) 在什么条件下 $r_a = r_b$?

(d) 为什么反应

$$2Cl_2O + 2N_2O_5 \longrightarrow 2NO_3Cl + 2NO_2Cl + O_2$$

的反应速率常数与 N_2O_5 分解反应的速率常数数值上相等?

解 (a) 对 NO 和 NO_3 用稳态近似:

$$\frac{d[NO]}{dt} = k_2[NO_2][NO_3] - k_3[NO][NO_3] = 0$$

即

$$k_2[NO_2][NO_3] = k_3[NO][NO_3] \tag{4}$$

$$\frac{d[NO_3]}{dt} = k_1[N_2O_5] - k_{-1}[NO_2][NO_3] - k_2[NO_2][NO_3] - k_3[NO][NO_3] = 0 \tag{5}$$

将式(4)代入式(5),得

$$[NO_3] = \frac{k_1[N_2O_5]}{(k_{-1} + 2k_2)[NO_2]} \tag{6}$$

反应式(2)为决速步,故有

$$r_a = k_2[NO_2][NO_3]$$

将式(6)代入上式,得

$$r_a = \frac{k_1 k_2}{k_{-1} + 2k_2}[N_2O_5] = k[N_2O_5] \tag{7}$$

其中,$k = \dfrac{k_1 k_2}{k_{-1} + 2k_2}$.

(b) 应用平衡假设

$$K = \frac{[NO_2][NO_3]}{[N_2O_5]} = \frac{k_1}{k_{-1}}$$

所以

$$r_b = k_2[NO_2][NO_3] = \frac{k_1 k_2}{k_{-1}}[N_2O_5] = k'[N_2O_5]$$

其中,$k' = \dfrac{k_1 k_2}{k_{-1}}$.

(c) 当 $k_2 \ll k_{-1}$,即反应(2)确实很慢时,$k = k'$,由平衡假设及稳态近似所得反应速率方程相同,此时 $r_a = r_b$.

(d) 反应

$$2Cl_2O + 2N_2O_5 \longrightarrow 2NO_3Cl + 2NO_2Cl + O_2$$

其中,$k = \dfrac{k_1 k_2}{k_{-1}}$(参见题 8-36),与本题 N_2O_5 分解反应的速率常数相同.原因在于决速步前的反应步骤相同.尽管决速步之后的反应步骤不同,但对反应速率方程没有影响.

8-38 臭氧(O_3)气相分解反应

$$2O_3 \longrightarrow 3O_2$$

其历程如下:

$$O_3 \underset{k_{-1}}{\overset{k_1}{\rightleftharpoons}} O_2 + O \tag{1}$$

$$O + O_3 \overset{k_2}{\longrightarrow} 2O_2 \tag{2}$$

(a) 写出 $\dfrac{d[O_2]}{dt}$,$\dfrac{d[O_3]}{dt}$ 的表达式;

(b) 若对 O 用稳态近似,试证明:

$$\frac{d[O_2]}{dt} = 3k_2[O_3][O]$$

$$\frac{d[O_3]}{dt} = -2k_2[O_3][O].$$

$$r = \frac{k_1 k_2 [O_3]^2}{k_{-1}[O_2] + k_2[O_3]}$$

(c) 若反应式(1)为快速平衡,反应式(2)为决速步,请导出反应速率方程.

解 (a)
$$\frac{d[O_2]}{dt} = k_1[O_3] - k_{-1}[O_2][O] + 2k_2[O][O_3] \tag{3}$$

$$\frac{d[O_3]}{dt} = -k_1[O_3] + k_{-1}[O_2][O] - k_2[O][O_3] \tag{4}$$

(b) 对 O 用稳态近似可得

$$\frac{d[O]}{dt} = k_1[O_3] - k_{-1}[O_2][O] - k_2[O][O_3] = 0 \tag{5}$$

将式(5)代入式(3)、式(4),得

$$\frac{d[O_2]}{dt} = 3k_2[O_3][O], \qquad \frac{d[O_3]}{dt} = -2k_2[O][O_3]$$

由式(5)可求出[O],即

$$[O] = \frac{k_1[O_3]}{k_{-1}[O_2] + k_2[O_3]}$$

所以

$$r = \frac{1}{3}\frac{d[O_2]}{dt} = -\frac{1}{2}\frac{d[O_3]}{dt} = k_2[O_3][O] = \frac{k_1 k_2 [O_3]^2}{k_{-1}[O_2] + k_2[O_3]}$$

(c) 反应式(1)为快速平衡,由平衡假设得

$$K = \frac{[O_2][O]}{[O_3]} = \frac{k_1}{k_{-1}}$$

所以

$$[O] = \frac{k_1[O_3]}{k_{-1}[O_2]}$$

反应式(2)为决速步,故有

$$r = k_2[O_3][O] = \frac{k_1 k_2 [O_3]^2}{k_{-1}[O_2]}$$

8-39 反应 $N_2O_5(1) + NO(2) \longrightarrow 3NO_2(3)$ 在 298.2 K 进行. 第一次实验: $p_1^0 = 1.33 \times 10^2$ Pa, $p_2^0 = 1.33 \times 10^4$ Pa,作 $\lg p_1$-t 图为一直线,由斜率得 $t_{1/2} = 2$ h; 第二次实验: $p_1^0 = p_2^0 = 6.67 \times 10^3$ Pa,测得不同时刻总压力,数据如下:

$t/$h	0	1	2
$p_1/10^4$ Pa	1.33	1.53	1.67

(a) 假设实验速率方程为 $r = kp_1^x p_2^y$，试求 x、y 并计算 k 值.

(b) 设想该反应的历程为

$$N_2O_5 \underset{k_{-1}}{\overset{k_1}{\rightleftharpoons}} NO_2 + NO_3$$

$$NO + NO_3 \xrightarrow{k_2} 2NO_2$$

请用稳态近似推导速率方程

(c) 当 $p_1^0 = 1.33 \times 10^4$ Pa, $p_2^0 = 1.33 \times 10^2$ Pa 时，NO 反应掉一半所需的时间为多少?

解　(a)
$$-\frac{\mathrm{d}p_1}{\mathrm{d}t} = kp_1^x p_2^y$$

据第一次实验 $p_2 \gg p_1$，则

$$-\frac{\mathrm{d}p_1}{\mathrm{d}t} = k' p_1^x$$

由实验已知 $\lg p_1\text{-}t$ 图为一直线，这是一级反应的特点，故 $x = 1$.

$$
\begin{array}{ccccccc}
 & N_2O_5 & + & NO & \longrightarrow & 3NO_2 & \text{总压} \\
t = 0 & p_1^0 & & p_2^0 & & p_3^0 & p_0 \\
t = t & p_1^0 - x & & p_2^0 - x & & p_3^0 + 3x & p_t \\
t = \infty & 0 & & p_2^0 - p_1^0 & & p_3^0 + 3p_1^0 & p_\infty
\end{array}
$$

$$p_0 = p_1^0 + p_2^0 + p_3^0$$

$$p_t = p_1^0 + p_2^0 + p_3^0 + x$$

$$p_\infty = 2p_1^0 + p_2^0 + p_3^0$$

所以

$$\frac{p_\infty - p_t}{p_\infty - p_0} = \frac{p_1^0 - x}{p_1^0} = \text{反应未完成的分数}$$

由第二次实验数据, $p_1^0 = p_2^0 = 6.67 \times 10^3$ Pa, $p_3^0 = 0$, 故

$$p_\infty = 3p_1^0 = 2.00 \times 10^4 \text{ Pa}$$

$t = 1h$ 时,　反应未完成百分数 $= \dfrac{(2.00 - 1.53) \times 10^4 \text{ Pa}}{(2.00 - 1.33) \times 10^4 \text{ Pa}} = 70.1\%$

$t = 2h$ 时,　反应未完成百分数 $= \dfrac{(2.00 - 1.67) \times 10^4 \text{ Pa}}{(2.00 - 1.33) \times 10^4 \text{ Pa}} = 49.3\%$

可见, 第一小时后, 反应完成约 30%, 如将 $t = 1h$ 时的压力作为起始压力, 则

又过 1h 后,反应完成也约为 30 %$\left(\dfrac{20.8\%}{70.1\%}\right)$,这说明该反应分数寿期与反应物起始浓度无关,这是一级反应的特点.

因为

$$p_1^0 = p_2^0$$

所以

$$r = kp_1^x p_2^y = kp_1^{x+y} = kp_1$$

$x + y = 1$,而 $x = 1$,故 $y = 0$,则

$$k_1 = \frac{\ln2}{t_{1/2}} = \frac{\ln2}{7.20 \times 10^3 \text{ s}} = 9.63 \times 10^{-5} \text{ s}^{-1}$$

(b) 对 NO_3 用稳态近似,

$$\frac{dp_{NO_3}}{dt} = k_1 p_1 - k_{-1} p_3 p_{NO_3} - k_2 p_2 p_{NO_3} = 0$$

所以

$$p_{NO_3} = \frac{k_1 p_1}{k_{-1}p_3 + k_2 p_2}$$

若反应历程第二步为速控步,则

$$r = k_2 p_2 p_{NO_3} = \frac{k_1 k_2 p_1 p_2}{k_{-1}p_3 + k_2 p_2} = kp_1$$

其中,$k = \dfrac{k_1 k_2 p_2}{k_{-1}p_3 + k_2 p_2}$.

根据实验结果,反应速率仅与 p_1 有关.当 $k_2 p_2 \gg k_{-1}p_3$ 时,$k = k_1$,$r = k_1 p_1$.

(c) $p_1 \gg p_2$,根据(a)的结果 $k_1 = 9.63 \times 10^{-5} \text{ s}^{-1}$,则

$$t = \frac{1}{k_1} \ln \frac{p_1^0}{p_1^0 - x}$$

$$= \frac{1}{9.63 \times 10^{-5} \text{ s}^{-1}} \ln \frac{1.33 \times 10^4 \text{ Pa}}{\left(1.33 \times 10^4 - \frac{1}{2} \times 1.33 \times 10^2\right)\text{Pa}} = 52.1 \text{ s}$$

8-40 反应　　　　　　$H_2(g) + D_2(g) = 2HD(g)$

在恒容下等分子数的 H_2 和 D_2 反应,得以下实验数据:

T/K	1008		946		
p_0/Pa	533.3	1067	600.0	1067	4266
$t_{1/2}/s$	196	135	1330	1038	546

试求该反应的级数并分析可能的反应历程.

解　对上述反应,当初始浓度相等时,有

$$t_{1/2} = \frac{2^{n-1}-1}{k p_0^{n-1}(n-1)}$$

$$n = 1 + \frac{\lg(t_{1/2}/t'_{1/2})}{\lg(p'_0/p_0)}$$

由上式可求得下列结果:

T/K	1008		946		
p_0/Pa	533.3　　　　1067		600.0　　　1067　　　4266		
n	1.54		1.43　　　1.46		

故该反应的级数为 1.5 级.

可能的反应历程是:

(1) $H_2 \underset{k_{-1}}{\overset{k_1}{\rightleftharpoons}} 2H$　　(快速平衡,$K_1 = \dfrac{k_1}{k_{-1}}$)

(2) $D_2 \underset{k_{-2}}{\overset{k_2}{\rightleftharpoons}} 2D$　　(快速平衡,$K_2 = \dfrac{k_2}{k_{-2}}$)

(3) $H + D_2 \xrightarrow{k_3} HD + D$

(4) $D + H_2 \xrightarrow{k_4} HD + H$

(5) $H + D \longrightarrow HD$

由于[H]和[D]在体系中很小,故式(5)中生成的[HD]可忽略不计.对式(1)和式(2)做平衡假设,可得

$$p_H = (K_1 p_{H_2})^{1/2}$$

$$p_D = (K_2 p_{D_2})^{1/2}$$

所以

$$r = k_3 p_H p_{D_2} + k_4 p_D p_{H_2} = k_3 (K_1 p_{H_2})^{1/2} p_{D_2} + k_4 (K_2 p_{D_2})^{1/2} p_{H_2}$$

由于是等分子反应,故 $p_{H_2} = p_{D_2}$,所以

$$r = (k_3 K_1^{1/2} + k_4 K_2^{1/2}) p_{H_2}^{1.5}$$

此速率方程与实验结果相符,但仍需做进一步的实验证明该历程的正确性.

8-41　异丙苯氧化成过氧化氢异丙苯的反应式为

$$\text{C}_6\text{H}_5\text{—CH(CH}_3)_2 + \text{O}_2 \xrightarrow[393.2\ K]{2.5\%\ ROOH} \text{C}_6\text{H}_5\text{—C(CH}_3)_2\text{OOH}$$

可简写为

$$RH + O_2 \longrightarrow ROOH$$

其反应历程为

链引发　　　　　$\Delta H/(\text{kJ}\cdot\text{mol}^{-1})$　$E/(\text{kJ}\cdot\text{mol}^{-1})$　$E'/(\text{kJ}\cdot\text{mol}^{-1})$

$$\text{ROOH} \xrightarrow{k_1} \text{RO} + \text{HO} \qquad 150.6 \qquad\qquad 150.6 \qquad\qquad 0 \qquad\qquad (1)$$

$$\text{RO} + \text{RH} \xrightarrow{k_2} \text{ROH} + \text{R} \qquad -104.6 \qquad\quad 16.74 \qquad\qquad 121.3 \qquad\quad (2)$$

$$\text{HO} + \text{RH} \xrightarrow{k_3} \text{H}_2\text{O} + \text{R} \qquad -104.6 \qquad\quad 16.74 \qquad\qquad 121.3 \qquad\quad (3)$$

链增长

$$\text{R} + \text{O}_2 \xrightarrow{k_4} \text{RO}_2 \qquad\qquad -8.37 \qquad\qquad 8.37 \qquad\qquad 16.74 \qquad\quad (4)$$

$$\text{RO}_2 + \text{RH} \xrightarrow{k_5} \text{ROOH} + \text{R} \qquad -104.6 \qquad\quad 16.74 \qquad\qquad 121.3 \qquad\quad (5)$$

链终止

$$2\text{RO}_2 \xrightarrow{k_6} \text{ROOR} + \text{O}_2 \qquad -355.6 \qquad\qquad 0 \qquad\qquad 355.6 \qquad\quad (6)$$

E, E' 分别表示正向和逆向反应的活化能. 试导出反应速率方程并求算总反应的表观活化能 E_a.

解　　　　　$r = \dfrac{\text{d}[\text{ROOH}]}{\text{d}t} = k_5[\text{RO}_2][\text{RH}] - k_1[\text{ROOH}]$

由于 $E_1 \gg E_5$, 故 $k_1 \ll k_5$, 即式(5)生成 ROOH 的速率比式(1)消耗 ROOH 的速率大得多, 因此

$$r = k_5[\text{RO}_2][\text{RH}] \tag{7}$$

应用稳态近似, 得

$$\frac{\text{d}[\text{R}]}{\text{d}t} = k_2[\text{RO}][\text{RH}] + k_3[\text{HO}][\text{RH}] - k_4[\text{R}][\text{O}_2] + k_5[\text{RO}_2][\text{RH}] = 0 \tag{8}$$

$$\frac{\text{d}[\text{RO}]}{\text{d}t} = k_1[\text{ROOH}] - k_2[\text{RO}][\text{RH}] = 0 \tag{9}$$

$$\frac{\text{d}[\text{HO}]}{\text{d}t} = k_1[\text{ROOH}] - k_3[\text{HO}][\text{RH}] = 0 \tag{10}$$

$$\frac{\text{d}[\text{RO}_2]}{\text{d}t} = k_4[\text{R}][\text{O}_2] - k_5[\text{RO}_2][\text{RH}] - k_6[\text{RO}_2]^2 = 0 \tag{11}$$

式(8)、式(9)、式(10)和式(11)相加, 得

$$2k_1[\text{ROOH}] - k_6[\text{RO}_2]^2 = 0$$

所以

$$[\text{RO}_2] = \left(\frac{2k_1}{k_6}[\text{ROOH}]\right)^{1/2} \tag{12}$$

将式(12)代入式(7),得

$$r = k_5\left(\frac{2k_1}{k_6}\right)^{1/2}[\text{RH}][\text{ROOH}]^{1/2} = k[\text{RH}][\text{ROOH}]^{1/2}$$

$$k = k_5\left(\frac{2k_1}{k_6}\right)^{1/2}$$

所以

$$E_a = E_5 + \frac{1}{2}(E_1 - E_6)$$

$$= \left[16.74 + \frac{1}{2}(150.6 - 0)\right]\text{kJ} \cdot \text{mol}^{-1}$$

$$= 92.04 \text{ kJ} \cdot \text{mol}^{-1}$$

8-42　对丙酮在 1000 K 时的热分解反应,曾提出过如下的反应历程:

(a) $\text{CH}_3\text{COCH}_3 \xrightarrow{k_1} \text{CH}_3 + \text{CH}_3\text{CO},\ E_{a,1} = 351.5 \text{ kJ} \cdot \text{mol}^{-1}$

(b) $\text{CH}_3\text{CO} \xrightarrow{k_2} \text{CH}_3 + \text{CO},\ E_{a,2} = 41.8 \text{ kJ} \cdot \text{mol}^{-1}$

(c) $\text{CH}_3 + \text{CH}_3\text{COCH}_3 \xrightarrow{k_3} \text{CH}_4 + \text{CH}_3\text{COCH}_2,\ E_{a,3} = 62.8 \text{ kJ} \cdot \text{mol}^{-1}$

(d) $\text{CH}_3\text{COCH}_2 \xrightarrow{k_4} \text{CH}_3 + \text{CH}_2\text{CO},\ E_{a,4} = 200.8 \text{ kJ} \cdot \text{mol}^{-1}$

(e) $\text{CH}_3 + \text{CH}_3\text{COCH}_2 \xrightarrow{k_5} \text{C}_2\text{H}_5\text{COCH}_3,\ E_{a,5} = 20.9 \text{ kJ} \cdot \text{mol}^{-1}$

若分解反应对丙酮为一级反应,请推导总反应速率表达式,并计算反应表观活化能 E_a 和反应链长 $\langle l \rangle$.

解　应用稳态近似,有

$$\frac{\text{d}[\text{CH}_3]}{\text{d}t} = k_1[\text{CH}_3\text{COCH}_3] + k_2[\text{CH}_3\text{CO}] - k_3[\text{CH}_3]$$

$$[\text{CH}_3\text{COCH}_3] + k_4[\text{CH}_3\text{COCH}_2] - k_5[\text{CH}_3][\text{CH}_3\text{COCH}_2] = 0 \tag{1}$$

$$\frac{\text{d}[\text{CH}_3\text{CO}]}{\text{d}t} = k_1[\text{CH}_3\text{COCH}_3] - k_2[\text{CH}_3\text{CO}] = 0 \tag{2}$$

$$\frac{\text{d}[\text{CH}_3\text{COCH}_2]}{\text{d}t} = k_3[\text{CH}_3][\text{CH}_3\text{COCH}_3] - k_4[\text{CH}_3\text{COCH}_2]$$

$$- k_5[\text{CH}_3][\text{CH}_3\text{COCH}_2] = 0 \tag{3}$$

由式(1)、式(2)和式(3),可得到[CH$_3$]的一元二次方程,即

$$k_3k_5[\text{CH}_3]^2 - k_1k_5[\text{CH}_3] - k_1k_4 = 0 \tag{4}$$

解式(4),得

$$[\text{CH}_3] = \frac{k_1k_5\left(1 \pm \sqrt{1 + \dfrac{4k_3k_4}{k_1k_5}}\right)}{2k_3k_5} \tag{5}$$

如果近似地认为反应历程(a)～(e)的指前因子相同,则

$$\frac{k_3 k_4}{k_1 k_5} \simeq \exp\left(-\frac{E_{a,3} + E_{a,4} - E_{a,1} - E_{a,5}}{RT}\right)$$

$$= \exp\left[-\frac{(62.8 + 200.8 - 351.5 - 20.9) \times 10^3 \, \text{J} \cdot \text{mol}^{-1}}{8.314 \, \text{J} \cdot \text{mol}^{-1} \cdot \text{K}^{-1} \times 1000 \, \text{K}}\right]$$

$$= 4.82 \times 10^5 \gg 1$$

所以

$$[\text{CH}_3] \simeq \frac{k_1 k_5 \sqrt{\dfrac{4k_3 k_4}{k_1 k_5}}}{2k_3 k_5} = \sqrt{\frac{k_1 k_4}{k_3 k_5}} \tag{6}$$

如以丙酮的消耗来表示反应速率,则

$$r = k_3[\text{CH}_3][\text{CH}_3\text{COCH}_3] + k_1[\text{CH}_3\text{COCH}_3]$$

$$= \left(k_3\sqrt{\frac{k_1 k_4}{k_3 k_5}} + k_1\right)[\text{CH}_3\text{COCH}_3]$$

$$= \left(\sqrt{\frac{k_1 k_3 k_4}{k_5}} + k_1\right)[\text{CH}_3\text{COCH}_3] \tag{7}$$

因为

$$\frac{\sqrt{\dfrac{k_1 k_3 k_4}{k_5}}}{k_1} = \sqrt{\frac{k_3 k_4}{k_1 k_5}} \simeq \sqrt{4.8 \times 10^5} \gg 1$$

所以式(7)可化简为

$$r = \left(\frac{k_1 k_3 k_4}{k_5}\right)^{1/2}[\text{CH}_3\text{COCH}_3] \tag{8}$$

由式(8)可知丙酮的热分解反应为一级反应,则

$$E_a = \frac{1}{2}(E_{a,1} + E_{a,3} + E_{a,4} - E_{a,5})$$

$$= \frac{1}{2}(351.5 + 62.8 + 200.8 - 20.9) \, \text{kJ} \cdot \text{mol}^{-1}$$

$$= 297 \, \text{kJ} \cdot \text{mol}^{-1}$$

反应平均链长$\langle l \rangle$为总反应速率与引发反应速率之比,故

$$\langle l \rangle = \left(\frac{k_1 k_3 k_4}{k_5}\right)^{1/2}[\text{CH}_3\text{COCH}_3] / k_1[\text{CH}_3\text{COCH}_3]$$

$$= \left(\frac{k_3 k_4}{k_1 k_5}\right)^{1/2} = \sqrt{4.82 \times 10^5} = 694$$

8-43 反应 $2NO + O_2 \longrightarrow 2NO_2$ 的一个可能历程为

$$NO + NO \xrightarrow{k_1} N_2O_2 \tag{1}$$

$$N_2O_2 \xrightarrow{k_2} 2NO \tag{2}$$

$$N_2O_2 + O_2 \xrightarrow{k_3} 2NO_2 \tag{3}$$

若反应式(1)中生成的 N_2O_2 只有小部分用去形成式(3)中的产物,而大部分 N_2O_2 在反应式(2)中转化为 NO,已知三个基元反应的活化能分别为 $E_{a,1} = 82$ kJ·mol^{-1},$E_{a,2} = 205$ kJ·mol^{-1},$E_{a,3} = 82$ kJ·mol^{-1},求总反应的表观活化能是多少?

解 由题意,对反应式(1)和式(2)可应用平衡假设,则

$$k_1[NO]^2 = k_2[N_2O_2] \tag{4}$$

$$r = \frac{1}{2}\frac{d[NO_2]}{dt} = k_3[N_2O_2][O_2] \tag{5}$$

将式(4)代入式(5),得

$$r = k_3\frac{k_1[NO]^2}{k_2}[O_2] = k[NO]^2[O_2] \tag{6}$$

其中,$k = \dfrac{k_1 k_3}{k_2}$. 所以

$$E_a = E_{a,1} + E_{a,3} - E_{a,2} = (82 + 82 - 205) \text{ kJ·mol}^{-1} = -41 \text{ kJ·mol}^{-1}$$

因为由 NO 聚合为 N_2O_2 时放热,$\Delta_r H_m = E_{a,1} - E_{a,2} = -123$ kJ·mol^{-1},所以 N_2O_2 的平衡浓度随温度升高而降低,从而使式(3)的速率也随温度升高而变慢,出现反应速率常数的负温度系数的特殊情况,以致 $E_a < 0$.

8-44 高温下乙醛气相热分解反应

$$CH_3CHO \longrightarrow CH_4 + CO$$

的反应历程如下:

$$CH_3CHO \xrightarrow{k_1} CH_3 + CHO \tag{1}$$

$$CH_3 + CH_3CHO \xrightarrow{k_2} CH_4 + CH_3CO \tag{2}$$

$$CH_3CO \xrightarrow{k_3} CH_3 + CO \tag{3}$$

$$CH_3 + CH_3 \xrightarrow{k_4} C_2H_6 \tag{4}$$

(a) 应用稳态近似,导出反应速率方程.

(b) 用基元反应活化能估算总反应的表观活化能 E_a.

已知键能 $\varepsilon_{C-C} = 355.6$ kJ·mol^{-1},$\varepsilon_{C-H} = 422.6$ kJ·mol^{-1}.

解 (a) 由稳态近似

$$\frac{d[CH_3]}{dt} = k_1[CH_3CHO] - k_2[CH_3][CH_3CHO] + k_3[CH_3CO] - k_4[CH_3]^2 = 0$$

$$\frac{d[CH_3CO]}{dt} = k_2[CH_3][CH_3CHO] - k_3[CH_3CO] = 0$$

可得

$$[CH_3] = \left(\frac{k_1}{k_4}\right)^{1/2}[CH_3CHO]^{1/2}$$

所以

$$r = \frac{d[CH_4]}{dt} = k_2[CH_3][CH_3CHO] = k_2\left(\frac{k_1}{k_4}\right)^{1/2}[CH_3CHO]^{3/2} = k[CH_3CHO]^{3/2}$$

其中, $k = k_2\left(\dfrac{k_1}{k_4}\right)^{1/2}$

(b) $E_a = E_{a,2} + \dfrac{1}{2}(E_{a,1} - E_{a,4})$

应用基元反应活化能估算法

$$E_{a,2} = 5\% \, \varepsilon_{C-H} = 0.05 \times 422.6 \text{ kJ} \cdot \text{mol}^{-1} = 21.1 \text{ kJ} \cdot \text{mol}^{-1}$$

$$E_{a,1} = \varepsilon_{C-C} = 355.6 \text{ kJ} \cdot \text{mol}^{-1}$$

$$E_{a,4} = 0$$

所以

$$E_a = \left(21.1 + \frac{1}{2} \times 355.6\right) \text{ kJ} \cdot \text{mol}^{-1} = 198.9 \text{ kJ} \cdot \text{mol}^{-1}$$

8-45　300 K 时,某反应完成 20% 需时 12.6 min,在 340 K 时,需时 3.20 min,试估算活化能.

解　当反应的初始浓度不变时,不管反应级数如何,在不同的温度,半寿期或其他分数寿期与反应速率常数成反比,故

$$\frac{t_{0.2}}{t'_{0.2}} = \frac{k'}{k}$$

因为温度对指前因子的影响不如对 $\exp\left(-\dfrac{E_a}{RT}\right)$ 显著,因此可近似地认为 $A = A'$,所以有

$$\frac{t_{0.2}}{t'_{0.2}} = \exp\left[-\frac{E_a}{R}\left(\frac{1}{T'} - \frac{1}{T}\right)\right]$$

所以

$$E_a = \frac{R\ln\left(\dfrac{t_{0.2}}{t'_{0.2}}\right)}{\left(\dfrac{1}{T} - \dfrac{1}{T'}\right)} = \frac{(8.314 \text{ J} \cdot \text{mol}^{-1} \cdot \text{K}^{-1})\ln\dfrac{12.6 \text{ min}}{3.20 \text{ min}}}{\left(\dfrac{1}{300 \text{ K}} - \dfrac{1}{340 \text{ K}}\right)} = 29.1 \text{ kJ} \cdot \text{mol}^{-1}$$

8-46 某溶液含有 NaOH 和 $CH_3COOCH_2CH_3$，浓度均为 $0.0100 \text{ mol} \cdot \text{dm}^{-3}$. 298.2 K 时，反应经 6.00×10^2 s，有 39.0% 的 $CH_3COOCH_2CH_3$ 分解，而在 308.2 K 时，经 6.00×10^2 s 有 55.0% 分解.

(a) 估算 288.2 K 时，6.00×10^2 s 能分解多少?

(b) 试计算 293.2 K 时，若有 50.0% 的 $CH_3COOCH_2CH_3$ 分解，需时多少?

解 (a) 反应式为

$$CH_3COOCH_2CH_3 + NaOH \longrightarrow CH_3COONa + CH_3CH_2OH$$

该反应为二级反应，且 [A]=[B]，故有

$$-\frac{d[A]}{dt} = k_2[A]^2 \tag{1}$$

积分式 (1)，得

$$\frac{1}{[A]} - \frac{1}{[A]_0} = k_2 t \tag{2}$$

令分解分数 $y = \dfrac{[A]_0 - [A]}{[A]_0}$，代入式 (2)，得

$$\frac{y}{1-y} = k_2[A]_0 t \tag{3}$$

$$k_2(298.2 \text{ K}) = \frac{0.390}{1-0.390} \times \frac{1}{0.0100 \text{ mol} \cdot \text{dm}^{-3} \times 6.00 \times 10^2 \text{ s}}$$
$$= 0.107 \text{ dm}^3 \cdot \text{mol}^{-1} \cdot \text{s}^{-1}$$

$$k_2(308.2 \text{ K}) = \frac{0.550}{1-0.550} \times \frac{1}{0.0100 \text{ mol} \cdot \text{dm}^{-3} \times 6.00 \times 10^2 \text{ s}}$$
$$= 0.203 \text{ dm}^3 \cdot \text{mol}^{-1} \cdot \text{s}^{-1}$$

设该反应的活化能 E_a 和指前因子 A 在本题考虑的温度范围内基本不变，则在 ΔT 均为 10 K 时可得

$$\frac{k_2(298.2 \text{ K})}{k_2(288.2 \text{ K})} \simeq \frac{k_2(308.2 \text{ K})}{k_2(298.2 \text{ K})}$$

所以

$$k_2(288.2 \text{ K}) = [k_2(298.2 \text{ K})]^2 \times [k_2(308.2 \text{ K})]^{-1} = 0.0564 \text{ dm}^3 \cdot \text{mol}^{-1} \cdot \text{s}^{-1}$$

由式 (3) 可求得 $y = 25.1\%$.

(b) 由阿伦尼乌斯公式可得

$$\lg \frac{k_2(308.2 \text{ K})}{k_2(298.2 \text{ K})} = \frac{E_a}{2.303 R}\left(\frac{308.2 \text{ K} - 298.2 \text{ K}}{308.2 \text{ K} \times 298.2 \text{ K}}\right)$$

求得

$$E_a = 49.4 \text{ kJ} \cdot \text{mol}^{-1}$$

再由

$$\lg \frac{k_2(293.2 \text{ K})}{k_2(298.2 \text{ K})} = \frac{49.4 \times 10^3 \text{ J} \cdot \text{mol}^{-1}}{2.303 R} \times \left(\frac{293.2 \text{ K} - 298.2 \text{ K}}{293.2 \text{ K} \times 298.2 \text{ K}}\right)$$

求得

$$k_2(293.2 \text{ K}) = 0.0758 \text{ dm}^3 \cdot \text{mol}^{-1} \cdot \text{s}^{-1}$$

由式(3),得

$$
\begin{aligned}
t_{1/2} &= \frac{y}{1-y} \times \frac{1}{k_2(293.2 \text{ K})[A]_0} \\
&= \frac{0.500}{1-0.500} \times \frac{1}{0.0758 \text{ dm}^3 \cdot \text{mol}^{-1} \cdot \text{s}^{-1} \times 0.0100 \text{ mol} \cdot \text{dm}^{-3}} \\
&= 1.32 \times 10^3 \text{ s}
\end{aligned}
$$

8-47 请验证基元反应 $\text{I} + \text{H}_2 \longrightarrow \text{HI} + \text{H}$ 的热效应为 $\Delta_r H_m = 138.1$ $\text{kJ} \cdot \text{mol}^{-1}$.

(a) 说明为什么反应的活化能 $E_a > 138.1 \text{ kJ} \cdot \text{mol}^{-1}$.

(b) 该逆反应的热效应是放热反应,从有关键能和5%规则估计这个逆反应的活化能 E'_a.

(c) 根据微观可逆性原理,从 E'_a 得出 E_a.

解 $\Delta_r H_m = -(\varepsilon_{\text{H}-\text{I}} - \varepsilon_{\text{H}-\text{H}})$
$\qquad\qquad = -(297.0 - 435.1)\text{kJ} \cdot \text{mol}^{-1} = 138.1 \text{ kJ} \cdot \text{mol}^{-1}$

该反应为吸热反应.

(a) 根据微观可逆性原理:吸热反应的活化能 E_a 是其放热逆反应的活化能 E'_a 和吸热量($|\Delta_r H_m|$)之和,故有

$$E_a = E'_a + |\Delta_r H_m| > 138.1 \text{ kJ} \cdot \text{mol}^{-1}$$

(b) 如基元反应为放热反应,且反应物中有活性很大的原子或自由基,则活化能约为需被改组化学键能的 5%. 故有

$$E_{a'} = \varepsilon_{\text{H}-\text{I}} \times 5\% = 297.0 \text{ kJ} \cdot \text{mol}^{-1} \times 5\% = 14.9 \text{ kJ} \cdot \text{mol}^{-1}$$

(c) $E_a = E'_a + |\Delta_r H_m| = (14.9 + 138.1)\text{kJ} \cdot \text{mol}^{-1} = 153.0 \text{ kJ} \cdot \text{mol}^{-1}$

8-48 请估算下列基元反应的活化能:

(a) $\text{I}_2 + \text{M} \longrightarrow 2\text{I} + \text{M}$

(b) $2\text{H} + \text{M} \longrightarrow \text{H}_2 + \text{M}$

(c) $H + C_6H_5CH_3 \longrightarrow CH_4 + C_6H_5$

(d) $CH_3 + H_2 \longrightarrow CH_4 + H$

已知有关键能数据为：$\varepsilon_{I-I} = 150.6$ kJ·mol^{-1}，$\varepsilon_{H-H} = 435.1$ kJ·mol^{-1}，$\varepsilon_{C-H} = 414.2$ kJ·mol^{-1}，$\varepsilon_{C-C} = 347.3$ kJ·mol^{-1}.

解 (a) 分子裂解成两个自由原子，因不形成新的化学键，故 E_a 即为分子的键能，即

$$E_a = \varepsilon_{I-I} = 150.6 \text{ kJ·mol}^{-1}$$

(b) 两个自由原子复合成分子的反应中，无需破坏任何化学键，故 $E_a = 0$.

(c) 反应的热效应为

$$\Delta_r H_m = \sum \text{反应物键能} - \sum \text{生成物键能} = \varepsilon_{C-C} - \varepsilon_{C-H}$$
$$= (347.3 - 414.2)\text{kJ·mol}^{-1} = -66.9 \text{ kJ·mol}^{-1}$$

反应为放热反应，故可用 5% 规则，即

$$E_a = 0.05\varepsilon_{C-C} = 0.05 \times 347.3 \text{ kJ·mol}^{-1} = 17.37 \text{ kJ·mol}^{-1}$$

(d) $\quad \Delta_r H_m = \varepsilon_{H-H} - \varepsilon_{C-H} = (435.1 - 414.2)\text{kJ·mol}^{-1} = 20.9 \text{ kJ·mol}^{-1}$

反应为吸热反应，故先估算逆反应的活化能 E_a'，其值为

$$E_a' = 0.05 \times \varepsilon_{C-H} = 0.05 \times 414.2 \text{ kJ·mol}^{-1} = 20.71 \text{ kJ·mol}^{-1}$$

所以

$$E_a = E_a' + |\Delta_r H_m| = (20.71 + 20.9)\text{kJ·mol}^{-1} = 41.6 \text{ kJ·mol}^{-1}$$

8-49 试从有关原理出发，说明下列反应是否可能是基元反应：

(a) $C_5H_{12} + 8O_2 \longrightarrow 5CO_2 + 6H_2O$

(b) $2NH_3 \longrightarrow N_2 + 3H_2$

(c) $Pb(C_2H_5)_4 \longrightarrow Pb + 4C_2H_5$

解 超过三个分子的反应不可能一步完成，故反应(a)不是基元反应. 由微观可逆性原理知，如正反应是基元反应，则逆反应也必然是基元反应. 反应(b)和反应(c)的逆反应分别是四分子和五分子反应，不可能是基元反应，从而可推知反应(b)和反应(c)不可能是基元反应.

8-50 乙炔的热分解反应是二级反应，其反应阈能为 190.4 kJ·mol^{-1}，分子直径为 5.00×10^{-10} m. 试计算：

(a) 800 K，$1p^{\ominus}$ 下，单位时间、单位体积内分子碰撞数.

(b) 上述条件下的反应速率常数和初始速率.

解 (a) 乙炔浓度 $[A]_0 = \dfrac{p}{RT} = \dfrac{101\ 325 \text{ Pa}}{8.314 \text{ J·mol}^{-1}\text{·K}^{-1} \times 800 \text{ K}} = 15.23 \text{ mol·m}^{-3}$

$$Z_{AA} = 2\pi D_{AA}^2 L^2 \sqrt{\frac{RT}{\pi M_A}} [A]_0^2$$

$$= 2 \times 3.14 \times (5 \times 10^{-10} \text{ m})^2 \times (6.022 \times 10^{23} \text{ mol}^{-1})^2$$

$$\times \sqrt{\frac{8.314 \text{ J} \cdot \text{mol}^{-1} \cdot \text{K}^{-1} \times 800 \text{ K}}{3.14 \times (26 \times 10^{-3} \text{ kg} \cdot \text{mol}^{-1})}} \times (15.23 \text{ mol} \cdot \text{m}^{-3})^2$$

$$= 3.77 \times 10^{34} \text{ m}^{-3} \cdot \text{s}^{-1}$$

(b) $k = 2\pi D_{AA}^2 L \sqrt{\dfrac{RT}{\pi M_A}} \exp\left(-\dfrac{E_c}{RT}\right)$

$$= 2 \times 3.14 \times (5.00 \times 10^{-10} \text{ m})^2 \times (6.022 \times 10^{23} \text{ mol}^{-1})$$

$$\times \sqrt{\frac{8.314 \text{ J} \cdot \text{mol}^{-1} \cdot \text{K}^{-1} \times 800 \text{ K}}{3.14 \times (26 \times 10^{-3} \text{ kg} \cdot \text{mol}^{-1})}}$$

$$\times \exp\left(-\frac{190.4 \times 10^3 \text{ J} \cdot \text{mol}^{-1}}{8.314 \text{ J} \cdot \text{mol}^{-1} \cdot \text{K}^{-1} \times 800 \text{ K}}\right)$$

$$= 9.97 \times 10^{-5} \text{ mol}^{-1} \cdot \text{m}^3 \cdot \text{s}^{-1}$$

$$r_0 = k[A]_0^2 = (9.97 \times 10^{-5} \text{ m}^3 \cdot \text{mol}^{-1} \cdot \text{s}^{-1}) \times (15.23 \text{ mol} \cdot \text{m}^{-3})^2$$

$$= 2.31 \times 10^{-2} \text{ mol} \cdot \text{m}^{-3} \cdot \text{s}^{-1}$$

8-51　NO_2 分解反应 $2NO_2 \longrightarrow 2NO + O_2$, 500 K 时实验测得指前因子为 $2.00 \times 10^6 \text{ m}^3 \cdot \text{mol}^{-1} \cdot \text{s}^{-1}$, 碰撞截面 $\sigma_c = 1.00 \times 10^{-19} \text{ m}^2$, 试计算该反应的方位因子 P.

解　由反应速率的简单碰撞理论,

$$k = 2\pi D_{AA}^2 L \sqrt{\frac{RT}{\pi M_A}} \exp\left(-\frac{E_c}{RT}\right) \tag{1}$$

所以

$$E_a = RT^2 \frac{\text{dln}k}{\text{d}T} = RT^2\left(\frac{1}{2T} + \frac{E_c}{RT^2}\right) = E_c + \frac{1}{2}RT$$

或

$$E_c = E_a - \frac{1}{2}RT \tag{2}$$

将式(2)代入式(1), 得

$$k = 2\pi D_{AA}^2 L \sqrt{\frac{RTe}{\pi M_A}} \exp\left(-\frac{E_a}{RT}\right) \tag{3}$$

$$A_{理论} = 2\pi D_{AA}^2 L \sqrt{\frac{RTe}{\pi M_A}} = 2\sigma_c L \sqrt{\frac{RTe}{\pi M_A}}$$

$$= 2 \times (1.00 \times 10^{-19} \text{ m}^2) \times (6.022 \times 10^{23} \text{ mol}^{-1})$$

$$\times \sqrt{\frac{8.314 \text{ J} \cdot \text{mol}^{-1} \cdot \text{K}^{-1} \times 500 \text{ K} \times 2.718}{3.14 \times (46 \times 10^{-3} \text{ kg} \cdot \text{mol}^{-1})}}$$

$$= 3.37 \times 10^7 \text{ m}^3 \cdot \text{mol}^{-1} \cdot \text{s}^{-1}$$

$$P = \frac{A_{\text{实验}}}{A_{\text{理论}}} = \frac{2.00 \times 10^6 \text{ m}^3 \cdot \text{mol}^{-1} \cdot \text{s}^{-1}}{3.37 \times 10^7 \text{ m}^3 \cdot \text{mol}^{-1} \cdot \text{s}^{-1}} = 5.93 \times 10^{-2}$$

8-52 请计算在恒容下温度每增加 10.0 K,

(a) 碰撞频率增加的百分数.

(b) 碰撞时在分子的连心线上的相对平动能超过 $E_c = 80.0 \text{ kJ} \cdot \text{mol}^{-1}$ 的活化分子增加的百分数.

(c) 根据(a)、(b)的计算结果,可得出什么结论?

解 (a) 由反应速率简单碰撞理论,碰撞频率为

$$Z_{\text{AB}} = \pi D_{\text{AB}}^2 L^2 \sqrt{\frac{8RT}{\pi\mu}} [\text{A}][\text{B}]$$

所以

$$\ln Z_{\text{AB}} = \ln\left(\pi D_{\text{AB}}^2 L^2 \sqrt{\frac{8R}{\pi\mu}} [\text{A}][\text{B}]\right) + \frac{1}{2}\ln T$$

$$\frac{\text{d}\ln Z_{\text{AB}}}{\text{d}T} = \frac{1}{2T}$$

或

$$\frac{\text{d}Z_{\text{AB}}}{Z_{\text{AB}}} = \frac{\text{d}T}{2T}$$

当温度变化范围不很大时,近似地有

$$\frac{\Delta Z_{\text{AB}}}{Z_{\text{AB}}} = \frac{\Delta T}{2T}$$

如 $T = 298.2 \text{ K}, \Delta T = 10.0 \text{ K}$,则

$$\frac{\Delta Z_{\text{AB}}}{Z_{\text{AB}}} = \frac{10.0 \text{ K}}{2 \times 298.2 \text{ K}} = 1.70\%$$

(b) 碰撞时在分子的连心线上的相对平动能超过 E_c 的活化分子在所有分子中占的分数为

$$q = \exp\left(-\frac{E_c}{RT}\right)$$

$$\frac{\text{d}\ln q}{\text{d}T} = \frac{E_c}{RT^2}$$

$$\frac{\text{d}q}{q} = \frac{E_c}{RT^2}\text{d}T$$

当 $E_c = 80.0 \text{ kJ} \cdot \text{mol}^{-1}, \Delta T = 10.0 \text{ K}$ 时,

$$\frac{\Delta q}{q} = \frac{E_c}{RT^2}\Delta T = \frac{80.0 \times 10^3 \, J \cdot mol^{-1}}{8.314 \, J \cdot mol^{-1} \cdot K^{-1} \times (298.2 \, K)^2} \times 10.0 \, K = 108\%$$

(c) 由上述计算结果可看到,温度升高时,碰撞频率的增加并不明显,而活化分子数成倍地增加.由此可知,温度升高使反应速率增大,其原因主要是由于活化分子数的显著增加,而碰撞频率的影响甚微.

8-53 试证明 E_a 和 $\Delta_r^{\neq} H_m^{\ominus}$ 间有如下关系:

(a) 对凝聚相反应

$$E_a = \Delta_r^{\neq} H_m^{\ominus} + RT$$

(b) 对 n 分子气相反应(理想气体)

$$E_a = \Delta_r^{\neq} H_m^{\ominus} + nRT$$

证 由过渡态理论

$$k = \frac{k_B T}{h} K_c^{\neq}$$

由活化能的定义

$$E_a = RT^2 \frac{dlnk}{dT} = RT^2 \left[\frac{1}{T} + \left(\frac{\partial lnK_c^{\neq}}{\partial T} \right)_V \right]$$

$$= RT^2 \left(\frac{1}{T} + \frac{\Delta_r^{\neq} U_m^{\ominus}}{RT^2} \right) = RT + \Delta_r^{\neq} U_m^{\ominus}$$

$$= RT + \Delta_r^{\neq} H_m^{\ominus} - \Delta(pV)$$

(a) 对凝聚相反应,$\Delta(pV)$ 很小,故有

$$E_a = \Delta_r^{\neq} H_m^{\ominus} + RT$$

(b) 如气体是理想气体,则

$$pV = nRT$$

$$\Delta(pV) = \sum_B \nu_B^{\neq} RT$$

上式中 $\sum\limits_B \nu_B^{\neq}$ 是反应物形成活化络合物时气态物质的物质量的变化,即

$$\sum_B \nu_B^{\neq} = 1 - n$$

所以

$$E_a = RT + \Delta_r^{\neq} H_m^{\ominus} - (1 - n)RT = \Delta_r^{\neq} H_m^{\ominus} + nRT$$

8-54 实验测得 N_2O_5 分解反应在不同温度时的反应速率常数,数据如下:

T/K	298.2	308.2	318.2	328.2	338.2
$10^5 k_1/s^{-1}$	1.720	6.651	24.95	75.00	240.0

请计算阿伦尼乌斯公式中的指前因子 A 和实验活化能 E_a,并计算 323.2 K 时的 $\Delta_r^{\neq} H_m^{\ominus}$、$\Delta_r^{\neq} G_{m,c}^{\ominus}$ 和 $\Delta_r^{\neq} S_{m,c}^{\ominus}$ 值.

解　由阿伦尼乌斯公式得

$$\lg(k_1/\text{s}^{-1}) = \lg(A/\text{s}^{-1}) - \frac{E_a}{2.303RT} \tag{1}$$

不同温度时相应的 $\frac{1}{T}$ 和 $\lg(k_1/\text{s}^{-1})$ 值如下:

T/K	298.2	308.2	318.2	328.2	338.2
$10^3 \dfrac{1}{T}/\text{K}^{-1}$	3.353	3.245	3.143	3.047	2.957
$\lg k_1/\text{s}^{-1}$	-4.764	-4.177	-3.603	-3.125	-2.620

按式(1),对 $\lg(k_1/\text{s}^{-1})$ 和 $\frac{1}{T}$ 数据作线性拟合,得

$$\text{直线斜率} = -\frac{E_a}{2.303\ R} = -5.395 \times 10^3\ \text{K}$$

$$\text{直线截距} = \lg(A/\text{s}^{-1}) = 13.33$$

所以

$$E_a = 2.303 \times (8.314\ \text{J} \cdot \text{mol}^{-1} \cdot \text{K}^{-1}) \times (5.395 \times 10^3\ \text{K}) = 103.3\ \text{kJ} \cdot \text{mol}^{-1}$$

$$A = 2.14 \times 10^{13}\ \text{s}^{-1}$$

$T = 323.2$ K 时,

$$k_1 = A\exp\left(-\frac{E_a}{RT}\right)$$

$$= 2.14 \times 10^{13}\ \text{s}^{-1} \times \exp\left(-\frac{103.3 \times 10^3\ \text{J} \cdot \text{mol}^{-1}}{8.314\ \text{J} \cdot \text{mol}^{-1} \cdot \text{K}^{-1} \times 323.2\ \text{K}}\right)$$

$$= 4.31 \times 10^{-4}\ \text{s}^{-1}$$

由过渡态理论

$$k_1 = \frac{k_B T}{h}(c^{\ominus})^{1-n}\exp\left(-\frac{\Delta_r^{\neq} G_{m,c}^{\ominus}}{RT}\right)$$

$$4.31 \times 10^{-4}\ \text{s}^{-1} = \frac{(1.38 \times 10^{-23}\ \text{J} \cdot \text{K}^{-1}) \times (323.2\ \text{K})}{6.63 \times 10^{-34}\ \text{J} \cdot \text{s}}\exp\left(-\frac{\Delta_r^{\neq} G_{m,c}^{\ominus}}{RT}\right)$$

求得

$$\Delta_r^{\neq} G_{m,c}^{\ominus} = 100.2\ \text{kJ} \cdot \text{mol}^{-1}$$

又　　$\Delta_r^{\neq} H_m^{\ominus} = E_a - RT$

$$= 103.3\ \text{kJ} \cdot \text{mol}^{-1} - (8.314\ \text{J} \cdot \text{mol}^{-1} \cdot \text{K}^{-1}) \times (324.2\ \text{K})$$

$$= 100.6 \text{ kJ} \cdot \text{mol}^{-1}$$

所以

$$\Delta_r^{\neq} S_{m,c}^{\ominus} = \frac{\Delta_r^{\neq} H_m^{\ominus} - \Delta_r^{\neq} G_{m,c}^{\ominus}}{T} = \frac{(100.6 - 100.2) \times 10^3 \text{ J} \cdot \text{mol}^{-1}}{323.2 \text{ K}} = 1 \text{ J} \cdot \text{K}^{-1}$$

8-55　化合物(CH_3—O—N=O)通过绕 O—N 键的旋转而发生顺-反异构化. 由核磁共振法测得,顺式向反式转化反应为一级反应,其半寿期在 298.2 K 时为 1.00×10^{-6} s,假定该反应的 $\Delta_r^{\neq} S_{m,c}^{\ominus} = 0$,试问:

(a) 旋转势垒的高度是多少?

(b) $\Delta_r^{\neq} S_{m,c}^{\ominus} = 0$ 这一假设为什么是合理的?

解　(a)

$$k_1 = \frac{\ln 2}{t_{1/2}} = \frac{\ln 2}{1.00 \times 10^{-6} \text{ s}} = 6.93 \times 10^5 \text{ s}^{-1}$$

由过渡态理论,

$$k_1 = \frac{k_B T}{h} e^n (c^{\ominus})^{1-n} \exp\left(\frac{\Delta_r^{\neq} S_{m,c}^{\ominus}}{R}\right) \exp\left(-\frac{E_a}{RT}\right) = \frac{k_B T e}{h} \exp\left(-\frac{E_a}{RT}\right)$$

$$6.93 \times 10^5 \text{ s}^{-1} = \frac{1.38 \times 10^{-23} \text{ J} \cdot \text{K}^{-1} \times 298.2 \text{ K}}{6.63 \times 10^{-34} \text{ J} \cdot \text{s}} \times 2.718$$

$$\times \exp\left(-\frac{E_a}{8.314 \text{ J} \cdot \text{mol}^{-1} \cdot \text{K}^{-1} \times 298.2 \text{ K}}\right)$$

由此可求得 $E_a = 42.2 \text{ kJ} \cdot \text{mol}^{-1}$,此即为顺反异构化时绕 N—O 键旋转的势垒.

(b) 由于活化络合物含有和反应物分子一样多的原子数目,而且构型也较类似,故 $\Delta_r^{\neq} S_{m,c}^{\ominus} = 0$ 的假设是合理的.

8-56　松节油萜的消旋作用是一级反应. 457.6 K 和 510.1 K 时的反应速率常数分别为 3.67×10^{-7} 和 5.12×10^{-5} s^{-1},试求反应的实验活化能 E_a 和平均温度时的 $\Delta_r^{\neq} S_{m,c}^{\ominus}$.

解　由阿伦尼乌斯公式可得

$$\ln \frac{k_2}{k_1} = \frac{E_a}{R}\left(\frac{1}{T_1} - \frac{1}{T_2}\right)$$

$$\ln \frac{5.12 \times 10^{-5} \text{ s}^{-1}}{3.67 \times 10^{-7} \text{ s}^{-1}} = \frac{E_a}{8.314 \text{ J} \cdot \text{mol}^{-1} \cdot \text{K}^{-1}}\left(\frac{1}{457.6 \text{ K}} - \frac{1}{510.1 \text{ K}}\right)$$

$$E_a = 183 \text{ kJ} \cdot \text{mol}^{-1}$$

设平均温度为 T_3,相应速率常数为 k_3,则

$$T_3 = \frac{(457.6 + 510.1)\text{K}}{2} = 483.9 \text{ K}$$

$$\ln\frac{k_3}{k_1} = \frac{E_a}{R}\left(\frac{1}{T_1} - \frac{1}{T_3}\right)$$

$$\ln\frac{k_3}{3.67 \times 10^{-7}\text{s}^{-1}} = \frac{183 \times 10^3 \text{ J} \cdot \text{mol}^{-1}}{8.314 \text{ J} \cdot \text{mol}^{-1} \cdot \text{K}^{-1}}\left(\frac{1}{457.6 \text{ K}} - \frac{1}{483.9 \text{ K}}\right)$$

$$k_3 = 5.01 \times 10^{-6} \text{ s}^{-1}$$

对凝聚相反应

$$\Delta_r^{\neq} H_m^{\ominus} = E_a - RT$$

所以

$$k_3 = \frac{k_B T}{h}(c^{\ominus})^{1-n}\exp\left(\frac{-\Delta_r^{\neq} H_m^{\ominus}}{RT}\right)\exp\left(\frac{\Delta_r^{\neq} S_{m,c}^{\ominus}}{R}\right)$$

$$= \frac{k_B T}{h}e \cdot \exp\left(-\frac{E_a}{RT}\right)\exp\left(\frac{\Delta_r^{\neq} S_{m,c}^{\ominus}}{R}\right)$$

$$5.01 \times 10^{-6} \text{ s}^{-1} = \frac{1.38 \times 10^{-23} \text{ J} \cdot \text{K}^{-1} \times 483.9 \text{ K}}{6.63 \times 10^{-34} \text{ J} \cdot \text{s}} \times 2.718$$

$$\times \exp\left(-\frac{183 \times 10^3 \text{ J} \cdot \text{mol}^{-1}}{8.314 \text{ J} \cdot \text{mol}^{-1} \cdot \text{K}^{-1} \times 483.9 \text{ K}}\right)\exp\left(\frac{\Delta_r^{\neq} S_{m,c}^{\ominus}}{R}\right)$$

求得 $\Delta_r^{\neq} S_{m,c}^{\ominus} = 19.5 \text{ J} \cdot \text{mol}^{-1} \cdot \text{K}^{-1}$.

8-57　今研究下述单分子气相重排反应

方法是将反应器置于恒温箱中,过一定时间间隔取出样品迅速冷却,使反应停止,然后测定样品折射率以分析反应混合物组成. 由此得 393.2 K 时 $k_1 = 1.806 \times 10^{-4} \text{ s}^{-1}$, 413.2 K 时 $k_2 = 9.140 \times 10^{-4} \text{ s}^{-1}$, 求重排反应的 E_a 及 393.2 K 时的 $\Delta_r^{\neq} H_{m,c}^{\ominus}$ 和 $\Delta_r^{\neq} S_{m,c}^{\ominus}$ 值.

解　由阿伦乌斯公式可得

$$\lg\frac{k_2}{k_1} = \frac{E_a}{2.303R} \times \frac{T_2 - T_1}{T_1 T_2}$$

所以

$$E_a = \frac{2.303RT_1 T_2}{T_2 - T_1}\lg\frac{k_2}{k_1}$$

$$= \frac{2.303 \times (8.314 \text{ J} \cdot \text{mol}^{-1} \cdot \text{K}^{-1}) \times (413.2 \text{ K}) \times (393.2 \text{ K})}{(413.2 - 393.2) \text{ K}}$$

$$\times \lg \frac{9.140 \times 10^{-4} \text{ s}^{-1}}{1.806 \times 10^{-4} \text{ s}^{-1}}$$

$$= 109.5 \text{ kJ} \cdot \text{mol}^{-1}$$

对单分子气相反应，$T = 393.2$ K 时，

$$\Delta_r^{\neq} H_m^{\ominus} = E_a - RT$$

$$= 109.5 \text{ kJ} \cdot \text{mol}^{-1} - 8.314 \text{ J} \cdot \text{mol}^{-1} \cdot \text{K}^{-1} \times 393.2 \text{ K}$$

$$= 106.2 \text{ kJ} \cdot \text{mol}^{-1}$$

因为

$$k_1 = \frac{k_B T}{h} (c^{\ominus})^{1-n} \exp\left(\frac{\Delta_r^{\neq} S_{m,c}^{\ominus}}{R}\right) \exp\left(-\frac{\Delta_r^{\neq} H_m^{\ominus}}{RT}\right)$$

所以

$$\lg \frac{k_1 h}{k_B T} = \frac{\Delta_r^{\neq} S_{m,c}^{\ominus}}{2.303 R} - \frac{\Delta_r^{\neq} H_m^{\ominus}}{2.303 RT}$$

$$\lg \frac{(1.806 \times 10^{-4} \text{ s}^{-1}) \times (6.63 \times 10^{-34} \text{ J} \cdot \text{s})}{(1.38 \times 10^{-23} \text{ J} \cdot \text{K}^{-1}) \times 393.2 \text{ K}}$$

$$= \frac{\Delta_r^{\neq} S_{m,c}^{\ominus}}{2.303 \times 8.314 \text{ J} \cdot \text{mol}^{-1} \cdot \text{K}^{-1}} - \frac{106.2 \times 10^3 \text{ J} \cdot \text{mol}^{-1}}{2.303 \times 8.314 \text{ J} \cdot \text{mol}^{-1} \cdot \text{K}^{-1} \times 393.2 \text{ K}}$$

$$\Delta_r^{\neq} S_{m,c}^{\ominus} = -48.82 \text{ J} \cdot \text{mol}^{-1} \cdot \text{K}^{-1}$$

8-58 双环[2,1]戊-2-烯（$H_2C \Big\langle \begin{smallmatrix} CH-CH \\ \\ CH-CH \end{smallmatrix}$ ）的异构化是单分子反应，其速

率常数可表示为

$$\lg(k_1/\text{s}^{-1}) = 14.21 - \frac{1.124 \times 10^5 \text{ J} \cdot \text{mol}^{-1}}{2.303 RT} \tag{1}$$

试求 323.2 K 时的实验活化能 E_a 和 $\Delta_r^{\neq} S_{m,c}^{\ominus}$ 值，并解释所得到的 $\Delta_r^{\neq} S_{m,c}^{\ominus}$ 值.

解 由式(1)可知

$$E_a = 1.124 \times 10^5 \text{ J} \cdot \text{mol}^{-1}$$

由过渡态理论，对单分子反应

$$E_a = \Delta_r^{\neq} H_m^{\ominus} + RT$$

所以

$$k_1 = \frac{k_B T}{h} (c^{\ominus})^{1-n} \exp\left(-\frac{\Delta_r^{\neq} H_m^{\ominus}}{RT}\right) \exp\left(\frac{\Delta_r^{\neq} S_{m,c}^{\ominus}}{R}\right)$$

$$= \frac{k_B T}{h} e \cdot \exp\left(\frac{E_a}{RT}\right) \exp\left(\frac{\Delta_r^{\neq} S_{m,c}^{\ominus}}{R}\right)$$

$$\Delta_r^{\neq} S_{m,c}^{\ominus} = \frac{E_a}{T} + R\left(\ln\frac{k_1 h}{k_B T} - 1\right) \qquad (2)$$

$T = 323.2$ K 时,

$$\lg(k_1/s^{-1}) = 14.21 - \frac{1.124 \times 10^5 \text{ J} \cdot \text{mol}^{-1}}{2.303 \times (8.314 \text{ J} \cdot \text{mol}^{-1} \cdot \text{K}^{-1}) \times (323.2 \text{ K})} = -3.953$$

$$k_1 = 1.114 \times 10^{-4} \text{ s}^{-1}$$

所以

$$\Delta_r^{\neq} S_{m,c}^{\ominus} = \frac{1.124 \times 10^5 \text{ J} \cdot \text{mol}^{-1}}{323.2 \text{ K}} + (8.314 \text{ J} \cdot \text{mol}^{-1} \cdot \text{K}^{-1})$$

$$\times \left(\ln\frac{1.114 \times 10^{-4} \text{ s}^{-1} \times 6.63 \times 10^{-34} \text{ J} \cdot \text{s}}{1.38 \times 10^{-23} \text{ J} \cdot \text{K}^{-1} \times 323.2 \text{ K}} - 1\right)$$

$$= 18.15 \text{ J} \cdot \text{mol}^{-1} \cdot \text{K}^{-1}$$

在单分子反应中,活化熵 $\Delta_r^{\neq} S_{m,c}^{\ominus}$ 是反应物分子和活化络合物之间构型无序度差异的量度. 现 $\Delta_r^{\neq} S_{m,c}^{\ominus} > 0$,说明活化络合物的无序度比反应物大,但 $\Delta_r^{\neq} S_{m,c}^{\ominus}$ 值较小,说明两者构型差异不大.

8-59 某分子的气相二聚反应的活化能为 $100.2 \text{ kJ} \cdot \text{mol}^{-1}$,其反应速率常数可表示为

$$k = 9.20 \times 10^9 \exp\left(-\frac{100.2 \times 10^3 \text{ J} \cdot \text{mol}^{-1}}{RT}\right) \text{mol}^{-1} \cdot \text{dm}^3 \cdot \text{s}^{-1}$$

(a) 用过渡态理论计算 600.2 K 时的指前因子,并与实验值做比较. 已知 $\Delta_r^{\neq} S_{m,c}^{\ominus} = -60.8 \text{ J} \cdot \text{mol}^{-1} \cdot \text{K}^{-1}$.

(b) 用碰撞理论计算 600.2 K 时的指前因子,假定有效碰撞直径 $D_{AA} = 5.00 \times 10^{-10}$ m,且已知相对分子质量 $M = 5.40 \times 10^{-2} \text{ kg} \cdot \text{mol}^{-1}$.

(c) 求碰撞理论中的方位因子 P.

解 (a) 由过渡态理论知

$$k = \frac{k_B T}{h} e^n (c^{\ominus})^{1-n} \exp\left(\frac{\Delta_r^{\neq} S_{m,c}^{\ominus}}{R}\right) \exp\left(-\frac{E_a}{RT}\right)$$

所以

$$A = \frac{k_B T}{h} e^n (c^{\ominus})^{1-n} \exp\left(\frac{\Delta_r^{\neq} S_{m,c}^{\ominus}}{R}\right)$$

$$= \frac{(1.38 \times 10^{-23} \text{ J} \cdot \text{K}^{-1}) \times (600.2 \text{ K})}{6.63 \times 10^{-34} \text{ J} \cdot \text{s}} \times 2.718^2$$

$$\times (1 \text{ mol} \cdot \text{dm}^{-3})^{-1} \exp\left(\frac{-60.8 \text{ J} \cdot \text{mol}^{-1} \cdot \text{K}^{-1}}{8.314 \text{ J} \cdot \text{mol}^{-1} \cdot \text{K}^{-1}}\right)$$

$$= 6.15 \times 10^{10} \text{ dm}^3 \cdot \text{mol}^{-1} \cdot \text{s}^{-1}$$

此计算结果与实验值 $9.20 \times 10^9 \text{ dm}^3 \cdot \text{mol}^{-1} \cdot \text{s}^{-1}$ 比较接近.

(b) 由碰撞理论知

$$k = 2\pi D_{AA}^2 L \left(\frac{RTe}{\pi M}\right)^{1/2} \exp\left(-\frac{E_a}{RT}\right)$$

所以

$$A = 2\pi D_{AA}^2 L \left(\frac{RTe}{\pi M}\right)^{1/2}$$

$$= 2 \times 3.14 \times (5.00 \times 10^{-10} \text{ m})^2 \times (6.022 \times 10^{23} \text{ mol}^{-1})$$

$$\times \left(\frac{8.314 \text{ J} \cdot \text{mol}^{-1} \cdot \text{K}^{-1} \times 600.2 \text{ K} \times 2.718}{3.14 \times 5.40 \times 10^{-2} \text{ kg} \cdot \text{mol}^{-1}}\right)^{1/2}$$

$$= 2.67 \times 10^8 \text{ m}^3 \cdot \text{mol}^{-1} \cdot \text{s}^{-1}$$

$$= 2.67 \times 10^{11} \text{ dm}^3 \cdot \text{mol}^{-1} \cdot \text{s}^{-1}$$

此计算值与实验值偏差比由过渡态理论计算值产生的偏差略大一些.

(c) 所求方位因子为

$$P = \frac{A_{实验}}{A_{理论}} = \frac{9.20 \times 10^9 \text{ dm}^3 \cdot \text{mol}^{-1} \cdot \text{s}^{-1}}{2.67 \times 10^{11} \text{ dm}^3 \cdot \text{mol}^{-1} \cdot \text{s}^{-1}} = 0.0345$$

8-60 丙黄原酸离子在乙酸缓冲溶液中反应,有一元反应 $A^- + H^+ \longrightarrow P$, 303 K 附近速率常数之实验表示式为

$$k_2/\text{dm}^3 \cdot \text{mol}^{-1} \cdot \text{s}^{-1} = 2.05 \times 10^{13} \exp(-8681 \text{ K}/T)$$

求 303 K 时该元反应之 $\Delta_r^{\neq} H_m^{\ominus}$ 及 $\Delta_r^{\neq} S_{m,c}^{\ominus}$.

解 对凝聚相反应

$$\Delta_r^{\neq} H_m^{\ominus} = E_a - RT = (8681 \text{ K} - 303 \text{ K}) \times 8.314 \text{ J} \cdot \text{mol}^{-1} \cdot \text{K}^{-1}$$

$$= 69.7 \text{ kJ} \cdot \text{mol}^{-1}$$

$$k_c = \frac{k_B T}{h} (c^{\ominus})^{1-n} \exp(\Delta_r^{\neq} S_{m,c}^{\ominus}/R) \exp(-\Delta_r^{\neq} H_m^{\ominus}/RT)$$

$$= \frac{k_B T}{h} (c^{\ominus})^{-1} e \cdot \exp(\Delta_r^{\neq} S_{m,c}^{\ominus}/R) \exp(-E_a/RT)$$

所以

$$2.05 \times 10^{13} \text{ dm}^3 \cdot \text{mol}^{-1} \cdot \text{s}^{-1} = \frac{1.38 \times 10^{-23} \text{ J} \cdot \text{K}^{-1} \times 303 \text{ K}}{6.626 \times 10^{-34} \text{ J} \cdot \text{s}} \times 2.718$$

$$\times \exp(\Delta_r^{\neq} S_{m,c}^{\ominus}/R) \times (1 \text{ mol} \cdot \text{dm}^{-3})^{-1}$$

可求得 $\Delta_r^{\neq} S_{m,c}^{\ominus} = 1.48 \ \mathrm{J \cdot mol^{-1} \cdot K^{-1}}$.

8-61 实验测得,在恒压下,其理想气体双分子异构化反应的速率常数符合下列关系式:

$$k /(\mathrm{dm^3 \cdot mol^{-1} \cdot s^{-1}}) = 2.28 \times 10^8 \exp(-116.65 \ \mathrm{kJ \cdot mol^{-1}}/RT)$$

(a) 计算 600 K, $c_1^{\ominus} = 1 \ \mathrm{mol \cdot dm^{-3}}$ 时的 $\Delta_r^{\neq} H_m^{\ominus}(1)$ 和 $\Delta_r^{\neq} S_m^{\ominus}(1)$;

(b) 计算 600 K, $c_2^{\ominus} = 1 \ \mathrm{mol \cdot cm^{-3}}$ 时的 $\Delta_r^{\neq} H_m^{\ominus}(2)$ 和 $\Delta_r^{\neq} S_m^{\ominus}(2)$;

(c) 计算 600 K, $p = 1 p^{\ominus}$ 压力时的 $\Delta_r^{\neq} H_m^{\ominus}(3)$ 和 $\Delta_r^{\neq} S_m^{\ominus}(3)$;

(d) 通过下列循环,由 $\Delta_r^{\neq} S_m^{\ominus}(1)$ 计算 $\Delta_r^{\neq} S_m^{\ominus}(2)$ 和 $\Delta_r^{\neq} S_m^{\ominus}(3)$,并和(2)、(3)结果进行比较:

$$(c_2^{\ominus} \text{ 或 } p^{\ominus})A + B \xrightarrow{\hspace{3cm}} AB^{\neq}(c_2^{\ominus} \text{ 或 } p^{\ominus})$$
$$\Delta S_1 \downarrow \qquad\qquad \uparrow \Delta S_2$$
$$(c_1^{\ominus})A + B \xrightarrow{\ \Delta_r^{\neq} S_m^{\ominus}(1)\ } AB^{\neq}(c_1^{\ominus})$$

解 (a) $k_c = \dfrac{k_B T}{h}(c^{\ominus})^{1-n} \exp(\Delta_r^{\neq} S_{m,c}^{\ominus}/R) \exp(-\Delta_r^{\neq} H_m^{\ominus}/RT)$

$$= \frac{k_B T}{h}(c^{\ominus})^{1-n} e^n \cdot \exp(\Delta_r^{\neq} S_{m,c}^{\ominus}/R) \exp(-E_a/RT)$$

$\Delta_r^{\neq} H_m^{\ominus}(1) = E_a - 2RT = (116.65 \times 10^3 - 2 \times 8.314 \times 600) \mathrm{J \cdot mol^{-1}}$

$$= 1.067 \times 10^5 \ \mathrm{J \cdot mol^{-1}}$$

$$A = \frac{k_B T}{h}(c^{\ominus})^{-1} e^2 \cdot \exp[\Delta_r^{\neq} S_m^{\ominus}(1)/R]$$

$$2.28 \times 10^8 \ \mathrm{dm^3 \cdot mol^{-1} \cdot s^{-1}} = \frac{1.38 \times 10^{-23} \ \mathrm{J \cdot K^{-1}} \times 600 \ \mathrm{K}}{6.626 \times 10^{-34} \ \mathrm{J \cdot s}} \times (1 \ \mathrm{mol \cdot dm^{-3}})^{-1}$$
$$\times 2.718^2 \times \exp[\Delta_r^{\neq} S_m^{\ominus}(1)/R]$$

求得 $\Delta_r^{\neq} S_m^{\ominus}(1) = -107.3 \ \mathrm{J \cdot mol^{-1} \cdot K^{-1}}$.

(b) 对理想气体, $\Delta_r^{\neq} H_m^{\ominus} = E_a - nRT$,与标准态无关,所以

$$\Delta_r^{\neq} H_m^{\ominus}(2) = \Delta_r^{\neq} H_m^{\ominus}(1) = 1.067 \times 10^5 \ \mathrm{J \cdot mol^{-1}}$$

由 $2.28 \times 10^8 \ \mathrm{dm^3 \cdot mol^{-1} \cdot s^{-1}} = \dfrac{1.38 \times 10^{-23} \ \mathrm{J \cdot K^{-1}} \times 600 \ \mathrm{K}}{6.626 \times 10^{-23} \ \mathrm{J \cdot s}} \times (1 \ \mathrm{mol \cdot}$
$$\mathrm{cm^{-3}})^{-1} \times 2.718^2 \times \exp[\Delta_r^{\neq} S_m^{\ominus}(2)/R]$$

可求得 $\Delta_r^{\neq} S_m^{\ominus}(2) = -49.92 \ \mathrm{J \cdot mol^{-1} \cdot K^{-1}}$.

(c) $\Delta_r^{\neq} H_m^{\ominus}(3) = \Delta_r^{\neq} H_m^{\ominus}(1) = 1.067 \times 10^5 \ \mathrm{J \cdot mol^{-1}}$

$$k_c = \frac{k_B T}{h}\left(\frac{p^{\ominus}}{RT}\right)^{1-n} \exp(\Delta_r^{\neq} S_{m,p}^{\ominus}/R) \exp(-\Delta_r^{\neq} H_m^{\ominus}/RT)$$

$$= \frac{k_B T}{h} \left(\frac{p^{\ominus}}{RT} \right)^{1-n} e^n \exp(\Delta_r^{\neq} S_{m,p}^{\ominus}/R) \exp(-E_a/RT)$$

所以

$$A = \frac{k_B T}{h} \left(\frac{p^{\ominus}}{RT} \right)^{-1} e^2 \exp(\Delta_r^{\neq} S_m^{\ominus}(3)/R)$$

$$2.28 \times 10^8 \text{ dm}^3 \cdot \text{mol}^{-1} \cdot \text{s}^{-1} = \frac{1.38 \times 10^{-23} \text{J} \cdot \text{K}^{-1} \times 600 \text{K}}{6.626 \times 10^{-23} \text{J} \cdot \text{s}}$$
$$\times \left(\frac{101\ 325 \text{ Pa}}{8.314 \text{ J} \cdot \text{mol}^{-1} \cdot \text{K}^{-1} \times 600 \text{ K}} \right)^{-1}$$
$$\times 2.718^2 \times \exp(\Delta_r^{\neq} S_m^{\ominus}(3)/R)$$

求得 $\Delta_r^{\neq} S_m^{\ominus}(3) = -139.7 \text{ J} \cdot \text{mol}^{-1} \cdot \text{K}^{-1}$.

(d)
$$(c_2^{\ominus})A + B \xrightarrow{\Delta_r^{\neq} S_m^{\ominus}(2)} AB^{\neq}(c_2^{\ominus})$$
$$\Delta S_1 \downarrow \qquad\qquad \uparrow \Delta S_2$$
$$(c_1^{\ominus})A + B \xrightarrow{\Delta_r^{\neq} S_m^{\ominus}(1)} AB^{\neq}(c_1^{\ominus})$$

$$\Delta_r^{\neq} S_m^{\ominus}(2) = \Delta S_1 + \Delta_r^{\neq} S_m^{\ominus}(1) + \Delta S_2$$

$$= 2R\ln \frac{p_2}{p_1} + \Delta_r^{\neq} S_m^{\ominus}(1) + R\ln \frac{p_1}{p_2}$$

$$= \Delta_r^{\neq} S_m^{\ominus}(1) + R\ln \frac{c_2^{\ominus}}{c_1^{\ominus}}$$

$$= -107.3 \text{ J} \cdot \text{mol}^{-1} \cdot \text{K}^{-1} + 8.314 \text{ J} \cdot \text{mol}^{-1} \cdot \text{K}^{-1} \times \ln 1000$$

$$= -49.92 \text{ J} \cdot \text{mol}^{-1} \cdot \text{K}^{-1}$$

同理可得 $\Delta_r^{\neq} S_m^{\ominus}(3) = -139.7 \text{ J} \cdot \text{mol}^{-1} \cdot \text{K}^{-1}$.

由此可得出结论, $\Delta_r^{\neq} S_m^{\ominus}$ 与标准态的选择有关;对于理想气体, $\Delta_r^{\neq} H_m^{\ominus}$ 与标准态的选择无关.

8-62 元反应 $Cl(g) + H_2(g) \longrightarrow (Cl\cdots H\cdots H)^{\neq}(g) \longrightarrow HCl(g) + H(g)$,设过渡态为线形.已知下列基本数据:

项目	Cl	H_2	$Cl\cdots\cdots H\cdots\cdots H$ r_2　r_1
$10^3 M/(\text{kg} \cdot \text{mol}^{-1})$	35.45	2.016	37.47
$10^{10} r /\text{m}$		0.74	$r_1 = 0.92, r_2 = 1.45$
$\tilde{\omega}/\text{cm}^{-1}$		4395	560, 560, 1460
g_e	4	1	2

试求 500 K 时的指前因子 A 及 $\Delta_r^{\neq} S_{m,c}^{\ominus}$.

解　假设 $E_0 = E_a$,则

$$A = \frac{k_B T}{h} \cdot \frac{f^{\neq'}}{f_{Cl} f_{H_2}}$$

为便于计算，上式可表示为

$$A = \frac{k_B T}{h} A_t A_r A_v A_e$$

下面分别计算各分项值：

(a) $A_t = \dfrac{(2\pi m^{\neq} k_B T/h^2)^{3/2}}{(2\pi m_{Cl} k_B T/h^2)^{3/2}(2\pi m_{H_2} k_B T/h^2)^{3/2}}$

$\qquad = \left(\dfrac{m^{\neq}}{m_{Cl} m_{H_2}}\right)^{3/2} \left(\dfrac{h^2}{2\pi k_B T}\right)^{3/2}$

$\qquad = \{(37.47 \times 10^{-3} \text{ kg} \cdot \text{mol}^{-1}/6.02$

$\qquad\quad \times 10^{23} \text{ mol}^{-1})/[(35.45 \times 10^{-3} \text{ kg} \cdot \text{mol}^{-1}/6.02 \times 10^{23} \text{ mol}^{-1})$

$\qquad\quad \times (2.016 \times 10^{-3} \text{ kg} \cdot \text{mol}^{-1}/6.02 \times 10^{23} \text{ mol}^{-1})]\}^{3/2}$

$\qquad\quad \times \left[\dfrac{(6.626 \times 10^{-34} \text{ J} \cdot \text{s})^2}{2\pi \times 1.38 \times 10^{-23} \text{ J} \cdot \text{K}^{-1} \times 500 \text{ K}}\right]^{3/2}$

$\qquad = 1.81 \times 10^{-31} \text{ m}^3 \cdot \text{分子}^{-1}$

(b) $A_r = \dfrac{8\pi^2 I^{\neq} k_B T/h^2}{8\pi^2 I_{H_2} k_B T/2h^2} = \dfrac{2I^{\neq}}{I_{H_2}}$

设线形过渡态的质心与 Cl 相距为 x，则

$(35.45 \times 10^{-3} \text{ kg} \cdot \text{mol}^{-1})x = (1.01 \times 10^{-3} \text{ kg} \cdot \text{mol}^{-1}) \times [(r_2 - x) + (r_1 + r_2 - x)]$

求得

$$x = 1.03 \times 10^{-9} \text{ m}$$

$I^{\neq} = \sum m_i r_i^2$

$\qquad = (35.45 \times 10^{-3} \text{ kg}) \times (1.03 \times 10^{-9} \text{ m})^2 + (1.01 \times 10^{-3} \text{ kg})$

$\qquad\quad \times [(1.35 \times 10^{-10} \text{ m})^2 + (2.27 \times 10^{-10} \text{ m})^2]$

$\qquad = 7.35 \times 10^{-23} \text{ kg} \cdot \text{m}^2$

又　$I_{H_2} = 1.01 \times 10^{-3} \text{ kg} \times [(0.37 \times 10^{-10} \text{ m})^2 + (0.37 \times 10^{-10} \text{ m})^2]$

$\qquad = 2.77 \times 10^{-24} \text{ kg} \cdot \text{m}^2$

所以

$$A_r = \frac{2 \times 7.35 \times 10^{-23} \text{ kg} \cdot \text{m}^2}{2.77 \times 10^{-24} \text{ kg} \cdot \text{m}^2} = 53.07$$

(c) $A_v = \dfrac{\prod\limits_i (1 - e^{-\Theta_v/T})^{-1}_{\neq}}{(1 - e^{-\Theta_v/T})^{-1}_{H_2}}$，由已知 $\tilde{\omega}$ 值可求算 Θ_v/T 值如下：

$\tilde{\omega}$	560	560	1460	4395
$\Theta_v/T = \dfrac{hc\tilde{\omega}}{k_B T}$	1.61	1.61	4.21	12.66

所以

$$A_v = \frac{(1-e^{-4.21})^{-1} \times (1-e^{-1.61})^{-2}}{(1-e^{-12.66})^{-1}} = 1.59$$

(d) $A_e = \dfrac{g_e^{\neq}}{(g_e)_{Cl} \cdot (g_e)_{H_2}} = 0.50$

所以

$$A = \frac{k_B T}{h} \times (1.81 \times 10^{-31} \text{m}^3 \cdot \text{分子}^{-1}) \times 53.07 \times 1.59 \times 0.50$$

$$= 7.95 \times 10^{-17} \text{ m}^3 \cdot \text{s}^{-1} \cdot \text{分子}^{-1} = 4.79 \times 10^{10} \text{ dm}^3 \cdot \text{mol}^{-1} \cdot \text{s}^{-1}$$

由于 $A = \dfrac{k_B T}{h} e^2 (c^{\ominus})^{1-2} \exp(\Delta_r^{\neq} S_{m,c}^{\ominus}/R)$，所以

$$4.79 \times 10^{10} \text{ dm}^3 \cdot \text{mol}^{-1} \cdot \text{s}^{-1} = \frac{k_B T}{h} \times 2.718^2 \times (1 \text{ mol} \cdot \text{dm}^{-3})^{-1} \times \exp(\Delta_r^{\neq} S_{m,c}^{\ominus}/R)$$

求得 $\Delta_r^{\neq} S_{m,c}^{\ominus} = -61.4 \text{ J} \cdot \text{mol}^{-1} \cdot \text{K}^{-1}$.

8-63 设反应物和活化络合物的平动配分函数相等,且每个自由度的 $q_{\neq} \approx 10^{10} \text{m}^{-1}$;转动和振动配分函数也分别相等,且每个自由度的 $q_r \approx 10, q_v \approx 1$. 已知 $k_B T/h \approx 10^{13} \text{s}^{-1}$,试估算下列反应的指前因子:

(a) 原子 + 原子 $\longrightarrow$ 双原子活化络合物.

(b) 原子 + 线形分子 $\longrightarrow$ 线形活化络合物.

(c) 线形分子 + 线形分子 $\longrightarrow$ 线形活化络合物.

(d) 非线形分子 + 非线形分子 $\longrightarrow$ 非线形活化络合物.

解 指前因子 $A = \dfrac{k_B T}{h} \dfrac{f_{AB}^{\neq'}}{f_A f_B}$

(a) $A = \dfrac{k_B T}{h} \dfrac{q_t^3 q_r^2}{q_t^3 q_t^3} = (10^{13} \text{ s}^{-1}) \times \dfrac{10^2}{(10^{10} \text{ m}^{-1})^3} = 10^{-15} \text{ m}^3 \cdot \text{s}^{-1}$

(b) $A = \dfrac{k_B T}{h} \cdot \dfrac{q_t^3 q_r^2 q_v^{3(N_A+1)-5-1}}{q_t^3 (q_t^3 q_r^2 q_v^{3N_A-5})} = (10^{13} \text{ s}^{-1}) \times \dfrac{q_v^2}{(10^{10} \text{ m}^{-1})^3}$

$\qquad = 10^{-17} \text{ m}^3 \cdot \text{s}^{-1}$

(c) $A = \dfrac{k_B T}{h} \dfrac{q_t^3 q_r^2 q_v^{3(N_A+N_B)-5-1}}{(q_t^3 q_r^2 q_v^{3N_A-5})(q_t^3 q_r^2 q_v^{3N_B-5})}$

$\qquad = (10^{13} \text{ s}^{-1}) \times \dfrac{1}{(10^{10} \text{ m}^{-1})^3 \times 10^2} = 10^{-19} \text{ m}^3 \cdot \text{s}^{-1}$

(d) $A = \dfrac{k_B T}{h} \dfrac{q_t^3 q_r^3 q_v^{3(N_A+N_B)-6-1}}{(q_t^3 q_r^3 q_v^{3N_A-6})(q_t^3 q_r^3 q_v^{3N_B-6})}$

$= (10^{13}\ \text{s}^{-1}) \times \dfrac{1}{(10^{10}\text{m}^{-1})^3 \times 10^3} = 10^{-20}\ \text{m}^3 \cdot \text{s}^{-1}$

8-64 过渡态理论中,以浓度为标准态的标准摩尔吉布斯自由能、活化熵和活化焓分别为 $\Delta_r^{\neq} G_{m,c}^{\ominus}$、$\Delta_r^{\neq} S_{m,c}^{\ominus}$ 和 $\Delta_r^{\neq} H_{m,c}^{\ominus}$,而以压力为标准态时相应值为 $\Delta_r^{\neq} G_{m,p}^{\ominus}$、$\Delta_r^{\neq} S_{m,p}^{\ominus}$ 和 $\Delta_r^{\neq} H_{m,p}^{\ominus}$.请导出对应函数间的关系式,并分别写出以 $\Delta_r^{\neq} G_{m,p}^{\ominus}$、$\Delta_r^{\neq} S_{m,p}^{\ominus}$ 和 $\Delta_r^{\neq} H_{m,p}^{\ominus}$ 表示的 k_c、k_p 表达式.

解
$$\sum \nu_B \mu_B^{\ominus}(T, p^{\ominus}) = \Delta_r^{\neq} G_{m,p}^{\ominus} = - RT \ln K_{p/p^{\ominus}}^{\neq}$$

$$\sum \nu_B \mu_B^{\ominus}(T, c^{\ominus}) = \Delta_r^{\neq} G_{m,c}^{\ominus} = - RT \ln K_{c/c^{\ominus}}^{\neq}$$

因为
$$K_{p/p^{\ominus}}^{\neq} = K_p^{\neq}(p^{\ominus})^{n-1}$$

$$K_{c/c^{\ominus}}^{\neq} = K_c^{\neq}(c^{\ominus})^{n-1}$$

(此处 n 为所有反应物的系数之和)

所以
$$\Delta_r^{\neq} G_{m,p}^{\ominus} - \Delta_r^{\neq} G_{m,c}^{\ominus} = - RT \ln \frac{K_{p/p^{\ominus}}^{\neq}}{K_{c/c^{\ominus}}^{\neq}} = - RT \ln \frac{K_p^{\neq}(p^{\ominus})^{n-1}}{K_c^{\neq}(c^{\ominus})^{n-1}}$$

由于 $K_p^{\neq} = K_c^{\neq}(RT)^{1-n}$,所以
$$\Delta_r^{\neq} G_{m,p}^{\ominus} - \Delta_r^{\neq} G_{m,c}^{\ominus} = - RT \ln \left(\frac{RTc^{\ominus}}{p^{\ominus}} \right)^{1-n} = (n-1) RT \ln \left(\frac{RTc^{\ominus}}{p^{\ominus}} \right)$$

$$\Delta_r^{\neq} G_{m,p}^{\ominus} = \Delta_r^{\neq} G_{m,c}^{\ominus} + (n-1) RT \ln \left(\frac{RTc^{\ominus}}{p^{\ominus}} \right) \tag{1}$$

ΔH 不因表示方法不同而改变,故
$$\Delta_r^{\neq} H_{m,p}^{\ominus} = \Delta_r H_{m,c}^{\ominus} = \Delta_r^{\neq} H_m^{\ominus} \tag{2}$$

式(1)-式(2),得
$$- T\Delta_r^{\neq} S_{m,p}^{\ominus} = - T\Delta_r^{\neq} S_{m,c}^{\ominus} + (n-1) RT \ln \frac{RTc^{\ominus}}{p^{\ominus}}$$

所以
$$\Delta_r^{\neq} S_{m,p}^{\ominus} = \Delta_r^{\neq} S_{m,c}^{\ominus} - (n-1) R \ln \frac{RTc^{\ominus}}{p^{\ominus}} \tag{3}$$

速率常数表达式为
$$k_c = \frac{k_B T}{h} K_c^{\neq} = \frac{k_B T}{h} K_p^{\neq}(RT)^{n-1} = \frac{k_B T}{h} K_{p/p^{\ominus}}^{\neq} \left(\frac{p^{\ominus}}{RT} \right)^{1-n}$$

$$= \frac{k_{\mathrm{B}} T}{h}\left(\frac{p^{\ominus}}{RT}\right)^{1-n} \exp\left(-\frac{\Delta_r^{\neq} G_{m,p}^{\ominus}}{RT}\right)$$

$$= \frac{k_{\mathrm{B}} T}{h}\left(\frac{p^{\ominus}}{RT}\right)^{1-n} \exp\left(\frac{\Delta_r^{\neq} S_{m,p}^{\ominus}}{R}\right)\exp\left(\frac{-\Delta_r^{\neq} H_m^{\ominus}}{RT}\right)$$

$$k_p = \frac{k_{\mathrm{B}} T}{h} K_p^{\neq} = \frac{k_{\mathrm{B}} T}{h} K_{p/p}^{\neq}{}^{\ominus}(p^{\ominus})^{1-n} = \frac{k_{\mathrm{B}} T}{h}(p^{\ominus})^{1-n} \exp\left(-\frac{\Delta_r^{\neq} G_{m,p}^{\ominus}}{RT}\right)$$

$$= \frac{k_{\mathrm{B}} T}{h}(p^{\ominus})^{1-n} \exp\left(\frac{\Delta_r^{\neq} S_{m,p}^{\ominus}}{R}\right)\exp\left(-\frac{\Delta_r^{\neq} H_m^{\ominus}}{RT}\right)$$

或直接由 k_c 得

$$k_p = k_c (RT)^{1-n} = \frac{k_{\mathrm{B}} T}{h}(p^{\ominus})^{1-n} \exp\left(\frac{\Delta_r^{\neq} S_{m,p}^{\ominus}}{R}\right)\exp\left(-\frac{\Delta_r^{\neq} H_m^{\ominus}}{RT}\right)$$

8-65 轮烷(rotaxane)结构是目前超分子化学研究中的一个热点. 在轮烷结构中, 一个或多个环状分子(如环糊精, CD)靠非共价相互作用套在一线形分子链上(多个环状分子时, 轮烷被称为多聚轮烷 polyrotaxane). 有人在研究 α-CD 与高分子 PEG(polyethylene glycol)在水溶液中的作用时即发现可形成多聚轮烷. 实验发现, 在 α-CD 分子逐渐套在 PEG 分子链上时, 体系的光密度 A 值呈现如下图所示变化:

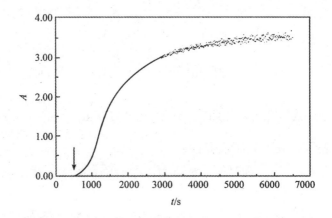

当 $t > t_{\mathrm{th}}$(t_{th} 为箭头处时间)时, A 值迅速上升. 当实验温度 T 增加时, t_{th} 明显增大. 如果实验测得了一系列 T 的相应的 t_{th} 值, 试用过渡态理论导出合适的公式, 由此来估算每个多聚轮烷结构中环状分子的数目及形成过程的 $\Delta_r G_{m,c}^{\ominus}$. 已知 $[\alpha\text{-CD}]_0 \gg [\mathrm{PEG}]_0$.

解 首先, $t = t_{\mathrm{th}}$ 时, 多聚轮烷即已形成. 当 $t > t_{\mathrm{th}}$ 时, 不同的多聚轮烷分子相互聚集, 从而形成沉淀, 使体系的光密度迅速增大. 设多聚轮烷的形成过程可表示为

$$PEG + m(\alpha\text{-CD}) \rightleftharpoons T^{*} \longrightarrow Pr \tag{1}$$

式中:T^{*} 表示过渡态;Pr 表示多聚轮烷;m 为 α-CD 分子数.

$$r = \frac{d[Pr]}{dt} = k[PEG][\alpha\text{-CD}]^{m} = C[PEG] \tag{2}$$

$$C = k[\alpha\text{-CD}]^{m} = \frac{k_{B}T}{h}(c^{\ominus})^{1-(m+1)}\exp\left(-\frac{\Delta_{r}G_{m,c}^{\ominus}}{RT}\right)[\alpha\text{-CD}]^{m} \tag{3}$$

又 $r = -\dfrac{d[PEG]}{dt}$,故有

$$-\frac{d[PEG]}{dt} = C[PEG] \tag{4}$$

$$\int_{[PEG]_0}^{[PEG]} \frac{d[PEG]}{[PEG]} = -C\int_0^t dt \tag{5}$$

$$\ln\left(\frac{[PEG]}{[PEG]_0}\right) = -Ct \tag{6}$$

由于

$$\ln\left(\frac{[PEG]}{[PEG]_0}\right) = \ln\left[1 - \left(1 - \frac{[PEG]}{[PEG]_0}\right)\right]$$

$$\approx -\left(1 - \frac{[PEG]}{[PEG]_0}\right) - \frac{1}{2}\left(1 - \frac{[PEG]}{[PEG]_0}\right)^2 + \cdots \tag{7}$$

忽略式(7)中高次项,由式(6)、式(7)可得一元二次方程,即

$$\left(1 - \frac{[PEG]}{[PEG]_0}\right)^2 + 2\left(1 - \frac{[PEG]}{[PEG]_0}\right) - 2Ct = 0 \tag{8}$$

解之得

$$1 - \frac{[PEG]}{[PEG]_0} = \frac{-2 + \sqrt{4 + 8Ct}}{2} = -1 + \sqrt{1 + 2Ct}$$

或

$$[PEG] = (2 - \sqrt{1 + 2Ct})[PEG]_0 \tag{9}$$

由式(2)、式(9),得

$$d[Pr] = C[PEG]_0(2 - \sqrt{1 + 2Ct})dt \tag{10}$$

由于 $[\alpha\text{-CD}]_0 \gg [PEG]_0$,可认为 $t = t_{th}$ 时,形成的 $[Pr] = [PEG]_0$,故

$$\int_0^{[PEG]_0} d[Pr] = [PEG]_0 = C[PEG]_0\int_0^{t_{th}}(2 - \sqrt{1 + 2Ct})dt \tag{11}$$

由式(11),得

$$\frac{1}{t_{th}} = \frac{3C}{2} = \frac{3k_{B}T}{2h}[\alpha\text{-CD}]^{m}\exp\left(-\frac{\Delta_{r}^{\neq}G_{m,c}^{\ominus}}{RT}\right)(c^{\ominus})^{-m} \tag{12}$$

所以

$$\ln\left(\frac{1}{Tt_{th}}\right) = \ln\left(\frac{3k_B}{2h}\right) + m\ln([\alpha\text{-CD}](c^{\ominus})^{-1}) - \frac{\Delta_r^{\neq}G_{m,c}^{\ominus}}{RT} \quad (13)$$

以 $\ln\left(\dfrac{1}{Tt_{th}}\right)$ 对 $\dfrac{1}{T}$ 作图,由斜率和截距即可得到 $\Delta_r^{\neq}G_{m,c}^{\ominus}$ 和 m 值.

由文献(Langmuir 1997, 13(9), 2436)知,根据上述方法可以得到十分合理的 m、$\Delta_r^{\neq}G_{m,c}^{\ominus}$ 值.以水为溶剂时,得到 $m = 20 \pm 2$,$\Delta_r^{\neq}G_{m,c}^{\ominus} = (-50.9 \pm 4.1)$ kJ·mol^{-1}.

过渡态主要应用于基元反应.上述轮烷的形成过程,显然是一个十分特殊的、不是标准意义上的"基元反应".

*8-66　在分子反应动态学研究中提出了"鱼叉机理",由此可计算 P 因子.下列过程表示的即是鱼叉机理:

$$K + Br_2 \longrightarrow K^+ + Br^- - Br \longrightarrow K^+ - Br^- + Br$$

反应第一步是 K 原子抛出价电子,送给卤素分子 Br_2;发生这种电子传递后,生成离子对 K^+ 与 Br_2^-,离子对的强烈引力(类似绳子)把两个离子拉在一起(鱼叉收回);反应发生,K^+ 得到 Br^-,形成稳定双原子分子 KBr,并推斥另一个 Br 原子,或向后抛出 Br 原子.设金属 K 之电离能为 I,Br_2 的电子亲和势为 E_{ea},试导出 P 因子表达式.当 $I(K) = 420$ kJ·mol^{-1},$E_{ea}(Br_2) = 250$ kJ·mol^{-1},$d = R_K + R_{Br_2} = 400$ pm 时,求 P 值.

解　K^+ 与 Br_2^- 相距 R 时的 Coulombic 吸引能为 $-e^2/4\pi\varepsilon_0R$,ε_0 为真空电容率.当 R 减少到某一临界值 R^* 时,可得

$$e^2/4\pi\varepsilon_0R^* = (I - E_{ea})/L$$

则反应性截面 $\sigma_R = \pi(R^*)^2$,而碰撞截面 $\sigma = \pi d^2$,故可得

$$P = \sigma_R/\sigma = (R^*)^2/d^2 = \left[\frac{e^2}{4\pi\varepsilon_0d(I - E_{ea})/L}\right]^2$$

将 $I(K) = 420$ kJ·mol^{-1}、$E_{ea}(Br_2) = 250$ kJ·mol^{-1}、$d = 400$ pm 及 $1/4\pi\varepsilon_0 = 8.99 \times 10^9$ J·m·C^{-2},$e = 1.602 \times 10^{-19}$ C 代入,得

$$P = \left[\frac{(1.602 \times 10^{-19}C)^2 \times 8.99 \times 10^9 \text{ J·m·C}^{-2}}{(4 \times 10^{-10} \text{ m}) \times (420 - 250) \times 10^3 \text{ J·mol}^{-1}/6.023 \times 10^{23} \text{ mol}^{-1}}\right]^2 = 4.17$$

*8-67　金属原子与卤素分子反应属鱼叉机理,它是金属原子脱出电子(电离能 I)、卤素吸引电子或离子(电子亲和能 E_{ea})及两种离子的库仑相互作用能($e^2/4\pi\varepsilon_0R$,R 为距离)综合作用的结果.当三种能量由正向负转变时必经 $E = 0$,此时之距离 R 可用来计算反应截面 σ_R.今有下列数据,请计算 σ_R,并与实验结果相对照.已知:$E_{ea}(Cl_2) = 2.083 \times 10^{-19}$J,$E_{ea}(Br_2) = 1.922 \times 10^{-19}$J,$E_{ea}(I_2) = 2.723 \times 10^{-19}$J,$I(Na) = 8.170 \times 10^{-19}$J,$I(K) = 6.889 \times 10^{-19}$J,$I(Rb) = 6.728 \times 10^{-19}$J.

实验测得的 σ_R 如下:

$\sigma_R/10^{-18}m^2$	Na	K	Rb
Cl_2	1.24	1.54	1.90
Br_2	1.16	1.51	1.97
I_2	0.97	1.27	1.67

解 由上题 8-66 之结果:

$$\frac{\sigma_R}{\sigma} = \left[\frac{e^2}{4\pi\varepsilon_0 d(I - E_{ea})}\right]^2, \quad \sigma = \pi d^2$$

所以

$$\sigma_R = \pi\left[\frac{e^2}{4\pi\varepsilon_0(I - E_{ea})}\right]^2 = \frac{1.688 \times 10^{-55} J^2 \cdot m^2}{(I - E_{ea})^2}$$

其中 $1/4\pi\varepsilon_0 = 8.99 \times 10^9 J \cdot m \cdot C^{-2}$, $e = 1.602 \times 10^{-19}$ C. 将已知 I, E_{ea} 值代入,可计算出如下结果:

$\sigma_R/10^{-18}\ m^2$	Na	K	R_b
Cl_2	0.46	0.73	0.78
Br_2	0.43	0.68	0.73
I_2	0.57	0.97	1.05

计算值与实验值虽不完全一致,但十分接近,说明理论计算的原理是合理的.

8-68 一氯乙酸在水溶液中进行分解,反应式如下:

$$CH_2ClCOOH + H_2O \longrightarrow CH_2OHCOOH + HCl \qquad (1)$$

今用 $\lambda = 253.7$ nm 的光照射浓度为 $0.500\ mol \cdot dm^{-3}$ 的一氯乙酸样品 8.23×10^{-3} dm^3. 照射 837min 后,样品吸收的能量 ε 为 34.36 J, $[Cl^-] = 2.825 \times 10^{-3}$ $mol \cdot dm^{-3}$. 当用同样的样品在暗室中进行实验时,发现每分钟有 3.50×10^{-10} $mol \cdot min^{-1}$ 的 Cl^- 生成. 试计算该反应的量子产率 ϕ.

解 根据量子产率的定义:

$$\phi = \frac{\text{光解反应产生的 } Cl^- \text{ 的物质的量}(n_{Cl^-})}{\text{吸收光子的物质的量}(n)}$$

n_{Cl^-} 应为 Cl^- 总的物质的量减去非光化反应产生的 Cl^- 的物质的量,即

$$n_{Cl^-} = (2.85 \times 10^{-3}\ mol \cdot dm^{-3}) \times (8.23 \times 10^{-3}\ dm^3)$$

$$- (3.50 \times 10^{-10}\ mol \cdot min^{-1}) \times (837\ min) = 2.30 \times 10^{-5}\ mol$$

1 mol 光子的能量,即一"爱因斯坦"为

$$u = \frac{0.1197}{\lambda} J \cdot m \cdot mol^{-1} = \frac{0.1197}{253.7 \times 10^{-9}\ m} J \cdot m \cdot mol^{-1} = 4.718 \times 10^5 J \cdot mol^{-1}$$

所以

$$n = \frac{\varepsilon}{u} = \frac{34.36 \text{ J}}{4.718 \times 10^5 \text{ J} \cdot \text{mol}^{-1}} = 7.283 \times 10^{-5} \text{ mol}$$

$$\phi = \frac{n_{Cl^-}}{n} = \frac{2.30 \times 10^{-5} \text{ mol}}{7.283 \times 10^{-5} \text{ mol}} = 0.316$$

8-69　用波长为 313 nm 的单色光照射气态丙酮,发生分解反应

$$(CH_3)_2CO + h\nu \longrightarrow C_2H_6 + CO$$

若反应池容量为 $5.90 \times 10^{-5} \text{ m}^3$, $T = 330 \text{ K}$, 初始压力 $p_0 = 102.20 \text{ kPa}$, 照射 7 h 后,总压力 $p_t = 104.40 \text{ kPa}$. 丙酮吸收入射光 91.5%, 实验测得入射能 $E = 4.81 \times 10^{-3} \text{ J} \cdot \text{s}^{-1}$, 试计算此反应的量子产率 ϕ.

解　　　　　　　$(CH_3)_2CO$　+　$h\nu$　$\longrightarrow$　C_2H_6　+　CO

$$t = 0 \qquad\quad p_0 \qquad\qquad\qquad\quad 0 \qquad\quad 0$$

$$t = 7 \text{ h} \qquad p_0 - x \qquad\qquad\quad x \qquad\quad x$$

所以　　　　　　　　　　　　　$p_t = p_0 + x$

$$x = p_t - p_0 = (104.40 - 102.20)\text{kPa} = 2.20 \text{ kPa}$$

分解产生的 C_2H_6 或 CO 的物质的量为

$$n = \frac{pV}{RT} = \frac{xV}{RT} = \frac{(2.20 \times 10^3 \text{ Pa}) \times (5.90 \times 10^{-5} \text{ m}^3)}{(8.314 \text{ J} \cdot \text{mol}^{-1} \cdot \text{K}^{-1}) \times (330 \text{ K})} = 4.73 \times 10^{-5} \text{ mol}$$

初吸收光子的物质的量为

$$\frac{0.915Et}{u} = \frac{0.915Et}{\dfrac{0.1197}{\lambda} \text{ J} \cdot \text{m} \cdot \text{mol}^{-1}}$$

$$= \frac{0.915 \times (4.81 \times 10^{-3} \text{ J} \cdot \text{s}^{-1}) \times (7 \times 3600 \text{ s})}{\dfrac{0.1197}{313 \times 10^{-9} \text{m}} \text{ J} \cdot \text{m} \cdot \text{mol}^{-1}}$$

$$= 2.90 \times 10^{-4} \text{ mol}$$

所以

$$\phi = \frac{产物生成的物质的量}{吸收光子物质的量} = \frac{4.73 \times 10^{-5} \text{ mol}}{2.90 \times 10^{-4} \text{ mol}} = 0.163$$

8-70　氯仿的光化氯化反应为

$$CHCl_3 + Cl_2 \Longrightarrow CCl_4 + HCl$$

速率方程为

$$\frac{d[CCl_4]}{dt} = kI_a^{1/2}[Cl_2]^{-1/2}[CHCl_3]$$

式中, I_a 是所吸收光的强度. 当氯气的分压很高时, 试设计一个反应历程使之与实

验速率方程相一致.

解 由实验速率方程,设想如下的反应历程:

$$Cl_2 \xrightarrow{I_a} 2Cl \tag{1}$$

$$Cl + CHCl_3 \xrightarrow{k_2} HCl + CCl_3 \tag{2}$$

$$CCl_3 + Cl_2 \xrightarrow{k_3} CCl_4 + Cl \tag{3}$$

$$Cl + Cl + M \xrightarrow{k_4} Cl_2 + M \tag{4}$$

对 Cl 和 CCl$_3$ 作稳态近似

$$\frac{d[Cl]}{dt} = 2I_a - k_2[Cl][CHCl_3] + k_3[CCl_3][Cl_2] - 2k_4[M][Cl]^2 = 0 \tag{5}$$

$$\frac{d[CCl_3]}{dt} = k_2[Cl][CHCl_3] - k_3[CCl_3][Cl_2] = 0 \tag{6}$$

由式(5)、式(6),得

$$[CCl_3] = \frac{k_2[CHCl_3]}{k_3[Cl_2]}\left(\frac{I_a}{k_4}\right)^{1/2}[M]^{-1/2}$$

$$r = \frac{d[CCl_4]}{dt} = k_3[CCl_3][Cl_2] = k_2\left(\frac{I_a}{k_4}\right)^{1/2}[M]^{-1/2}[CHCl_3] \tag{7}$$

由于 Cl$_2$ 的分压很高,式(7)中[M]$\simeq$[Cl$_2$],故得

$$r = k_2\left(\frac{I_a}{k_4}\right)^{1/2}[Cl_2]^{-1/2}[CHCl_3] = kI_a^{1/2}[Cl_2]^{-1/2}[CHCl_3] \tag{8}$$

式中,$k = k_2k_4^{-1/2}$. 式(8)与实验速率方程一致.

*8-71** 对上题中氯仿光化氯化反应,如氯气的分压较低,则得到不同的速率方程,即

$$\frac{d[CCl_4]}{dt} = k'I_a^{1/2}[Cl_2]^{1/2}$$

上题设计的反应历程中,断链反应如何变化才能与这一速率方程相符?

解 设想如下新的反应历程(只是断链反应变动):

$$Cl_2 \xrightarrow{I_a} 2Cl \tag{1}$$

$$Cl + CHCl_3 \xrightarrow{k_2} HCl + CCl_3 \tag{2}$$

$$CCl_3 + Cl_2 \xrightarrow{k_3} CCl_4 + Cl \tag{3}$$

$$2CCl_3 + Cl_2 \xrightarrow{k_4} 2CCl_4 \tag{4}$$

对 Cl 和 CCl$_3$ 作稳态近似,得到

$$\frac{d[Cl]}{dt} = 2I_a - k_2[Cl][CHCl_3] + k_3[CCl_3][Cl_2] = 0 \qquad (5)$$

$$\frac{d[CCl_3]}{dt} = k_2[Cl][CHCl_3] - k_3[CCl_3][Cl_2] - 2k_4[CCl_3]^2[Cl_2] = 0 \qquad (6)$$

式(5)+式(6),得

$$[CCl_3] = \left(\frac{I_a}{k_4[Cl_2]}\right)^{1/2}$$

所以

$$\frac{d[CCl_4]}{dt} = k_3[CCl_3][Cl_2] + 2k_4[CCl_3]^2[Cl_2]$$

$$= k_3\left(\frac{I_a[Cl_2]}{k_4}\right)^{1/2} + 2I_a$$

$$= k'I_a^{1/2}[Cl_2]^{1/2} + 2I_a$$

式中,$k' = k_3k_4^{-1/2}$.由于在一般的光化反应中,反应物的浓度比吸收光强度大得多,故

$$\frac{d[CCl_4]}{dt} = k'I_a^{1/2}[Cl_2]^{1/2}$$

8-72 在光的作用下,蒽(A)聚合为二蒽(A$_2$),由于二蒽的热分解作用而达到光化平衡.光化反应的温度系数(即温度每增加 10 K 反应速率常数增加的倍数)是 1.1,热分解的温度系数是 2.8,当达到光化平衡时,温度每增加 10 K,二蒽产量的变化是多少?

解　光化平衡为

$$2A \underset{k_{-1}}{\overset{I_a}{\rightleftharpoons}} A_2$$

正向反应速率 $= I_a$
逆向反应速率 $= k_{-1}[A_2]$
平衡时
$$I_a = k_{-1}[A_2]$$

$$[A_2] = \frac{I_a}{k_{-1}}$$

如温度增加 10 K,则

$$[A_2]' = \frac{I_a'}{k_{-1}'} = \frac{1.1\,I_a}{2.8k_{-1}} = 0.39[A_2]$$

即二蒽产量减少 61%.

8-73 如用汞灯照射溶解在 CCl$_4$ 溶液中的氯气和正庚烷,由于 Cl$_2$ 吸收了光

强度为 I_a 的辐射而引起如下链反应:

链引发

$$Cl_2 + h\nu \xrightarrow{I_a} 2Cl \tag{1}$$

链传递

$$Cl + C_7H_{16} \xrightarrow{k_2} HCl + C_7H_{15} \tag{2}$$

$$C_7H_{15} + Cl_2 \xrightarrow{k_3} C_7H_{15}Cl + Cl \tag{3}$$

链中止

$$C_7H_{15} \xrightarrow{k_4} 链中断 \tag{4}$$

试写出 $-\dfrac{d[Cl_2]}{dt}$ 的表示式.

解　对 Cl 和 C_7H_{15} 应用稳态近似,得到

$$\frac{d[Cl]}{dt} = 2I_a - k_2[Cl][C_7H_{16}] + k_3[C_7H_{15}][Cl_2] = 0 \tag{5}$$

$$\frac{d[C_7H_{15}]}{dt} = k_2[Cl][C_7H_{16}] - k_3[C_7H_{15}][Cl_2] - k_4[C_7H_{15}] = 0 \tag{6}$$

式(5)+式(6),得

$$2I_a = k_4[C_7H_{15}]$$

$$[C_7H_{15}] = \frac{2I_a}{k_4}$$

所以

$$-\frac{d[Cl_2]}{dt} = I_a + k_3[C_7H_{15}][Cl_2] = I_a(1 + 2k_3k_4^{-1}[Cl_2])$$

*8-74　HI 气相分解反应为 $2HI \xrightarrow{h\nu} H_2 + I_2$,实验测得:

$T < 448$ K, p 在 13.3 Pa~33.3 kPa 压力范围内,求得量子产率 $\phi = 2$;

外加惰性气体(如 Na),即使 p_{N_2} 达 304 kPa 时, $\phi = 2$ 不变;

极低压力下光照射结果,体系压力降低;

紫外光区(<300 nm)得到连续光谱;

在体系压力减至极低时,观察不到荧光.

根据以上实验结果,推测可能的反应历程.

解　(a) 根据 $\phi = 2$ 的基本实验事实,设计如下反应历程 1:

$$HI \xrightarrow{h\nu} HI^* \xrightarrow{+HI} H_2 + I_2$$

该历程存在两个矛盾:首先,HI^*(激发态),属小分子,在低压下很易以荧光形式衰

变能量,但实验未发现,即不存在 HI^*;其次,若有 HI^*,在较高压力下会发生碰撞失能,即 $HI^* + M \longrightarrow HI + M + \Delta$(热能),$[M] \gg [HI]$,$\phi \ll 2$,与事实不符.

(b) 根据有连续光谱存在分子解离的事实,设 $HI \xrightarrow{h\nu} H + I$,又因等分子数反应,体系压力应不变.但实验发现光照下压力降低,可能是因为极低压力下自由基被器壁吸附.于是,根据连续光谱,压力降低,无荧光及 $\phi = 2$ 的实验事实设计反应历程2:

$$HI \xrightarrow{h\nu} H + I, \quad H + HI + I \longrightarrow H_2 + I_2$$

但此历程又存在以下问题:首先,三分子反应的概率极小;其次,碰撞方位如为 $H + HI + I$,则 $\phi < 2$;第三,如确为三分子反应,尚有 $H + H + M$,$I + I + M$,$I + H + M$,导致 $\phi < 2$.由此可见,历程2也不能解释所有实验现象.

(c) 列出体系中全部物种(H,I,H_2,I_2,HI)间的反应,根据热力学及动力学数据,筛选出概率最大的反应,再设计反应历程.可能的反应如下:

反应序号	$-\Delta_r H_m/(kJ \cdot mol^{-1})$	$E_a/(kJ \cdot mol^{-1})$	反应序号	$-\Delta_r H_m/(kJ \cdot mol^{-1})$	$E_a/(kJ \cdot mol^{-1})$
(1)H+H	431	0	(6)I+H	265	0
(2) +I	265	0	(7) +I	149	0
(3) +H₂	—	—	(8) +H₂	−134	149
(4) +I₂	141	7.5	(9) +I₂	—	—
(5) +HI	134	14.6	(10) +HI	−141	148

平行反应时,活化能越低和浓度越大的反应概率为大,这是判断反应是否发生的能量原则和浓度原则.上述 10 个反应中,反应(3)和反应(9)无意义,反应(8)和反应(10)活化能太大,概率极小,可排除.又反应初期,体系中各物种浓度相比,$[HI] \gg [H]$,$[I]$,$[H_2]$,$[I_2]$,因此反应(1)、反应(2)、反应(4)、反应(6)、反应(7)可能性很小.综上所述,可推测反应(5)的可能性最大,故设计反应历程3:

$$HI \xrightarrow{h\nu} H + I, \quad H + HI \longrightarrow H_2 + I, \quad I + I + M \longrightarrow I_2 + M$$

此历程也只是一种推测,需进一步的实验来研究.

8-75 有一化合物 RNH_2 在水溶液中可以碱式形态 RNH_2 或酸式形态 RNH_3^+ 存在,并很快达到平衡.今放入另一化合物 A,则该化合物与 A 起化学反应,生成产物 P,但不知究竟是哪种形态与 A 起作用,试推出 pH 对此反应的影响,并由此设计一实验来证明 RNH_2 和 RNH_3^+ 何者是活泼形态.

解 RNH_2 与 RNH_3^+ 的快速平衡及 A 与两者之间的反应可分别表示如下:

$$RNH_3^+ \Longrightarrow RNH_2 + H^+ \tag{1}$$

$$A + RNH_2 \xrightarrow{k_2} P_1 \tag{2}$$

$$A + RNH_3^+ \xrightarrow{k_3} P_2 \tag{3}$$

其中式(2)和式(3)中只能有一个反应发生. 由式(1)可得

$$K = \frac{[RNH_2][H^+]}{[RNH_3^+]} \tag{4}$$

设 RNH_2 及 A 的初始浓度分别为 $c_{0,1}$ 和 $c_{0,2}$,两者之差为 Δc_0,则在反应的任何瞬间应有

$$\Delta c_0 = c_{0,1} - c_{0,2} = [RNH_2] + [RNH_3^+] - [A] \tag{5}$$

由式(4)和式(5),可分别求出 RNH_2 及 RNH_3^+ 的平衡浓度

$$[RNH_2] = \frac{K(\Delta c_0 + [A])}{K + [H^+]} \tag{6}$$

$$[RNH_3^+] = \frac{[H^+](\Delta c_0 + [A])}{K + [H^+]} \tag{7}$$

如反应式(2)发生,则其反应速率为

$$r_2 = -\frac{d[A]}{dt} = k_2[RNH_2][A] = \frac{k_2 K(\Delta c_0 + [A])[A]}{K + [H^+]} \tag{8}$$

如反应式(3)发生,则其反应速率为

$$r_3 = -\frac{d[A]}{dt} = k_3[RNH_3^+][A] = \frac{k_3[H^+](\Delta c_0 + [A])[A]}{K + [H^+]} \tag{9}$$

在恒定[A]的条件下,式(8)和式(9)分别对$[H^+]$微商,得到

$$\left(\frac{dr_2}{d[H^+]}\right)_{[A]} = \frac{-k_2 K(\Delta c_0 + [A])[A]}{(K + [H^+])^2} < 0$$

所以

$$[H^+]\left(\frac{dr_2}{d[H^+]}\right)_{[A]} < 0, \quad 即 \quad \left(\frac{dr_2}{dpH}\right)_{[A]} > 0 \tag{10}$$

$$\left(\frac{dr_3}{d[H^+]}\right)_{[A]} = \frac{k_3 K(\Delta c_0 + [A])[A]}{(K + [H^+])^2} > 0$$

所以

$$\left(\frac{dr_3}{dpH}\right)_{[A]} < 0 \tag{11}$$

根据(10)和(11)式,只要从实验测得不同 pH 时的$[A]$-t 曲线,在相同的$[A]$时求各线上切线的斜率 r(即 r_2 或 r_3),由 r 对 pH 的依赖关系,即可判断 RNH_2 和 RNH_3^+ 中何者与 A 发生了反应.

8-76 298.2 K 时,测得不同离子强度介质中络离子$[Co(NH_3)_5Br]^{2+}$ 的碱解

反应速率常数,结果如下:

$I/(\text{mol·kg}^{-1})$	0.005	0.010	0.015	0.020	0.025	0.030
k/k_0	0.718	0.631	0.562	0.515	0.475	0.447

k_0 是无限稀释溶液中的反应速率常数. 试根据以上实验事实,分析此反应的活化络合物应具有什么样的结构?

解　设溶液中离子 A^{Z_A} 和 B^{Z_B} 经活化络合物 $[(A\cdots B)^{Z_A+Z_B}]^{\neq}$ 而反应生成产物 P,即

$$A^{Z_A} + B^{Z_B} \Longleftrightarrow [(A\cdots B)^{Z_A+Z_B}]^{\neq} \longrightarrow P$$

$$K_a^{\neq} = \frac{a^{\neq}}{a_A a_B} = \frac{c^{\neq}/c^{\ominus}}{\dfrac{c_A}{c^{\ominus}} \cdot \dfrac{c_B}{c^{\ominus}}} \times \frac{\gamma^{\neq}}{\gamma_A \gamma_B} = K_c^{\neq}(c^{\ominus})^{n-1} \frac{\gamma^{\neq}}{\gamma_A \gamma_B}$$

式中,n 为反应离子的系数之和. 由过渡态理论,

$$k = \frac{k_B T}{h} K_c^{\neq} = \frac{k_B T}{h} (c^{\ominus})^{1-n} K_a^{\neq} \frac{\gamma_A \gamma_B}{\gamma^{\neq}} = k_0 \frac{\gamma_A \gamma_B}{\gamma^{\neq}}$$

所以

$$\lg \frac{k}{k_0} = \lg \gamma_A + \lg \gamma_B - \lg \gamma^{\neq}$$

由 D-H 极限公式

$$\lg \gamma_i = -A Z_i^2 \sqrt{I}$$

所以

$$\lg \frac{k}{k_0} = -A[Z_A^2 + Z_B^2 - (Z_A + Z_B)^2]\sqrt{I} = 2Z_A Z_B A\sqrt{I}$$

由实验数据可算出一系列相应的 $\sqrt{I}$ 和 $\lg \dfrac{k}{k_0}$ 值:

$\sqrt{I}/(\text{mol·kg}^{-1})^{1/2}$	0.071	0.100	0.122	0.141	0.158	0.173
$\lg \dfrac{k}{k_0}$	-0.144	-0.200	-0.250	-0.288	-0.323	-0.350

对上述数据作线性拟合,得到

$$\text{直线斜率} = -2.046$$

另外,Z_A、Z_B 分别是 $[\text{Co}(\text{NH}_3)_5\text{Br}]^{2+}$ 和 OH^- 的电价,故有

$$2Z_A Z_B A = 2 \times 2 \times (-1) \times 0.509(\text{mol·kg}^{-1})^{1/2} = -2.036(\text{mol·kg}^{-1})^{1/2}$$

理论值与实验值相符,由此可证明生成活化络合物的假设是正确的,其结构是两种

离子的组合$[Co(NH_3)_5Br(OH)]^+$

8-77 反应

$$[Co(NH_3)_5(H_2O)]^{3+} + Br^- \underset{k_{-1}}{\overset{k_2}{\rightleftharpoons}} [Co(NH_3)_5Br]^{2+} + H_2O$$

298.2 K 时,$K_a = 0.37$,$k_{-1} = 6.3 \times 10^{-6}$ s^{-1},试计算:

(a) 在低离子强度介质中正向反应的速率常数 k_2.

(b) 在 0.10 mol·kg^{-1} NaClO$_4$ 溶液中正向反应的速率常数 k'_2.

解 (a) 将化学反应简写如下:

$$A + B \underset{k_{-1}}{\overset{k_2}{\rightleftharpoons}} C + H_2O$$

$$K_a = \frac{a_c}{a_A a_B} = \frac{\gamma_C \dfrac{c_C}{c^\ominus}}{\left(\gamma_A \dfrac{c_A}{c^\ominus}\right) \times \left(\gamma_B \dfrac{c_B}{c^\ominus}\right)} = \frac{c_C c^\ominus}{c_A c_B} \times \frac{\gamma_C}{\gamma_A \gamma_B}$$

离子强度 I 很小时,有

$$\lg \frac{\gamma_C}{\gamma_A \gamma_B} = -2Z_A Z_B A \sqrt{I} \simeq 0$$

所以

$$\frac{\gamma_C}{\gamma_A \gamma_B} \approx 1$$

$$K_a = \frac{c_C c^\ominus}{c_A c_B} = K_c c^\ominus = \frac{k_2}{k_{-1}} c^\ominus$$

$$k_2 = k_a k_{-1} (c^\ominus)^{-1} = 0.37 \times (6.3 \times 10^{-6} \text{ s}^{-1}) \times (1 \text{ mol} \cdot \text{dm}^{-3})^{-1}$$
$$= 2.3 \times 10^{-6} \text{ mol}^{-1} \cdot \text{dm}^3 \cdot \text{s}^{-1}$$

(b) $$\lg(k/k_0) = 2Z_A Z_B A \sqrt{I}$$

式中,k_0 为溶液无限稀释时的速率常数.由(a)的条件,可设 $k_2 \simeq k_0$,故有

$$\lg(k'_2/k_2) = 2Z_A Z_B A \sqrt{I}$$

$$I = \frac{1}{2}\sum m_i Z_i^2 = \frac{1}{2}[0.10 \times 1^2 + 0.10 \times (-1)^2]\text{mol} \cdot \text{kg}^{-1} = 0.10 \text{ mol} \cdot \text{kg}^{-1}$$

所以

$$\lg(k'_2/k_2) = 2 \times 3 \times (-1) \times [0.509(\text{mol}^{-1} \cdot \text{kg})^{1/2}]$$
$$\times \sqrt{0.10 \text{ mol} \cdot \text{kg}^{-1}} = -0.966$$
$$k'_2 = 2.5 \times 10^{-7} \text{ dm}^3 \cdot \text{mol}^{-1} \cdot \text{s}^{-1}$$

8-78 对下列几个化学反应,若增加溶液中的离子强度,则反应速率常数如

何变化?

(a) $NH_4^+ + CNO^- \longrightarrow CO(NH_2)_2$

(b) $CH_3COOCH_2CH_3 + OH^- \longrightarrow CH_3COO^- + CH_3CH_2OH$

(c) $S_2O_8^{2-} + 2I^- \longrightarrow I_2 + 2SO_4^{2-}$

(d) $2[Co(NH_3)_5Br]^{2+} + Hg^{2+} + 2H_2O \longrightarrow 2[Co(NH_3)_5H_2O]^{3+} + HgBr_2$

解 稀溶液中,离子强度对反应速率的影响(即原盐效应)由下列公式描述:

$$\lg \frac{k}{k_0} = 2Z_A Z_B A \sqrt{I}$$

当 $Z_A Z_B > 0$ 时,I 增大使 k 也增大(正原盐效应);当 $Z_A Z_B < 0$ 时,I 增大使 k 减小(负原盐效应);当 $Z_A Z_B = 0$ 时,I 增大不影响 k 值(无原盐效应).

(a) $Z_A Z_B = -1$,负原盐效应

(b) $Z_A Z_B = 0$,无原盐效应

(c) $Z_A Z_B = 2$,正原盐效应

(d) $Z_A Z_B = 4$,正原盐效应

8-79 在有些复相催化反应中,生成物较反应物更强烈地被催化剂吸附,例如 1273.2 K 时氨在铂上的催化分解反应,请推导在氢强吸附时的分解反应速率表达式.

解 如果氨(A)和氢(B)都能在铂上吸附,根据朗谬尔(Langmuir)吸附等温式

$$\theta_A = \frac{a_A p_A}{1 + a_A p_A + a_B p_B} \tag{1}$$

如果氨在铂上的吸附很弱,而氢在铂上被强烈吸附,则 $a_B p_B \gg 1 + a_A p_A$,故式 (1)可化简为

$$\theta_A = \frac{a_A p_A}{a_B p_B}$$

氨分解速率显然与 θ_A 成正比,即

$$r = k\theta_A = \left(k \frac{a_A}{a_B}\right) \frac{p_A}{p_B} = k' \frac{[NH_3]}{[H_2]}$$

式中,$k' = k \dfrac{a_A}{a_B}$. 可见反应对 NH_3 为一级,对 H_2 为负一级. H_2 以原子状态吸附在表面上,对 NH_3 的分解反应起抑制作用.

8-80 合成氨反应的历程可以设想如下:

化学吸附

$$N_2 + 2(Fe) \Longleftrightarrow 2N(Fe) \tag{1}$$

$$H_2 + 2(Fe) \Longleftrightarrow 2H(Fe) \tag{2}$$

表面反应

$$N(Fe) + H(Fe) \rightleftharpoons NH(Fe) + (Fe) \tag{3}$$

$$NH(Fe) + H(Fe) \rightleftharpoons NH_2(Fe) + (Fe) \tag{4}$$

$$NH_2(Fe) + H(Fe) \rightleftharpoons NH_3(Fe) + (Fe) \tag{5}$$

解吸

$$NH_3(Fe) \rightleftharpoons NH_3 + (Fe) \tag{6}$$

式中,(Fe)代表 Fe 催化剂上的活性中心. 若上述各基元反应都能达平衡, 请证明
$N_2 + 3H_2 \rightleftharpoons 2NH_3$

解 由式(1)～式(6),得

$$K_1 = \frac{[N(Fe)]^2}{[N_2][(Fe)]^2}$$

$$K_2 = \frac{[H(Fe)]^2}{[H_2][(Fe)]^2}$$

$$K_3 = \frac{[NH(Fe)][(Fe)]}{[N(Fe)][H(Fe)]}$$

$$K_4 = \frac{[NH_2(Fe)][(Fe)]}{[NH(Fe)][H(Fe)]}$$

$$K_5 = \frac{[NH_3(Fe)][(Fe)]}{[NH_2(Fe)][H(Fe)]}$$

$$K_6 = \frac{[NH_3][(Fe)]}{[NH_3(Fe)]}$$

所以

$$K_1 K_2^3 K_3^2 K_4^2 K_5^2 K_6^2 = \frac{[NH_3]^2}{[N_2][H_2]^3}$$

令 $K = K_1 K_2^3 K_3^2 K_4^2 K_5^2 K_6^2$,则

$$K = \frac{[NH_3]^2}{[N_2][H_2]^3}$$

上式即为反应 $N_2 + 3H_2 \rightleftharpoons 2NH_3$ 的平衡关系式. 本题的结果体现了动力学上的一个重要原理——精细平衡原理.

8-81 从反应物和产物分子吸附性质解释下列事实:

(a) 氨在钨表面上的分解反应是零级.

(b) N_2O 在金表面分解是一级反应.

(c) 氢原子在金表面上复合是二级反应.

(d) 氨在钼上分解速率由于氮的吸附而显著降低,尽管表面被氮所饱和,但速

率并不为零.

解 假设本题所涉及的吸附均符合朗谬尔吸附等温式,则

$$\theta_i = \frac{a_i p_i}{1 + \sum a_i p_i}$$

(a) 氨在钨表面是强吸附,表面完全为氨所覆盖,则 $\theta_{NH_3} \simeq 1$,故有

$$r = k_{NH_3} \theta_{NH_3} \simeq k_{NH_3}$$

(b) N_2O 被微弱地吸附在金表面,处于朗谬尔吸附等温线的线性范围,因而

$$\theta_{N_2O} = a_{N_2O} p_{N_2O}$$

$$r = k_{N_2O} \theta_{N_2O} = (a_{N_2O} k_{N_2O}) p_{N_2O} = k p_{N_2O}$$

上式中 $k = a_{N_2O} k_{N_2O}$.

(c) 氢原子在金表面是弱吸附,

$$\theta_H = a_H p_H$$

复合速率正比于表面上两个氢原子的碰撞,或一气态氢原子与表面上的氢原子的碰撞,故

$$r = k_H \theta_H^2 = (a_H^2 k_H) p_H^2 = k p_H^2$$

或

$$r = k'_H \theta_H p_H = (a_H k'_H) p_H^2 = k' p_H^2$$

此处 $k = a_H^2 k_H$, $k' = a_H k'_H$.

(d)产物氮在钼表面是强吸附,从而严重影响氨在钼上的分解速率.但氮的吸附系数随表面覆盖度的增大而减少,因此当表面被氮接近充满时,在尚可利用的表面部分,氨与氮竞争吸附,即氨的分解速率并不为零(可参考题8-80).

8-82 已知酶催化反应

$$E + S \underset{k_{-1}}{\overset{k_1}{\rightleftharpoons}} ES \overset{k_2}{\longrightarrow} P + E$$

$k_1 = 1.00 \times 10^7 \ dm^3 \cdot mol^{-1} \cdot s^{-1}$, $k_{-1} = 1.00 \times 10^2 \ s^{-1}$, $k_2 = 3.00 \times 10^2 \ s^{-1}$,问:

(a) 该反应的米氏常数 K_M 是多少?

(b) 当反应速率 r 分别为最大反应速率 r_m 的 $\frac{1}{2}$, $\frac{5}{6}$ 和 $\frac{10}{11}$ 时,底物浓度[S]是多少?

解 (a) $K_M = \dfrac{k_{-1} + k_2}{k_1} = \dfrac{(1.00 + 3.00) \times 10^2 \ s^{-1}}{1.00 \times 10^7 \ dm^3 \cdot mol^{-1} \cdot s^{-1}} = 4.00 \times 10^{-5} \ mol \cdot dm^{-3}$

(b)
$$r = \frac{k_2 [E]_0 [S]}{K_M + [S]} \tag{1}$$

式中,$[E]_0$ 为酶的初始浓度.由式(1)知,$[S] \gg K_M$ 时,

$$r = r_m = k_2[E]_0$$

所以

$$\frac{r}{r_m} = \frac{[S]}{K_M + [S]} \tag{2}$$

将 $\dfrac{r}{r_m} = \dfrac{1}{2}$, $\dfrac{5}{6}$ 和 $\dfrac{10}{11}$ 代入式(2),可得到 $[S]$ 值分别为 K_M、$5K_M$ 和 $10K_M$,即 4.00×10^{-5} mol·dm^{-3}, 2.00×10^{-4} mol·dm^{-3} 和 4.00×10^{-4} mol·dm^{-3}.

8-83 酶(E)作用在某一底物(S)上生成产物 P. 现实验测定不同 $[S]_0$ 时的反应初始速率 r_0,数据如下:

$10^3[S]_0/(\text{mol·dm}^{-3})$	1.25	2.50	5.00	20.0
$10^3 r_0/(\text{mol·dm}^{-3}\cdot\text{s}^{-1})$	0.028	0.048	0.080	0.155

已知 $[E]_0 = 2.80 \times 10^{-9}$ mol·dm^{-3},试计算 K_M 和 k_2.

解 由酶催化动力学反应速率方程

$$r = \frac{k_2[E]_0[S]}{K_M + [S]}$$

取倒数后可得到

$$\frac{1}{r} = \frac{1}{k_2[E]_0} + \frac{K_M}{k_2[E]_0} \times \frac{1}{[S]} \tag{1}$$

由实验数据可算出 $\dfrac{1}{r_0}$ 和 $\dfrac{1}{[S]_0}$ 值如下:

$10^{-2}\dfrac{1}{[S]_0}/(\text{dm}^3\cdot\text{mol}^{-1})$	8.00	4.00	2.00	0.500
$10^{-4}\dfrac{1}{r_0}/(\text{dm}^3\cdot\text{s}\cdot\text{mol}^{-1})$	3.57	2.08	1.25	0.645

按式(1)对上述数据作线性拟合,得

$$\text{直线斜率} = \frac{K_M}{k_2[E]_0} = 39.0 \text{ s}$$

$$\text{直线截距} = \frac{1}{k_2[E]_0} = 4.73 \times 10^3 \text{ dm}^3 \cdot \text{s} \cdot \text{mol}^{-1}$$

所以

$$K_M = 8.25 \times 10^{-3} \text{ mol} \cdot \text{dm}^{-3}$$

$$k_2 = \frac{1}{(4.73 \times 10^3 \text{ dm}^3 \cdot \text{s} \cdot \text{mol}^{-1}) \times (2.80 \times 10^{-9} \text{ mol} \cdot \text{dm}^{-3})} = 7.55 \times 10^4 \text{ s}^{-1}$$

第九章　界面现象与胶体化学

基 本 公 式

表面自由能的广义定义：

$$\gamma = \left(\frac{\partial U}{\partial A}\right)_{S,V,n_B} = \left(\frac{\partial H}{\partial A}\right)_{S,p,n_B} = \left(\frac{\partial F}{\partial A}\right)_{T,V,n_B} = \left(\frac{\partial G}{\partial A}\right)_{T,p,n_B}$$

扬-拉普拉斯(Young-Laplace,以下简称 Y-L)公式：

$$p_s = \gamma\left(\frac{1}{R_1'} + \frac{1}{R_2'}\right)$$

$$p_s = \frac{2\gamma}{R'} \quad (球面)$$

开尔文(Kelvin)公式：

$$RT\ln\frac{p_g}{p_g^0} = \frac{2\gamma M}{\rho R'}$$

$$RT\ln\frac{p_{g,2}}{p_{g,1}} = \frac{2\gamma M}{\rho}\left(\frac{1}{R_2'} - \frac{1}{R_1'}\right)$$

吉布斯吸附公式：

$$\Gamma_2 = -\frac{a_2}{RT}\frac{\mathrm{d}\gamma}{\mathrm{d}a_2}$$

接触角计算公式：

$$\cos\theta = \frac{\gamma_{s\text{-}g} - \gamma_{l\text{-}s}}{\gamma_{l\text{-}g}}$$

朗缪尔吸附等温式：

$$\theta = \frac{ap}{1 + ap} \quad 或 \quad \frac{p}{V} = \frac{1}{V_m a} + \frac{p}{V_m}$$

BET 吸附等温式(二常数公式)：

$$\frac{p}{V(p_s - p)} = \frac{1}{V_m C} + \frac{C-1}{V_m C} \times \frac{p}{p_s}$$

弗伦德利希(Freundlich)公式：

$$q = kp^{\frac{1}{n}}$$

布朗(Brown)运动公式:

$$\bar{x} = \sqrt{\frac{RT}{L} \times \frac{t}{3\pi\eta r}}$$

球形粒子的扩散系数:

$$D = \frac{RT}{L} \times \frac{1}{6\pi\eta r}$$

爱因斯坦-布朗(Einstein-Brown)位移方程:

$$D = \frac{\bar{x}^2}{2t}$$

沉降平衡时粒子随高度分布公式:

$$RT\ln\frac{N_2}{N_1} = -\frac{4}{3}\pi r^3(\rho_{粒子} - \rho_{介质})gL(h_2 - h_1)$$

粗分散体系粒子半径(由重力场中沉降平衡):

$$r = \sqrt{\frac{q}{2} \times \frac{\eta(\mathrm{d}x/\mathrm{d}t)}{(\rho_{粒子} - \rho_{介质})g}}$$

胶体分散体系粒子摩尔质量(由超离心力场中沉降平衡):

$$M = \frac{2RT\ln(c_2/c_1)}{[1 - (\rho_{介质}/\rho_{粒子})]\omega^2(x_2^2 - x_1^2)}$$

ζ 电势求算公式:

$$\zeta = \frac{1.5\eta u}{\epsilon E}$$

（小球形胶粒, $kr < 0.1$, r 为粒子半径, k^{-1} 为离子氛半径）

$$\zeta = \frac{\eta u}{\epsilon E}$$

［大球形胶粒($kr > 100$)、圆柱状胶粒、电渗］

大分子稀溶液渗透压公式:

$$\frac{\varPi}{c} = \frac{RT}{\overline{M}_n} + A_2 c$$

唐南(Donnan)平衡:半透膜两边小电解质分子的离子活度积相等

$$\varphi_{\mathrm{D}} = \varphi^\alpha - \varphi^\beta = \frac{RT}{z_i F}\ln\frac{a_i^\beta}{a_i^\alpha}$$

9-1　单位体积物体所具有的表面积称为比表面(A_0),试计算:

(a) 半径为 r 的球形颗粒的比表面.

(b) 质量为 m,密度为 ρ 的球形颗粒的比表面.

(c) 边长为 l 的立方体的比表面.

(d) 质量为 m,密度为 ρ 的立方体的比表面.

通过上述计算,请验证:相同体积的颗粒,球形的比表面最小.

解　(a) $A_0 = \dfrac{A}{V} = \dfrac{4\pi r^2}{\dfrac{4}{3}\pi r^3} = \dfrac{3}{r}$

(b) 因为 $\dfrac{4}{3}\pi r^3 = \dfrac{m}{\rho}$

所以

$$r = \left(\frac{3m}{4\pi\rho}\right)^{\frac{1}{3}} \qquad A_0 = \frac{3}{r} = 3\left(\frac{4\pi\rho}{3m}\right)^{\frac{1}{3}}$$

(c) $A_0 = \dfrac{6l^2}{l^3} = \dfrac{6}{l}$

(d) 因为 $l^3 = \dfrac{m}{\rho}$

所以

$$l = \left(\frac{m}{\rho}\right)^{\frac{1}{3}} \qquad A_0 = \frac{6}{l} = 6\left(\frac{\rho}{m}\right)^{\frac{1}{3}}$$

当球形和立方体的体积相同时,

$$\frac{4}{3}\pi r^3 = l^3 \qquad r = \sqrt[3]{\frac{3}{4\pi}}\, l = 0.62 l > \frac{l}{2}$$

所以

$$\frac{3}{r} < \frac{6}{l}$$

即对于相同体积的颗粒,球形的比表面小于立方体的比表面.

9-2　请定性分析:

(a) 温度和压力对液体表面张力 γ 的影响及原因.

(b) 温度接近临界温度 T_c 时,γ 趋近于零的原因.

由上述分析,可得出什么结论?

解　(a) 在液体内部,分子所受的引力平均来说是对称的;表面分子只受下面液相分子的吸引,因上面气相分子的密度很小,故其对表面液体分子的吸引很微弱(如下页图所示).因此,表面分子总是尽力向液体内部挤,使液体表面产生张力,有自动收缩的倾向.从另一角度分析,也是由于表面分子受力不平衡,而内部分子受力平衡,所以将分子从内部移动到表面(也即增大表面积时),环境必须对体系做功使表面吉布斯自由能增大.

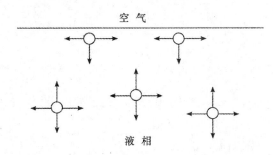

温度增加时,气相分子对液体表面分子作用力增加;同时液体内部分子间距离增大,对表面分子的引力下降.这两因素均使表面分子的受力趋于平衡,故 γ 下降.

压力对 γ 的影响比较复杂.首先,增加气相压力可使更多的气体分子与液面接触而缓解表面分子的受力不平衡;其次,气体分子可能被液面吸附而改变 γ;此外,气体分子还可能溶于液体,改变液相组成而影响 γ.一般而言,上述三因素均能使 γ 下降.例如,293.2 K 时,当压力为 $1p^{\ominus}$ 和 $10p^{\ominus}$ 时,水的 γ 值分别为 0.0728 $N\cdot m^{-1}$和 0.0718 $N\cdot m^{-1}$.

(b) 当温度接近 T_c 时,气液界面接近消失,此时原来在液体表面的分子受力接近平衡,故 γ 趋近于零.

由上述分析可得出结论:任何使表面分子受力不平衡减弱的因素均能使 γ 下降.

9-3　293.2 K 及 $1p^{\ominus}$ 下,将半径 $r_1 = 1.00 \times 10^{-3}$ m 的水滴分散成半径 $r_2 = 1.00 \times 10^{-9}$ m 的小水滴.已知 293.2 K 时水的表面张力 $\gamma = 0.0728$ $N\cdot m^{-1}$,水分子的半径 $r_0 = 1.20 \times 10^{-10}$ m,试计算:

(a) 水滴分散前后的比表面.

(b) 表面吉布斯自由能的增加.

(c) 要完成上述分散过程,环境需做的最小功.

(d) 水滴分散前后,一个水滴的表面分子数与水滴中总分子数之比.

解　(a) 由题 9-1 的结果可得

$$A_{0,1} = \frac{3}{r_1} = \frac{3}{1.00 \times 10^{-3}\ \text{m}} = 3.00 \times 10^3\ \text{m}^{-1}$$

$$A_{0,2} = \frac{3}{r_2} = \frac{3}{1.00 \times 10^{-9}\ \text{m}} = 3.00 \times 10^9\ \text{m}^{-1}$$

(b) 设小水滴的数目为 N,则

$$\frac{4}{3}\pi r_1^3 = N\frac{4}{3}\pi r_2^3$$

$$N = \left(\frac{r_1}{r_2}\right)^3 = \left(\frac{1.00 \times 10^{-3}\ \text{m}}{1.00 \times 10^{-9}\ \text{m}}\right)^3 = 10^{18}$$

$$\Delta G_A = \int_{A_1}^{A_2} \gamma \mathrm{d}A = \gamma(A_2 - A_1) = \gamma(n4\pi r_2^2 - 4\pi r_1^2)$$

$$= 4 \times 3.14 \times (0.0728\ \text{N} \cdot \text{m}^{-1})[10^{18} \times (1.00 \times 10^{-9}\ \text{m})^2$$
$$- (1.00 \times 10^{-3}\ \text{m})^2]$$
$$= 0.914\ \text{J}$$

(c) $W_f = -\Delta G_A = -0.914\ \text{J}$

所以环境需做的最小功为 0.914 J.

(d) 每个水滴的表面分子数为

$$N_s \approx \frac{\text{水滴表面积}}{\text{一个水分子的截面积}} = \frac{4\pi r^2}{\pi r_0^2} = \frac{4r^2}{r_0^2}$$

每个水滴中所含水分子的总数目为

$$N_t \approx \frac{\text{水滴体积}}{\text{一个水分子体积}} = \frac{\dfrac{4}{3}\pi r^3}{\dfrac{4}{3}\pi r_0^3} = \frac{r^3}{r_0^3}$$

所以

$$\frac{N_s}{N_t} = \frac{4r^2/r_0^2}{r^3/r_0^3} = \frac{4r_0}{r}$$

$$\left(\frac{N_s}{N_t}\right)_1 = \frac{4r_0}{r_1} = \frac{4 \times (1.20 \times 10^{-10}\ \text{m})}{1.00 \times 10^{-3}\ \text{m}} = 4.80 \times 10^{-7}$$

$$\left(\frac{N_s}{N_t}\right)_2 = \frac{4r_0}{r_2} = \frac{4 \times (1.20 \times 10^{-10}\ \text{m})}{1.00 \times 10^{-9}\ \text{m}} = 0.480$$

可见,当 $r_1 = 1.00 \times 10^{-3}$ m 时,表面分子数所占分数极小,而当 $r_2 = 1.00 \times 10^{-9}$ m 时,表面分子数已占近一半.

9-4 请证明下列关系式:

(a) $\left(\dfrac{\partial U}{\partial A}\right)_{T,p,n_B} = \gamma - T\left(\dfrac{\partial \gamma}{\partial T}\right)_{p,A,n_B} - p\left(\dfrac{\partial \gamma}{\partial p}\right)_{T,A,n_B}$

(b) $\left(\dfrac{\partial H}{\partial A}\right)_{T,p,n_B} = \gamma - T\left(\dfrac{\partial \gamma}{\partial T}\right)_{p,A,n_B}$

(c) $\left(\dfrac{\partial F}{\partial A}\right)_{T,p,n_B} = \gamma - p\left(\dfrac{\partial \gamma}{\partial p}\right)_{T,A,n_B}$

证 这里仅给出(a)的证明,其余留给读者

根据 $U = G + TS - pV$

$$\left(\frac{\partial U}{\partial A}\right)_{T,p,n_B} = \left(\frac{\partial G}{\partial A}\right)_{T,p,n_B} + T\left(\frac{\partial S}{\partial A}\right)_{T,p,n_B} - p\left(\frac{\partial V}{\partial A}\right)_{T,p,n_B}$$

由热力学基本方程

$$dG = -SdT + Vdp + \gamma dA + \sum_B \mu_B dn_B$$

知

$$\left(\frac{\partial G}{\partial A}\right)_{T,p,n_B} = \gamma$$

$$\left(\frac{\partial S}{\partial A}\right)_{T,p,n_B} = -\left(\frac{\partial \gamma}{\partial T}\right)_{p,A,n_B}$$

$$\left(\frac{\partial V}{\partial A}\right)_{T,p,n_B} = \left(\frac{\partial \gamma}{\partial p}\right)_{T,A,n_B}$$

所以

$$\left(\frac{\partial U}{\partial A}\right)_{T,p,n_B} = \gamma - T\left(\frac{\partial \gamma}{\partial T}\right)_{p,A,n_B} - p\left(\frac{\partial \gamma}{\partial p}\right)_{T,A,n_B}$$

9-5 298.2 K 时水的表面张力 $\gamma = 7.197 \times 10^{-2}$ N·m^{-1}，$\left(\frac{\partial \gamma}{\partial T}\right)_{p,A,n_B} = -1.570 \times 10^{-4}$ N·m^{-1}·K^{-1}，试计算 298.2 K、$1p^{\ominus}$ 下可逆地增大 2.000×10^{-4} m^2 表面积时，体系的 ΔH、ΔS、ΔG_A、W_f 及 Q.

解

$$\Delta H = \int_{A_1}^{A_2}\left(\frac{\partial H}{\partial A}\right)_{T,p,n_B} dA = \int_{A_1}^{A_2}\left[\gamma - T\left(\frac{\partial \gamma}{\partial T}\right)_{p,A,n_B}\right] dA$$

$$= \left[\gamma - T\left(\frac{\partial \gamma}{\partial T}\right)_{p,A,n_B}\right]\Delta A$$

$$= [7.197 \times 10^{-2} \text{ N·m}^{-1} - (298.2 \text{ K})$$
$$\times (-1.570 \times 10^{-4} \text{ N·m}^{-1}·\text{K}^{-1})] \times (2.000 \times 10^{-4} \text{ m}^2)$$
$$= 2.376 \times 10^{-5} \text{ J}$$

$$\Delta S = \int_{A_1}^{A_2}\left(\frac{\partial S}{\partial A}\right)_{T,p,n_B} dA = -\int_{A_1}^{A_2}\left(\frac{\partial \gamma}{\partial T}\right)_{p,A,n_B} dA = -\left(\frac{\partial \gamma}{\partial T}\right)_{p,A,n_B}\Delta A$$

$$= -(-1.570 \times 10^{-4} \text{ N·m}^{-1}·\text{K}^{-1}) \times (2.000 \times 10^{-4} \text{ m}^2)$$
$$= 3.140 \times 10^{-8} \text{ J·K}^{-1}$$

$$\Delta G_A = \int_{A_1}^{A_2} \gamma dA = (-7.197 \times 10^{-2} \text{ N·m}^{-1}) \times (2.000 \times 10^{-4} \text{ m}^2)$$

$$= 1.439 \times 10^{-5} \text{ J}$$

$$W_f = -\Delta G_A = -1.439 \times 10^{-5} \text{ J}$$

$$Q = T\Delta S = (298.2 \text{ K}) \times (3.140 \times 10^{-8} \text{ J·K}^{-1}) = 9.363 \times 10^{-6} \text{ J}$$

9-6　293.2 K 时,乙醚-水、汞-乙醚、汞-水的界面张力分别为 0.0107N·m^{-1}, 0.379N·m^{-1},0.375 N·m^{-1},在乙醚与汞的界面上滴一滴水,试求其接触角 θ.

解

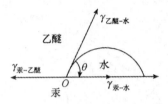

由上图知,当平衡时,在 O 点的合力为零,即在水平方向上反向的合力应相等,故得

$$\gamma_{汞-乙醚} = \gamma_{汞-水} + \gamma_{乙醚-水}\cos\theta$$

$$\cos\theta = \frac{\gamma_{汞-乙醚} - \gamma_{汞-水}}{\gamma_{乙醚-水}} = \frac{(0.379 - 0.375) \text{ N·m}^{-1}}{0.0107 \text{ N·m}^{-1}} = 0.374$$

所以 $\theta = 68°$.

9-7　293.2 K 时,水和汞的表面张力分别为 0.0728 N·m^{-1}和 0.483 N·m^{-1}, 而汞和水的界面张力为 0.375 N·m^{-1},请判断:

(a) 水能否在汞的表面上铺展开?

(b) 汞能否在水的表面上铺展开?

解　两互不相溶的液体 a 和 b,表面张力分别为 γ_a 和 γ_b,而 a 与 b 之间的界面张力为 γ_{ab}. 当 b 在 a 上铺展时,铺展系数为

$$S = \gamma_a - \gamma_b - \gamma_{ab}$$

如 $S > 0$,则 b 能够在 a 的表面上铺展开;如 $S < 0$,则不能.

(a)　$S = \gamma_汞 - \gamma_水 - \gamma_{汞-水} = (0.483 - 0.0728 - 0.375) \text{ N·m}^{-1}$
　　　　$= 0.0352 \text{ N·m}^{-1} > 0$

所以水能在汞的表面上铺展开.

(b)　$S = \gamma_水 - \gamma_汞 - \gamma_{汞-水} = (0.0728 - 0.483 - 0.375) \text{ N·m}^{-1}$
　　　　$= -0.785 \text{ N·m}^{-1} < 0$

所以汞不能在水的表面上铺展开.

9-8　293.2 K 时, 水和苯的表面张力分别为 0.0728 N·m^{-1} 和 0.0289 N·m^{-1},水和苯的界面张力为 0.0350 N·m^{-1},请判断:

(a) 水能否在苯的表面上铺展开?

(b) 苯能否在水的表面上铺展开?

解　(a)　$S = \gamma_{苯} - \gamma_{水} - \gamma_{苯-水} = (0.0289 - 0.0728 - 0.0350)\ N\cdot m^{-1}$

$\qquad\qquad = -0.0789\ N\cdot m^{-1} < 0$

所以水不能在苯的表面上铺展开.

(b)　$S = \gamma_{水} - \gamma_{苯} - \gamma_{苯-水} = (0.0728 - 0.0289 - 0.0350)\ N\cdot m^{-1}$

$\qquad\qquad = 0.0089\ N\cdot m^{-1} > 0$

故开始时苯可在水面上铺展开. 但当铺展到一定程度时, 苯和水相互达饱和, 此时 $\gamma'_{水} = 0.0624\ N\cdot m^{-1}$, $\gamma'_{苯} = 0.0288\ N\cdot m^{-1}$, 此时的铺展系数为

$\qquad S' = \gamma'_{水} - \gamma'_{苯} - \gamma_{苯-水} = (0.0624 - 0.0288 - 0.0350)\ N\cdot m^{-1}$

$\qquad\qquad = -0.0014\ N\cdot m^{-1} < 0$

故最后铺展将停止, 已经展开的苯将缩回, 形成"透镜", 水面上只留下苯的单分子吸附膜.

9-9　请讨论下列问题

(a)

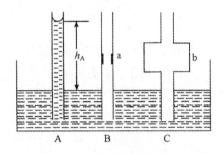

上图中 A、B、C 为内径相同的玻璃毛细管, 均插入同一水中, A 中液面升高 h_A. 若在 B 中以一段石蜡 a 代替玻璃, 问液面升高值是否改变? 在 C 中有一扩大部分 b, 其液面升高值是否改变? 如果先将水吸至比 h_A 高时再让其自由下降, 结果又如何?

(b)

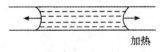

在装有部分液体的毛细管中 (见下图), 当在一端加热时, 问润湿性液体向毛细管哪一端移动? 不润湿液体向哪一端移动?

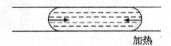

(c) 有人设计了如下页图所示的"永动机", 认为液体能沿玻璃毛细管 A 自动

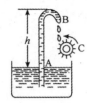

上升,然后自 B 端滴下,推动涡轮 C 转动,如此可以往复不停.请说明此"永动机"不能永动的原因.

解 (a) 水和玻璃间的接触角 $\theta \approx 0°$,故 A 中液面上升高度为

$$h_A = \frac{2\gamma\cos\theta}{\rho_{H_2O}gr} = \frac{2\gamma}{\rho_{H_2O}gr}$$

式中:γ 和 ρ_{H_2O} 分别为水的表面张力和密度;r 为毛细管半径.石蜡为增水性固体,$\theta = 105°\sim110°$,假设水面可以进到 a 处一小段石蜡部分,则水面又会下降,所以实际上水面越不过石蜡部分.对于 C 中情况,如果水面越过扩大部分边缘处而进入扩大部分,则将经历凹液面变成凸液面的过程,界面张力的方向也将反过来,所以实际上水面无法越过这一障碍,即不能进入扩大部分.

如先将水吸至比 h_A 高时再让其自由下降,则 A、B、C 管中液面均在 h_A 处达平衡.

(b) 设毛细管半径为 r,则附加压力为

$$p_s = \frac{2\gamma\cos(\pi - \theta)}{r}$$

当毛细管加热时,γ 减小而 r 增大,故 $|p_s|$ 下降.润湿性液体和不润湿性液体在毛细管中分别呈凹面和凸面,p_s 方向如图中箭头所示.

对润湿性液体,毛细管右端加热时,方向向右的附加压力减小,故液体向左移动;对不润湿性液体,毛细管右端加热时,方向向左的附加压力减小,故液体向右移动.

(c) 当液面上升到弯曲部位时,凹液面由半球形变为半椭球形.由于弯曲部位的水平截面明显增大,故附加压力变小,水无法越过.一旦依靠外力使水越过弯曲部位,水在管口欲滴下时,凹液面必须变成凸液面,使附加压力指向液体内部.此时与之抗衡的力是弯折部分管子中一小段水柱产生的压力,显然不足以超过附加压力使水流出.因此,题中设计的"永动机"不能永动.

9-10 有人精心设计了基于水的表面张力的微型永动机,其结构和设想原理如右图所示:

在一密闭的方箱内,中间有一垂直隔板将箱内隔为 A、B 两个空间.隔板下部留有缝隙,可使注入的水自由流动;隔板上部有一小窗,在窗孔中间装有叶轮.在空间 B 的中下方有水平隔板,板上挖孔插了一根竖直的玻璃毛细管;除了毛细管和垂直隔板上的孔洞,水平隔板将空间 B 分成互不相通的两部分.假设将箱内抽成真空后,注

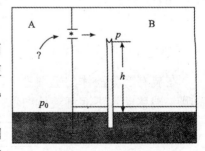

"微型永动机"设想图

入水,使其液面低于 B 室内的水平隔板,而毛细管内的凹液面则上升到距水平面 h 处.维持温度不变.水平的水面上水蒸气压设为 p_0,毛细管内凹液面上的水蒸气压为 p.设计者认为,由于凹面上的水蒸气压小于平面上水蒸气压,即 $p<p_0$,因此水蒸气将不断从 A 室流入 B 室,带动窗口小叶轮转动.流入 B 室内的水蒸气在毛细管内冷凝,但管内液面高度 h 维持不变,凝下的水又流到方箱下部,维持下面水平面不变.惟一的结果就是窗口处小叶轮永不停歇地转动.

试问以上设想能否实现? 为什么?

解　理论和实践早已做出结论:任何永动机都不可能实现,上述永动机当然也不例外,理由如下:

先看开尔文公式

$$RT\ln\left(\frac{p}{p_0}\right) = \frac{2\gamma M}{\rho R'} \tag{1}$$

式中:p,p_0 分别为弯曲表面和平面上的蒸气压;γ 为液体的表面张力;M 为液体的摩尔质量;ρ 为液体密度;R' 为弯曲表面的曲率半径:$R'<0$,故 $p<p_0$.

上图中毛细管上升的高度为

$$h = -\frac{2\gamma}{\rho g R'} \tag{2}$$

水蒸气分子处于重力场中,压力随高度产生分布,A 室离水平面 h 高处的压力为

$$p' = p_0\exp\left(-\frac{Mgh}{RT}\right) = p_0\exp\left(\frac{2\gamma M}{RT\rho R'}\right)$$

或

$$RT\ln\frac{p'}{p_0} = \frac{2\gamma M}{\rho R'} \tag{3}$$

注意到式(1),式(3)中水的摩尔质量即为水蒸气的摩尔质量,故 $p=p'$,可见,A、B 两室不存在压力差.“永动机”的设想是错误的.

*9-11　下页图中的 a、b 内均为汞,两者温度相同,插入 a 内的是毛细管,插入 b 内的是粗管,开关 c 和 C' 均关闭.问 A 和 B 中的汞蒸气压哪个大? 若把 C' 打开将有什么现象发生? 若把 c 和 C' 同时打开又将如何?

解　本题的解题思路与上题 9-10 是类似的.通过具体的计算,可使问题更易理解.

一般人们会这样推论:由于 a、b 中玻璃管半径不同($r_a<r_b$),根据弯曲液面蒸气压公式可知 $p_s>p_{s'}$.再根据连通器原理,$p_A>p_B$,当打开 C' 及 c,就会造成汞的无限循环,如在 C' 处装一翼轮,汞蒸气即可永远推动翼轮转动,成为又一类永动机.这里问题在于忽略了重力场的影响.事实上 $p_s=p_{h_2},p_{s'}=p_{h_1},p_{h_1}<p_{h_2}$,故不会造成 $p_A>p_B$ 的结果,定量计算如下:

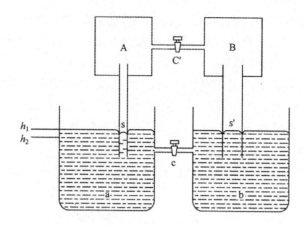

设体系温度为 298 K,a 杯毛细管半径为 5×10^{-5} m,汞与毛细管壁的接触角 θ 为 140°,已知 298 K 时汞的密度为 13.53×10^{3} kg·m^{-3},汞的界面张力为 0.4855 N·m^{-1},汞的蒸气压为 0.246 046 Pa,汞的摩尔质量为 0.200 59 kg·mol^{-1},汞在毛细管中下降高度 Δh 可用拉普拉斯公式得到:

$$\Delta h = -\frac{2\gamma\cos\theta}{r\rho g} = -\frac{2 \times (0.4855 \text{ N·m}^{-1})\cos 140°}{(5 \times 10^{-5}\text{m}) \times (13.53 \times 10^{3} \text{ kg·m}^{-3}) \times (9.8 \text{ m·s}^{-2})}$$

$$= 0.1122 \text{ m}$$

毛细管液面 h_2 处的蒸气压可依据开尔文公式计算:

$$\ln\frac{p_{\text{Hg}}(h_2)}{p_{\text{Hg}}^*} = -\frac{2\gamma M\cos\theta}{RT\rho r}$$

$$= -\frac{2 \times (0.4855 \text{ N·m}^{-1}) \times (200.59 \times 10^{-3} \text{ kg·mol}^{-1})\cos 140°}{(8.314 \text{ J·mol}^{-1}\text{·K}^{-1}) \times (298 \text{ K}) \times (13.53 \times 10^{3} \text{ kg·m}^{-3}) \times (5 \times 10^{-5} \text{ m})}$$

$$= 8.902 \times 10^{-5}$$

$$p_{\text{Hg}}(h_2) = p_{\text{Hg}}^* \exp(8.902 \times 10^{-5})$$

$$= (0.246 \ 046 \text{ Pa})\exp(8.902 \times 10^{-5})$$

$$= 0.246 \ 068 \text{ Pa}$$

毛细管中高度为 h_1 处(即与粗管中汞面齐平)的汞蒸气压可依据重力场中压力随高度的分布公式计算

$$p_{\text{Hg}}(h_1) = p_{\text{Hg}}(h_2)\exp(-Mg\Delta h/RT)$$

$$= (0.246 \ 068 \text{ Pa})\exp\left[-\frac{(200.59 \times 10^{-3} \text{ kg·mol}^{-1}) \times (9.8 \text{ m·s}^{-2}) \times (0.1122 \text{ m})}{(8.314 \text{ J·mol}^{-1}\text{·K}^{-1}) \times (298 \text{ K})}\right]$$

$$= 0.246 \ 046 \text{ Pa} = p_{\text{Hg}}^*$$

由上述运算可见,用开尔文公式算得的弯曲表面上的蒸气压数值是指贴近表面层(h_2)的蒸气压,在重力场影响下,当高度处于原平面位置 h_1 时,其压力已经完全等于汞在平面上的蒸气压了.因此,在 a 杯处于 h_1 以上空间内,压力随高度的分布情况与 b 杯完全相同.当打开活塞 c 和 C′以后,由于这两个平衡体系不存在压力差,流体仍维持原来平衡状态,不会引起流动,更不会发生永恒循环(以上计算引自:孙德坤,《重力场中的热力学简述及其应用》,大学化学,1995,10(5):9.).

9-12　已知毛细管的半径 $r = 5.00 \times 10^{-5}$ m,将它插入盛有汞的容器中,在毛细管内汞下降的高度 $h = -0.112$ m,汞与毛细管的接触角 $\theta = 140°$,汞的密度 $\rho_1 = 1.36 \times 10^4$ kg·m^{-3},重力加速度 $g = 9.80$ m·s^{-2},试求汞在此实验温度下的表面张力.

解

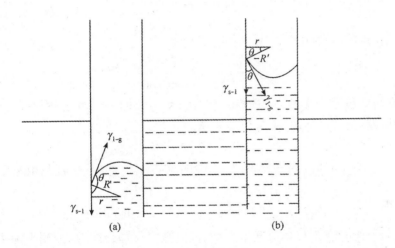

(a)　　　　　　　　　　(b)

如图(a)所示,设毛细管半径为 r,毛细管内汞所成凸面的曲率半径为 $R′$,则

$$r = R′\cos(\pi - \theta) \tag{1}$$

由球面扬-拉普拉斯公式,

$$p_s = \frac{2\gamma}{R′} = \frac{2\gamma\cos(\pi - \theta)}{r} \tag{2}$$

如规定液面在毛细管中上升时,h 取正值,下降时取负值,则液面在毛细管中达平衡时,

$$|p_s| = |\Delta p| = (\rho_1 - \rho_g)g\,|h| = \Delta\rho g\,|h| \tag{3}$$

考虑到 $\theta > 90°$ 时,液面呈凸液面,$R′ > 0$,故 $p_s > 0$,而此时液面下降,$h < 0$;$\theta < 90°$;情况相反,即液面呈凹液面[如上图(b)],$R′ < 0$,$p_s < 0$,$h > 0$,因此式(3)可写成:

$$p_s = -\Delta\rho g h \tag{4}$$

由式(2)和式(4),得

$$\frac{2\gamma\cos\theta}{r} = \Delta\rho g h \tag{5}$$

所求表面张力为

$$\gamma = \frac{\Delta \rho g h r}{2\cos\theta} \approx \frac{\rho_1 g h r}{2\cos\theta}$$

$$= \frac{(1.36 \times 10^4 \text{ kg·m}^{-3}) \times (9.80 \text{ m·s}^{-2}) \times (-0.112 \text{ m}) \times (5.00 \times 10^{-5} \text{ m})}{2\cos 140°}$$

$$= 0.487 \text{ N·m}^{-1}$$

9-13　请导出球形液滴的饱和蒸气压 p_g 与其曲率半径 R' 的关系式(开尔文方程)：

$$RT\ln\frac{p_g}{p_g^0} = \frac{2\gamma M}{\rho R'}$$

并在 $p_g - p_g^0 \ll p_g^0$ 的情况下导出

$$\Delta p = p_g - p_g^0 = \frac{2\gamma M p_g^0}{RT\rho R'}$$

式中：p_g^0 是液体表面为平面时的饱和蒸气压；γ 为液体在温度 T 时的表面张力；ρ 为液体的密度；M 为液体的相对分子质量.

解法一

曲率半径为 R' 的液滴与其蒸气呈平衡,假设蒸气是理想的,则由相平衡条件得

$$\mu^l(T, p_1) = \mu^g(T, p_g) = \mu^\ominus(T) + RT\ln(p_g/p^\ominus) \qquad (1)$$

表面为平面的液体与其蒸气呈平衡,假设蒸气是理想的,则由相平衡条件得

$$\mu^l(T, p_1^0) = \mu^g(T, p_g^0) = \mu^\ominus(T) + RT\ln(p_g^0/p^\ominus) \qquad (2)$$

由式(1)、式(2),得

$$\mu^l(T, p_1) - \mu^l(T, p_1^0) = RT\ln(p_g/p_g^0) \qquad (3)$$

在恒温下

$$\mu^l(T, p_1) - \mu^l(T, p_1^0) = \int_{p_1^0}^{p_1} V_m(l)\mathrm{d}p \simeq V_m(l)(p_1 - p_1^0)$$

$$= \frac{M}{\rho}(p_1 - p_1^0) \qquad (4)$$

由球面 Y-L 公式

$$p_s = p_1 - p_1^0 = \frac{2\gamma}{R'} \qquad (5)$$

代入式(4),得

$$\mu^l(T, p_1) - \mu^l(T, p_1^0) = \frac{M}{\rho} \times \frac{2\gamma}{R'} \qquad (6)$$

比较式(3)和式(6),得

$$RT\ln\frac{p_{\mathrm{g}}}{p_{\mathrm{g}}^0} = \frac{2\gamma M}{\rho R'} \tag{7}$$

当 $p_{\mathrm{g}} - p_{\mathrm{g}}^0 \ll p_{\mathrm{g}}^0$ 时,

$$\ln\frac{p_{\mathrm{g}}}{p_{\mathrm{g}}^0} = \ln\left(1 + \frac{p_{\mathrm{g}} - p_{\mathrm{g}}^0}{p_{\mathrm{g}}^0}\right) \simeq \frac{p_{\mathrm{g}} - p_{\mathrm{g}}^0}{p_{\mathrm{g}}^0} = \frac{\Delta p}{p_{\mathrm{g}}^0} \tag{8}$$

将式(8)代入式(7),得

$$\Delta p = p_{\mathrm{g}} - p_{\mathrm{g}}^0 = \frac{2\gamma M p_{\mathrm{g}}^0}{RT\rho R'} \tag{9}$$

解法二

在温度 T 时,设存在下列平衡

$$液体(T, p_1) \Longleftrightarrow 饱和蒸气(T, p_{\mathrm{g}})$$

当液体分散成小液滴时,由于受附加压力,p_1、p_{g} 均发生改变并建立新平衡,此时下列关系成立

$$\left[\frac{\partial G_{\mathrm{m}}(1)}{\partial p_1}\right]_T \mathrm{d}p_1 = \left[\frac{\partial G_{\mathrm{m}}(\mathrm{g})}{\partial p_{\mathrm{g}}}\right]_T \mathrm{d}p_{\mathrm{g}}$$

$$V_{\mathrm{m}}(1)\mathrm{d}p_1 = V_{\mathrm{m}}(\mathrm{g})\mathrm{d}p_{\mathrm{g}} = \frac{RT}{p_{\mathrm{g}}}\mathrm{d}p_{\mathrm{g}} = RT\mathrm{d}\ln p_{\mathrm{g}}$$

积分上式,得

$$V_{\mathrm{m}}(1)\int_{p_1^0}^{p_1} \mathrm{d}p_1 = RT\int_{p_{\mathrm{g}}^0}^{p_{\mathrm{g}}} \mathrm{d}\ln p_{\mathrm{g}}$$

$$V_{\mathrm{m}}(1)(p_1 - p_1^0) = RT\ln(p_{\mathrm{g}}/p_{\mathrm{g}}^0)$$

上式中

$$V_{\mathrm{m}}(1) = \frac{M}{\rho} \qquad p_1 - p_1^0 = p_{\mathrm{s}} = \frac{2\gamma}{R'}$$

所以

$$RT\ln\frac{p_{\mathrm{g}}}{p_{\mathrm{g}}^0} = \frac{2\gamma M}{\rho R'}$$

9-14 请导出球形固体颗粒的溶解度 c 与其颗粒半径 R' 的关系式

$$RT\ln\frac{c}{c_0} = \frac{2\gamma_{\mathrm{l-s}}M}{\rho R'}$$

式中:c_0 为大块固体的溶解度;ρ,M 分别为固体的密度和相对分子质量;$\gamma_{\mathrm{l-s}}$ 为固体与溶液的界面张力.

解 颗粒半径为 R' 的固体溶质在溶剂中达溶解平衡时,设蒸气是理想的,则由相平衡条件知

$$\mu_B^s = \mu_B^g = \mu_B^\ominus(T) + RT\ln[\,p_g(s)/p^\ominus\,] \qquad (1)$$

$$\mu_B^{sln} = \mu_B^g = \mu_B^\ominus(T) + RT\ln(p_B/p^\ominus) \qquad (2)$$

由式(1)和式(2)可知,固体饱和蒸气压 $p_g(s)$ 等于溶液饱和蒸气压中固体物质的分压 p_B,即 $p_g(s) = p_B$. 同理,对大块固体存在类似的关系:$p_g^0(s) = p_B^0$,故

$$\frac{p_g(s)}{p_g^0(s)} = \frac{p_B}{p_B^0} \qquad (3)$$

又设固体物质溶于某溶剂中的饱和蒸气压服从亨利定律,则

$$p_B = ka_B \simeq kc \qquad (固体颗粒) \qquad (4)$$

$$p_B^0 = ka_B^0 \simeq kc_0 \qquad (大块固体) \qquad (5)$$

由式(3)、式(4)和式(5),得

$$\frac{p_g(s)}{p_g^0(s)} = \frac{c}{c_0} \qquad (6)$$

假设开尔文公式可用于固体物质,即

$$RT\ln\frac{p_g(s)}{p_g^0(s)} = \frac{2\gamma_{l\text{-}s}M}{\rho R'} \qquad (7)$$

(上式的推导方法可参考题 9-13),由于固体处于液态介质,故式(7)中以 $\gamma_{l\text{-}s}$ 代替了 $\gamma_{s\text{-}g}$.

由式(6)和式(7),得

$$RT\ln\frac{c}{c_0} = \frac{2\gamma_{l\text{-}s}M}{\rho R'} \qquad (8)$$

9-15 试证明球形小颗粒固体的熔点 T 与其半径 R' 的关系为

$$\ln\frac{T}{T_0} = -\frac{2\gamma_{l\text{-}s}V_m(s)}{\Delta_{fus}H_m R'}$$

式中:T_0 为大块固体的熔点;$V_m(s)$ 为固体的摩尔体积;$\Delta_{fus}H_m$ 为摩尔熔化热;$\gamma_{l\text{-}s}$ 为固-液界面张力.

证 球形小颗粒固体与它的液体达平衡时,两相压力不等,令液相的压力为 p_l,固相的压力为 $p_{(s)}$,由相平衡条件得

$$\mu^s[T, p_{(s)}] = \mu^l(T, p_l) \qquad (1)$$

当微粒的半径改变时,p_l 不变,但 $p_{(s)}$ 发生变化,因而引起两相的温度也随着改变,于是在新的条件下建立新的平衡,故有

$$\mu^s[T + dT, p_{(s)} + dp_{(s)}] = \mu^l(T + dT, p_l) \qquad (2)$$

由式(1)和式(2),得

$$d\mu^s[T, p_{(s)}] = d\mu^l(T, p_l)$$

$$\left(\frac{\partial \mu^s}{\partial T}\right)_{p(s)} dT + \left[\frac{\partial \mu^s}{\partial p_{(s)}}\right] dp_{(s)} = \left(\frac{\partial \mu^l}{\partial T}\right)_{p_l} dT$$

$$- S_m(s)dT + V_m(s)dp_{(s)} = - S_m(l)dT$$

$$\frac{dT}{dp_{(s)}} = -\frac{V_m(s)}{S_m(s) - S_m(l)} = -\frac{TV_m(s)}{\Delta_{fus}H_m}$$

$$\frac{dT}{T} = -\frac{V_m(s)}{\Delta_{fus}H_m} dp_{(s)}$$

设 $V_m(s)$ 和 $\Delta_{fus}H_m$ 与压力无关,积分上式,得

$$\int_{T_0}^{T} \frac{dT}{T} = -\frac{V_m(s)}{\Delta_{fus}H_m} \int_{p_{(s)}^0}^{p_{(s)}} dp_{(s)}$$

$$\ln\frac{T}{T_0} = -\frac{V_m(s)}{\Delta_{fus}H_m} [p_{(s)} - p_{(s)}^0]$$

如球形固体颗粒所受附加压力也具有 Y-L 公式的形式,则

$$p_{(s)} - p_{(s)}^0 = \frac{2\gamma_{l\text{-}s}}{R'}$$

由于固体处于液体介质中,故以 $\gamma_{l\text{-}s}$ 代替 $\gamma_{s\text{-}g}$。由上两式即得

$$\ln\frac{T}{T_0} = -\frac{2\gamma_{l-s}V_m(s)}{\Delta_{fus}H_m R'}$$

9-16 设与平面液体及半径为 R' 液滴的蒸气压相平衡的温度分别为 T_0 和 T,试证明下列关系式

$$\ln\frac{T}{T_0} = -\frac{2\gamma_{l\text{-}g}V_m(l)}{\Delta_{vap}H_m R'}$$

证 由 $V_m(l)dp_l = RTd\ln p_g$(参见题9-13)得

$$\frac{d\ln p_g}{dp_l} = \frac{V_m(l)}{RT} \tag{1}$$

已知压力随温度的变化可用下式表示

$$\frac{d\ln p_g}{dT} = \frac{\Delta_{vap}H_m}{RT^2}$$

或

$$\frac{d\ln T}{d\ln p_g} = \frac{RT}{\Delta_{vap}H_m} \tag{2}$$

由式(1)、式(2),得

$$\frac{d\ln T}{dp_l} = -\frac{V_m(l)}{\Delta_{vap}H_m} \tag{3}$$

积分式(3),得

$$\int_{T_0}^{T} \mathrm{d}\ln T = -\frac{V_m(1)}{\Delta_{vap}H_m}\int_{p_1^0}^{p_t} \mathrm{d}p_1$$

$$\ln\frac{T}{T_0} = -\frac{V_m(1)}{\Delta_{vap}H_m}(p_1 - p_1^0) = -\frac{2\gamma_{l-g}V_m(1)}{\Delta_{vap}H_m R'}$$

上式表明,液滴变小使气液平衡温度降低,导致蒸气凝结时的过冷现象.液体沸腾是液体从内部形成气泡、剧烈气化的现象.由于曲率半径此时为负值,因此由上述公式知,气液平衡温度升高.气泡越小,温度越高.这就产生了液体沸腾时的过热现象.

9-17 300.2 K 时水的饱和蒸气压为 3529 Pa,密度 $\rho = 997$ kg·m^{-3},表面张力 $\gamma = 0.0718$ N·m^{-1}.若水滴为圆球形,试计算在该温度下比表面为 10^7 m^{-1} 和 10^9 m^{-1} 的水滴上的饱和蒸气压.

解 由题 9-1 的结果知,$A_0 = \dfrac{3}{R'}$,故 $A_{0,1} = 10^7$ m^{-1} 时,$R_1' = 3 \times 10^{-7}$ m;$A_{0,2} = 10^9$ m^{-1} 时,$R_2' = 3 \times 10^{-9}$ m.由开尔文公式,

$$\ln\frac{p_{g,1}}{p_g^0} = \frac{2\gamma M}{RT\rho R_1'}$$

$$= \frac{2 \times (0.0718\ \mathrm{N\cdot m^{-1}}) \times (18 \times 10^{-3}\ \mathrm{kg\cdot mol^{-1}})}{(8.314\ \mathrm{J\cdot mol^{-1}\cdot K^{-1}}) \times (298\ \mathrm{K}) \times (997\ \mathrm{kg\cdot m^{-3}}) \times (3 \times 10^{-7}\ \mathrm{m})}$$

$$= 3.488 \times 10^{-3}$$

所以

$$p_{g,1} = 1.0035 p_g^0 = 1.0035 \times 3529\ \mathrm{Pa} = 3541\ \mathrm{Pa}$$

同理可求得

$$p_{g,2} = e^{0.3488} \times p_g^0 = 5002\ \mathrm{Pa}$$

9-18 290.2 K 时,大颗粒的 1,2-二硝基苯在水中的溶解度为 5.90×10^{-3} mol·dm^{-3},已知 1,2-二硝基苯固体的密度为 1.57×10^3 kg·m^{-3},与溶液的界面张力为 0.0257 N·m^{-1},试计算颗粒半径为 5.00×10^{-9} m 的 1,2-二硝基苯在水中的溶解度.

解

$$RT\ln\frac{c}{c_0} = \frac{2\gamma_{l-s}M}{\rho R'}$$

$$(8.314\ \mathrm{J\cdot mol^{-1}\cdot K^{-1}}) \times (290.2\ \mathrm{K})\ln\frac{c}{5.90 \times 10^{-3}\ \mathrm{mol\cdot dm^{-3}}}$$

$$= \frac{2 \times (0.0257\ \mathrm{N\cdot m^{-1}}) \times (0.168\ \mathrm{kg\cdot mol^{-1}})}{(1.57 \times 10^3\ \mathrm{kg\cdot m^{-3}}) \times (5.00 \times 10^{-9}\ \mathrm{m})}$$

$$c = 9.31 \times 10^{-3} \text{ mol} \cdot \text{dm}^{-3} \simeq 9.31 \times 10^{-3} \text{ mol} \cdot \text{kg}^{-1}$$

$$S = Mc = (0.168 \text{ kg} \cdot \text{mol}^{-1}) \times (9.31 \times 10^{-3} \text{ mol} \cdot \text{kg}^{-1}) = 1.56 \times 10^{-3}$$

9-19　颗粒半径为 2.00×10^{-6} m 的石膏粉末，在 298.2 K 时与浓度 $c_1 = 0.0153$ mol·dm^{-3}的 $CaSO_4$ 水溶液达平衡.同温下与颗粒半径为 3.00×10^{-7} m 的石膏粉末成平衡的 $CaSO_4$ 水溶液的浓度为 $c_2 = 0.0182$ mol·dm^{-3}.已知石膏 $CaSO_4 \cdot 2H_2O$ 的摩尔体积 V_m 为 7.41×10^{-5} m^3·mol^{-1}，试计算石膏与水界面张力的近似值.

解　由题 9-14 的结果可得

$$RT\ln\frac{c_1}{c_2} = \frac{2\gamma_{\text{l-s}}M}{\rho}\left(\frac{1}{R_1'} - \frac{1}{R_2'}\right) = 2\gamma_{\text{l-s}}V_m\left(\frac{1}{R_1'} - \frac{1}{R_2'}\right)$$

$$= (8.314 \text{ J} \cdot \text{mol}^{-1} \cdot \text{K}^{-1}) \times (298.2 \text{ K})\ln\left(\frac{0.0153 \text{ mol} \cdot \text{dm}^{-3}}{0.0182 \text{ mol} \cdot \text{dm}^{-3}}\right)$$

$$= 2\gamma_{\text{l-s}} \times (7.41 \times 10^{-5} \text{ m}^3 \cdot \text{mol}^{-1}) \times \left(\frac{1}{2.00 \times 10^{-6} \text{ m}} - \frac{1}{3.00 \times 10^{-7} \text{ m}}\right)$$

所以

$$\gamma_{\text{l-s}} = 1.02 \text{ N} \cdot \text{m}^{-1}$$

此即石膏与溶液的界面张力,由于石膏的溶解度较小,此值可近似看成是石膏与水的界面张力.

9-20　在半径相同的毛细管下端有两个大小不同的圆球形气泡.毛细管相连,中间有活塞.请分析活塞打开后,会出现什么现象?

解　设气泡外的压力为 p_0,气泡内的压力为 p_0'(见右图).对外部气体而言,气泡膜为凸液面,膜内压力

$$p_{\text{内}} = p_0 + p_s = p_0 + \frac{2\gamma}{R} \tag{1}$$

对气泡内气体而言,气泡膜为凹液面,

$$p_{\text{内}} = p_0' + p_s' = p_0' + \frac{2\gamma}{R'} \tag{2}$$

由于气泡膜很薄,故 $R' = -R$.由式(1)、式(2),得

$$p_0' = p_0 + \frac{4\gamma}{R} \tag{3}$$

由式(3)知,小气泡的内压力较大,因此当活塞打开后,小气泡中的气体向大气泡流动.结果是大气泡变大,小气泡变小.直至小气泡收缩至毛细管口,其曲率半径与大气泡相等为止.

9-21　1 cm^3 活性炭微粒的总表面积为 1.00×10^3 m^2,假定其表面完全被氨单分子层覆盖,即分子彼此靠着以最密方式排列,问 45 cm^3 活性炭的表面上能吸

附 273.2 K 及 101.325 kPa 下的氨气的体积是多少？（已知 NH_3 分子直径为 3.00 $\times 10^{-10}$ m）

解　45 cm^3 活性炭能吸附的 NH_3 分子数为

$$N = \frac{45 \ cm^3 \text{ 活性炭的总表面积 } A}{\text{一个 } NH_3 \text{ 分子所占的面积 } \sigma}$$

已知 $A = 45 \times (1.00 \times 10^3 \ m^2)$, σ 的求算方法如下：

在活性炭表面上 NH_3 分子以下图所示的方式排列，并以正六边形 $abcdef$ 为

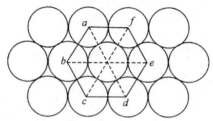

一个重复单位. 此正六边形边长等于 NH_3 分子直径 $(d = 2r)$, 面积为 $6\sqrt{3}r^2$. 又由于此种正六边形内总计拥有 3 个 NH_3 分子, 故

$$\sigma = \frac{6\sqrt{3}r^2}{3} = 2\sqrt{3} \times \left(\frac{3.00 \times 10^{-10} \ m}{2}\right)^2 = 7.79 \times 10^{-20} \ m^2$$

$$N = \frac{45 \times (1.00 \times 10^3 \ m^2)}{7.79 \times 10^{-20} \ m^2} = 5.78 \times 10^{23}$$

$$n = \frac{N}{L} = \frac{5.78 \times 10^{23}}{6.022 \times 10^{23} \ mol^{-1}} = 0.960 \ mol$$

$$V = \frac{nRT}{p} = \frac{(0.960 \ mol) \times (8.314 \ J \cdot mol^{-1} \cdot K^{-1}) \times (273.2 \ K)}{101\ 325 \ Pa} = 2.15 \times 10^{-2} \ m^3$$

9-22　473.2 K 时测定氧在某催化剂上的吸附作用, 当平衡压力为 101.325 kPa 和 1013.25 kPa 时, 每千克催化剂吸附氧气的量分别为 2.50 dm^3 和 4.20 dm^3 (已换算成标准状况), 设该吸附作用服从朗缪尔等温式, 试计算当氧的吸附量为饱和值的一半时, 平衡压力是多少？饱和吸附量是多少？

解　　　　　　　$p_1 = 101.325 \ kPa = 1p^{\ominus}$

$$p_2 = 1013.25 \ kPa = 10p^{\ominus}$$

由朗缪尔等温式

$$\frac{V}{V_m} = \frac{ap}{1 + ap}$$

可得联立方程

$$\begin{cases} \dfrac{2.50\ \text{dm}^3\cdot\text{kg}^{-1}}{V_m} = \dfrac{a\times(1p^{\ominus})}{1+a\times(1p^{\ominus})} \\[4mm] \dfrac{4.20\ \text{dm}^3\cdot\text{kg}^{-1}}{V_m} = \dfrac{a\times(10p^{\ominus})}{1+a\times(10p^{\ominus})} \end{cases}$$

解得

$$a = 1.22(p^{\ominus})^{-1}, \quad V_m = 4.54\ \text{dm}^3\cdot\text{kg}^{-1}$$

当 $\dfrac{V}{V_m} = \dfrac{1}{2}$ 时,有

$$\frac{1}{2} = \frac{1.22(p^{\ominus})^{-1}\times p}{1+1.22(p^{\ominus})^{-1}\times p}$$

所以

$$p = 0.820p^{\ominus} = 83.1\ \text{kPa}$$

值得注意的是,a 是有量纲的,这是因为 $a=$ 吸附速率常数 k_1/解吸速率常数 k_{-1},而 k_{-1} 的量纲比 k_1 多了一压力项.

9-23　CO 在 90 K 时被云母吸附的数据如下(V 值已换算成标准状况):

p/Pa	0.755	1.400	6.040	7.266	10.55	14.12
$V\times10^7/\text{m}^3$	1.05	1.30	1.63	1.68	1.78	1.83

(a) 试由朗缪尔吸附等温式求 V_m 和 a 值.

(b) 计算被饱和吸附的总分子数.

(c) 假定云母的总表面积为 $0.624\ \text{m}^2$,试计算饱和吸附时,吸附剂表面上被吸附分子的密度(单位面积上分子数)为多少? 此时每个被吸附分子占有多少表面积?

解　(a) 朗缪尔吸附等温式

$$\frac{p}{V} = \frac{1}{V_m a} + \frac{1}{V_m}p \tag{1}$$

由实验数据可得不同平衡压力 p 时的 $\dfrac{p}{V}$ 值如下:

p/Pa	0.755	1.400	6.040	7.266	10.55	14.12
$\dfrac{p}{V}\times10^{-7}/(\text{Pa}\cdot\text{m}^{-3})$	0.719	1.077	3.706	4.325	5.927	7.716

利用式(1)对上述数据作线性拟合,得

$$直线斜率 = \frac{1}{V_m} = 5.248\times10^6\ \text{m}^{-3}$$

$$直线截距 = \frac{1}{V_m a} = 4.014 \times 10^6 \text{ Pa·m}^{-3}$$

所以 $V_m = 1.91 \times 10^{-7} \text{ m}^3, a = 1.31 \text{ Pa}^{-1}$.

(b) 被饱和吸收的总分子数为

$$\frac{V_m}{0.0224 \text{ m}^3 \cdot \text{mol}^{-1}} \times L = \frac{1.91 \times 10^{-7} \text{ m}^3}{0.0224 \text{ m}^3 \cdot \text{mol}^{-1}} \times (6.022 \times 10^{23} \text{ mol}^{-1})$$

$$= 5.13 \times 10^{18}$$

(c) 被吸附分子的表面密度为

$$\frac{被吸附分子总数}{云母总表面积} = \frac{5.13 \times 10^{18}}{0.624 \text{ m}^2} = 8.22 \times 10^{18} \text{ m}^{-2}$$

每个被吸附分子占有的表面积为

$$\frac{云母总表面积}{被吸附分子总数} = \frac{0.624 \text{ m}^2}{5.13 \times 10^{18}} = 1.22 \times 10^{-19} \text{ m}^2$$

9-24 对于微球硅酸铝催化剂,在 77.2 K 时以 N_2 为吸附质,测得每千克催化剂吸附量(已换算成标准状况)及 N_2 的平衡压力数据如下:

p/kPa	8.699	13.64	22.11	29.92	38.91
$V/(\text{dm}^3 \cdot \text{kg}^{-1})$	115.58	126.3	150.69	166.38	184.42

试用 BET 公式计算该催化剂的比表面,已知 77.2 K 时 N_2 的饱和蒸气压为 99.13 kPa, N_2 分子的截面积 $\sigma = 1.62 \times 10^{-19} \text{ m}^2$.

解 BET 二常数公式为

$$\frac{p}{V(p_s - p)} = \frac{1}{V_m C} + \frac{C-1}{V_m C} \frac{p}{p_s}$$

式中: p 为吸附达平衡时被吸附气体的分压; V 为吸附平衡时被吸附气体的体积; p_s 为实验温度下气体的饱和蒸气压; V_m 为单层饱和吸附时被吸附气体的体积; C 为与吸附热有关的常数.

由实验数据可得 $\dfrac{p}{V(p_s - p)}$ 及 $\dfrac{p}{p_s}$ 值如下表:

$\dfrac{p}{V(p_s-p)} \times 10^3/(\text{kg·dm}^{-3})$	0.832	1.263	1.905	2.598	3.504
$\dfrac{p}{p_s}$	0.0878	0.1376	0.2230	0.3018	0.3925

利用 BET 公式,对这些数据作线性拟合,得到

$$直线斜率 = \frac{C-1}{V_m C} = 8.65 \times 10^{-3} \text{ kg·dm}^{-3}$$

$$直线截距 = \frac{1}{V_m C} = 4.26 \times 10^{-5} \text{ kg·dm}^{-3}$$

$$V_m = \frac{1}{斜率 + 截距} = \frac{1}{(8.65 \times 10^{-3} + 4.26 \times 10^{-5}) \text{ kg·dm}^{-3}} = 115 \text{ dm}^3 \cdot \text{kg}^{-1}$$

该催化剂的比表面为

$$\begin{aligned}
S_m &= \frac{V_m}{22.4 \text{ dm}^3 \cdot \text{mol}^{-1}} L\sigma \\
&= \frac{115 \text{ dm}^3 \cdot \text{kg}^{-1}}{22.4 \text{ dm}^3 \cdot \text{mol}^{-1}} \times (6.022 \times 10^{23} \text{ mol}^{-1}) \times (1.62 \times 10^{-19} \text{ m}^2) \\
&= 5.01 \times 10^5 \text{ m}^2 \cdot \text{kg}^{-1}
\end{aligned}$$

9-25 239.6 K 时测得 CO 在活性炭上吸附的平衡压力 p 和吸附量 q(已换算成标准状况)如下:

$p/$ kPa	13.47	25.06	42.66	57.33	71.99	89.33
$q/(\text{dm}^3 \cdot \text{kg}^{-1})$	8.54	13.1	18.2	21.0	23.8	26.3

试比较弗伦德利希公式和朗缪尔公式何者更适用于这种吸附,并计算公式中各常数的数值.

解 (a) 弗伦德利希公式

$$q = kp^{\frac{1}{n}}$$

$$\lg q = \lg k + \frac{1}{n}\lg p \tag{1}$$

从实验数据可得 $\lg q$ 和 $\lg p$ 数值如下:

$\lg p$	1.129	1.399	1.630	1.758	1.857	1.951
$\lg q$	0.931	1.117	1.260	1.322	1.377	1.420

利用式(1)对 $\lg p$、$\lg q$ 数值作线性拟合,得相关系数 $r = 0.998$;斜率 $= \frac{1}{n} = 0.595$,故 $n = 1.68$;截距 $= \lg k = 0.274$,故 $k = 1.88$.

(b) 朗缪尔公式[式(2)中 V 即为题中 q]

$$\frac{p}{V} = \frac{1}{V_m a} + \frac{1}{V_m}p \tag{2}$$

从实验数据得不同 p 值时的 $\frac{p}{V}$ 值如下:

p/kPa	13.47	25.06	42.66	57.33	71.99	89.33
$\dfrac{p}{V}/(\text{kPa·kg·dm}^{-3})$	1.577	1.913	2.344	2.730	3.025	3.397

利用式(2)对 p、$\dfrac{p}{V}$ 数值作线性拟合,得相关系数 $r=0.998$;斜率 $=\dfrac{1}{V_{\text{m}}}=$

$0.0239\ \text{kg·dm}^{-3}$,故 $V_{\text{m}}=41.8\ \text{kg}^{-1}\cdot\text{dm}^3$;截距 $=\dfrac{1}{V_{\text{m}}a}=1.30\ \text{kPa·kg·dm}^{-3}$,故

$$a=\frac{\text{斜率}}{\text{截距}}=\frac{0.0239\ \text{kg·dm}^{-3}}{1.30\ \text{kPa·kg·dm}^{-3}}=1.84\times10^{-5}\ \text{Pa}^{-1}.$$

利用式(1)和式(2)作线性拟合,均得很好的相关系数,表明弗伦德利希公式和朗缪尔公式均适用于此吸附体系.

9-26 298.2 K 时 HAc 在木炭上的吸附数据如下:

$[\text{HAc}]/(\text{mol·dm}^{-3})$	0.05	0.10	0.50	1.00	1.50
W_{a}	0.04	0.06	0.12	0.16	0.19

W_{a} 是单位质量木炭上吸附 HAc 的质量,$[\text{HAc}]$ 是吸附平衡时溶液中 HAc 的浓度.请分别按朗缪尔等温式和弗伦德利希等温式来处理,何者更符合实验事实?

解　如符合朗缪尔等温式,则应有下列关系

$$W_{\text{a}}=\frac{K[\text{HAc}]}{1+K[\text{HAc}]} \tag{1}$$

或

$$\frac{1}{W_{\text{a}}}=1+\left(\frac{1}{K}\right)\frac{1}{[\text{HAc}]} \tag{2}$$

由实验数据可得 $\dfrac{1}{W_{\text{a}}}$ 及 $\dfrac{1}{[\text{HAc}]}$ 如下表:

$\dfrac{1}{[\text{HAc}]}/(\text{dm}^3\cdot\text{mol}^{-1})$	20.0	10.0	2.00	1.00	0.667
$\dfrac{1}{W_{\text{a}}}$	25.0	16.7	8.33	6.25	5.26

按式(2)对这些数据作线性拟合,得

$$\text{直线截距}=5.57$$

$$\text{直线斜率}=\frac{1}{K}=1.00\ \text{mol·dm}^{-3}$$

相关系数＝0.994

尽管相关系数不差,但截距严重偏离1,故可认为朗缪尔等温式不符合实验事实.

以弗伦德利希等温式处理,则

$$W_a = k[\text{HAc}]^{\frac{1}{n}} \tag{3}$$

或

$$\lg W_a = \lg k + \frac{1}{n}\lg[\text{HAc}] \tag{4}$$

由实验数据可得 $\lg[\text{HAc}]$ 及 $\lg W_a$ 值如下表:

$\lg[\text{HAc}]$	-1.30	-1.00	-0.30	0.00	0.18
$\lg W_a$	-1.40	-1.22	-0.92	-0.80	-0.72

按式(4)对这些数据作线性拟合,得

$$直线截距 = \lg k = -0.795 \pm 0.012, \quad k = 0.160$$

$$直线斜率 = \frac{1}{n} = 0.449 \pm 0.015, \quad n = 2.22$$

$$相关系数 = 0.998$$

可见,弗伦德利希等温式能很好地符合实验事实.

9-27　从朗缪尔吸附等温式出发,证明当表面覆盖度很小时,将 $\ln(\theta/p)$ 对 θ 作图应得一直线,直线的斜率为 -1.如果在表面覆盖度很小时,将 $\ln(V/p)$ 对 V 作图应得一直线,此直线的斜率等于什么?

解　朗缪尔吸附等温式为

$$\theta = \frac{ap}{1+ap}$$

即

$$\theta + ap\theta = ap \quad 或 \quad \frac{\theta}{p} = a(1-\theta)$$

取对数得

$$\ln\frac{\theta}{p} = \ln a + \ln(1-\theta)$$

当 θ 很小时,$\ln(1-\theta) = -\theta$,所以 $\ln(\theta/p) = \ln a - \theta$,故将 $\ln(\theta/p)$ 对 θ 作图应得一直线,斜率为 -1.

由于 $\theta = V/V_m$,故

$$\ln\frac{V}{V_m p} = \ln a - \frac{V}{V_m}$$

$$\ln(V/p) = \ln(aV_m) - \frac{V}{V_m}$$

故将 $\ln(V/p)$ 对 V 作图也得一直线,其斜率为 $-\dfrac{1}{V_m}$.

9-28　溶液中某种物质在硅胶上的吸附作用服从弗伦德利希公式,式中 $k = 6.8, \dfrac{1}{n} = 0.5$(吸附量用 $mol \cdot kg^{-1}$,浓度用 $mol \cdot m^{-3}$ 表示).试问若把 $0.01\ kg$ 硅胶加入 $10^{-4}\ m^3$ 浓度为 $100\ mol \cdot m^{-3}$ 的该溶液中,在吸附达平衡后溶液的浓度为多少?

解　弗伦德利希公式为

$$a = kc^{\frac{1}{n}}$$

式中:a 为吸附量;c 为吸附达平衡后溶液的浓度.

由已知条件得

$$\frac{10^{-4}(100 - c)}{0.01} = 6.8c^{0.5}$$

$$(c^{0.5})^2 + 680c^{0.5} - 100 = 0$$

解得 $c^{0.5} = 0.147$,故 $c = 0.0216\ mol \cdot m^{-3}$.

吸附达平衡后溶液浓度由 $100\ mol \cdot m^{-3}$ 减少至 $0.0216\ mol \cdot m^{-3}$,说明此物质基本上为硅胶所吸附.

9-29　$294.7\ K$ 时测得 β-苯丙基酸(以 B 表示,$M_B = 0.150\ kg \cdot mol^{-1}$)水溶液的表面张力 γ 和溶解度 S(每千克水中溶解的质量)的数据如下:

$S \times 10^3$	0.5206	0.9617	1.5007	1.7506	2.3515	3.0024	4.1146	6.1291
$\gamma \times 10^3/(N \cdot m^{-1})$	69.00	66.49	63.63	61.32	59.25	56.14	52.46	47.24

试求当溶液中含 B 为 $1.50 \times 10^{-3}\ kg \cdot kg^{-1}\ H_2O$ 时,B 的表面超额(用直接快速切下液面薄层分析所得结果为 $(5.2 \pm 0.4) \times 10^{-7}\ kg \cdot m^{-2}$).

解　
$$a_{B,m} = \gamma_{B,m} \frac{m_B}{m^\ominus} = \gamma_{B,m} \frac{S/M_B}{m^\ominus}$$

由吉布斯吸附公式

$$\Gamma_B = -\frac{a_{B,m}}{RT} \frac{d\gamma}{da_{B,m}} = -\frac{S}{RT} \frac{d\gamma}{dS}$$

由所给实验数据作 γ-S 曲线(图略),在 $S = 1.50 \times 10^{-3}$ 处作切线,得其斜率为

$$\frac{d\gamma}{dS} = -5.30\ N \cdot m^{-1}$$

所以

$$\Gamma_B = -\frac{1.50 \times 10^{-3}}{8.314 \text{ J·mol}^{-1}·\text{K}^{-1} \times (294.7 \text{ K})} \times (-5.30 \text{ N·m}^{-1})$$

$$= 3.24 \times 10^{-6} \text{ mol·m}^{-2}$$

已知 $M_B = 0.150 \text{ kg·mol}^{-1}$，所以

$$\Gamma_B' = \Gamma_B \times M_B = 4.86 \times 10^{-7} \text{ kg·m}^{-2}$$

此值与实验直接测量结果基本相符。

9-30　298.2 K 时，乙醇水溶液的表面张力符合下列公式

$$\gamma / \text{N·m}^{-1} = 0.072 - 5.00 \times 10^{-4} a + 2.00 \times 10^{-4} a^2$$

式中，a 为活度。试计算 $a = 0.500$ 时的表面超额。

解　由公式得

$$\frac{\mathrm{d}\gamma}{\mathrm{d}a} = (-5.00 \times 10^{-4} + 4.00 \times 10^{-4} a) \text{ N·m}^{-1}$$

当 $a = 0.500$ 时，根据吉布斯吸附公式

$$\Gamma_2 = -\frac{a}{RT} \frac{\mathrm{d}\gamma}{\mathrm{d}a}$$

$$= \frac{-0.500}{8.314 \text{ J·mol}^{-1}·\text{K}^{-1} \times 298.2 \text{ K}}$$
$$\times (-5.00 \times 10^{-4} + 4.00 \times 10^{-4} \times 0.500) \text{ N·m}^{-1}$$

$$= 6.05 \times 10^{-8} \text{ mol·m}^{-2}$$

9-31　292.2 K 时，丁酸水溶液的表面张力可以表示为

$$\gamma = \gamma_0 - a\ln\left(1 + b\frac{c}{c^\ominus}\right) \tag{1}$$

式中：γ_0 为纯水的表面张力；a，b 为常数。

（a）试求该溶液中丁酸的表面超额 Γ_2 和浓度 c 的关系式。

（b）若已知 $a = 0.0131 \text{ N·m}^{-1}$，$b = 19.62$，试计算 $c = 0.200 \text{ mol·dm}^{-3}$时的 Γ_2 值。

（c）当丁酸浓度增加到 $b\dfrac{c}{c^\ominus} \gg 1$ 时，问 $\Gamma_2 = ?$ 设此时表面层上丁酸成单分子层吸附，且排列紧密，试计算在液面上丁酸分子的截面积。

解　（a）由式(1)，得

$$\frac{\mathrm{d}\gamma}{\mathrm{d}(c/c^\ominus)} = -\frac{ab}{1 + b\dfrac{c}{c^\ominus}}$$

设丁酸水溶液中丁酸的活度系数近似等于 1，则

$$\Gamma_2 = -\frac{c/c^\ominus}{RT}\frac{\mathrm{d}\gamma}{\mathrm{d}(c/c^\ominus)} = \frac{ab\dfrac{c}{c^\ominus}}{RT(1+b\dfrac{c}{c^\ominus})}$$

(b) 当 $a = 0.0131\ \mathrm{N\cdot m^{-1}}$，$b = 19.62$，$c = 0.200\ \mathrm{mol\cdot dm^{-3}}$ 时，

$$\Gamma_2 = \frac{0.0131\ \mathrm{N\cdot m^{-1}}\times19.62\times0.200}{8.314\ \mathrm{J\cdot mol^{-1}\cdot K^{-1}}\times292.2\ \mathrm{K}\times(1+19.62\times0.200)}$$
$$= 4.30\times10^{-6}\ \mathrm{mol\cdot m^{-2}}$$

(c) 当 $b\dfrac{c}{c^\ominus}\gg1$ 时，

$$\Gamma_2 = \frac{a}{RT} = \frac{0.0131\ \mathrm{N\cdot m^{-1}}}{8.314\ \mathrm{J\cdot mol^{-1}\cdot K^{-1}}\times292.2\ \mathrm{K}} = 5.39\times10^{-6}\ \mathrm{mol\cdot m^{-2}}$$

表面超额与浓度无关，表明已达饱和吸附，此时丁酸在表面层的浓度远比没有吸附时大，故 Γ_2 值已非常接近单位表面上丁酸的总物质的量. 所以每个丁酸分子的截面积为

$$\sigma = \frac{1}{L\Gamma_2} = \frac{1}{6.022\times10^{23}\ \mathrm{mol^{-1}}\times5.39\times10^{-6}\ \mathrm{mol\cdot m^{-2}}} = 3.08\times10^{-19}\ \mathrm{m^2}$$

9-32 298.2 K 时，用一机械小薄片快速削去稀肥皂水的极薄的表面层 $3.00\times10^{-2}\ \mathrm{m^2}$，这样得到 $2.00\times10^{-6}\ \mathrm{m^3}$ 溶液，发现其中肥皂含量为 4.013×10^{-5} mol，而同体积的本体溶液中肥皂含量为 4.000×10^{-5} mol. 请做某些合理假设，计算该溶液的表面张力.(已知 298.2 K 时纯水的表面张力 $\gamma_0 = 0.0718\ \mathrm{N\cdot m^{-1}}$)

解 表面超额为

$$\Gamma_2 = \frac{n_2 - n_1}{A} = \frac{(4.013-4.000)\times10^{-5}\ \mathrm{mol}}{3.00\times10^{-2}\ \mathrm{m^2}} = 4.33\times10^{-6}\ \mathrm{mol\cdot m^{-2}}$$

假设在如此稀的溶液中，表面张力 γ 与肥皂活度呈线性关系，即

$$\gamma = \gamma_0 - Aa \quad (A\ \text{为常数})$$

所以

$$\Gamma_2 = -\frac{a}{RT}\frac{\mathrm{d}\gamma}{\mathrm{d}a} = -\frac{a}{RT}(-A) = \frac{Aa}{RT} = \frac{\gamma_0 - \gamma}{RT}$$
$$\gamma = \gamma_0 - \Gamma_2 RT$$
$$= 0.0718\ \mathrm{N\cdot m^{-1}} - 4.33\times10^{-6}\ \mathrm{mol\cdot m^{-2}}$$
$$\times(8.314\ \mathrm{J\cdot mol^{-1}\cdot K^{-1}})\times(298.2\ \mathrm{K})$$
$$= 0.0611\ \mathrm{N\cdot m^{-1}}$$

9-33 RSO_3H 是强酸，R 表示长链的烃基. 298.2 K 时，此强酸水溶液的表面张力 γ 与浓度 c 的关系为

$$\gamma = \gamma_0 - b\left(\frac{c}{c^\ominus}\right)^2 \tag{1}$$

(a) 请导出吸附膜的状态方程.

(b) 简要解释为什么 γ 不与 c 而与 c^2 呈线性关系.

解　(a) 由式(1)可得

$$\frac{\mathrm{d}\gamma}{\mathrm{d}(c/c^\ominus)} = -2b\left(\frac{c}{c^\ominus}\right) \tag{2}$$

设溶液较稀,活度系数近似等于1,则由吉布斯吸附方程及式(2)可得

$$\Gamma_2 = -\frac{a}{RT}\frac{\mathrm{d}\gamma}{\mathrm{d}a} = -\frac{(c/c^\ominus)}{RT}\frac{\mathrm{d}\gamma}{\mathrm{d}(c/c^\ominus)}$$

$$= -\frac{(c/c^\ominus)}{RT}\left[-2b\left(\frac{c}{c^\ominus}\right)\right]$$

$$= \frac{2b(c/c^\ominus)^2}{RT} = \frac{2(\gamma_0 - \gamma)}{RT} \tag{3}$$

设一个分子所占的面积为 σ,表面压为 π,则

$$\sigma \approx \frac{1}{\Gamma_2 L} \tag{4}$$

$$\pi = \gamma_0 - \gamma \tag{5}$$

由式(3)~式(5),即可得吸附膜的状态方程

$$\pi\sigma = \frac{1}{2}k_\mathrm{B}T \tag{6}$$

(b) 溶液平衡时,

$$K_\mathrm{a} \approx \frac{(c_{\mathrm{H}^+}/c^\ominus)(c_{\mathrm{RSO}_3^-}/c^\ominus)}{(c_{\mathrm{RSO}_3\mathrm{H}}/c^\ominus)} \tag{7}$$

式中,K_a 为该酸的离解常数. 由于此酸为强酸,未解离部分的浓度极小,故

$$c_{\mathrm{H}^+} = c_{\mathrm{RSO}_3^-} \simeq c \tag{8}$$

由式(7)、式(8),得

$$c_{\mathrm{RSO}_3\mathrm{H}} = \frac{1}{c^\ominus K_\mathrm{a}}c^2 \tag{9}$$

如果未解离的酸为表面吸附的主要成分,则当 γ 与 $c_{\mathrm{RSO}_3\mathrm{H}}$ 呈线性关系时,γ 表现为与 c^2 呈线性关系.

9-34　298 K 时某溶质吸附在汞-水界面上服从朗谬尔吸附公式

$$\theta = \frac{x}{x_m} = \frac{ba}{1 + ba}$$

式中: x 为吸附量(近似看成表面超额); x_m 为最大吸附量; b 为吸附常数; a 为溶质活度.

当 $a = 0.2$ 时, $x/x_m = 0.5$. 试估计当 $a = 0.1$ 时, 汞-液界面张力. 已知汞-纯水界面张力在该温度时为 $\gamma_0 = 0.416$ J·m^{-2}, 溶质分子截面积为 2.0×10^{-19} m^2.

解　将已知条件代入求 b 值

$$0.5 = \frac{b \times 0.2}{1 + b \times 0.2} \qquad b = 5$$

已知溶质分子的截面积为 2.0×10^{-19} m^2, 又 x_m 近似看成表面超额, 故有

$$\frac{1}{x_m L} = 2.0 \times 10^{-19} \text{ m}^2,$$

所以

$$x_m = 8.30 \times 10^{-6} \text{ mol·m}^{-2}$$

$$x = x_m \times \frac{ba}{1 + ba} = 8.30 \times 10^{-6} \text{ mol·m}^{-2} \times \frac{5a}{1 + 5a}$$

由吉布斯吸附公式

$$x = -\frac{a}{RT}\left(\frac{\partial \gamma}{\partial a}\right)_T = 8.30 \times 10^{-6} \text{ mol·m}^{-2} \times \frac{5a}{1 + 5a}$$

移项积分, 得

$$-\frac{1}{RT}\int_{\gamma_0}^{\gamma} d\gamma = 8.30 \times 10^{-6} \text{ mol·m}^{-2} \int_0^a \frac{5}{1 + 5a} da$$

$$\gamma_0 - \gamma = (8.30 \times 10^{-6} \text{ mol·m}^{-2}) RT \ln(1 + 5a)$$

将 $a = 0.1$, $\gamma_0 = 0.416$ J·m^{-2} 代入, 得

$$\gamma = 0.416 \text{ J·m}^{-2} - (8.30 \times 10^{-6} \text{ mol·m}^{-2})$$
$$\times 8.314 \text{ J·mol}^{-1}\text{·K}^{-1} \times 298 \text{ K} \times \ln 1.5$$
$$= 0.408 \text{ J·m}^{-2}$$

*9-35　AOT 是一种表面活性剂, 其学名是丁二酸二(2-乙基)己基酯磺酸钠.

(a) 请问 AOT 是表面活性剂中的哪一种类型?

(b) 将 50 mmol·dm^{-3} 的 AOT 水溶液与异辛烷以 1:2 的体积比混合后, AOT 在异辛烷(有机相)中形成反胶束, 从而整个体系构成了一个反胶束萃取体系. 请画

出在有机相里形成的反胶束模型.

(c) 利用上述 AOT 反胶束萃取体系,可通过萃取法分离蛋白质.现有一水溶液,含有下列蛋白质:

序号	蛋白质	相对分子质量	等电点 pI
A	溶菌酶	14 500	11.1
B	核糖核酸酶	13 700	7.8
C	血红蛋白	64 500	6.7
D	半血清蛋白	68 000	4.9
E	α-淀粉酶	24 000	4.7
F	胰蛋白酶	23 800	0.5

调节溶液 $0.5 < pH < 4.7$,研究发现只有 3 种蛋白质被萃取到反胶束中,请写出它们的序号;

(d) 设计最少步骤的分离框图,最终三种被分离的蛋白质均在水中,或者将蛋白质序号逐步填入下列方框图,带箭头的横线上填写分离条件(即 pH 范围),O 代表含反胶束的有机相,W 代表水相.

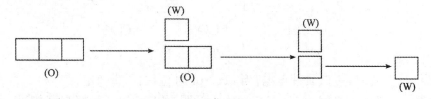

解 (a) AOT 的分子结构如下图,显然属于阴离子表面活性剂.由于 AOT 分子包含两条疏水链,故形象地将其称为"衣架形"表面活性剂.

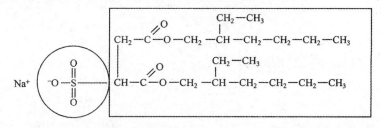

(b) 整个萃取体系包含油、水两相.水相中加入被萃取物种,即水溶性蛋白质;油相中含有 AOT 反胶束.萃取过程即是蛋白质从水相进入到有机相 AOT 反胶束的内核中.反胶束中,表面活性剂的极性头聚在一起构成内核,疏水链朝向有机溶剂.所以,AOT 反胶束的模型如下页图:

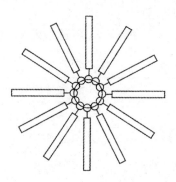

需进一步指出的是，反胶束或 W/O 微乳液通常是由表面活性剂、助表面活性剂（中等链长的醇类）、油和水四组分构成．而 AOT 含两条疏水链，在不含助表面活性剂时，即可与油、水形成三组分 W/O 微乳液，这是比较特殊的情形．

(c) 在 AOT 反胶束内核中，Na^+ 部分解离下来，从而使反胶束内界面带负电荷，这样当水相中某蛋白质带有正电荷时，就较易进入有机相 AOT 反胶束的内核中．此外，决定蛋白质分子能否被萃入反胶束中的因素还有蛋白质分子的大小．两性蛋白质在不同 pH 环境下呈现不同电性，与等电点的关系为

$$\underset{\substack{\text{pH}}}{\overset{\text{NH}_3^+}{\underset{\text{COOH}}{P}}} \underset{<}{\overset{-\text{H}^+}{\underset{+\text{H}^+}{\rightleftharpoons}}} \underset{\substack{\text{pI}}}{\overset{\text{NH}_3^+}{\underset{\text{COO}^-}{P}}} \underset{<}{\overset{-\text{H}^+}{\underset{+\text{H}^+}{\rightleftharpoons}}} \underset{\substack{\text{pH}}}{\overset{\text{NH}_2}{\underset{\text{COO}^-}{P}}}$$

可见，当 pH<pI 时，蛋白质带正电；当 pH>pI 时，蛋白质带负电．

当 0.5<pH<4.7 时，A、B、C、D、E（见下图）均带正电荷，都有可能进入反胶束，但实验发现只有 3 种蛋白质被萃取到反胶束中．显然，这 3 种蛋白质是体积较小的 A、B、E．

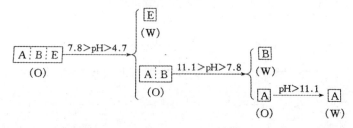

(d) 由(3)知，要分离的蛋白质是 A、B、E．起始时，它们在反胶束内核中，将有机相与不同 pH 的水相接触，使 A、B、E 逐个被反萃到水相中（反萃出一个蛋白质后，使油水两相分离，再对油相进行重复操作）．按上面分析，调 4.7<pH<7.8，则 E 先被反萃出来；调 7.8<pH<11.1，B 又被反萃出来；调 pH>11.1，则 A 也被反

萃至水相. 上述过程如上面方框图所示.

9-36 291.2 K 时,测得胰岛素在水中的单分子膜表面压 π 与表面浓度 c 的数据如下:

$\pi \times 10^6/(\text{N·m}^{-1})$	5	10	15	20	28	50	62	80
$c \times 10^6/(\text{kg·m}^{-2})$	0.07	0.13	0.16	0.20	0.23	0.30	0.31	0.34

此体系的吸附状态方程为 $\pi\sigma = k_B T$. 由上表数据计算胰岛素的相对分子质量.

解 设所求相对分子质量为 M,则

$$\frac{M}{c} = \sigma L \tag{1}$$

式(1)中左右两边均表示 1 mol 铺展物在表面所占的面积. 由式(1)及吸附状态方程可得

$$M = \frac{RT}{(\pi/c)} \tag{2}$$

式(2)在 $c \to 0$ 时最准确,此时 π 也趋近零,故

$$M = \frac{RT}{(\pi/c)_{\pi \to 0}}$$

由实验数据可得不同 π 值时的 π/c 值:

$\pi \times 10^6/(\text{N·m}^{-1})$	5	10	15	20	28	50	62	80
$\dfrac{\pi}{c}/(\text{N·m·kg}^{-1})$	71.43	76.92	93.75	100	121.7	166.7	200	235.3

作 $\dfrac{\pi}{c}$-π 图得一直线(图略),将其外推至 $\pi=0$,得

$$\left(\frac{\pi}{c}\right)_{\pi \to 0} = 57.9 \text{ N·m·kg}^{-1}$$

所以

$$M = \frac{8.314 \text{ J·mol}^{-1}\text{·K}^{-1} \times 291.2 \text{ K}}{57.9 \text{ N·m·kg}^{-1}} = 41.8 \text{ kg·mol}^{-1}$$

9-37 将 0.012 dm^3 浓度为 $0.020 \text{ mol·dm}^{-3}$ 的 KCl 溶液和 0.100 dm^3 浓度为 $0.0050 \text{ mol·dm}^{-3}$ 的 $AgNO_3$ 溶液混合以制备溶胶,写出这个溶胶的胶团结构式,并画出胶团构造的示意图.

解 KCl 物质的量 $= (0.020 \text{ mol·dm}^{-3}) \times (0.012 \text{ dm}^3) = 2.4 \times 10^{-4} \text{ mol}$

$AgNO_3$ 物质的量 $= (0.0050 \text{ mol·dm}^{-3}) \times (0.100 \text{ dm}^3) = 5.0 \times 10^{-4} \text{ mol}$

两者相混,AgNO$_3$ 过量. 根据"与溶胶粒子中某一组成相同的离子优先被吸附"规律,Ag$^+$ 首先吸附在 AgCl 胶核上. 胶团结构式为

$$[\ (AgCl)_m \cdot n Ag^+,(n-x)NO_3^- \ ]^{x+} \cdot x NO_3^-$$

胶核 —— 胶粒 —— 胶团

胶团构造示意图如下:

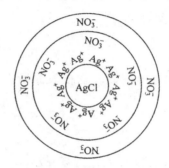

9-38 在碱性溶液中用 HCHO 还原 HAuCl$_4$ 制备金溶胶:

$$HAuCl_4 + 5NaOH \longrightarrow NaAuO_2 + 4NaCl + 3H_2O$$

$$2NaAuO_2 + 3HCHO + NaOH \longrightarrow 3Au + 3HCOONa + 2H_2O$$

这里 NaAuO$_2$ 是稳定剂,写出胶团结构式并指出金胶粒的电泳方向.

解 胶核(Au)$_m$ 优先吸附与其有共同组成的 AuO$_2^-$,因此金溶胶的胶团结构式为

$$[\ (Au)_m \cdot n AuO_2^-,(n-x)Na^+ \ ]^{x-} \cdot x Na^+$$

金胶粒带负电荷,故电泳时向正极方向移动.

9-39 蔗糖(设为球形粒子)在 293.2 K 水中的扩散系数 D 为 4.17×10^{-10} m$^2 \cdot$ s^{-1},黏度 η 为 1.01×10^{-3} kg$\cdot$m$^{-1} \cdot$ s^{-1}. 已知蔗糖的密度 ρ 为 1.59×10^3 kg$\cdot$m^{-3},求蔗糖粒子的半径 r 及阿伏伽德罗常量 N_A.

解 蔗糖(C$_{12}$H$_{22}$O$_{11}$)的相对分子质量为 $M = 0.342$ kg$\cdot$mol^{-1}

设蔗糖分子为球形粒子,半径为 r,则

$$M = \frac{4}{3}\pi r^3 \rho L \tag{1}$$

爱因斯坦公式为

$$D = \frac{RT}{L}\frac{1}{6\pi\eta r} \tag{2}$$

式(1)×式(2),得

$$r = \left(\frac{9MD\eta}{2RT\rho}\right)^{1/2}$$

$$= \left[\frac{9\times(0.342\ \text{kg·mol}^{-1})\times(4.17\times10^{-10}\ \text{m}^2\text{·s}^{-1})\times(1.01\times10^{-3}\ \text{kg·m}^{-1}\text{·s}^{-1})}{2\times(8.314\ \text{J·mol}^{-1}\text{·K}^{-1})\times(293.2\ \text{K})\times(1.59\times10^3\ \text{kg·m}^{-3})}\right]^{1/2}$$

$$= 4.09\times10^{-10}\ \text{m}$$

所以

$$N_A = \frac{RT}{6\pi\eta rD}$$

$$= \frac{(8.314\ \text{J·mol}^{-1}\text{·K}^{-1})\times(293.2\ \text{K})}{6\times3.14\times(1.01\times10^{-3}\ \text{kg·m}^{-1}\text{·s}^{-1})\times(4.09\times10^{-10}\ \text{m})\times(4.17\times10^{-10}\ \text{m}^2\text{·s}^{-1})}$$

$$= 7.51\times10^{23}\text{mol}^{-1}$$

9-40 Perrin 研究橡胶乳浊液悬浮体的布朗运动,所用质点的半径为 2.12×10^{-7} m,经若干次实验发现时间与平均位移 $\bar{x}$ 有如下关系:

t/s	30	60	90	120
$\bar{x}^2\times10^{12}/\text{m}^2$	50.2	113.5	128.0	144.0

实验温度为 290.2 K,此温度下的黏度系数 $\eta = 1.10\times10^{-3}$ kg·m^{-1}·s^{-1},根据上表数据计算阿伏伽德罗常量 N_A.

解 由爱因斯坦-布朗位移方程和爱因斯坦公式

$$\bar{x}^2 = 2Dt$$

$$D = \frac{RT}{N_A}\frac{1}{6\pi\eta r}$$

可得到

$$N_A = \frac{RTt}{3\pi\eta r\bar{x}^2}$$

$$= \frac{(8.314\ \text{J·mol}^{-1}\text{·K}^{-1})\times(290.2\ \text{K})}{3\times3.14\times(1.10\times10^{-3}\ \text{kg·m}^{-1}\text{·s}^{-1})\times(2.12\times10^{-7}\ \text{m})}\times\frac{t}{\bar{x}^2}$$

$$= (1.10\times10^{12}\ \text{m}^2\text{·s}^{-1}\text{·mol}^{-1})\times\frac{t}{\bar{x}^2}$$

将实验数据代入上式求 N_A 值,取其平均得

$$N_A = 7.32\times10^{23}\ \text{mol}^{-1}$$

9-41 某溶胶中粒子的平均直径为 4.20×10^{-9} m,设其黏度和纯水相同,$\eta = 1.00\times10^{-3}$ kg·m^{-1}·s^{-1},试计算:

(a) 298.2 K 时胶粒的扩散系数 D.

　　(b) 在 1 s 内由于布朗运动,粒子沿 x 轴方向的平均位移 $\bar{x}$.

　　解　(a) 由爱因斯坦公式得

$$D = \frac{RT}{N_A}\left(\frac{1}{6\pi\eta r}\right)$$

$$= \frac{(8.314\ \text{J·mol}^{-1}\text{·K}^{-1})\times(298.2\ \text{K})}{6\times(6.022\times10^{23}\ \text{mol}^{-1})\times3.14\times(1.00\times10^{-3}\ \text{kg·m}^{-1}\text{·s}^{-1})\times(2.10\times10^{-9}\ \text{m})}$$

$$= 1.04\times10^{-10}\ \text{m}^2\text{·s}^{-1}$$

　　(b) 由爱因斯坦-布朗位移方程

$$D = \frac{\bar{x}^2}{2t}$$

可得

$$\bar{x} = \sqrt{2Dt} = \sqrt{2\times(1.04\times10^{-10}\ \text{m}^2\text{·s}^{-1})\times(1\ \text{s})} = 1.44\times10^{-5}\ \text{m}$$

　　9-42　设有汞的胶体溶液受重力支配平衡后,测得在某一高度一定体积内有 386 个粒子,比它高 1.00×10^{-4} m 处的同体积内含 193 个粒子. 已知实验温度为 293.2 K,汞的密度为 1.36×10^4 kg·m^{-3},水的密度为 1.00×10^3 kg·m^{-3},粒子若为球形,试求其平均半径及平均摩尔质量.

　　解　　　　$$RT\ln\frac{N_2}{N_1} = -\frac{4}{3}\pi r^3(\rho_{\text{粒子}} - \rho_{\text{介质}})gL(h_2 - h_1)$$

即

$$(8.314\ \text{J·mol}^{-1}\text{·K}^{-1})\times(293.2\ \text{K})\ln\frac{193}{386}$$

$$= -\frac{4}{3}\times3.14\times r^3\times(1.36\times10^4 - 1.00\times10^3)\text{kg·m}^{-3}$$

$$\times(9.80\ \text{m·s}^{-2})\times(6.022\times10^{23}\ \text{mol}^{-1})\times(1.00\times10^{-4}\ \text{m})$$

所以

$$r = 3.79\times10^{-8}\ \text{m}$$

$$\overline{M} = \frac{4}{3}\pi r^3\rho_{\text{粒子}}L$$

$$= \frac{4}{3}\times3.14\times(3.79\times10^{-8}\ \text{m})^3\times(1.36\times10^4\ \text{kg·m}^{-3})$$

$$\times(6.022\times10^{23}\ \text{mol}^{-1})$$

$$= 1.86\times10^6\ \text{kg·mol}^{-1}$$

　　9-43　298.2 K 时,粒子半径为 3.00×10^{-8} m 的金溶胶,在重力场中达沉降平衡后,相距 1.00×10^{-4} m 的两高度处同体积内的粒子数分别为 277 和 166. 已知金的密度为 1.93×10^4 kg·m^{-3},分散介质的密度为 1.00×10^3 kg·m^{-3},试计算阿伏伽德罗常量 N_A.

解　由公式

$$RT\ln\frac{N_2}{N_1} = -\frac{4}{3}\pi r^3(\rho_{粒子} - \rho_{介质})gN_A(h_2 - h_1)$$

可得

$$
\begin{aligned}
N_A &= \frac{RT\ln\dfrac{N_2}{N_1}}{-\dfrac{4}{3}\pi r^3(\rho_{粒子} - \rho_{介质})g(h_2 - h_1)} \\[2mm]
&= \frac{(8.314\ \text{J·mol}^{-1}\text{·K}^{-1})}{-\dfrac{4}{3}\times 3.14\times(3.00\times10^{-8}\ \text{m})^3\times(1.93\times10^4 - 1.00\times10^3)\ \text{kg·m}^{-3}} \\[2mm]
&\quad\times\frac{(298.2\ \text{K})\ln\dfrac{166}{277}}{(9.80\ \text{m·s}^{-2})\times(1.00\times10^{-4}\ \text{m})} \\[2mm]
&= 6.26\times10^{23}\ \text{mol}^{-1}
\end{aligned}
$$

9-44　Perrin 研究橡胶乳浊液在重力场中的分布时得到如下数据：

高度 $h\times10^6/\text{m}$	5.0	35.0	65.0	95.0
相对粒子数 N	100	47	22.6	12

此粒子半径为 $2.12\times10^{-7}\ \text{m}$，粒子和分散介质的密度分别为 $1.21\times10^3\ \text{kg·m}^{-3}$ 和 $1.00\times10^3\ \text{kg·m}^{-3}$，实验温度为 293.2 K，试求阿伏伽德罗常量.

解　　$$N = N_0\exp\left[-\frac{4}{3}\pi r^3(\rho_{粒子} - \rho_{介质})gN_A h/RT\right] \qquad (1)$$

令

$$K = \frac{4}{3}\pi r^3(\rho_{粒子} - \rho_{介质})gN_A/RT \qquad (2)$$

则

$$N = N_0\exp(-Kh) \qquad (3)$$

或

$$\lg N = \lg N_0 - \frac{K}{2.303}h \qquad (4)$$

由实验数据可求得不同 h 时的 $\lg N$ 值如下：

$h\times10^6/\text{m}$	5.0	35.0	65.0	95.0
$\lg N$	2.00	1.67	1.35	1.08

按式(4)对上表数据作线性拟合,得

$$斜率 = -\frac{K}{2.303} = -1.03 \times 10^4 \text{ m}^{-1}$$

所以

$$K = 2.37 \times 10^4 \text{ m}^{-1}$$

由式(2)得

$$N_A = \frac{(2.37 \times 10^4 \text{ m}^{-1}) \times (8.314 \text{ J} \cdot \text{mol}^{-1} \cdot \text{K}^{-1}) \times (293.2 \text{ K})}{\frac{4}{3} \times 3.14 \times (2.12 \times 10^{-7} \text{ m})^3 \times (1.21 - 1.00) \times (10^3 \text{ kg} \cdot \text{m}^{-3}) \times (9.80 \text{ m} \cdot \text{s}^{-2})}$$

$$= 7.04 \times 10^{23} \text{ mol}^{-1}$$

9-45　在一管中盛油,使半径为 7.94×10^{-4} m 的钢球从其中落下,下降 0.150 m 时需 16.7 s,已知油和钢球的密度分别为 $9.60 \times 10^2 \text{ kg} \cdot \text{m}^{-3}$ 和 7.65×10^3 $\text{kg} \cdot \text{m}^{-3}$,试计算在实验温度时油的黏度.

解　钢球在油中达平衡时,沉降力＝黏滞阻力,即

$$\frac{4}{3}\pi r^3 (\rho_{粒子} - \rho_{介质})g = 6\pi \eta r \left(\frac{\mathrm{d}x}{\mathrm{d}t}\right)$$

所以

$$\eta = \frac{\frac{4}{3} \times (7.94 \times 10^{-4} \text{ m})^2 \times (7.65 \times 10^3 - 9.60 \times 10^2) \text{kg} \cdot \text{m}^{-3} \times (9.80 \text{ m} \cdot \text{s}^{-2})}{6 \times (0.150 \text{ m}/16.7 \text{ s})}$$

$$= 1.02 \text{ kg} \cdot \text{m}^{-1} \cdot \text{s}^{-1}$$

9-46　试计算 293.2 K 时,使半径分别为 1.00×10^{-5}m、1.00×10^{-7}m 和 1.00×10^{-9} m 的金的水溶胶粒子在重力场中下降 1.00×10^{-2} m 所需的时间.已知分散介质的密度为 $1.00 \times 10^3 \text{ kg} \cdot \text{m}^{-3}$,黏度为 $1.00 \times 10^{-3} \text{ kg} \cdot \text{m}^{-1} \cdot \text{s}^{-1}$,金的密度为 $1.93 \times 10^4 \text{ kg} \cdot \text{m}^{-3}$.从计算结果中可得到什么启示?

解　粒子在重力场中达沉降平衡时,沉降力＝黏滞阻力,即

$$\frac{4}{3}\pi r^3 (\rho_{粒子} - \rho_{介质})g = 6\pi \eta r \left(\frac{\mathrm{d}x}{\mathrm{d}t}\right) \approx 6\pi \eta r \left(\frac{\Delta x}{\Delta t}\right)$$

所以

$$\Delta t = \frac{6\eta \Delta x}{\frac{4}{3}r^2 (\rho_{粒子} - \rho_{介质})g}$$

$$= \frac{6 \times (1.00 \times 10^{-3} \text{ kg} \cdot \text{m}^{-1} \cdot \text{s}^{-1}) \times (1.00 \times 10^{-2} \text{ m})}{\frac{4}{3} \times (1.93 \times 10^4 - 1.00 \times 10^3) \text{ kg} \cdot \text{m}^{-3} \times (9.80 \text{ m} \cdot \text{s}^{-2})} \times \frac{1}{r^2}$$

当 $r = 1.00 \times 10^{-5}$m、1.00×10^{-7}m 和 1.00×10^{-9} m 时,可求得 Δt 值分别为

2.51s、$2.51\times10^4\text{s}$ 和 2.51×10^8 s.

由以上结果可知,胶粒(10^{-9} m$<r<10^{-7}$ m)在重力场中的沉降速度极慢. 所以重力场中的沉降平衡只适用于粗分散体系粒子的实验测定.

9-47 某超速离心机控制一定转速,其离心加速度 a 为 1.18×10^6 m·s^{-2},某蛋白质放入此离心机盛液槽中旋转,测得溶液界面向外移动速度为 5.10×10^{-7} m·s^{-1}. 又由实验测得此溶液的扩散系数 D 为 2.31×10^{-11} m^2·s^{-1}. 已知实验温度为 298.2 K,蛋白质和分散介质的密度分别为 1.33×10^3 kg·m^{-3} 和 1.00×10^3 kg·m^{-3},求此蛋白质的相对分子质量.

解 由公式

$$D=\frac{RT}{L}\frac{1}{6\pi\eta r}$$

得

$$6\pi\eta r=\frac{RT}{DL}$$

在离心力场中达沉降平衡时,

$$\frac{4}{3}\pi r^3(\rho_{粒子}-\rho_{介质})a=6\pi\eta r\left(\frac{\mathrm{d}x}{\mathrm{d}t}\right)=\frac{RT}{DL}\left(\frac{\mathrm{d}x}{\mathrm{d}t}\right)$$

所以

$$M=\frac{4}{3}\pi r^3\rho_{粒子}L=\frac{RT(\mathrm{d}x/\mathrm{d}t)}{Da[1-(\rho_{介质}/\rho_{粒子})]}$$

$$=\frac{(8.314\ \text{J·mol}^{-1}\text{·K}^{-1})\times(298.2\ \text{K})\times(5.10\times10^{-7}\ \text{m·s}^{-1})}{(2.31\times10^{-11}\ \text{m}^2\text{·s}^{-1})\times(1.18\times10^6\ \text{m·s}^{-2})\times[1-(1.00/1.33)]}$$

$$=1.87\times10^2\ \text{kg·mol}^{-1}$$

9-48 相对分子质量为 60.0 kg·mol^{-1},密度为 1.30×10^3 kg·m^{-3} 的蛋白质分子的沉降系数 $\left(S=\dfrac{1}{g}\dfrac{\mathrm{d}x}{\mathrm{d}t}\right)$ 为 4.00×10^{-13} s,介质的密度为 1.00×10^3 kg·m^{-3},实验温度为 298.2 K,蛋白质溶液的黏度为 1.00×10^{-3} kg·m^{-1}·s^{-1},试从沉降系数计算摩擦系数 f(此值为表观值),并与直接从公式 $f=6\pi\eta r$ 计算所得结果比较,简要讨论两个数值差别的可能原因.

解 蛋白质分子在重力场中沉降平衡时,

$$\frac{4}{3}\pi r^3(\rho_{粒子}-\rho_{介质})g=f\left(\frac{\mathrm{d}x}{\mathrm{d}t}\right)$$

因为 $\dfrac{4}{3}\pi r^3\rho_{粒子}L=M$,$\dfrac{\mathrm{d}x}{\mathrm{d}t}=gS$,所以

$$f=\frac{M[1-(\rho_{介质}/\rho_{粒子})]}{SL}$$

$$= \frac{(60.0 \text{ kg} \cdot \text{mol}^{-1}) \times [1 - (1.00/1.30)]}{(4.00 \times 10^{-13} \text{ s}) \times (6.022 \times 10^{23} \text{ mol}^{-1})}$$
$$= 5.75 \times 10^{-11} \text{ kg} \cdot \text{s}^{-1}$$

现用另一种方法计算 f:

$$r = \left(\frac{M}{\frac{4}{3} \pi \rho_{粒子} L} \right)^{\frac{1}{3}}$$

$$= \left[\frac{60.0 \text{ kg} \cdot \text{mol}^{-1}}{\frac{4}{3} \times 3.14 \times (1.30 \times 10^3 \text{ kg} \cdot \text{m}^{-3}) \times (6.022 \times 10^{23} \text{ mol}^{-1})} \right]^{1/3}$$

$$= 2.64 \times 10^{-9} \text{ m}$$

所以

$$f = 6\pi\eta r$$
$$= 6 \times 3.14 \times (1.00 \times 10^{-3} \text{ kg} \cdot \text{m}^{-1} \cdot \text{s}^{-1}) \times (2.64 \times 10^{-9} \text{ m})$$
$$= 4.97 \times 10^{-11} \text{ kg} \cdot \text{s}^{-1}$$

两种方法所得 f 值略有差别,可能的原因是蛋白质分子偏离球形.

9-49　某溶胶粒子半径为 1.00×10^{-7} m,密度为 1.15×10^3 kg·m^{-3},介质是水,实验温度为 298.2 K,摩擦系数 $f = 1.89 \times 10^{-9}$ kg·s^{-1}.计算此胶粒移动 2.00×10^{-4} m 时所需的时间.(a) 只考虑扩散;(b) 只考虑在重力场下的沉降.

解　(a) 扩散系数为

$$D = \frac{RT}{L} \frac{1}{6\pi\eta r} = \frac{RT}{L} \frac{1}{f}$$

$$= \frac{(8.314 \text{ J} \cdot \text{mol}^{-1} \cdot \text{K}^{-1}) \times (298.2 \text{ K})}{6.022 \times 10^{23} \text{ mol}^{-1}} \times \frac{1}{1.89 \times 10^{-9} \text{ kg} \cdot \text{s}^{-1}}$$

$$= 2.18 \times 10^{-12} \text{ m}^2 \cdot \text{s}^{-1}$$

由爱因斯坦-布朗位移方程得

$$t = \frac{\bar{x}^2}{2D} = \frac{(2.00 \times 10^{-4} \text{ m})^2}{2 \times 2.18 \times 10^{-12} \text{ m}^2 \cdot \text{s}^{-1}} = 9.17 \times 10^3 \text{ s}$$

(b)　　　　$$\frac{4}{3} \pi r^3 (\rho_{粒子} - \rho_{介质}) g = f\left(\frac{\text{d}x}{\text{d}t}\right) \simeq f\left(\frac{\bar{x}}{t}\right)$$

所以

$$t = \frac{f\bar{x}}{\frac{4}{3} \pi r^3 (\rho_{粒子} - \rho_{介质}) g}$$

$$= \frac{(1.89 \times 10^{-9} \text{ kg·s}^{-1}) \times (2.00 \times 10^{-4} \text{ m})}{\frac{4}{3} \times 3.14 \times (1.00 \times 10^{-7} \text{ m})^3 \times (1.15 - 1.00) \times (10^3 \text{ kg·m}^{-3}) \times (9.80 \text{ m·s}^{-2})}$$

$$= 6.14 \times 10^4 \text{ s}$$

9-50　293.2 K 时,血红朊在超速离心机中达沉降平衡后,测得离转轴距离 $l_1 = 0.055$ m 处的浓度为 c_1, $l_2 = 0.065$ m 处的浓度为 c_2, 且 $c_2/c_1 = 9.40$. 已知超速离心机的转速为 120r·s^{-1}, 血红朊的密度为 1.34×10^3 kg·m^{-3}, 分散介质的密度 1.00×10^3 kg·m^{-3}, 试计算血红朊的相对分子质量.

解　$M = \dfrac{2RT\ln\dfrac{c_2}{c_1}}{[1 - (\rho_{\text{介质}}/\rho_{\text{粒子}})]\omega^2(l_2^2 - l_1^2)}$

$$= \frac{2 \times (8.314 \text{ J·mol}^{-1}\text{·K}^{-1}) \times (293.2 \text{ K})\ln 9.40}{[1 - (1.00/1.34)] \times (2 \times 3.14 \times 120 \text{ s}^{-1})^2 \times (0.065^2 - 0.055^2) \text{ m}^2}$$

$$= 63.2 \text{ kg·mol}^{-1}$$

9-51　由电泳实验得 Sb_2S_3 溶胶(设为球形粒子)在电压 210 V(两极相距 0.385 m), 通过电流的时间为 36″12′, 引起溶液界面向正极移动 3.20×10^{-2} m. 已知该溶胶的黏度为 1.03×10^{-3} kg·m^{-1}·s^{-1}, 介电常数 $\varepsilon = 9.02 \times 10^{-9}$ C·V^{-1}·m^{-1}, 试求该溶胶的 ζ 电势. 如被测某溶胶为棒形粒子, 其他实验条件及测得数据与上述完全一致, 则 ζ 电势应为多少?

解　$$E = \frac{210 \text{ V}}{0.385 \text{ m}} = 545 \text{ V·m}^{-1}$$

$$u = \frac{3.20 \times 10^{-2} \text{ m}}{2172 \text{ s}} = 1.47 \times 10^{-5} \text{ m·s}^{-1}$$

所以

$$\zeta = \frac{1.5\eta u}{\varepsilon E}$$

$$= \frac{1.5 \times (1.03 \times 10^{-3} \text{ kg·m}^{-1}\text{·s}^{-1}) \times (1.47 \times 10^{-5} \text{ m·s}^{-1})}{(9.02 \times 10^{-9} \text{ C·V}^{-1}\text{·m}^{-1}) \times (545 \text{ V·m}^{-1})}$$

$$= 4.62 \times 10^{-3} \text{ V}$$

如被测溶胶为棒形粒子, 则上述 ζ 电势公式应乘以一校正因子 $\dfrac{2}{3}$, 故

$$\zeta = \frac{1.5\eta u}{\varepsilon E} \times \frac{2}{3} = \frac{\eta u}{\varepsilon E} = 3.08 \times 10^{-3} \text{ V}$$

（本题及题 9-52 所采用 ζ 计算公式与物化教科书上公式不一致,读者请参阅:《大学化学》.1998,13(5):48 关于 ζ 电势计算公式的讨论)

9-52 已知水和玻璃界面的 ζ 电势为 -0.50 V,试问在 298.2 K 时,在直径为 1 mm 及长为 1 m 的毛细管两端加 40 V 的电压,则介质水通过该毛细管的电渗速度及电渗流量是多少?(已知水的黏度为 1.00×10^{-3} kg·m^{-1}·s^{-1},介电常数为 8.89×10^{-9} C·V^{-1}·m^{-1})

解 $\zeta=\dfrac{\eta u}{\varepsilon E}$

所以

$$u=\frac{\zeta\varepsilon E}{\eta}=\frac{(-0.050\ \text{V})\times(8.89\times10^{-9}\ \text{C·V}^{-1}\text{·m}^{-1})\times(40\ \text{V·m}^{-1})}{1.00\times10^{-3}\ \text{kg·m}^{-1}\text{·s}^{-1}}$$
$$=-1.78\times10^{-5}\ \text{m·s}^{-1}$$

负号表示水流向阴极.

电渗流量为

$$\pi r^2\,|u|=3.14\times(0.5\times10^{-3}\ \text{m})^2\times(1.78\times10^{-5}\ \text{m·s}^{-1})$$
$$=1.40\times10^{-11}\ \text{m}^3\text{·s}^{-1}$$

9-53 在三个烧瓶中分别盛有 0.020 dm^3 的 Fe(OH)$_3$ 溶胶,现分别加入 NaCl、Na$_2$SO$_4$ 和 Na$_3$PO$_4$ 溶液使其聚沉,最小需加电解质的数量为:(a) 1.00 mol·dm^{-3}的 NaCl 0.021 dm^3;(b) 5.00×10^{-3} mol·dm^{-3} 的 Na$_2$SO$_4$ 0.125 dm^3;(c) 3.33×10^{-3} mol·dm^{-3} 的 Na$_3$PO$_4$ 7.40×10^{-3} dm^3.试计算各电解质的聚沉值,由此求出聚沉能力之比,并指出溶胶的带电符号.

解 聚沉值的定义是:使一定量的溶胶在一定时间内完全聚沉所需电解质的最小浓度.

$$c_{\text{NaCl}}=\frac{(1.00\ \text{mol·dm}^{-3})\times(0.021\ \text{dm}^3)}{(0.020+0.021)\ \text{dm}^3}=0.512\ \text{mol·dm}^{-3}$$

$$c_{\text{Na}_2\text{SO}_4}=\frac{(5.00\times10^{-3}\ \text{mol·dm}^{-3})\times(0.125\ \text{dm}^3)}{(0.020+0.125)\ \text{dm}^3}=4.31\times10^{-3}\ \text{mol·dm}^{-3}$$

$$c_{\text{Na}_3\text{PO}_4}=\frac{(3.33\times10^{-3}\ \text{mol·dm}^{-3})\times(7.40\times10^{-3}\ \text{dm}^3)}{(0.020+7.40\times10^{-3})\ \text{dm}^3}$$

$$=8.99\times10^{-4}\ \text{mol·dm}^{-3}$$

聚沉能力之比为

$$\text{NaCl}:\text{Na}_2\text{SO}_4:\text{Na}_3\text{PO}_4=\frac{1}{0.512}:\frac{1}{4.31\times10^{-3}}:\frac{1}{8.99\times10^{-4}}=1:119:570$$

由此可知,对溶胶聚沉起主要作用的是阴离子,而胶粒则带正电荷.

9-54　由 KI 溶液和 AgNO$_3$ 溶液制备 AgI 溶胶,若 KI 过量,分别按由强到弱的次序对下列各组电解质的聚沉能力进行排序,并说明理由.若 AgNO$_3$ 过量,结果又如何?

(a) NaCl、MgCl$_2$、FeCl$_3$;(b) NaNO$_3$、LiNO$_3$、RbNO$_3$;(c) NaCl、Na$_2$SO$_4$、Na$_3$PO$_4$;(d) MgCl$_2$、Na$_2$SO$_4$、MgSO$_4$.

解　KI 过量时,AgI 吸附 I$^-$ 带负电,其结果如下:

(a) FeCl$_3$>MgCl$_2$>NaCl

聚沉能力强弱主要由异号离子决定.异号离子的价态越高,聚沉能力越强.此外,FeCl$_3$ 中同号离子数也最多.

(b) RbNO$_3$>NaNO$_3$>LiNO$_3$

由异号离子感胶离子序,Rb$^+$>Na$^+$>Li$^+$.

(c) Na$_3$PO$_4$>Na$_2$SO$_4$>NaCl

尽管同号离子价态越高,聚沉能力越弱,但这种影响较小,异号离子的影响仍占主导.由于 Na$_3$PO$_4$ 中含有 3 个 Na$^+$,故排在最前.

(d) MgCl$_2$>MgSO$_4$>Na$_2$SO$_4$

根据异号离子的聚沉能力,MgCl$_2$、MgSO$_4$ 排在前面;而同号离子比较时,价态高聚沉能力反而弱,故 Cl$^-$>SO$_4^{2-}$,且 MgCl$_2$ 中有两个 Cl$^-$,故 MgCl$_2$ 最强.

AgNO$_3$ 过量时,AgI 吸附 Ag$^+$ 带正电,其结果如下:

(a) FeCl$_3$>MgCl$_2$>NaCl

异号离子影响占主导,FeCl$_3$ 含 3 个 Cl$^-$,故最强.

(b) LiNO$_3$>NaNO$_3$>RbNO$_3$

同号离子的聚沉能力与吸附有关.吸附强,则 ζ 电势大,胶体不易聚沉,即离子的聚沉能力弱.Li$^+$ 水化层最厚,最不易被吸附,故其聚沉能力最强.

(c) Na$_3$PO$_4$>Na$_2$SO$_4$>NaCl

异号离子价态越高,聚沉能力越强.且 Na$_3$PO$_4$ 中同号离子的个数最多.

(d) Na$_2$SO$_4$>MgSO$_4$>MgCl$_2$

比较异号离子聚沉能力,Na$_2$SO$_4$,MgSO$_4$ 排在前面;比较同号离子的聚沉能力,Na$_2$SO$_4$ 排在 MgSO$_4$ 前面.

9-55　试说明胶体的"聚沉"(coagulation)、"絮凝"(flocculation)、与"老化"(ageing effect)三个概念之不同.

解　由胶体稳定性的 DLVO 理论,可计算出胶体间的长程吸引能 V_a,以及胶体接近到一定程度双电层交叉时产生的排斥能 V_r.以 $V = V_a + V_r$ 对 H(两球形粒子体积相等时,球表面之间的距离)作出如下曲线,示意图如下:

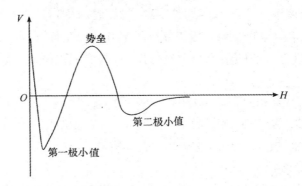

当距离较大时,双电层未重叠,长程吸引力占主导,总势能为负值;当粒子靠近到一定距离以致双电层重叠,排斥作用占主导,势能显著增加;与此同时粒子间短程吸引也随距离的缩短而增大,势能又下降;距离极小时,原子间 Born 排斥力开始起作用,势能又迅速上升.

如果质点凭借动能克服势垒,则势能随质点接近而下降,至第一极小值处达平衡.此时即出现"聚沉".通常使用聚沉剂使胶体质点形成聚集体.但其中原来各质点仍保持其独立性.去除聚沉剂,可重新分散.

出现"絮凝"现象时,胶体粒子相距较远,聚集体结构更加松散.在这种情况中,胶体粒子的动能克服不了势垒,且 V-H 曲线中第二极小值深得足以抵挡动能,使质点只能在第二极小值相应的距离处聚结.

"老化"现象不同于以上两种现象,是指细小颗粒逐渐长大,到一定程度达平衡的过程.例如,才沉淀的 AgCl 很细,但静止之,尤其是温度较高时,颗粒长大.其过程可由式(1)来说明:

$$\ln\frac{c_2}{c_1} = \frac{2\gamma_{\text{l-s}}M}{RT\rho}\left(\frac{1}{R_2'} - \frac{1}{R_1'}\right) \tag{1}$$

式中:M,ρ 为纯固体的摩尔质量和密度;R_2',R_1' 分别为小颗粒和大颗粒的半径;c_2,c_1 为相应的溶解度.沉淀出来的 AgCl 颗粒,皆为它的饱和溶液所包围.设较小的颗粒(R_2')与较大的颗粒(R_1')邻近,此时由式(1)可知,$c_2>c_1$,即小颗粒周围的浓度高一些.由于扩散作用,溶质由小颗粒附近迁移到大颗粒附近.其结果是:小颗粒附近不饱和,所以小颗粒继续溶解;大颗粒附近过饱和,所以发生沉积.这样,小颗粒变小,大颗粒变大.当颗粒长大到一定程度后,$\frac{1}{R_2'} - \frac{1}{R_1'} \approx 0$,所以 $c_2 \approx c_1$,于是老化过程停止.

9-56　含有 2%(质量分数)蛋白质的水溶液,由电泳实验发现其中有两种蛋白质,相对分子质量分别为 100 kg·mol^{-1} 和 60 kg·mol^{-1},且溶液中两种蛋白质的摩尔数相等.假设把蛋白质分子作刚球处理,已知其密度为 1.30×10^3 kg·m^{-3},水的密度为1.00×10^3 kg·m^{-3},溶液黏度为 1.00×10^{-3} kg·m^{-1}·s^{-1},实验温度为 298.2 K,试计算:

(a) 数均相对分子质量 $\overline{M}_n$ 和质均相对分子质量 $\overline{M}_w$.

(b) 两蛋白质分子的扩散系数之比.

(c) 沉降系数之比.

解 (a) 设每 kg 溶液中所含每种蛋白质的摩尔数为 n,则

$$0.02 \text{ kg} = (100 \text{ kg·mol}^{-1})n + (60 \text{ kg·mol}^{-1})n$$

$$n = 1.25 \times 10^{-4} \text{ mol}$$

$$\overline{M}_n = \frac{\sum n_i M_i}{\sum n_i} = \frac{(1.25 \times 10^{-4} \text{ mol}) \times (100 + 60) \text{ kg·mol}^{-1}}{2 \times (1.25 \times 10^{-4} \text{ mol})} = 80 \text{ kg·mol}^{-1}$$

$$\overline{M}_w = \frac{\sum W_i M_i}{\sum W_i} = \frac{\sum n_i M_i^2}{\sum n_i M_i} = \frac{n(100^2 + 60^2) \text{ kg}^2 \cdot \text{mol}^{-2}}{n(100 + 60) \text{ kg·mol}^{-1}} = 85 \text{ kg·mol}^{-1}$$

(b)
$$D = \frac{RT}{L} \frac{1}{6\pi\eta r}$$

$$M = \frac{4}{3}\pi r^3 \rho L$$

所以

$$D \propto M^{-\frac{1}{3}}$$

$$\frac{D_1}{D_2} = \left(\frac{M_1}{M_2}\right)^{-\frac{1}{3}} = \left(\frac{100}{60}\right)^{-\frac{1}{3}} = 0.843$$

(c) 在重力场中

$$S = \frac{1}{g}\left(\frac{\mathrm{d}x}{\mathrm{d}t}\right)$$

沉降平衡时,

$$\frac{4}{3}\pi r^3(\rho_{\text{粒子}} - \rho_{\text{介质}})g = 6\pi\eta r\left(\frac{\mathrm{d}x}{\mathrm{d}t}\right)$$

所以

$$S = \frac{1}{6\pi\eta r} \times \frac{4}{3}\pi r^3 \rho_{\text{粒子}}[1 - (\rho_{\text{介质}}/\rho_{\text{粒子}})]g$$

与 $M = \dfrac{4}{3}\pi r^3 \rho_{\text{粒子}} L$ 比较可知

$$S \propto M^{\frac{2}{3}}$$

所以

$$\frac{S_1}{S_2} = \left(\frac{M_1}{M_2}\right)^{\frac{2}{3}} = \left(\frac{100}{60}\right)^{\frac{2}{3}} = 1.41$$

9-57　计算把 1.00×10^{-3} kg 聚苯乙烯($M = 200$ kg·mol^{-1})溶在 1.00×10^{-4} m^3 苯中所成的溶液在 293.2 K 时的渗透压. 已知溶液的密度与苯近似相同, 为 8.79×10^2 kg·m^{-3}, 且溶液渗透压可近似用理想溶液公式计算.

解　该溶液的物质的量浓度为

$$c = \frac{n}{V} = \frac{(1.00 \times 10^{-3}\ \text{kg}/\ 200\ \text{kg·mol}^{-1})}{\dfrac{1.00 \times 10^{-3}\ \text{kg} + (8.79 \times 10^2\ \text{kg·m}^{-3}) \times (1.00 \times 10^{-4}\ \text{m}^3)}{8.79 \times 10^2\ \text{kg·m}^{-3}}}$$

$$= 4.94 \times 10^{-2}\ \text{mol·m}^{-3}$$

渗透压为

$$\pi = cRT$$
$$= (4.94 \times 10^{-2}\ \text{mol·m}^{-3}) \times (8.314\ \text{J·mol}^{-1}\text{·K}^{-1}) \times (293.2\ \text{K})$$
$$= 120\ \text{Pa}$$

9-58　现有某聚合物的甲苯溶液 A 和 B, 质量分数均为 0.01, 而该聚合物的相对分子质量分别为 20 kg·mol^{-1} 和 60 kg·mol^{-1}. 如将 1 kg 的 A 和 1 kg 的 B 混合, 试计算混合液中该聚合物的 $\overline{M}_n$、$\overline{M}_w$、$\overline{M}_z$ 和 $\overline{M}_v$, 并排出四者的大小次序.(已知 $\alpha = 0.5$)

解　$\overline{M}_n = \dfrac{\sum n_i M_i}{\sum n_i} = \dfrac{W_1 + W_2}{n_1 + n_2}$

$$= \frac{(0.01 + 0.01)\ \text{kg}}{\dfrac{0.01\ \text{kg}}{20\ \text{kg·mol}^{-1}} + \dfrac{0.01\ \text{kg}}{60\ \text{kg·mol}^{-1}}} = 30\ \text{kg·mol}^{-1}$$

$$\overline{M}_w = \frac{\sum n_i M_i^2}{\sum n_i M_i} = \frac{W_1 M_1 + W_2 M_2}{W_1 + W_2}$$

$$= \frac{(0.01\ \text{kg}) \times (20 + 60)\ \text{kg·mol}^{-1}}{(0.01 + 0.01)\ \text{kg}} = 40\ \text{kg·mol}^{-1}$$

$$\overline{M}_z = \frac{\sum n_i M_i^3}{\sum n_i M_i^2} = \frac{W_1 M_1^2 + W_2 M_2^2}{W_1 M_1 + W_2 M_2}$$

$$= \frac{(0.01\ \text{kg}) \times (20^2 + 60^2)\ \text{kg}^2\text{·mol}^{-2}}{(0.01\ \text{kg}) \times (20 + 60)\text{kg·mol}^{-1}} = 50\ \text{kg·mol}^{-1}$$

$$\overline{M}_v = \left(\frac{\sum n_i M_i^{\alpha+1}}{\sum n_i M_i}\right)^{1/\alpha} = \left(\frac{W_1 M_1^{\alpha} + W_2 M_2^{\alpha}}{W_1 + W_2}\right)^{1/\alpha}$$

$$= \left[\frac{(0.01 \text{ kg}) \times (20 \text{ kg·mol}^{-1})^{0.5} + (60 \text{ kg·mol}^{-1})^{0.5}}{(0.01 + 0.01) \text{ kg}} \right]^2 = 37.3 \text{ kg·mol}^{-1}$$

由上述结果中知四者的大小次序为：$\overline{M}_z > \overline{M}_w > \overline{M}_v > \overline{M}_n$.

9-59 异丁烯聚合物溶于苯中，在 298.2 K 时测得不同浓度下的渗透压数据如下：

$c / (\text{kg·m}^{-3})$	5.00	10.0	15.0	20.0
π / Pa	49.5	101	155	210

求此聚合物的相对分子质量.

解 非电解质大分子溶液（非理想溶液）的渗透压符合式(1)：

$$\pi = RT \left(\frac{c}{\overline{M}_n} + A_2 c^2 + A_3 c^3 + \cdots \right) \tag{1}$$

式(1)中 c 的量纲为 kg·m^{-3}；因渗透压是溶液的依数性质，测得的相对分子质量为数均相对分子质量；$A_2, A_3, \cdots$ 为校正系数，稀溶液可只取第一校正项，故得

$$\frac{\pi}{c} = \frac{RT}{\overline{M}_n} + A_2' c \tag{2}$$

由实验数据可求出不同浓度时的 $\frac{\pi}{c}$ 值：

$c / (\text{kg·m}^{-3})$	5.00	10.0	15.0	20.0
$\frac{\pi}{c} / (\text{Pa·kg}^{-1}·\text{m}^3)$	9.90	10.1	10.3	10.5

按式(2)，对上述数据作线性拟合，得到

$$\text{直线截距} = \frac{RT}{\overline{M}_n} = 9.70 \text{ Pa·m}^3·\text{kg}^{-1}$$

所以

$$\overline{M}_n = \frac{(8.314 \text{ J·mol}^{-1}·\text{K}^{-1}) \times (298.2 \text{ K})}{9.70 \text{ Pa·m}^3·\text{kg}^{-1}} = 256 \text{ kg·mol}^{-1}$$

9-60 聚丙烯酰胺的 NaCl 水溶液，在 303.2 K 时其相对黏度 η_r 与浓度 c 有如下数据：

$c / [\text{g·}(100 \text{ cm}^3)^{-1}]$	0.028	0.033	0.041	0.055
η_r	1.189	1.224	1.283	1.393

试计算特性黏度 $[\eta]$ 和此聚合物的相对分子质量.（已知 $K = 3.74 \times 10^{-4}$，$\alpha = 0.66$）

解　对大分子稀溶液,比浓黏度 η_{sp}/c 和相对黏度 η_r 与浓度 c 的关系是:

$$\frac{\eta_{sp}}{c} = [\eta] + k'[\eta]^2 c \tag{1}$$

$$\frac{\ln \eta_r}{c} = [\eta] - \beta[\eta]^2 c \tag{2}$$

分别以 $\dfrac{\eta_{sp}}{c}$ 和 $\dfrac{\ln \eta_r}{c}$ 对 c 作图,可得两条直线,外推至 $c=0$ 处相交,截距即为 $[\eta]$. 由实验数据可求得不同浓度 c 时的 $\dfrac{\eta_{sp}}{c}$ 和 $\dfrac{\ln \eta_r}{c}$ 值如下:

$c/[\text{g}\cdot(100\ \text{cm}^3)^{-1}]$	0.028	0.033	0.041	0.055
$\dfrac{\eta_{sp}}{c}/[(100\ \text{cm}^3)\text{g}^{-1}]$	6.75	6.79	6.90	7.15
$\dfrac{\ln \eta_r}{c}/[(100\ \text{cm}^3)\text{g}^{-1}]$	6.18	6.12	6.08	6.03

利用式(1)和式(2)对上述数据作线性拟合,得到截距分别为 $6.303(100\text{cm}^3)\text{g}^{-1}$ 和 $6.306\ (100\ \text{cm}^3)\text{g}^{-1}$,故所求特性黏度为 $[\eta]=6.31\ (100\ \text{cm}^3)\text{g}^{-1}$.

由 $[\eta]=K\overline{M}_v^\alpha$ 得相对黏均相对分子质量为

$$\overline{M}_v = \left(\frac{6.31}{3.74\times 10^{-4}}\right)^{\frac{1}{0.66}} = 2.54\times 10^6$$

或

$$\overline{M}_v = 2.54\times 10^3\ \text{kg}\cdot\text{mol}^{-1}$$

*9-61　证明渗透压法求得的是数均相对分子质量,光射散法求得的是质均相对分子质量.

解　由所测物理量 P 与浓度的关系及稀溶液时各组分对该物理量的贡献具有加和性的规律,应用统计平均的定义可找出平均相对分子质量的普遍表示式.再根据渗透压、光散射等与相对分子质量的具体关系代入,即可确定属哪种相对分子质量.

设 P_i 为 i 部分相对分子质量 M_i 时所测定的某项物理性质(渗透压、散射光强……),当为稀溶液时(实验往外推至 $b\to 0$),P_i 具有加和性.若

$$P_i = KM_i^\alpha b_i$$

K 为比例系数,b_i 为质量浓度 $(\text{kg}\cdot\text{m}^{-3})$,则

$$P = \sum P_i = \sum KM_i^\alpha b_i = K\langle M_P\rangle^\alpha b$$

$$\langle M_P\rangle^\alpha = \frac{P}{Kb} = \frac{K\sum M_i^\alpha b_i}{K\sum b_i}$$

因
$$b_i = n_i M_i$$

故

$$\langle M_P \rangle = \left(\frac{\sum M_i^{\alpha+1} n_i}{\sum n_i M_i} \right)^{\frac{1}{\alpha}} \tag{1}$$

如渗透压法 $\pi \propto M^{-1}$，即 $\alpha = -1$，则

$$\langle M_P \rangle = \left(\frac{\sum n_i M_i^{-1+1}}{\sum n_i M_i} \right)^{-1} = \frac{\sum n_i M_i}{\sum n_i} = \langle M_n \rangle$$

属数均相对分子质量.

又如光散法，$\tau = HMb$（$\tau = I_s/I_0$ 为浊度，I_s 为散射光强，I_0 为入射光强，H 为参数），$\alpha = 1$，根据(1)式：

$$\langle M_P \rangle = \left(\frac{\sum n_i M_i^{i+1}}{\sum n_i M_i} \right)^1 = \frac{\sum n_i M_i^2}{\sum n_i M_i} = \langle M_m \rangle$$

属质均相对分子质量.

还可通过具体的物理性质出发证明上述结论.

渗透压法： $\pi = \sum \pi_i, \pi_i = RTb_i/M_i$，则

$$\pi = RT \sum (b_i/M_i) = bRT/\langle M \rangle$$

$$\langle M \rangle = \sum b_i / \sum (b_i/M_i) = \sum n_i M_i / \sum n_i = \langle M_n \rangle$$

光散法：$Hb/\tau = 1/\langle M \rangle, Hb_i/\tau_i = 1/M_i$

$$\langle M \rangle = \tau/Hb = \sum \tau_i / H \sum b_i = H \sum b_i M_i / H \sum b_i$$

$$b_i = n_i M_i/V$$

$$\langle M \rangle = \sum n_i M_i^2 / \sum n_i M_i = \langle M_m \rangle$$

9-62 试以 NaCl 为例用热力学方法证明，当达到唐南平衡时对体系任一电解质，其组成离子在膜内部的浓度乘积等于膜外部的浓度乘积.

证 NaCl 在膜内外的化学势分别为

$$\mu_{\text{NaCl}(内)} = \mu_{\text{NaCl}}^{\ominus}(T) + RT \ln a_{\text{NaCl}(内)}$$

$$\mu_{\text{NaCl}(外)} = \mu_{\text{NaCl}}^{\ominus}(T) + RT \ln a_{\text{NaCl}(外)}$$

达唐南平衡时，

$$\mu_{\text{NaCl}(内)} = \mu_{\text{NaCl}(外)}$$

所以

$$a_{\text{NaCl}(内)} = a_{\text{NaCl}(外)}$$

$$(a_{Na^+} a_{Cl^-})_内 = (a_{Na^+} a_{Cl^-})_外$$

对于稀溶液则有

$$[Na^+]_内 [Cl^-]_内 = [Na^+]_外 [Cl^-]_外$$

9-63 在膜的内部放有浓度为 c_1 的大分子电解质 RNa,试问:

(a) 膜外部为纯水,RNa 在等点电(完全不电离)时的渗透压 π_1 是多少?

(b) 膜外部为纯水,RNa 完全电离时渗透压 π_2 是多少?

(c) 膜外部为浓度 c_2 的 NaCl 水溶液,RNa 完全电离时渗透压 π_3 是多少? 并进一步讨论 $c_1 \gg c_2$ 和 $c_1 \ll c_2$ 时的 π_3 值.

(d) 由上述结果可得出什么结论?

解 (a) 由不带电粒子的范特霍夫渗透压公式即可得

$$\pi_1 = c_1 RT$$

(b) RNa 在水中完全电离

$$RNa \longrightarrow R^- + Na^+$$

R^- 不能透过半透膜,而 Na^+ 可以透过. 但为保持电中性,全部 Na^+ 留在膜内. 此时粒子的总浓度为 $2c_1$,故

$$\pi_2 = 2c_1 RT$$

(c) 设初始和平衡状态时,膜内外离子分布如下:

	膜内			膜外	
	R^-	Na^+	Cl^-	Na^+	Cl^-
初始	c_1	c_1	0	c_2	c_2
平衡	c_1	$c_1 + x$	x	$c_2 - x$	$c_2 - x$

平衡时的离子分布是由膜外 Cl^- 向膜内扩散所致,此时,

$$[Na^+]_内 [Cl^-]_内 = [Na^+]_外 [Cl^-]_外$$

$$(c_1 + x)x = (c_2 - x)^2$$

所以

$$x = \frac{c_2^2}{c_1 + 2c_2}$$

$$\begin{aligned}
\pi_3 &= (膜内离子总浓度 - 膜外离子总浓度)RT \\
&= [2(c_1 + x) - 2(c_2 - x)]RT \\
&= [2(c_1 - c_2) + 4x]RT \\
&= \left(2(c_1 - c_2) + \frac{4c_2^2}{c_1 + 2c_2}\right)RT
\end{aligned}$$

$$= 2c_1 \left[\frac{c_1 + c_2}{c_1 + 2c_2} \right] RT$$

当 $c_1 \gg c_2$ 时,

$$\pi_3 = 2c_1 RT = \pi_2$$

当 $c_1 \ll c_2$ 时,

$$\pi_3 = c_1 RT = \pi_1$$

(d) 由于 $\pi_2 = 2\pi_1$,故用渗透压法测 RNa 相对分子质量时,如在膜外只放纯水,则按不电离物质的范特霍夫公式求得的相对分子质量只是真实值的 $\frac{1}{2}$;如在膜外加较多的小分子电解质,则求得的相对分子质量与真实值相等.

9-64 298.2 K 时,在膜两边离子的初始浓度如下:

膜内		膜外	
R⁺	Cl⁻	Na⁺	Cl⁻
0.10	0.10	0.50	0.50(mol·dm⁻³)

计算平衡后离子浓度的分布及渗透压 π.

解 设达唐南平衡时,从膜外扩散到膜内的 Na^+ 和 Cl^- 浓度为 x,则

$$x(0.10 \text{ mol·dm}^{-3} + x) = (0.50 \text{ mol·dm}^{-3} - x)^2$$

$$x = 0.23 \text{ mol·dm}^{-3}$$

平衡时离子的浓度分布为

膜内			膜外	
R⁺	Cl⁻	Na⁺	Na⁺	Cl⁻
0.10	0.33	0.23	0.27	0.27(mol·dm⁻³)

渗透压值为

$$\pi = [(0.10 + 0.33 + 0.23) - (0.27 + 0.27)] \times 10^3 \text{ mol·m}^{-3}$$
$$\times (8.314 \text{ J·mol}^{-1}\text{·K}^{-1}) \times (298.2 \text{ K})$$
$$= 2.98 \times 10^5 \text{ Pa}$$

9-65 取某大分子—元有机酸 HR 0.0013 kg 溶于 0.10 dm³ 很稀的 HCl 水溶液中使完全电离,将其置于半透膜中,与膜外 0.10 dm³ 的纯水于 298 K 达到平衡后,测得膜外水溶液的 pH = 3.26,膜电势为 34.9 mV. 假定溶液为理想溶液,试求:

(a) 膜内溶液的 pH.

(b) 该有机酸的相对分子质量.

解 (a) 已知膜电势公式

$$\Delta\varphi(\alpha,\beta) = \varphi(\alpha) - \varphi(\beta) = \frac{RT}{F}\ln\frac{a(H^+,\beta)}{a(H^+,\alpha)}$$

由于膜内氢离子浓度高于膜外,故设膜内为 β 相,膜外为 α 相,于是有

$pH(\beta) = pH(\alpha) - \Delta\varphi(\alpha,\beta)/0.059\ 16\ V = 3.26 - 0.0349\ V/0.059\ 16\ V = 2.67$

(b) 根据 pH 求得 H^+ 浓度分别为

$$[H^+]_\alpha = 5.50 \times 10^{-4}\ mol \cdot dm^{-3}$$

$$[H^+]_\beta = 2.14 \times 10^{-3}\ mol \cdot dm^{-3}$$

半透膜只能透过小离子,为保持电中性,Cl^- 与 H^+ 同时透过膜外,故

$$[Cl^-]_\alpha = [H^+]_\alpha = 5.50 \times 10^{-4}\ mol \cdot dm^{-3}$$

平衡时,$[H^+]_\alpha[Cl^-]_\alpha = [H^+]_\beta[Cl^-]_\beta$,所以 $[Cl^-]_\beta = 1.41 \times 10^{-4}\ mol \cdot dm^{-3}$,则

$$[R^-] = [H^+]_\beta - [Cl^-]_\beta = 2.00 \times 10^{-3}\ mol \cdot dm^{-3}$$

$$[HR] = [R^-] = 2.00 \times 10^{-3}\ mol \cdot dm^{-3}$$

$$M = 0.0013\ kg/(2.00 \times 10^{-3}\ mol \cdot dm^{-3}) \times 0.1\ dm^3 = 6.5\ kg \cdot mol^{-1}$$

第十章 统计热力学

主 要 公 式

1. 麦克斯韦-玻耳兹曼分布定律

(1) 排列组合

在统计力学中,需要讨论分子在不同能级上分布的微观状态数,这在数学上相当于排列与组合问题.

排列是求算从 N 个物体中,每次按序取出 r 个的方式数,用 P'_N 表示,

$$P'_N = N(N-1)(N-2)\cdots(N-r+1) \tag{10.1}$$

当 $r = N$ 时,称为全排列

$$P_N^N = N! \tag{10.2}$$

如 N 个物体中有 S 个相同,另外 $N-S$ 个也相同,则其全排列数为

$$\frac{N!}{(N-S)!S!} \tag{10.3}$$

在排列问题中,如不考虑取出物体的顺序,则称为组合.从 N 个不同物体中,每次取 m 个的方法,用 C_N^m 表示,

$$C_N^m = \frac{N!}{m!(N-m)!} = \frac{P_N^m}{m!} \tag{10.4}$$

N 个不同的物体,放入 k 个盒子.第一个盒子放 N_1 个,第二个盒子放 N_2 个,$\cdots$,第 k 个盒子放 N_k 个,$N_1 + N_2 + \cdots + N_k = N$,全部放置方法有

$$\frac{N!}{\prod_{i=1}^{k} N_i!} \tag{10.5}$$

(2) 概率及其两个定理

某一特定事件发生的概率 P_E.是该事件发生的次数 n_E 与全部可能发生事件总数 n 的比值,

$$P_E = \frac{n_E}{n_E + n'_E} = \frac{n_E}{n} \tag{10.6}$$

式中,n'_E 为该事件不发生的数.该事件不发生的概率为

$$P'_E = \frac{n'_E}{n} \tag{10.7}$$

显然

$$P_E + P'_E = 1 \tag{10.8}$$

例如,气体分子均匀占据体积 V,从中划出一部分 V_1,则气体分子出现在 V_1 中的概率为 V_1/V.

概率加法定理　　互不相容的 k 个事件,各自发生的概率分别为 $P(E_1)$, $P(E_2),\cdots,P(E_k)$,其中任一事件发生即算事件发生,则该新事件的概率是各事件的概率之和

$$P(E) = P(E_1) + P(E_2) + \cdots + P(E_k) \tag{10.9}$$

例如,将一容器分成 10 等份,某一分子位于任一部分的概率是 1/10,位于第一到第三部分的概率是 3/10.

概率乘法定理　　由几个独立事件组成的复杂事件出现的概率,等于独立事件概率之积.例如,某气体分子占据体积 V,则 n 个分子同时出现在某一部分 V_1 的概率为

$$P = (V_1/V)^n \tag{10.10}$$

(3) 斯特林公式

在统计力学中,经常要计算 $N!$,其中 N 是个相当大的数,可用斯特林(Stirling)级数公式计算

$$N! = \left(\frac{n}{e}\right)^N (2\pi N)^{1/2} \left(1 + \frac{1}{12N} + \frac{1}{288N^2} + \cdots\right) \tag{10.11}$$

$$\ln N! = N\ln N - N + \frac{1}{2}\ln N + \frac{1}{2}\ln 2\pi + \cdots \tag{10.12}$$

当 N 比较大时

$$\ln N! = \ln[(2\pi N)^{1/2}(N/e)^N] \tag{10.13}$$

当 N 相当大时

$$\ln N! = N\ln N - N \tag{10.14}$$

在统计力学中,讨论分子的数量在 10^{22} 数量级,故一般使用式(10.14).

(4) 拉格朗日未定乘数法

拉格朗日(Lagrange)未定乘数法是求条件极值的一种常用方法,设函数 $F = F(x_1,x_2,\cdots,x_n)$, $x_1,x_2,\cdots,x_n$ 为独立变量.如果求 F 的极值,同时 $x_1,x_2,\cdots,$ x_n 还要满足下列(例如两个)限制条件

$$G(x_1, x_2, \cdots, x_n) = 0$$

$$H(x_1, x_2, \cdots, x_n) = 0$$

这时可用待定的乘数 α, β 分别乘上两个条件方程,然后再与原方程线性组合成一个新的函数

$$Z = F(x_1, x_2, \cdots, x_n) + \alpha G(x_1, x_2, \cdots, x_n) + \beta H(x_1, x_2, \cdots, x_n)$$

Z 为极值的必要条件是

$$dZ = dF + \alpha dG + \beta dH = 0$$

或写成

$$dZ = \sum_{i=1}^{n} [\partial F / \partial x_i + \alpha(\partial G / \partial x_i) + \beta(\partial H / \partial x_i)] dx_i = 0$$

这一套方程共有 n 个,加上原来的两个条件方程,便可解出 $x_1, x_2, \cdots, x_n$ 和 α, β 的值.这一套 x_i 的数值,既能满足限制条件,又能使 F 为极值.

(5) 相空间和相体积不变原理

当我们描述一个三维平动子的运动状态时,可以通过三个空间坐标 x, y, z 和三个动量坐标 p_x, p_y, p_z 来表示.设想这是一个由 x, y, z, p_x, p_y, p_z 六个正交坐标构成的六维空间,称相空间.在这个空间中,每个点代表平动子的一个运动状态.而平动子的任一运动状态都可用相空间中的点表示.

在统计力学中,我们需要使用不同的坐标系,可以证明相空间的体积元在坐标和相应动量的变换中不变,例如从三维笛卡儿坐标变换到极坐标系 r, θ, φ,有

$$dxdydzdp_xdp_ydp_z = drd\theta d\varphi dp_r dp_\theta dp_\varphi$$

相体积不变的另一含义是,N 个质量相同和处在相同力场中的质点,在某一时刻它们的相点按一定的密度占据相空间的某一部分,那么在时间的进程中,它们会沿着各自的相轨道在相空间中移动,但它们的相空间密度则保持不变.

10-1　根据麦克斯韦速度分布函数推导下列公式:

(a) 气体分子的最可几(最概然)速度

$$v_m = \left(\frac{2RT}{M}\right)^{1/2}$$

(b) 气体分子的平均速度

$$\bar{v} = \frac{2}{\sqrt{\pi}} v_m = \left(\frac{8RT}{\pi M}\right)^{1/2}$$

(c) 气体分子的均方根速度

$$\sqrt{v^2} = \sqrt{\frac{3}{2}} v_m = \left(\frac{3RT}{M}\right)^{1/2}$$

(d) 气体分子的平均平动能

$$\overline{\varepsilon}_t = \frac{3}{2} k_B T$$

解 (a) 麦克斯韦速度分布函数为

$$n(v) = 4\pi N \left(\frac{m}{2\pi k_B T}\right)^{3/2} \exp\left(-\frac{mv^2}{2k_B T}\right) v^2$$

其最可几(最概然)速度由 $dn(v)/dv = 0$ 求算:

$$\frac{d\left[4\pi N \left(\frac{m}{2\pi k_B T}\right)^{3/2} v^2 \exp\left(-\frac{mv^2}{2k_B T}\right)\right]}{dv} = 0$$

$$\left(2v_m - \frac{m}{k_B T} v_m^3\right) \exp\left(-\frac{mv_m^2}{2k_B T}\right) = 0$$

所以 $mv_m^2/2k_B T = 1$,则

$$v_m = \left(\frac{2k_B T}{m}\right)^{1/2} = \left(\frac{2RT}{M}\right)^{1/2}$$

(b) $n(v)$ 是一个与速度 v、温度 T 有关的分布函数,其物理意义为

$$dN = n(v)Ndv$$

$$n(v)dv = dN/N$$

$n(v)dv$ 的物理意义是速度在 $v \longrightarrow v + dv$ 之间的分子占总分子的比例. 如果 $dv \to 0$,则 $n(v)$ 表示分子具有速度 v 的概率. 所以平均速度为

$$\overline{v} = \frac{\int_0^\infty v dN}{N} = \int_0^\infty v n(v) dv$$

$$= \int_0^\infty v 4\pi N \left(\frac{m}{2\pi k_B T}\right)^{3/2} \exp\left(-\frac{mv^2}{2k_B T}\right) v^2 dv$$

$$= \int_0^\infty 4\pi N \left(\frac{m}{2\pi k_B T}\right)^{3/2} v^3 \exp\left(-\frac{mv^2}{2k_B T}\right) dv$$

$$= \frac{4}{(\pi)^{1/2}} \left(\frac{m}{2k_B T}\right)^{3/2} \int_0^\infty v^3 \exp\left(-\frac{m}{2k_B T} v^2\right) dv$$

根据定积分公式 $\int_0^\infty x^3 \exp(1 - \beta x^2) dx = \frac{1}{2\beta^2}$,则

$$\overline{v} = \frac{2}{(\pi)^{1/2}} \left(\frac{m}{2k_B T}\right)^{3/2} \left(\frac{2k_B T}{m}\right)^2$$

$$= \frac{2}{(\pi)^{1/2}} \left(\frac{2k_B T}{m}\right)^{1/2} = \frac{2}{(\pi)^{1/2}} \left(\frac{2RT}{M}\right)^{1/2}$$

$$= \frac{2}{\sqrt{\pi}} v_m = \left(\frac{8RT}{\pi M}\right)^{1/2}$$

(c)
$$(\overline{v^2})^{1/2} = \left(\int_0^\infty \frac{v^2 dN}{N}\right)^{1/2}$$

$$= \left[\int_0^\infty v^2 n(v) dv\right]^{1/2}$$

$$= \left[\frac{4}{(\pi)^{1/2}}\left(\frac{m}{2k_B T}\right)^{3/2}\int_0^\infty v^4 \exp\left(-\frac{mv^2}{2k_B T}\right) dv\right]^{1/2}$$

根据定积分公式 $\int_0^\infty x^4 \exp(-\beta x^2) dx = \frac{3}{8}\left(\frac{\pi}{\beta^5}\right)^{1/2}$，可得

$$(\overline{v^2})^{1/2} = \left[\frac{4}{(\pi)^{1/2}}\left(\frac{m}{2k_B T}\right)^{3/2}\frac{3}{8}\sqrt{\pi\left(\frac{2k_B T}{m}\right)^5}\right]^{1/2}$$

$$= \left(\frac{3k_B T}{m}\right)^{1/2} = \left(\frac{3RT}{M}\right)^{1/2} = \left(\frac{3}{2}\right)^{1/2} v_m$$

(d)
$$\varepsilon_t = \frac{1}{2}mv^2$$

$$\varepsilon_t = \frac{1}{2}m\int_0^\infty v^2 n(v) dv = \frac{1}{2}m\overline{v^2} = \frac{1}{2}m\left(\frac{3}{2}\frac{2RT}{M}\right) = \frac{3}{2}k_B T$$

10-2 由麦克斯韦速度分布函数推出平动能分布函数

$$n(E) = 4\sqrt{2}\pi N\left(\frac{1}{2\pi k_B T}\right)^{3/2} E^{1/2}\exp(-E/k_B T)$$

并指出麦克斯韦速度分布函数 $n(v)$ 和平动能分布函数 $n(E)$ 的量纲.

解 根据 $E = mv^2/2, dE = mv dv$，则

$$n(v)dv = \frac{4}{(\pi)^{1/2}}\left(\frac{m}{2k_B T}\right)^{3/2}\exp\left(-\frac{mv^2}{2k_B T}\right)v^2 dv$$

$$= \frac{2}{(\pi)^{1/2}}\left(\frac{1}{k_B T}\right)^{3/2}\left(\frac{m}{2}\right)^{1/2} mv^2\exp(-E/k_B T)dv$$

$$n(E)dE = \frac{2}{(\pi)^{1/2}}\left[\frac{1}{(k_B T)}\right]^{3/2} E^{1/2}\exp(-E/k_B T)dE$$

所以

$$n(E) = \frac{2}{(\pi)^{1/2}}\left(\frac{1}{k_B T}\right)^{3/2} E^{1/2}\exp(-E/k_B T)$$

速度分布函数

$$n(v) = dN/N dv \quad (s \cdot m^{-1})$$

平动能分布函数

$$n(E) = dN/N dE \quad (J^{-1})$$

10-3 试从麦克斯韦速度分布公式推出二度空间的麦克斯韦-玻耳兹曼分布公式 $N_2/N_1 = \exp(-\Delta\varepsilon/k_B T)$，其中 N_2 和 N_1 为能量超过 $\varepsilon_2, \varepsilon_1$ 的分子数.

证　按麦克斯韦速度分布定律,分子速度在 $v_x \rightarrow v_x + dv_x$ 的概率为

$$f(v_x)dv_x = \left(\frac{m}{2\pi k_B T}\right)^{1/2} \exp\left(-\frac{mv_x^2}{2k_B T}\right)dv_x$$

分子速度在 $v_y \longrightarrow v_y + dv_y$ 的概率为

$$f(v_y)dv_y = \left(\frac{m}{2\pi k_B T}\right)^{1/2} \exp\left(-\frac{mv_y^2}{2k_B T}\right)dv_y$$

则分子速度在 $v_x \longrightarrow v_x + dv_x, v_y \longrightarrow v_y + dv_y$ 的概率为

$$f(v_x)f(v_y)dv_x dv_y = \left(\frac{m}{2\pi k_B T}\right)\exp\left(-\frac{mv^2}{2k_B T}\right)dv_x dv_y$$

式中,$v^2 = v_x^2 + v_y^2$.

从笛卡儿坐标系到平面极坐标系,其相应的变换公式为

$$v_x = v\cos\Phi, \qquad v_y = v\sin\Phi$$

$$dv_x dv_y = \frac{\partial(v_x, v_y)}{\partial(v, \Phi)}dvd\Phi = vdvd\Phi$$

故分子速度在 $v \longrightarrow v + dv$ 的概率为

$$f(v)dv = \left(\frac{m}{2\pi k_B T}\right)\int_0^{2\pi} \exp\left(-\frac{mv^2}{2k_B T}\right)vdvd\Phi = \frac{mv}{kT}\exp\left(-\frac{mv^2}{2k_B T}\right)dv$$

因为 $\varepsilon = mv^2/2, d\varepsilon = mvdv$,所以

$$f(\varepsilon)d\varepsilon = \frac{1}{kT}\exp\left(-\frac{\varepsilon}{k_B T}\right)d\varepsilon$$

能量在 ε_1 以上的分子百分数为

$$\frac{N_1}{N} = \frac{1}{k_B T}\int_{\varepsilon_1}^{\infty} \exp\left(-\frac{\varepsilon}{k_B T}\right)d\varepsilon = \exp\left(-\frac{\varepsilon_1}{k_B T}\right)$$

同理,能量超过 ε_2 的分子百分数为

$$\frac{N_2}{N} = \exp\left(-\frac{\varepsilon_2}{k_B T}\right)$$

则

$$\frac{N_2}{N_1} = \exp\left(-\frac{\varepsilon_2 - \varepsilon_1}{k_B T}\right) = \exp\left(-\frac{\Delta\varepsilon}{k_B T}\right)$$

10-4　已知三维平动子的能级公式为

$$\varepsilon_1 = \frac{h^2}{8m V^{\frac{2}{3}}}(n_1^2 + n_2^2 + n_3^2) \qquad (n_1, n_2, n_3 = 1, 2, 3, \cdots)$$

若令 $n_1^2 + n_2^2 + n_3^2 = k^2$,问当 k 等于 3 和 6 时,能级的简并度 g_1 各为多少? 在 $\varepsilon_3 \leqslant \varepsilon_t \leqslant \varepsilon_6$ 范围内,共有多少运动状态?

解　(a) 当 $k = 3$ 时,$k^2 = 9$

$$n_1, n_2, n_3 = \begin{bmatrix} 2, & 2, & 1 \\ 1, & 2, & 2 \\ 2, & 1, & 2 \end{bmatrix} \qquad g_t = 3$$

(b) 当 $k = 6$ 时，$k^2 = 36$

$$n_1, n_2, n_3 = \begin{bmatrix} 2, & 4, & 4 \\ 4, & 2, & 4 \\ 4, & 4, & 2 \end{bmatrix} \qquad g_t = 3$$

(c) 在 $\varepsilon_3 \leqslant \varepsilon_t \leqslant \varepsilon_6$ 范围内

$$\varepsilon_1(1,1,1) = \frac{h^2}{8mV^{2/3}} \times [3] \qquad g_1 = 1$$

$$\varepsilon_2 \begin{bmatrix} 1, & 1, & 2 \\ 2, & 1, & 2 \\ 1, & 2, & 1 \end{bmatrix} = \frac{h^2}{8mV^{2/3}} \times [6] \qquad g_2 = 3$$

$$\varepsilon_3 \begin{bmatrix} 2, & 2, & 1 \\ 2, & 1, & 2 \\ 1, & 2, & 2 \end{bmatrix} = \frac{h^2}{8mV^{2/3}} \times [9] \qquad g_3 = 3$$

$$\varepsilon_4 \begin{bmatrix} 3, & 1, & 1 \\ 1, & 3, & 1 \\ 1, & 1, & 3 \end{bmatrix} = \frac{h^2}{8mV^{2/3}} \times [11] \qquad g_4 = 3$$

$$\varepsilon_5(2,2,2) = \frac{h^2}{8mV^{2/3}} \times [12] \qquad g_5 = 1$$

$$\varepsilon_6 \begin{bmatrix} 3, & 1, & 2 \\ 2, & 3, & 1 \\ 1, & 2, & 3 \\ 3, & 2, & 1 \\ 1, & 3, & 2 \\ 2, & 1, & 3 \end{bmatrix} = \frac{h^2}{8mV^{2/3}} \times [14] \qquad g_6 = 6$$

各简并度表示各能级平动子的运动状态的个数，因此，在 $\varepsilon_3 \leqslant \varepsilon_t \leqslant \varepsilon_6$ 范围内，平动子的运动状态数，等于在此间隔内简并度的和，其值为 $\sum g_i = 13$.

10-5 单维简谐振子的能谱为 $\varepsilon(v) = (v + 1/2)hv$，其中 v 为振动量子数（$v = 0, 1, 2, \cdots$）. 试证明

(a) $$q_v = \sum_v e^{-\varepsilon(v)/k_B T} = \frac{1}{e^{hv/2k_B T} - e^{-hv/2k_B T}}$$

式中，q_v 为振动配分函数.

(b) $$k_B T^2 \frac{\partial q_v}{\partial T} = \sum_v e^{-\varepsilon(v)/k_B T} \varepsilon(v)$$

解 (a)
$$q_v = \sum_v e^{-\varepsilon(v)/k_B T} = \sum_v e^{-\left(v+\frac{1}{2}\right)h\nu/k_B T}$$

$$= e^{-h\nu/2k_B T} + e^{-3h\nu/2k_B T} + e^{5h\nu/2k_B T} + \cdots$$

$$= e^{-h\nu/2k_B T}\left(1 + e^{-h\nu/k_B T} + e^{-2h\nu/k_B T} + \cdots\right)$$

$$= e^{-h\nu/2k_B T}\frac{1}{1 - e^{-h\nu/k_B T}}$$

$$= \frac{1}{e^{h\nu/2k_B T} - e^{-h\nu/2k_B T}} \tag{1}$$

(b) 因为
$$q_v = \sum_v e^{-\varepsilon(v)/k_B T}$$

$$\frac{\partial q_v}{\partial T} = \sum_v \frac{\varepsilon(v)}{k_B T^2} e^{-\varepsilon(v)/k_B T} \tag{2}$$

10-6　三维简谐振子的能谱为
$$\varepsilon(s) = (s + 3/2)h\nu, \qquad s = v_x + v_y + v_z = 0,1,2,\cdots$$
试证明能级 $\varepsilon(s)$ 的简并度 $g(s) = (s+1)(s+2)/2$.

证　因 $s = v_x + v_y + v_z$,能级简并度 $g(s)$ 可以看成 s 个不计姓名的人分配在 v_x, v_y, v_z 三间房间中(每间房住的人数不限)的方式数,相当于 s 个不可分辨的人与分隔 3 个房间的 $(3-1)$ 片墙壁排成一列的方式数

$$g(s) = \frac{(s+3-1)!}{s!(3-1)!}$$

$g(s)$ 也可看成 s 个相同的红球与 $(3-1)!$ 个相同白球的排列数

$$g(s) = \frac{(s+2)!}{s!2!} = \frac{(s+2)(s+1)}{2}$$

10-7　试说明一个三维简谐振子为什么可以看成三个独立的单维简谐振子,并证明:

(a) 其能谱为 $\varepsilon(s) = \left(s + \dfrac{3}{2}\right)h\nu, \quad s = v_x + v_y + v_z = 0,1,2,\cdots$;

(b) 能级 $\varepsilon(s)$ 的简并度为 $g(s) = \dfrac{1}{2}(s+1)(s+2)$.

解　三维简谐振子的位能函数为
$$U = \frac{1}{2}fr^2 = \frac{1}{2}f(x^2 + y^2 + z^2)$$

因此,实际上可看成三个独立的单维简谐振子.

(a) 根据量子理论,单维简谐振子在各量子状态的能量或振子的能谱为
$$\varepsilon(v) = \left(v + \frac{1}{2}\right)h\nu \qquad (v = 0,1,2,3\cdots)$$

则三维简谐振子的能量为

$$\varepsilon(s) = \left(v_x + \frac{1}{2}\right)h\nu + \left(v_y + \frac{1}{2}\right)h\nu + \left(v_z + \frac{1}{2}\right)h\nu$$

$$= \left[(v_x + v_y + v_z) + \frac{3}{2}\right]h\nu = \left(s + \frac{3}{2}\right)h\nu$$

其中,$s = v_x + v_y + v_z = 0, 1, 2 \cdots$.

(b) 简并度 $g(s)$ 可以看成 s 个不计姓名的人分配在 v_x, v_y, v_z 三间房间中(每间房住的人数不限)的方式,相当于 s 个人与分隔 3 个房间的(3−1)片墙壁排成一列的方式,即

$$g(s) = \frac{(s + 3 - 1)!}{s!(3 - 1)!}$$

$g(s)$ 也可看成 s 个红球与(3−1)个白球排成一列的排列组合问题,即

$$g(s) = C_{s+2}^s \frac{(s + 2)!}{s!2!} = \frac{(s + 2)(s + 1)}{2}$$

10-8 (a) 试求算氢分子在 300 K 下的平均平动能;(b) 求算氢分子在体积为 1×10^{-6} m^3 的容器中时,多大的平均量子数的平方和($p^2 + q^2 + r^2$)才与这个平均平动能相当? (c)相邻两个平动能级间隔有多大? (d)为什么我们可以认为,气体分子具有连续的平动能谱?

解 (a) 每一氢分子在 300 K 下的平均平动能

$$\varepsilon = \frac{3}{2}kT = \frac{3}{2} \times (1.381 \times 10^{-23} \text{ J} \cdot \text{K}^{-1}) \times (300 \text{ K}) = 6.21 \times 10^{-21} \text{ J}$$

(b)根据箱中粒子量子化条件

$$\varepsilon(p, q, r) = \frac{h^2}{8ma^2}(p^2 + q^2 + r^2)$$

已知容器 $V = 1 \times 10^{-6}$ m^3,则边长 $a = 1 \times 10^{-2}$ m.

氢分子的摩尔质量为 2.016×10^{-3} kg·mol^{-1}.

$$(p^2 + q^2 + r^2) = \frac{8ma^2}{h^2} \times \varepsilon$$

$$= \frac{8 \times (2.016 \times 10^{-3} \text{ kg} \cdot \text{mol}^{-1}) \times (1 \times 10^{-2} \text{ m})^2 \times (6.21 \times 10^{-21} \text{ J})}{(6.022 \times 10^{23} \text{ mol}^{-1}) \times (6.626 \times 10^{-34} \text{ J} \cdot \text{s})^2}$$

$$= 3.79 \times 10^{16}$$

(c) 相邻两个平动能级间隔

$$\Delta\varepsilon = \varepsilon(p + 1, q, r) - \varepsilon(p, q, r) = \frac{3h^2}{8ma^2}$$

$$= \frac{3 \times (6.626 \times 10^{-34} \text{ J} \cdot \text{s})^2}{8 \times \dfrac{2.016 \times 10^{-3} \text{ kg} \cdot \text{mol}^{-1}}{6.022 \times 10^{23} \text{ mol}^{-1}} \times (1 \times 10^2 \text{ m})^2}$$

$$= 4.92 \times 10^{-37} \text{ J}$$

(d) 　　　　　因为 $kT = 1.381 \times 10^{-23}$ J·K^{-1} × 300 K = 4.14 × 10^{-21} J

由于 $\Delta\varepsilon \ll kT$,所以气体分子具有连续的平动能谱.

10-9 已知在室温 298 K 时,N_2 分子在边长 a 为 1.0×10^{-1}m 的立方容器中运动,m 为 4.65×10^{-26} kg,I 为 13.9×10^{-47} kg·m^2,振动波数 $\bar{\nu}$ 为 2.36×10^5 m^{-1}.试验算 N_2 分子的两个最低相邻能级的能量间隔为

$$\Delta\varepsilon_t \approx 1 \times 10^{-19} kT$$

$$\Delta\varepsilon_r \approx \frac{1}{100} kT$$

$$\Delta\varepsilon_v \approx 10kT$$

解 (a) 平动

最低能级量子数　　1,1,1

相邻能级量子数　　1,1,2 或 1,2,1 或 2,1,1

$$\varepsilon_t = \frac{h^2}{8ma^2}(n_1^2 + n_2^2 + n_3^2)$$

$$\Delta\varepsilon_t = \frac{h^2}{8ma^2}[(1^2 + 1^2 + 2^2) - (1^2 + 1^2 + 1^2)]$$

$$= \frac{3h^2}{8ma^2} = \frac{3 \times (6.626 \times 10^{-34} \text{ J} \cdot \text{s})^2}{8 \times (4.65 \times 10^{-26} \text{ kg}) \times (0.10 \text{ m})^2}$$

$$= 3.54 \times 10^{-40} \text{ J}$$

已知室温时,

$$kT = (1.381 \times 10^{-23} \text{ J} \cdot \text{K}^{-1}) \times (298 \text{ K}) = 4.11 \times 10^{-21} \text{ J}$$

所以

$$\Delta\varepsilon_t \approx 10^{-19} kT$$

(b) 转动

两个最低相邻能级的转动量子数从 $J \longrightarrow J+1(J = 0,1,2,\cdots)$ 当 $J = 0$ 时,

$$\Delta\varepsilon_r = \frac{[(J+1)(J+2) - J(J+1)]h^2}{8\pi^2 I} = \frac{2(J+1)h^2}{8\pi^2 I}$$

$$= \frac{2 \times (0+1) \times (6.626 \times 10^{-34} \text{ J} \cdot \text{s})^2}{8 \times (3.1416)^2 \times (13.9 \times 10^{-47} \text{ kg} \cdot \text{m}^2)}$$

$$= 8.00 \times 10^{-23} \text{ J}$$

所以

$$\Delta\varepsilon_r \approx \frac{1}{100} kT$$

(c) 振动

两个最低相邻能级的振子量子数从 $v \longrightarrow v+1$,当 $v = 0$ 时,

$$\Delta\varepsilon_v = \left[\left(v + 1 + \frac{1}{2}\right) - \left(v + \frac{1}{2}\right)\right]h\nu$$

$$= \left[\left(1 + \frac{1}{2} \right) - \left(\frac{1}{2} \right) \right] h \bar{\nu} c$$

$$= 1 \times (6.626 \times 10^{-34} \text{ J} \cdot \text{s}) \times (2.36 \times 10^5 \text{ m}^{-1}) \times (2.998 \times 10^8 \text{ m} \cdot \text{s}^{-1})$$

$$= 4.69 \times 10^{-20} \text{ J}$$

所以

$$\Delta \varepsilon_v \approx 10 kT$$

10-10　在晶体和分子中,原子振动时所受弹力的弹力常数 f 约为 10^3 N·m^{-1}

(a) 试验证,原子在晶体和分子中振动的基本频率 ν 为 $1 \times 10^{12} \sim 1 \times 10^{14}$ s^{-1}.

(b) 试根据上面的弹力常数值,估计铅和金刚石中原子振动的基本频率和振动能级的间隔,并估计它们在 300 K 下的 $\frac{h\nu}{kT}$ 值.

解　(a) 已知 $f \approx 10^3$ N·m^{-1},原子质量 m 在 $1 \times 10^{-24} \sim 1 \times 10^{-27}$ kg 范围内,有

$$\nu = \frac{1}{2\pi} \sqrt{\frac{f}{m}} = \frac{1}{2 \times 3.1416} \sqrt{\frac{10^3 \text{ N} \cdot \text{m}^{-1}}{m \text{ kg}}}$$

所以

$$\nu \text{ 为 } 1 \times 10^{12} \sim 1 \times 10^{14} \text{ s}^{-1}$$

(b) 铅

$$m_{\text{PB}} = \frac{207.2 \times 10^{-3} \text{ kg}}{6.022 \times 10^{23}} = 3.44 \times 10^{-25} \text{ kg}$$

$$\nu_{\text{PB}} = \frac{1}{2\pi} \sqrt{\frac{10^3 \text{ N} \cdot \text{m}^{-1}}{3.44 \times 10^{-25} \text{ kg}}} = 8.58 \times 10^{12} \text{ s}^{-1}$$

300 K 时

$$\frac{h\nu}{k_B T} = \frac{(6.626 \times 10^{-34} \text{ J} \cdot \text{s}) \times (8.58 \times 10^{12} \text{ s}^{-1})}{(1.381 \times 10^{-23} \text{ J} \cdot \text{K}^{-1}) \times 300 \text{ K}} = 1.37$$

金刚石

$$m_C = \frac{12.01 \times 10^{-3} \text{ kg}}{6.022 \times 10^{23}} = 1.99 \times 10^{-26} \text{ kg}$$

$$\nu_C = \frac{1}{2\pi} \sqrt{\frac{10^3 \text{ N} \cdot \text{m}^{-1}}{1.99 \times 10^{-26} \text{ kg}}} = 3.57 \times 10^{13} \text{ s}^{-1}$$

300K 时

$$\frac{h\nu}{k_B T} = \frac{(6.626 \times 10^{-34} \text{ J} \cdot \text{s}) \times (3.57 \times 10^{13} \text{ s}^{-1})}{(1.381 \times 10^{-23} \text{ J} \cdot \text{K}^{-1}) \times 300 \text{ K}} = 5.71$$

10-11　设有一个体系,由三个线性简谐振子组成,体系的能量为 $\frac{11}{2} h\nu$,三个振子分别绕定点 a, b, c 振动,求体系能级可能的分布数,微观状态数和体系的总微观状态数.

解　体系的总微观状态数等于各个分布的微观状态数之和,具体排法见下表:

能级	A			B			C		D		
$\varepsilon_4=\frac{9}{2}h\nu$	a	b	c								
$\varepsilon_3=\frac{7}{2}h\nu$							a	b c a b c			
$\varepsilon_2=\frac{5}{2}h\nu$				bc	ca	ab		a	b	c	
$\varepsilon_1=\frac{3}{2}h\nu$							b	c a c a b	bc	ca	ab
$\varepsilon_0=\frac{1}{2}h\nu$	bc	ca	ab	a	b	c	c	a b b c a			
t_x	3			3			6		3		
	$n_0=2, n_4=1$			$n_0=1, n_2=1$			$n_0=1, n_1=1$　$n_3=1$		$n_1=2, n_2=1$		

$$\Omega = \sum_{(N,U)} t_x = t_A + t_B + t_C + t_D = 3+3+6+3 = 15$$

10-12　20 世纪初 Perrin 研究布朗运动,他将半径 r 为 2.12×10^{-7} m 的藤黄球悬浮在水中,在显微镜下计数不同高度上单位体积中的球数.他应用公式 $n(z)=n(0)\exp\left(-\dfrac{mgz}{k_B T}\right)$ 来计算玻耳兹曼常量 k_B,从而获得阿伏伽德罗常量 L. 式中 m 为藤黄球在水中的表观质量,g 为重力常数,$n(0)$ 和 $n(z)$ 分别代表高度为 0 及 z 的水平面上单位体积中的球数. 273 K 时得出 $n(0.000):n(0.003):n(0.006):n(0.009)=100:47:22.6:12$,所用藤黄的密度 d_1 为 1.195 kg·m^{-3},试求算 k_B 和 N_A 的值.

解　已知 $r=2.12\times10^{-7}$ m,$d_1=1.95\times10^{-3}$ kg·m^{-3},水的密度 $d_2=0.9982\times10^3$ kg·m^{-3}(293 K),$g=9.8\times10^{-2}$ m·s^{-2},悬浮在水中的藤黄的质量为

$$m = \frac{4}{3}\pi r^3(d_1-d_2)$$

$$= \frac{4}{3}\times3.1416\times(2.12\times10^{-7}\text{ m})^3\times(1.195-0.998)\times10^3\text{ kg·m}^{-3}$$

$$= 7.86\times10^{-18}\text{ kg}$$

由 Perrin 公式

$$n(z) = n(0)\exp\left(-\frac{mgz}{k_B T}\right)$$

$$k_B = -\frac{mg(z_2-z_1)}{T\ln\dfrac{n(z_2)}{n(z_1)}}$$

已知:　　　$$\frac{n(0.003)}{n(0.000)} = \frac{47}{100} = 0.470$$

$$\frac{n(0.006)}{n(0.003)} = \frac{22.6}{47} = 0.481$$

$$\frac{n(0.009)}{n(0.006)} = \frac{12}{22.6} = 0.531$$

今取第二组数据为例,计算 k_B 和 N_A 值,则

$$k_B = \frac{(7.86 \times 10^{-18} \text{ kg}) \times (9.8 \times 10^{-2} \text{ m} \cdot \text{s}^{-2}) \times (0.006 - 0.003)}{(293 \text{ K})\ln 0.481}$$

$$= 1.08 \times 10^{-23} \text{ J} \cdot \text{K}^{-1}$$

$$N_A = \frac{R}{k_B} = \frac{8.314 \text{ J} \cdot \text{mol}^{-1} \cdot \text{K}^{-1}}{1.08 \times 10^{-23} \text{ J} \cdot \text{K}^{-1}} = 7.70 \times 10^{23} \text{ mol}^{-1}$$

10-13 HCl 分子的振动能级间隔是 5.94×10^{-20} J,计算在 298 K 时某一能级和其较低一能级上分子数的比值. 对于 I_2 分子,振动能级间隔是 0.43×10^{-20} J,请做同样的计算.

解 双原子分子的振动,可当成一个独立直线谐振子,因为振动能级是非简并的,$g_v = 1$.

HCl

$$\frac{n_i}{n_j} = \frac{g_i \exp(\varepsilon_i/kT)}{g_j \exp(-\varepsilon_j/kT)} \qquad (g_i = g_j = 1)$$

$$= \exp(-(\varepsilon_i - \varepsilon_j)/kT) \qquad (\varepsilon_i > \varepsilon_j)$$

$$= \exp\left[-\frac{5.94 \times 10^{-20} \text{ J}}{(1.38 \times 10^{-23} \text{ J} \cdot \text{K}^{-1}) \times 298 \text{ K}}\right] = e^{-14.4} = 5.57 \times 10^{-7} \approx 0$$

I_2

$$\frac{n_i}{n_j} = \frac{g_i \exp(-\varepsilon_i/kT)}{g_j \exp(-\varepsilon_j/kT)}$$

$$= \exp[-(\varepsilon_i - \varepsilon_j)/kT]$$

$$= \exp\left[-\frac{0.43 \times 10^{-20} \text{ J}}{(1.38 \times 10^{-23} \text{ J} \cdot \text{K}^{-1}) \times 298 \text{ K}}\right] = e^{-1.045} = 0.35$$

$$\frac{n_i}{n_j} = 0.35 = \frac{1}{2.9}$$

从以上计算结果看到:HCl 分子的低能级 (n_j) 的分子数比高能级 (n_i) 大得多. 而 I_2 分子,低能级上有 2.9 个分子,高能级上则有 1 个分子.

10-14 在公园的猴舍中陈列着三个金丝猴和两个长臂猿. 金丝猴有红、绿两种帽子,任戴一种;长臂猿可在黄、灰和黑三种中选戴一种,试问陈列时可出现几种不同的情况,并列出求算公式,与上题 10-13 比较有何区别?

解 由于金丝猴与长臂猿不列队,故相当于等同粒子体系(离域子)分布 X,

所拥有的微观状态数

$$t_X = \prod_i \frac{(n_i + g_i - 1)!}{n_i!(g_i - 1)!}$$

$$= \frac{(n_{金} + g_{金} - 1)!}{n_{金}!(g_{金} - 1)!} \times \frac{(n_{长} + g_{长} - 1)!}{n_{长}!(g_{长} - 1)!}$$

$$= \frac{(3 + 2 - 1)!}{3!(2 - 1)!} \times \frac{(2 + 3 - 1)!}{2!(3 - 1)!} = 24$$

上题 10-13 穿不同制服的人要列队排列,故相当于可别粒子体系(定域子)分布 X,所拥有的微观状态数.

10-15 设有 3 个穿绿色、2 个穿灰色和 1 个穿蓝色制服的军人一起列队,(a) 试问有多少种队形? (b) 现穿绿色制服的可有 3 种肩章,并任取一种佩带,穿灰色的可有 2 种肩章,而穿蓝色的可有 4 种肩章,试问有多少种队形?

解 (a) 已知 $n_1 = 3, n_2 = 2, n_3 = 1$,则

$$N = n_1 + n_2 + n_3 = 3 + 2 + 1 = 6$$

$$队形数 = \frac{N!}{\prod_{n_i} n_i!} = \frac{6!}{3!2!1!} = 60$$

(b) 已知 $n_1 = 3, g_1 = 3; n_2 = 2, g_2 = 2; n_3 = 1, g_3 = 4$ 则

$$队形数 = \frac{N!}{\prod_i n_i!} g_1^{n_1} g_2^{n_2} g_3^{n_3} = \frac{6!}{3!2!1!} \times 3^3 \times 2^2 \times 4^1 = 25\,920$$

10-16 现设有一座十层楼宿舍,每层有 10 000 个编了号的房间,宿舍内共住 100 人,每层分住 10 人.

(a) 不考虑这 100 人的姓名,每间房所住人数不限,有多少种住法?

(b) 不考虑这 100 人的姓名,每间房至多只住 1 个人时,有多少种住法?

(c) 考虑这 100 人姓名,上述两种情况的住法如何修正?

(d) 比较分析(a)与(b)两种住法.

解 (a) 每层住人数 $n_i = 10$,每层有房间 $g_i = 10\,000$ 个,把 10 个人分配在 10 000 个房间中的方式,相当于把 10 个人与分隔 10 000 个房间的(10 000 - 1)片墙壁排成一列的方式

$$住法 = \prod_i \frac{(n_i + g_i - 1)!}{n_i!(g_i - 1)!} = \left[\frac{(10 + 10\,000 - 1)!}{10!(10\,000 - 1)!}\right]^{10}$$

$$= \left[\frac{10\,009!}{10!9999!}\right]^{10} = 2.64 \times 10^{334}$$

(b) 由于规定每间房只能住 1 个人,每层住 10 人需 10 间房,相当于每层从 10 000 个房间挑 10 间的方法,共十层,住法为

$$\left[C_{10\,000}^{100} \right]^{10} = \prod_i \frac{g_i!}{n_i!(g_i - n_i)!} = \left[\frac{10\,000!}{10!(10\,000 - 10)!} \right]^{10}$$

$$= \left(\frac{10\,000!}{10!9990!} \right)^{10} = 2.41 \times 10^{334}$$

(c) 如考虑 100 人的姓名, 且每房只住 1 个人的情况. 在 10 000 个房间中挑 10 个房间住人的挑法为

$$C_{10\,000}^{10} = \frac{10\,000!}{10!9990!}$$

10 个人在 10 个房间的住法是 10!.

今有十层楼, 则住法为

$$\left(\frac{10\,000!}{10!9990!} \times 10! \right)^{10} = \left(\frac{10\,000!}{9990!} \right)^{10}$$

将 100 人分成 10 人为一组, 共十组的分法为 $\dfrac{100!}{(10!)^{10}}$, 故住法为

$$\left(\frac{10\,000!}{9990!} \right)^{10} \times \frac{100!}{(10!)^{10}} = 100! \left(\frac{10\,000!}{10!9990!} \right)^{10} = N! \prod_i \frac{g_i!}{n_i!(g_i - n_i)!}$$

如考虑这 100 人姓名, 但每间房所住人数不限的情况. 10 人在 10 000 个房间中住法为 $(10\,000)^{10} = g_i^{10}$. 今有 10 层楼, 住法为 $[(10\,000)^{10}]^{10}$.

在 100 人中挑 10 人一组, 共十组的挑法为 $\dfrac{100!}{(10!)^{10}}$, 故

$$住法 = \frac{100!}{(10!)^{10}} \times [(10\,000)^{10}]^{10} = 100! \left[\frac{(10\,000)^{10}}{10!} \right]^{10} = N! \prod_i \frac{g_i^{n_i}}{n_i!}$$

(d) 实际上, (b) 的情况的住法已包括在 (a) 中, 而且形成了后者的主体, 因为

$$\left(\frac{10\,000!}{10!9990!} \right)^{10} \Big/ \left(\frac{10\,000!}{10!9999!} \right)^{10} = \frac{2.41 \times 10^{334}}{2.64 \times 10^{334}} = 0.90$$

当 $g_i \gg n_i$ 时, 两种住法基本相等.

10-17　假定某类分子的能级为 $0, \omega, 2\omega, 3\omega$, 体系含 6 个分子, 见下图. (a) 如各能级是非简并的, 问与总能量为 3ω 相联系的是什么样的分布? (b) 如 0 和 ω 两个能级是非简并的, 而 2ω 和 3ω 两个能级分别为 6 度和 10 度简并, 计算各种分布的微观状态数 t_X 和概率.

解　(a)总能量为3ω的6个分子可有三种分布：

$$t_1 = \frac{6!}{1!5!} = 6 \qquad t_2 = \frac{6!}{1!1!4!} = 30 \qquad t_3 = \frac{6!}{3!3!} = 20$$

总微观状态数

$$\Omega = \sum_X t_X = t_1 + t_2 + t_3 = 56$$

各种分布的概率分别为

$$P_1 = \frac{t_1}{\Omega} = \frac{6}{56} = \frac{3}{28}$$

$$P_2 = \frac{t_2}{\Omega} = \frac{30}{56} = \frac{15}{28}$$

$$P_3 = \frac{t_3}{\Omega} = \frac{20}{56} = \frac{5}{14}$$

(b)

$$t_1 = 6!\,\frac{1^0}{1!\ 5!} = 60$$

$$t_2 = 6!\,\frac{1^0}{1!1!4!} = 180$$

$$t_3 = 6!\,\frac{1^3 \times 1^3}{3!3!} = 20$$

$$\Omega = t_1 + t_2 + t_3 = 260$$

$$P_1 = \frac{60}{260} = \frac{3}{13}$$

$$P_2 = \frac{180}{260} = \frac{9}{13}$$

$$P_3 = \frac{20}{260} = \frac{1}{13}$$

10-18　设某一方形城市纵横各有十条街,某人欲从西北角走到东南角,设此人只能向南或向东行走,问有几种走法?

解　把N条纵街分割成$N-1$段,N条横街也分成$N-1$段.某人从西北角走到东南角,不管怎样走法(只能向南或向东),必经过$N-1$个纵段和$N-1$个横段.走过的纵段和横段的总和为$2(N-1)$个,共有排列数$[2(N-1)]!$,而纵走和横走的排列数均为$(N-1)!$.但不管是横走还是纵走,允许的走法只能是按前进次序,即$(N-1)!$中的一种,因而走法共有

$$W = \frac{[2(N-1)]!}{[(N-1)!]^2}$$

当$N=10$时,走法共有

$$W = \frac{18!}{9!9!} = 48\ 620(种)$$

这个问题相当于把 $(N-1)$ 个红球与 $(N-1)$ 个白球排成一列的排列组合数.

10-19 同时掷两个骰子,可以给出几种点数? 每种点数的可几率为多少? 最可几点数为多少?

解 每个骰子有 6 个面,符合等可几假设,共有

$$C_1^6 \times C_1^6 = \frac{6!}{1!5!} \times \frac{6!}{1!5!} = 36(种)$$

分布情况见下表,最可几点数为 7.

点数	分布方式	分布的状态	概率
1	0	0	0
2	1+1	1	1/36
3	1+2	2	1/18
4	1+3,2+2	3	1/12
5	1+4,2+3	4	1/9
6	1+5,2+4,3+3	5	5/36
7	1+6,2+5,3+4	6	1/6
8	2+6,3+5,4+4	5	5/36
9	3+6,4+5	4	1/9
10	4+6,5+5	3	1/12
11	5+6	2	1/18
12	6+6	1	1/36

10-20 设 N 个理想气体分子处于体积 V 中.

(a) 试求 n 个理想气体分子处于体积 v(v 是 V 的一部分)中的概率为

$$P_n^N = \frac{N!}{n!(N-n)!} \left(\frac{v}{V}\right)^n \left(1 - \frac{v}{V}\right)^{N-n}$$

(b) 试求对应极大概率的 n 值.

解 (a) 对任何一个分子,它处于 v 中概率:$P_1 = \dfrac{v}{V}$. 据归一化条件,它处于 v 外概率:$P_2 = 1 - P_1 = 1 - \dfrac{v}{V}$. n 个一定的分子处在体积 v 中,而 $(N-n)$ 个一定的分子处在体积 v 以外的概率为

$$P_n^1 (1 - P_1)^{N-n} = \left(\frac{v}{V}\right)^n \left(1 - \frac{v}{V}\right)^{N-n}$$

从分子总数 N 中取 n 个分子可能组合的数目为

$$C_N^n = \frac{N!}{n!(N-n)!}$$

所以,分子总数 N 中的 n 分子处于体积 v 中的概率为

$$P_n^N = \frac{N!}{n!(N-n)!}\left(\frac{v}{V}\right)^n\left(1-\frac{v}{V}\right)^{N-n} \tag{1}$$

(b) 将式(1)取对数

$$\ln P_n^N = \ln N! - \ln(N-n)! - \ln n! + n\ln\left(\frac{v}{V}\right) + (N-n)\ln\left(1-\frac{v}{V}\right)$$

利用斯特林近似公式 $\ln N! = N\ln N - N$,为简化起见,令 $a = \frac{v}{V}$.

$$\ln P_N^n = N\ln N - N - n\ln n + n - (N-n)\ln(N-n) + (N-n)$$
$$+ n\ln a + (N-n)\ln(1-a)$$
$$= N\ln N - n\ln n - (N-n)\ln(N-n) + n\ln a + (N-n)\ln(1-a)$$

$$\frac{\mathrm{d}\ln P_n^N}{\mathrm{d}n} = -\ln n - 1 + \ln(N-n) + 1 + \ln a - \ln(1-a)$$
$$= -\ln n + \ln(N-n) + \ln a - \ln(1-a)$$
$$= 0$$

$$\ln\frac{N-n}{n} = \ln\frac{(1-a)}{a}$$

$$\frac{N-n}{n} = \frac{1-a}{a}, \quad n = aN$$

所以

$$n = \frac{v}{V}N$$

这一结果表明,分子按体积均匀分布的概率最大,其他任何分布的概率都较小.

10-21 设有一离域子体系,它的体积 V 分成相等的部分,又设分布在两个部分中的粒子数 M 和$(N-M)$形成一个空间分布,而 M 和$(N-M)$称为这个空间分布的分布数.

试证明:(a) 体系的各个分布所拥有的全部空间构型总数为

$$\Omega = \sum_{M=0}^{N} t(M) = \sum_{M=0}^{N} \frac{N!}{M!(N-M)!} = 2^N$$

(b) 分布数 $M = \frac{N}{2} \pm m$ 的空间分布出现的概率为

$$P\left(\frac{N}{2} \pm m\right) = \sqrt{\frac{2}{\pi N}}\, e^{-2m^2/N}$$

解 (a) 设有一个二项式,其级数公式为

$$(x+y)^N = x^N + \frac{N}{1!}x^{N-1}y + \frac{N(N-1)}{2!}x^{N-2}y$$

$$+ \frac{N(N-1)(N-2)}{3!} x^{N-3} y^3 + \cdots$$

$$= \sum_{M=0}^{N} \frac{N!}{M!(N-M)!} x^{N-M} y^M$$

令 $x = 1, y = 1$，则

$$(1+1)^N = \sum_{M=0}^{N} \frac{N!}{M!(N-M)!} = 2^N = \Omega \qquad (1)$$

(b) $\qquad P\left(\frac{N}{2} \pm m\right) = \frac{t\left(\frac{N}{2} \pm m\right)}{\Omega}$

$$= \frac{N!}{\left(\frac{N}{2} + m\right)! \ \left(\frac{N}{2} - m\right)!} \times \left(\frac{1}{2}\right)^N$$

将上式取对数,得

$$\ln P\left(\frac{N}{2} \pm m\right) = \ln \frac{N!}{2^N} - \ln\left(\frac{N}{2} + m\right) - \ln\left(\frac{N}{2} - m\right)!$$

根据斯特林公式的微分式

$$\frac{\mathrm{d}\ln N!}{\mathrm{d}N} = \ln N$$

$$\frac{\mathrm{d}\ln P\left(\frac{N}{2} \pm m\right)}{\mathrm{d}m} = -\frac{\mathrm{d}\ln\left(\frac{N}{2} + m\right)!}{\mathrm{d}m} - \frac{\mathrm{d}\ln\left(\frac{N}{2} - m\right)!}{\mathrm{d}m}$$

$$= -\ln\left(\frac{N}{2} + m\right) + \ln\left(\frac{N}{2} - m\right)$$

$$\left[\frac{\mathrm{d}\ln P\left(\frac{N}{2} \pm m\right)}{\mathrm{d}m}\right]_{m \to 0} = 0$$

$$\frac{\mathrm{d}^2\ln P\left(\frac{N}{2} \pm m\right)}{\mathrm{d}m^2} = -\frac{1}{\frac{N}{2} + m} - \frac{1}{\frac{N}{2} - m}$$

当偏离数 $m \to 0$ 时,

$$\left[\frac{\mathrm{d}\ln P\left(\frac{N}{2} \pm m\right)}{\mathrm{d}m}\right]_{m \to 0} = 0 = -\frac{1}{\frac{N}{2} + 0} - \frac{1}{\frac{N}{2} - 0} = -\frac{4}{N}$$

将 $\ln P\left(\frac{N}{2} \pm m\right)$ 按泰勒分布展开,得

$$\ln P\left(\frac{N}{2} \pm m\right) = \ln P\left(\frac{N}{2}\right) + \left[\frac{\mathrm{d}\ln P\left(\frac{N}{2} \pm m\right)}{\mathrm{d}m}\right]_{m \to 0} m$$

$$+ \frac{1}{2!}\left[\frac{d^2 \ln P\left(\frac{N}{2} \pm m\right)}{dm^2}\right]_{m\to 0} m^2 + \cdots = \ln P\left(\frac{N}{2}\right) + 0 + \frac{1}{2!}\left(-\frac{4}{N}\right)m^2 + \cdots$$

$$= \ln P\left(\frac{N}{2}\right) + 0 + \frac{1}{2!}\left(-\frac{4}{N}\right)m^2 + \cdots$$

$$\approx \ln P\left(\frac{N}{2}\right) - \frac{2}{N}m^2$$

所以

$$P\left(\frac{N}{2} \pm m\right) = P\left(\frac{N}{2}\right)e^{-\frac{2m^2}{N}} \tag{2}$$

又据 $\int_{-\infty}^{+\infty} P\left(\frac{N}{2} \pm m\right)dm = 1$，将式(2)代入,得

$$\int_{-\infty}^{+\infty} P\left(\frac{N}{2}\right)e^{-\frac{2m^2}{N}}dm = 1$$

$$P\left(\frac{N}{2}\right)\int_{-\infty}^{+\infty} e^{-\frac{2m^2}{N}}dm = P\left(\frac{N}{2}\right)\sqrt{\frac{2}{\pi N}} = 1$$

所以

$$P\left(\frac{N}{2}\right) = \sqrt{\frac{2}{\pi N}} \tag{3}$$

将式(3)代入式(2),得

$$P\left(\frac{N}{2} \pm m\right) = \sqrt{\frac{2}{\pi N}}\, e^{-\frac{2m^2}{N}}$$

10-22　醉汉走路,忽东忽西,每步长 l,走了 N 步以后,离出发点的距离为

$$x = Ml - (N - M)L = \left(\frac{N}{2} \pm m\right)l - \left(\frac{N}{2} \mp m\right)l = \pm 2ml$$

$$\left(M = 0,1,2,\cdots,N;\quad m = 0,1,2,\cdots,\frac{N}{2}\right)$$

试论证,当 N,M 和 m 都很大,而 $m \ll N$ 时,醉汉在忽东忽西地行走 N 步后,离开出发点的距离为 $x = \pm 2ml$ 的可几率当为

$$P\left(\frac{N}{2} \pm m\right) = \left(\frac{2}{\pi N}\right)^{1/2}\exp\left(-\frac{2m^2}{N}\right)$$

解　这个问题一般称为无规行走问题.设醉汉共走 N 步,其中 M 步向东, $(N-M)$ 步向西,则总的走法

$$\sum_{M=0}^{N} \frac{N!}{M!(N-M)!} = 2^N$$

离开出发点距离为

$$x = \left(\frac{N}{2} \pm m\right)l - \left(\frac{N}{2} \mp m\right)l = \pm 2ml$$

的最可几率分布的概率为

$$P\left(\frac{N}{2} \pm m\right) = \frac{\dfrac{N!}{\left(\dfrac{N}{2}+m\right)!\left(\dfrac{N}{2}-m\right)!}}{\displaystyle\sum_{M=0}^{N}\dfrac{N!}{M!(N-M)!}} = \left(\frac{2}{\pi N}\right)^{1/2}\exp\left(-\frac{2m^2}{N}\right)$$

10-23　混合晶体可视为在晶格点阵中随机地放置 N_A 个 A 分子和 N_B 个 B 分子组成,试证明

（a）分子占据格点的方式数为

$$t = \frac{(N_A + N_B)!}{N_A! N_B}$$

（b）若 $N_A = N_B = N/2$,则 $t = 2^N$.

解　（a）占据晶体格点的总分子数为 $N = N_A + N_B$. N_A 个 A 分子(或 N_B 个 B 分子)占据 N 个格点的方式数,就是 A 和 B 两种分子占据 N 个格点的方式数,这是因为 A 分子位置确定后,B 分子的位置也随之确定.所以分子占据格点的方式数为

$$t = C_N^{N_A} = \frac{(N_A + N_B)!}{N_A! N_B!}$$

（b）运用斯特林公式

$$\ln t = \ln(N_A + N_B)! - \ln N_A! - \ln N_B! = \ln N! - 2\ln\left(\frac{N}{2}\right)! = N\ln 2$$

所以

$$t = 2^N$$

10-24　在离域子体系中有一种分布 X,它的能级分布数为 $n_1, n_2, \cdots, n_j, \cdots$,而各个能级上的每个量子状态至多只能容纳一个子,试证明体系中 N 个子在这个分布中可以给出的微观状态数为

$$\prod_j \frac{g_j!}{n_j!(g_j - n_j)!}$$

而在 $n_j \ll g_j$ 条件下,微观状态数公式简化为 $\displaystyle\prod_j \frac{g_j^{n_j}}{n_j!}$,其中 g_j 为第 j 能级的简并度.

证　根据题意,有 n_1 个子分布在第一个能级上,每个量子态只容纳一个子,则 n_1 个子分布在 g_1 个量子态上的方式数就相当于从 g_1 个量子态中挑出 n_1 个量子态的组合数

$$\frac{g_1!}{n_1!(g_1 - n_1)!}$$

第二个能级上的方式数则为

$$\frac{g_2!}{n_2!(g_2-n_2)!}$$

依此类推,分布 X 的微观状态数为

$$t_X = \prod_j \frac{g_j!}{n_j!(g_j-n_j)!}$$

当 $n_j \ll g_j$ 时,

$$t_X = \prod_j \frac{g_j(g_j-1)\cdot\cdots\cdot(g_j-n_j+1)(g_j-n_j)!}{n_j!(g_j-n_j)!}$$

$$= \prod_j \frac{g_j(g_j-1)\cdot\cdots\cdot(g_j-n_j+2)(g_j-n_j+1)}{n_j!}$$

$$\approx \prod_j \frac{g_j^{n_j}}{n_j!}$$

10-25　利用拉格朗日乘因子法,计算函数 $f(x,y)=x^3y^2$ 的极值所在位置,x,y 必须满足 $g(x,y)=x^2-xy-a^2=0(a>0)$.

解　令 $F(x,y,\lambda)=f(x,y)+\lambda g(x,y)=x^3y^2+\lambda(x^2-xy-a^2)$

$$\left(\frac{\partial F}{\partial x}\right)_{y,\lambda} = 3x^2y^2+2\lambda x-\lambda y = 0 \tag{1}$$

$$\left(\frac{\partial F}{\partial y}\right)_{x,\lambda} = 2x^3y-x\lambda = 0 \tag{2}$$

$$\left(\frac{\partial F}{\partial \lambda}\right)_{x,y} = x^2-xy-a^2 = 0 \tag{3}$$

由上述三个方程各解 x,y,λ 三个未知数,取其合理值,得

$$x_1 = \frac{a}{\sqrt{5}} \qquad\qquad x_2 = -\frac{a}{\sqrt{5}}$$

$$y_1 = -\frac{4}{\sqrt{5}}a \qquad\qquad y_2 = \frac{4}{\sqrt{5}}a$$

10-26　设有一个由五个矩形围成的没有顶面的铁皮箱子,箱子的体积为 $V_0=abc=2\times10^{-3}$ m³,式中 a,b 和 c 为箱子的长、宽和高,箱子的高度 $c=0.20$ m,求算铁皮箱面积 $S=ab+2bc+2ac$ 最小时,铁皮箱的长度和宽度.

解　设

$$f(a,b)=S=ab+2bc+2ac$$

$$g(a,b)=abc-2\times10^{-3}=0$$

令

$$F(a,b,\lambda)=f(a,b)+\lambda g(a,b)$$

$$= ab + 2bc + 2ac + \lambda(abc - 2 \times 10^{-3})$$

$$\left(\frac{\partial F}{\partial a}\right)_{b,\lambda} = b + 2c + \lambda bc = 0 \tag{1}$$

$$\left(\frac{\partial F}{\partial b}\right)_{a,\lambda} = a + 2c + \lambda ac = 0 \tag{2}$$

$$\left(\frac{\partial F}{\partial \lambda}\right)_{a,b} = g(a,b) = abc - 2 \times 10^{-3} = 0 \tag{3}$$

由式(3)

$$abc = 2 \times 10^{-3} \text{ m}^3$$

因为

$$c = 0.20 \text{ m}$$

所以

由式(2)

$$ab = 0.01 \text{ m}^2 \tag{4}$$

由式(2)

$$a + 0.4 + 0.20a\lambda = 0$$

$$a = -\frac{0.4}{1 + 0.2\lambda} \quad \text{或} \quad \lambda = -\frac{a + 0.4}{0.20a} \tag{5}$$

将式(5)代入式(1),得

$$b + 0.40 + 0.20\left(-\frac{a + 0.40}{0.20a}\right)b = 0$$

所以

$$a = b = 0.10 \text{ m}$$

即铁皮箱面积最小时,长和宽均为 0.10 m.

10-27 欲做一个体积为 1000 dm³ 的圆柱形铁皮箱,问圆柱体半径 R 和高 L 取什么关系时,所需铁皮最少? 并具体求出其数值.

解 圆柱体表面积 $S = 2\pi R^2 + 2\pi RL$,体积 $V = \pi R^2 L$. 在体积 V 为定数的条件下,求使 S 最小时 R 与 L 的关系,可用拉格朗日待定系数法. 设

$$f(R,L) = 2\pi R^2 + 2\pi RL$$

$$g(R,L) = \pi R^2 L - 1000 = 0$$

令

$$F(R,L,\lambda) = f(R,L) + \lambda g(R,L)$$

$$= 2\pi R^2 + 2\pi RL + \lambda(\pi R^2 L - 1000)$$

$$\left(\frac{\partial F}{\partial R}\right)_{L,\lambda} = 4\pi R + 2\pi L + 2\pi RL\lambda = 0 \tag{1}$$

$$\left(\frac{\partial F}{\partial L}\right)_{R,\lambda} = 2\pi R + \lambda\pi R^2 = 0 \tag{2}$$

$$\left(\frac{\partial F}{\partial \lambda}\right)_{R,L} = g(R,L) = \pi R^2 L - 1000 = 0 \tag{3}$$

由式(2),有

$$\lambda R = -2 \tag{4}$$

将式(4)代入式(1),得

$$4\pi R + 2\pi L + 2\pi L(-2) = 0$$

$$L = 2R$$

即当圆柱体高为半径 R 的 2 倍时,铁皮面积最小,即

$$S = 2\pi R^2 + 2\pi RL = 6\pi R^2$$

因已知

$$V_0 = \pi R^2 L = \pi R^2 (2R) = 1000 \text{ dm}^3$$

$$R = (500/\pi)^{1/3} = 0.542 \text{ dm}$$

$$L = 2R = 1.084 \text{ dm}$$

$$S = 2\pi R^2 + 2\pi RL = 5.54 \text{ dm}^2$$

10-28 设分子的两个能级为 $\varepsilon_1 = 6.1 \times 10^{-21}$ J,$\varepsilon_2 = 8.4 \times 10^{-21}$ J,相应的简并度为 $g_1 = 3$,$g_2 = 5$.计算:(a)300 K 时和(b)3000 K 时的能级分布数之比 n_1/n_2.

解 一个体系中任意两个最可几能级分布数之比为

$$\frac{n_1}{n_2} = \frac{g_1}{g_2} \exp\left(-\frac{\varepsilon_1 - \varepsilon_2}{k_B T}\right)$$

(a) $T = 300$ K 时,

$$\frac{n_1}{n_2} = \frac{3}{5} \exp\left[-\frac{(6.1 - 8.4) \times 10^{-21} \text{ J}}{1.381 \times 10^{-23} \text{ J} \cdot \text{K}^{-1} \times 300 \text{ K}}\right] = 1.05$$

(b) $T = 300$ K 时,

$$\frac{n_1}{n_2} = \frac{3}{5} \exp\left[-\frac{(6.1 - 8.4) \times 10^{-21} \text{ J}}{1.381 \times 10^{-23} \text{ J} \cdot \text{K}^{-1} \times 300 \text{ K}}\right] = 0.63$$

10-29 金属中的电子与某种特殊分布相联系的微观状态数为

$$t = \prod_i \frac{g_i!}{(g_i - n_i)! \, n_i!}$$

假设所有的阶乘项都很大,证明费密-狄喇克分布定律

$$n_i = \frac{g_i}{e^\alpha e^{\beta \varepsilon_i} + 1}$$

证 由 $t = \prod_i \dfrac{g_i!}{(g_i - n_i)! \, n_i!}$

$$\ln t = \sum_i \ln g_i! - \sum_i \ln(g_i - n_i)! - \sum_i \ln n_i!$$

利用斯特林公式

$$\ln t = \sum_i \left[g_i \ln g_i - (g_i - n_i)\ln(g_i - n_i) - n_i \ln n_i \right]$$

$$\frac{\partial \ln t}{\partial n_i} = \ln(g_i - n_i) - \ln n_i = \ln \frac{g_i - n_i}{n_i}$$

为了求满足约束条件 $\sum n_i = N$ 和 $\sum n_i \varepsilon_i = E$,使 $\ln t$ 具有极大值的最可几分布,可用拉格朗日乘因子法,得

$$\partial \ln t / \partial n_i = \alpha + \beta \varepsilon_i$$

$$\ln \frac{g_i - n_i}{n_i} = \alpha + \beta \varepsilon_i$$

$$n_i = \frac{g_i}{e^\alpha e^{\beta \varepsilon_i} + 1}$$

10-30 设有两种可区分的粒子体系,它们的粒子数分别为 N_A 和 N_B,所具有的能量分别为 E_A 和 E_B,如果让这两个体系热接触,使它们的能量交换达到平衡. 请证明

(a) 任一分布 $n_{A,i}$,$n_{B,j}$ 的微观状态数为

$$t = \left[N_A! \prod_i \frac{(g_{A,i})^{n_{A,i}}}{n_{A,i}!} \right]\left[N_B! \prod_j \frac{(g_{B,j})^{n_{B,j}}}{n_{B,j}!} \right]$$

(b) 最可几分布为

$$n_{A,i} = g_{A,i} e^{\alpha_{A,i}} e^{\beta \varepsilon_{A,i}} \qquad n_{B,j} = g_{B,j} e^{\alpha_{B,j}} e^{\beta \varepsilon_{B,j}}$$

证 两体系达到热平衡后,总能量不变 $E = E_A + E_B$.

(a) 体系的 A 分子在其能级上分布为 $n_{A,i}(i = 0,1,2,\cdots)$,B 分子在其能级上分布为 $n_{B,j}(j = 0,1,2,\cdots)$. 它们分布的微观状态数分别为

$$t_A = N_A! \prod_i \frac{(g_{A,i})^{n_{A,i}}}{n_{A,i}!} \qquad t_B = N_B! \prod_j \frac{(g_{B,j})^{n_{B,j}}}{n_{B,j}!}$$

A 和 B 的分布各自独立,因此体系的分布为两者乘积

$$t = t_A t_B = \left[N_A! \prod_i \frac{(g_{A,i})^{n_{A,i}}}{n_{A,i}!} \right]\left[N_B! \prod_j \frac{(g_{B,j})^{n_{B,j}}}{n_{B,j}!} \right] \tag{1}$$

(b) 求最可几分布就是求 t 的极大值

$$dt = \sum_i \frac{\partial t}{\partial n_{A,i}} dn_{A,i} + \sum_i \frac{\partial t}{\partial n_{B,j}} dn_{B,j} = 0 \tag{2}$$

所受的约束条件为

$$\sum_i dn_{A,i} = 0 \qquad (i = 1,2,\cdots) \tag{3}$$

$$\sum_j dn_{B,j} = 0 \qquad (j = 1,2,\cdots) \tag{4}$$

$$\sum_i \varepsilon_{A,i} \mathrm{d}n_{A,i} + \sum_j \varepsilon_{B,j} \mathrm{d}n_{B,j} = 0 \tag{5}$$

用 α_A、α_B 和 β 分别乘式(3)、式(4)和式(5)后,和式(2)相加组成一个新函数,可解得

$$n_{A,i} = g_{A,i} e^{\alpha_A} e^{\beta \varepsilon_{A,i}}$$

$$n_{B,j} = g_{B,j} e^{\alpha_B} e^{\beta \varepsilon_{B,j}}$$

10-31　试从数学上证明,在含有大量粒子的体系中,最可几分布占支配地位,以至所有其他各种分布与它比较可以忽略.

解　设一含大量可辨分子的孤立体系,分子数为 N,其中存在许多可能分布,现仅考虑其中两种:

(a) 最可几分布,与它有关的微观状态数,具有极大值 t_{max}.

(b) 从最可几分布仅仅偏移无限小的某种分布.设与这种分布有关的微观状态数为 t_m.

非简并体系的最可几分布的微观状态数为

$$t_m = \frac{N!}{\prod\limits_j n_j!}$$

式中,n_j 是能级 j 上的粒子数,它可以表示为

$$n_j = n_0 \exp(-\beta \varepsilon_j) \qquad (j = 1, 2, \cdots)$$

式中:ε_j 是以最低能级作为能量零点;n_0 是最低能级上粒子数.

对于稍微偏移最可几分布的某一种分布,也可写出与上面类似的方程式.

引入新变量 α_j,把这两种分布在能级 j 上的粒子数联系起来

$$\alpha_j \equiv \frac{n_j' - n_j}{n_j}$$

式中,撇号表示偏移分布.由于这两种分布彼此差别很微小,故任何时候都认为 $|\alpha| \ll 1$.

在孤立体系中,粒子总数及总能量是恒定的,根据上式得

$$n_j' - n_j = \alpha_j n_j$$

因此

$$\Delta N = (n_0' - n_0) + (n_1' - n_1) + \cdots + (n_k' - n_k) = \sum_j \alpha_j n_j = 0$$

$$\Delta E = \varepsilon_0(n_0' - n_0) + \varepsilon_1(n_1' - n_1) + \cdots + \varepsilon_k(n_k' - n_k) = \sum_j \varepsilon_j \alpha_j n_j = 0$$

因为 $n_j' = n_j + \alpha_j n_j$,故这两种分布的概率比为

$$\frac{t_m}{t} = \frac{N! / \prod\limits_j n_j!}{N! / \prod\limits_j n_j'!} = \frac{\prod\limits_j (n_j + \alpha_j n_j)!}{\prod\limits_j n_j!}$$

取对数则为

$$\ln \frac{t_m}{t} = \sum_j \ln(n_j + \alpha_j n_j)! - \sum_j \ln n_j !$$

应用斯特林公式,及 $\alpha_j \ll 1, \ln(1 + \alpha_j) \approx \alpha_j$,

$$\ln \frac{t_m}{t} = \sum_j \alpha_j n_j \ln n_j + \sum_j n_j \alpha_j^2$$

代入 n_j 值后,得

$$\ln \frac{t_m}{t} = \ln n_0 \sum_j \alpha_j n_j - \beta \sum_j \varepsilon_j \alpha_j n_j + \sum_j n_j \alpha_j^2$$

由于在孤立体系中, $\sum_j \alpha_j n_j = 0$ 和 $\sum_j \varepsilon_j \alpha_j n_j = 0$,故上式成为

$$\ln \frac{t_m}{t} = \sum_j n_j \alpha_j^2$$

因为 $n_j \alpha_j^2$ 视能级而异,所以引入 α 的平均值更方便些. α 平均值定义

$$\overline{\alpha} = \left(\frac{\sum\limits_j n_j \alpha_j^2}{N} \right)^{1/2}$$

$$N \overline{\alpha}^2 = \sum_j n_j \alpha_j^2$$

故

$$\ln(t_m/t) = N \overline{\alpha}^2$$

$$t_m/t = \exp N(\overline{\alpha}^2)$$

因为 $N = 6 \times 10^{23}$,若 $\overline{\alpha} = 10^{-10}$,则

$$t_m/t = \exp(6 \times 10^{23} \times 10^{-20}) = \exp 6000$$

这么大的数字表明,其他各种分布的 t 与 t_m 相比是完全可以忽略的.

10-32 已知误差函数 $\mathrm{erf} x = \dfrac{2}{\sqrt{\pi}} \displaystyle\int_0^x e^{-y^2} \mathrm{d}y$. 试证明:

(a) $\dfrac{1}{\sqrt{\pi}} \displaystyle\int_0^{\infty} e^{-y^2} \mathrm{d}y = \dfrac{1}{2}$.

(b) $\displaystyle\int_{-\infty}^{+\infty} \sqrt{\dfrac{2}{\pi N}} \, e^{-\frac{2m^2}{N}} \mathrm{d}m = 1$.

(c) $\displaystyle\int_{-2\sqrt{N}}^{2\sqrt{N}} \sqrt{\dfrac{2}{\pi N}} \, e^{-\frac{2m^2}{N}} \mathrm{d}m = \int_{-2\sqrt{2}}^{2\sqrt{2}} \dfrac{1}{\sqrt{\pi}} \, e^{-y^2} \mathrm{d}y = 0.999\,93$.

证 (a) 根据定积分公式 $\displaystyle\int_0^{\infty} e^{-ax^2} \mathrm{d}x = \dfrac{1}{2}\sqrt{\dfrac{\pi}{a}}$,则

$$\int_0^{\infty} e^{-y^2} \mathrm{d}y = \frac{1}{2}\sqrt{\pi}$$

所以

$$\frac{1}{\sqrt{\pi}} \int_0^\infty e^{-y^2} dy = \frac{1}{2}$$

(b) $\qquad \int_{-\infty}^{+\infty} \sqrt{\frac{2}{\pi N}} \, e^{-\frac{2m^2}{N}} dm = 2\int_0^\infty \sqrt{\frac{2}{\pi N}} \, e^{-\frac{2m^2}{N}} dm$

$$= 2\sqrt{\frac{2}{\pi N}} \int_0^\infty e^{-\frac{2m^2}{N}} dm$$

$$= 2\sqrt{\frac{2}{\pi N}} \times \frac{1}{2}\sqrt{\frac{\pi N}{2}} = 1$$

(c) 由于 $\mathrm{erf}x = \frac{2}{\sqrt{\pi}} \int_0^x e^{-y^2} dy$，令 $-\frac{2}{N}m^2 = -y^2$，则 $y = \sqrt{\frac{2}{N}} \, m$，$dy = \sqrt{\frac{2}{N}} \, dm$.

当 $m = \pm 2\sqrt{N}$ 时，$y = \frac{2}{\sqrt{N}}(\pm 2\sqrt{2}) = \pm 2\sqrt{2}$，故

$$\int_{-2\sqrt{N}}^{2\sqrt{N}} \sqrt{\frac{2}{\pi N}} \, e^{-\frac{2m^2}{N}} dm = \int_{-2\sqrt{2}}^{2\sqrt{2}} \sqrt{\frac{2}{\pi N}} \, e^{-y^2} \left(\sqrt{\frac{N}{2}} \, dy \right)$$

$$= \int_{-2\sqrt{2}}^{2\sqrt{2}} \frac{1}{\sqrt{\pi}} \, e^{-y^2} dy = \frac{2}{\sqrt{\pi}} \int_0^{2\sqrt{2}} e^{-y^2} dy$$

当 $x = 2\sqrt{2} = 2 \times 1.41 = 2.828$ 时，查误差函数表得 $\mathrm{erf}x = 0.999\,94$.

10-33 试演证下列结果：

(a) 应用斯特林公式推导

$$P\left(\frac{N}{2} \pm m\right) = \frac{\dfrac{N!}{\left(\dfrac{N}{2}+m\right)!\left(\dfrac{N}{2}-m\right)!}}{\displaystyle\sum_{m=0}^{N} \dfrac{N!}{m!(N-m)!}}$$

$$= \frac{1}{\sqrt{2\pi}} \left[\frac{N}{\left(\dfrac{N}{2}-m\right)\left(\dfrac{N}{2}+m\right)} \right]^{1/2} \times \frac{1}{\left(1-\dfrac{2m}{N}\right)^{\frac{N}{2}-m}\left(1+\dfrac{2m}{N}\right)^{\frac{N}{2}+m}}$$

(b) $m \ll N$ 的条件下，可以得出

$$\frac{N}{\left(\dfrac{N}{2}-m\right)\left(\dfrac{N}{2}+m\right)} \approx \frac{2}{(N)^{1/2}}$$

$$\ln\left[\left(1-\frac{2m}{N}\right)^{\frac{N}{2}-m} \right] \approx \left(\frac{N}{2}-m\right)\left[-\frac{2m}{N} - \frac{1}{2}\left(\frac{2m}{N}\right)^2 \right]$$

$$\ln\left[\left(1+\frac{2m}{N}\right)^{\frac{N}{2}+m} \right] \approx \left(\frac{N}{2}+m\right)\left[+\frac{2m}{N} - \frac{1}{2}\left(\frac{2m}{N}\right)^2 \right]$$

$$\ln\left[\left(1-\frac{2m}{N}\right)^{\frac{N}{2}-m}\left(1+\frac{2m}{N}\right)^{\frac{N}{2}+m}\right]\approx\frac{2m^2}{N}$$

（c）最后得出

$$P\left(\frac{N}{2}\pm m\right)\approx\left(\frac{2}{\pi N}\right)^{1/2}\exp\left(-\frac{2m^2}{N}\right)$$

解　（a）$\Omega=2^N$

$$P\left(\frac{N}{2}\pm m\right)=\frac{t\left(\frac{N}{2}\pm m\right)}{\Omega}=\frac{1}{2^N}\times\frac{N!}{\left(\frac{N}{2}-m\right)!\left(\frac{N}{2}+m\right)!}$$

$$\ln P\left(\frac{N}{2}\pm m\right)=\ln\frac{N!}{2^N}-\ln\left(\frac{N}{2}-m\right)!-\ln\left(\frac{N}{2}+m\right)!$$

根据斯特林公式,得

$$\ln N!=\ln\left[(2\pi N)^{\frac{1}{2}}\left(\frac{N}{e}\right)^N\right]=\left(N+\frac{1}{2}\right)\ln N-N+\frac{1}{2}\ln 2\pi$$

$$\ln P\left(\frac{N}{2}\pm m\right)=\ln N!-\ln 2^N-\ln\left(\frac{N}{2}-m\right)!-\ln\left(\frac{N}{2}+m\right)!$$

$$=\left(N+\frac{1}{2}\right)\ln N-N+\frac{1}{2}\ln 2\pi-\ln 2^N$$

$$-\left[\left(\frac{N}{2}-m\right)+\frac{1}{2}\right]\ln\left(\frac{N}{2}-m\right)+\left(\frac{N}{2}-m\right)$$

$$-\frac{1}{2}\ln 2\pi-\left[\left(\frac{N}{2}+m\right)+\frac{1}{2}\right]\ln\left(\frac{N}{2}+m\right)+\left(\frac{N}{2}+m\right)-\frac{1}{2}\ln 2\pi$$

$$=N\ln N+\frac{1}{2}\ln N-\ln 2^N+\frac{1}{2}\ln 2\pi$$

$$-\left(\frac{N}{2}-m\right)\ln\left(\frac{N}{2}-m\right)-\frac{1}{2}\ln\left(\frac{N}{2}-m\right)$$

$$-\left(\frac{N}{2}+m\right)\ln\left(\frac{N}{2}+m\right)-\frac{1}{2}\ln\left(\frac{N}{2}+m\right)$$

$$=N\ln N-\ln 2^N+\ln N^{\frac{1}{2}}-\ln(2\pi)^{\frac{1}{2}}$$

$$-\ln\left(\frac{N}{2}-m\right)^{\frac{1}{2}}-\ln\left(\frac{N}{2}+m\right)^{\frac{1}{2}}$$

$$-\ln\left(\frac{N}{2}-m\right)^{\frac{N-2m}{2}}-\ln\left(\frac{N}{2}-m\right)^{\frac{N+2m}{2}}$$

$$=\ln\left(\frac{N}{2}\right)^N+\ln\frac{1}{(2\pi)^{1/2}}+\ln\left[\frac{N}{\left(\frac{N}{2}-m\right)\left(\frac{N}{2}+m\right)}\right]^{1/2}$$

$$+ \ln \left[\frac{1}{\left(\frac{N}{2} - m\right)^{\frac{N}{2} - m} \left(\frac{N}{2} + m\right)^{\frac{N}{2} + m}} \right]^{①}$$

$$= \ln \frac{1}{(2\pi)^{1/2}} \left[\frac{N}{\left(\frac{N}{2} - m\right)\left(\frac{N}{2} + m\right)} \right]^{1/2} + \ln \left(\frac{N}{2}\right)^{N}$$

$$+ \ln \frac{1}{\left(\frac{N}{2}\right)^{\left(\frac{N}{2} - m\right) + \left(\frac{N}{2} + m\right)} \left(1 - \frac{2m}{N}\right)^{\frac{N}{2} - m} \left(1 - \frac{2m}{N}\right)^{\frac{N}{2} + m}}$$

$$= \ln \frac{1}{(2\pi)^{1/2}} \left[\frac{N}{\left(\frac{N}{2} - m\right)\left(\frac{N}{2} + m\right)} \right]^{1/2}$$

$$+ \ln \frac{N}{\left(1 - \frac{2m}{N}\right)^{\frac{N}{2} - m} \left(1 - \frac{2m}{N}\right)^{\frac{N}{2} + m}}$$

所以

$$P\left(\frac{N}{2} \pm m\right) = \frac{1}{(2\pi)^{1/2}} \left[\frac{N}{\left(\frac{N}{2} - m\right)\left(\frac{N}{2} + m\right)} \right]^{1/2} \times \left[\frac{1}{\left(1 - \frac{2m}{N}\right)^{\frac{2m}{N} - m} \left(1 - \frac{N}{2}\right)^{\frac{N}{2} + m}} \right]$$

(b) 在 $m \ll N$ 条件下,可以得出

$$\left[\frac{N}{\left(\frac{N}{2} - m\right)\left(\frac{N}{2} + m\right)} \right]^{1/2} \approx \left[\frac{N}{\left(\frac{N}{2}\right)\left(\frac{N}{2}\right)} \right]^{1/2} \approx \frac{2}{(N)^{1/2}}$$

$$\ln \left[\left(1 - \frac{2m}{N}\right)^{\frac{N}{2} - m} \right] = \left(\frac{N}{2} - m\right) \ln \left(1 - \frac{2m}{N}\right)$$

$$\approx \left(\frac{N}{2} - m\right) \left[-\frac{2m}{N} - \frac{1}{2}\left(\frac{2m}{N}\right)^2 - \cdots \right]^{②}$$

$$\ln \left[\left(1 + \frac{2m}{N}\right)^{\frac{N}{2} + m} \right] \approx \left(\frac{N}{2} + m\right) \left[\frac{2m}{N} - \frac{1}{2}\left(\frac{2m}{N}\right)^2 \right]^{③}$$

---

① $\left(\frac{N}{2} - m\right)^{\frac{N}{2} - m} = \left(\frac{N}{2}\right)^{\frac{N}{2} - m} \left(1 - \frac{2m}{N}\right)^{\frac{N}{2} - m}$; $\left(\frac{N}{2} + m\right)^{\frac{N}{2} + m} = \left(\frac{N}{2}\right)^{\frac{N}{2} + m} \left(1 + \frac{2m}{N}\right)^{\frac{N}{2} + m}$

② 因为 $\ln(1 - x) = -\left(x + \frac{1}{2}x^2 + \frac{1}{3}x^3 + \frac{1}{4}x^4 + \cdots\right)$,设 $x = \frac{2m}{N}$,得

$$\ln\left(1 - \frac{2m}{N}\right) = -\frac{2m}{N} - \frac{1}{2}\left(\frac{2m}{N}\right)^2 - \cdots$$

③ 因为 $\ln(1 + x) = x - \frac{1}{2}x^2 + \frac{1}{3}x^3 - \frac{1}{4}x^4 + \cdots$. 令 $x = \frac{2m}{N}$,所以

$$\ln\left(1 + \frac{2m}{N}\right) = +\frac{2m}{N} - \frac{1}{2}\left(\frac{2m}{N}\right)^2 + \cdots$$

$$\ln \left[\left(1 - \frac{2m}{N} \right)^{\frac{N}{2}-m} \left(1 + \frac{2m}{N} \right)^{\frac{N}{2}+m} \right]$$

$$\approx \left(\frac{N}{2} - m \right) \left[-\frac{2m}{N} - \frac{1}{2} \left(\frac{2m}{N} \right)^2 \right] + \left(\frac{N}{2} + m \right) \left[\frac{2m}{N} - \frac{1}{2} \left(\frac{2m}{N} \right)^2 \right]$$

$$= -m + \frac{2m^2}{N} - \frac{m^2}{N} + \frac{2m^3}{N^2} + m + \frac{2m^2}{N} - \frac{m^2}{N} - \frac{2m^3}{N^2} \approx \frac{2m^2}{N}$$

(c) 最后得出

$$P \left(\frac{N}{2} \pm m \right) = \frac{1}{(2\pi)^{1/2}} \left[\frac{N}{\left(\frac{N}{2} - m \right) \left(\frac{N}{2} + m \right)} \right]^{1/2} \times \frac{1}{\left(1 - \frac{2m}{N} \right)^{\frac{N}{2}-m} \left(1 + \frac{2m}{N} \right)^{\frac{N}{2}+m}}$$

$$= \frac{1}{(2\pi)^{1/2}} \frac{2}{(N)^{1/2}} \exp \left(-\frac{2m^2}{N} \right) = \left(\frac{2}{\pi N} \right)^{1/2} \exp \left(-\frac{2m^2}{N} \right)$$

10-34　根据可几率函数

$$P(m) = \sqrt{\frac{2}{\pi N}} \, e^{-\frac{2m^2}{N}}$$

求算 m 的均方根 $\sqrt{\overline{m^2}}$.

解

$$\overline{m}^2 = \int_{-\infty}^{+\infty} m^2 P(m) \mathrm{d}m = \sqrt{\frac{2}{\pi N}} \int_{-\infty}^{+\infty} m^2 e^{-\frac{2m^2}{N}} \mathrm{d}m$$

根据定积分公式

$$\int_0^{+\infty} x^2 e^{-ax^2} \mathrm{d}x = \frac{1}{4} \sqrt{\frac{\pi}{a^3}}$$

则

$$\sqrt{\frac{2}{\pi N}} \int_{-\infty}^{+\infty} m^2 e^{-\frac{2m^2}{N}} \mathrm{d}m = \sqrt{\frac{2}{\pi N}} \times 2 \times \frac{1}{4} \times \frac{N}{2} \sqrt{\frac{\pi N}{2}}$$

所以

$$\sqrt{\overline{m}^2} = \frac{\sqrt{N}}{2}$$

10-35　平面极坐标与笛卡儿坐标的换算公式为 $x = r\cos\varphi, y = r\sin\varphi$. 证明：

(a) $\mathrm{d}x\mathrm{d}y = r\mathrm{d}r\mathrm{d}\varphi$.

(b) $\mathrm{d}x\mathrm{d}y\mathrm{d}p_x\mathrm{d}p_y = \mathrm{d}r\mathrm{d}\varphi\mathrm{d}p_r\mathrm{d}p_\varphi$.

解　(a) 利用空间体积元变换公式

$$\mathrm{d}x\mathrm{d}y = \left| \frac{\partial(x,y)}{\partial(r,\varphi)} \right| \mathrm{d}r\mathrm{d}\varphi$$

$$\frac{\partial(x,y)}{\partial(r,\varphi)} = \begin{vmatrix} \dfrac{\partial x}{\partial r} & \dfrac{\partial x}{\partial \varphi} \\ \dfrac{\partial y}{\partial r} & \dfrac{\partial y}{\partial \varphi} \end{vmatrix} = \begin{vmatrix} \cos\varphi & -r\sin\varphi \\ \sin\varphi & r\cos\varphi \end{vmatrix} = r\cos^2\varphi + r\sin^2\varphi = r$$

故

$$\mathrm{d}x\mathrm{d}y = r\mathrm{d}r\mathrm{d}\varphi$$

(b) 同理

$$\mathrm{d}p_x\mathrm{d}p_y = \frac{\partial(p_x,p_y)}{\partial(p_r,p_\varphi)}\mathrm{d}p_r\mathrm{d}p_\varphi$$

因为

$$p_x = p_r\cos\varphi - p_\varphi\frac{\sin\varphi}{r}$$

$$p_y = p_r\sin\varphi + p_\varphi\frac{\cos\varphi}{r}$$

$$\frac{\partial(p_x,p_y)}{\partial(p_r,p_\varphi)} = \begin{vmatrix} \dfrac{\partial p_x}{\partial p_r} & \dfrac{\partial p_x}{\partial p_\varphi} \\ \dfrac{\partial p_y}{\partial p_r} & \dfrac{\partial p_y}{\partial p_\varphi} \end{vmatrix} = \begin{vmatrix} \cos\varphi & -\dfrac{\sin\varphi}{r} \\ \sin\varphi & \dfrac{\cos\varphi}{r} \end{vmatrix} = \frac{\cos^2\varphi}{r} + \frac{\sin^2\varphi}{r} = \frac{1}{r}$$

所以 $\mathrm{d}x\mathrm{d}y\mathrm{d}p_x\mathrm{d}p_y = \mathrm{d}r\mathrm{d}\varphi\mathrm{d}p_r\mathrm{d}p_\varphi$,这个结果说明,在相空间中,坐标变换后,相体积并不改变.

10-36　试验证下列的近似换算:

$$300\ \mathrm{K} \sim \frac{1}{40}\ \mathrm{eV} \sim 4\times10^{-21}\ \mathrm{J} \sim 200\ \mathrm{cm}^{-1}$$

解　因为 $E = h\nu = hc\bar{\nu} = kT$,

已知　$h = 6.626\times10^{-23}\ \mathrm{J\cdot s}, k = 1.381\times10^{-23}\ \mathrm{J\cdot K^{-1}}, c = 2.998\times10^8\ \mathrm{m\cdot s^{-1}}$, $1\ \mathrm{eV} = 1.602\times10^{-19}\ \mathrm{J}$,所以

$$300\ \mathrm{K} \sim \frac{1}{40}\ \mathrm{eV} \sim 4\times10^{-21}\ \mathrm{J} \sim 200\ \mathrm{cm}^{-1}$$

10-37　将 N_2 在电弧中加热,从光谱中观察到处于第一激发振动态的相对分子数 $\dfrac{N_{v=1}}{N_{v=0}} = 0.26$,式中 v 为振动量子数; $N_{v=0}$ 为基态占有的分子数; $N_{v=1}$ 为第一激发振动态占有的分子数.已知 N_2 的振动频率 $\nu = 6.99\times10^{13}\ \mathrm{s^{-1}}$; $h = 6.626\times10^{-34}\ \mathrm{J\cdot s}; k_B = 1.381\times10^{-23}\ \mathrm{J\cdot K^{-1}}$.

(a) 计算气体的温度.

(b) 计算振动能量在总能量(平动＋转动＋振动)中所占的百分数.

解　(a)

$$\frac{N_{v=1}}{N_{v=0}} = \frac{\exp(-\varepsilon_v/k_{\mathrm{B}}T)}{\exp(-\varepsilon_0/k_{\mathrm{B}}T)} = \frac{\exp\left[-\left(v+\frac{1}{2}\right)h\nu/k_{\mathrm{B}}T\right]}{\exp\left(-\frac{1}{2}h\nu/k_{\mathrm{B}}T\right)}$$

$$= \exp(-vh\nu/k_{\mathrm{B}}T) = \exp(-h\nu/k_{\mathrm{B}}T) = 0.26$$

$$\frac{h\nu}{k_{\mathrm{B}}T} = 1.347$$

所以

$$T = \frac{6.626\times10^{-34}\,\mathrm{J\cdot s}\times6.99\times10^{13}\,\mathrm{s^{-1}}}{1.381\times10^{-23}\,\mathrm{J\cdot K^{-1}}\times1.347} = 2490\ \mathrm{K}$$

(b) 设 E_t,E_r,E_v 分别为平动、转动、振动之能量

$$E_t + E_r = \frac{5}{2}RT = \frac{5}{2}\times8.314\ \mathrm{J\cdot mol^{-1}\cdot K^{-1}}\times2490\ \mathrm{K}$$

$$= 5.175\times10^4\ \mathrm{J\cdot mol^{-1}}$$

设 $x = h\nu/k_{\mathrm{B}},T=1.347$,则

$$E_v = \frac{RTx}{\mathrm{e}^x-1} + \frac{1}{2}h\nu N_{\mathrm{A}} = \left(\frac{8.314\ \mathrm{J\cdot mol^{-1}\cdot K^{-1}}\times2490\ \mathrm{K}\times1.347}{\mathrm{e}^{1.347}-1}\right)$$

$$+ \left(\frac{1}{2}\times6.626\times10^{-34}\ \mathrm{J\cdot s}\times6.99\times10^{13}\ \mathrm{s^{-1}}\times6.022\times10^{23}\ \mathrm{mol^{-1}}\right)$$

$$\frac{E_v}{E_t+E_r+E_v} = \frac{2.347\times10^4}{5.175\times10^4+2.347\times10^4}\times100\% = 31.4\%$$

2. 分子配分函数

(1)　配分函数定义及析因子性质

分子配分函数的定义:

$$Q = \sum_i g_i\exp\left(-\frac{\varepsilon_i}{k_{\mathrm{B}}T}\right) \tag{10.15}$$

式中,g_i 为能级 ε_i 的简并度.

作为近似,分子运动的能量可以看成是其质心的平动能(ε_t)、转动能(ε_r)、振动能(ε_v)、电子运动能(ε_e)和原子核运动能 $\sum \varepsilon_n$ 之和,即

$$\varepsilon = \varepsilon_t + \varepsilon_v + \varepsilon_r + \varepsilon_e + \sum\varepsilon_n \tag{10.16}$$

式中,ε 代表分子一个能级的能量.简并度为各种运动形式简并度之积,即

$$g = g_t g_v g_r g_e\prod g_n \tag{10.17}$$

分子配分函数可以表示为各种运动形式配分函数之积,即

$$Q = \sum_i g_i \exp\left(-\frac{\varepsilon_i}{k_B T}\right) = \sum_i g_{i,t} g_{i,v} g_{i,r} g_{i,e} \prod g_{i,n}$$

$$\times \exp\left(-\frac{\varepsilon_{i,t} + \varepsilon_{i,v} + \varepsilon_{i,r} + \varepsilon_{i,e} + \sum \varepsilon_{i,n}}{k_B T}\right)$$

$$= \sum_i g_{i,t} \exp(-\varepsilon_{i,t}/k_B T) \sum_i g_{i,r} \exp(-\varepsilon_{i,r}/k_B T) \times \sum_i g_{i,v} \exp(-\varepsilon_{i,v}/k_B T)$$

$$\times \sum_i g_{i,e} \exp(-\varepsilon_{i,e}/k_B T) \sum_i g_{i,n} \exp(-\varepsilon_{i,n}/k_B T) = q_t q_r q_v q_e q_n \quad (10.18)$$

其中

$$q_t = \sum_i g_{i,t} \exp(-\varepsilon_{i,t}/k_B T)$$

$$q_r = \sum_i g_{i,r} \exp(-\varepsilon_{i,r}/k_B T)$$

$$q_v = \sum_i g_{i,v} \exp(-\varepsilon_{i,v}/k_B T)$$

$$q_e = \sum_i g_{i,e} \exp(-\varepsilon_{i,e}/k_B T)$$

$$q_n = \sum_i g_{i,n} \exp(-\varepsilon_{i,n}/k_B T)$$

(2)　配分函数的量子统计结果

平动配分函数 q_t　根据量子理论,在长、宽和高各为 a,b 和 c 的容器中,质量为 m 的三维平动子的能谱为

$$\varepsilon_t(p,q,r) = \frac{h^2}{8m}\left(\frac{p^2}{a^2} + \frac{q^2}{b^2} + \frac{r^2}{c^2}\right) \quad (10.19)$$

式中:h 是普朗克常量;$p,q,r(=1,2,3,\cdots)$是平动量子数.

三维平动子的配分函数应为

$$q_t = \sum_{p,q,r} \exp\left[-\frac{\beta h^2}{8m}\left(\frac{p^2}{a^2} + \frac{q^2}{b^2} + \frac{r^2}{c^2}\right)\right]$$

$$= \sum_{p=1}^{\infty} \exp\left(-\frac{h^2}{8mk_B T}\frac{p^2}{a^2}\right) \sum_{q=1}^{\infty} \exp\left(-\frac{h^2}{8mk_B T}\frac{q^2}{b^2}\right)$$

$$\times \sum_{r=1}^{\infty} \exp\left(-\frac{h^2}{8mk_B T}\frac{r^2}{c^2}\right) \quad (10.20)$$

令

$$a^2 = \frac{h^2}{8mk_B Ta^2}$$

因 $\alpha^2 \ll 1$，则式(10.20) 求和可用积分代替

$$q_t = \int_0^\infty \exp\left(-\frac{h^2}{8ma^2 k_B T}p^2\right)dp \int_0^\infty \exp\left(-\frac{h^2}{8ma^2 k_B T}q^2\right)dq$$

$$\times \int_0^\infty \exp\left(-\frac{h^2}{8ma^2 k_B T}r^2\right)dr$$

$$= \left(\frac{2\pi mk_B T}{h^2}\right)^{3/2} abc$$

$$= \left(\frac{2\pi mk_B T}{h^2}\right)^{3/2} V \tag{10.21}$$

1) 转动配分函数 q_r

根据量子理论，直线刚性转子的能级公式为

$$\epsilon_r = J(J+1)\frac{h^2}{8\pi^2 I} \qquad (J = 0,1,2,\cdots) \tag{10.22}$$

式中：J 为转动量子数；I 为转动惯量. 对于双原子分子

$$I = \frac{m_1 m_2}{m_1 + m_2}r^2 = \mu r^2 \tag{10.23}$$

式中：μ 为折合质量；r 为两原子核间距离. 我

由于分子转动的角动量在空间取向是量子化的，故转动能级的简并度

$$g_{J,r} = 2J + 1 \tag{10.24}$$

转动配分函数

$$q_r = \sum_{J=0}^\infty (2J+1)\exp\left[-\frac{J(J+1)h^2}{8\pi^2 I k_B T}\right] \tag{10.25}$$

式中，$\dfrac{h^2}{8\pi^2 I k_B}$ 具有温度的量纲，称转动特征温度，以 Θ_r 表示，即

$$\Theta_r = \frac{h^2}{8\pi^2 I k_B} \tag{10.26}$$

在常温下，当 $\Theta_r/T \ll 1$，式(10.25) 可用积分代替，即

$$q_r = \int_0^\infty (2J+1)\exp\left[-\frac{J(J+1)\Theta_r}{T}\right]dJ = \frac{8\pi^2 I k_B T}{h^2} = \frac{T}{\Theta_r} \tag{10.27a}$$

对于轴对称分子，如 H_2、CO_2、C_2H_2 等，当分子绕对称轴转 $180°$ 以后，分子的状

态与初态是不可区分的,所以其微观状态数比不对称分子少一半.因此式(10.27a)要做对称性校正.用对称数 σ 表示.同核双原子分子 $\sigma = 2$,异核双原子分子 $\sigma = 1$,式(10.27a) 修正为

$$q_{\mathrm{r}} = \frac{8\pi^2 I k_{\mathrm{B}} T}{\sigma \Theta_{\mathrm{r}}} = \frac{T}{\sigma \Theta_{\mathrm{r}}} \tag{10.27b}$$

对转动特征温度较高分子,假如 $\Theta_{\mathrm{r}}/T < 0.7$,则由马耳霍兰(Mulholland) 关系式得

$$q_{\mathrm{r}} = \frac{T}{\Theta_{\mathrm{r}}} \left[1 + \frac{\Theta_{\mathrm{r}}}{3T} + \frac{1}{15} \left(\frac{\Theta_{\mathrm{r}}}{T} \right)^2 + \frac{4}{315} \left(\frac{\Theta_{\mathrm{r}}}{T} \right)^3 \right] \tag{10.28}$$

对于非直线形多原子分子,其刚性转子的配分函数为

$$q_{\mathrm{r}} = \frac{\sqrt{\pi}(8\pi^2 k_{\mathrm{B}} T)^{3/2} (I_x I_y I_z)^{1/2}}{\sigma h^3} \tag{10.29}$$

式中, I_x, I_y 和 I_x 分别是三个惯性主轴上的转动惯量.

2) 振动配分函数 q_{v}

双原子分子可近似地看成单维谐振子,振动能谱为

$$\varepsilon_{\mathrm{v}} = \left(v + \frac{1}{2} \right) h\nu \qquad (v = 0, 1, 2, \cdots) \tag{10.30}$$

式中: v 为振动量子数; ν 为振动频率.当 $v = 0$, $\varepsilon_{\mathrm{v}}(0) = \frac{1}{2} h\nu$ 称零点振动能.

单维简谐振子的能级简并度 $g_{\mathrm{v}} = 1$,故振动配分函数

$$\begin{aligned} q_{\mathrm{v}} &= \sum_{v=0}^{\infty} \exp\left[- \left(v + \frac{1}{2} \right) h\nu / k_{\mathrm{B}} T \right] \\ &= \exp(- h\nu / 2k_{\mathrm{B}} T)[1 + \exp(- h\nu / k_{\mathrm{B}} T) \\ &\quad + \exp(- 2h\nu / k_{\mathrm{B}} T) + \cdots] \\ &= \frac{\exp(- h\nu / 2k_{\mathrm{B}} T)}{1 - \exp(- h\nu / k_{\mathrm{B}} T)} \end{aligned} \tag{10.31}$$

如将能量标度零点选在振动基态($v = 0$) 上,则

$$q_{\mathrm{v}} = \frac{1}{1 - \exp(- h\nu / k_{\mathrm{B}} T)} \tag{10.32}$$

式中, $h\nu / k_{\mathrm{B}}$ 具有温度的量纲,称分子的振动特征温度,以 Θ_{V} 表示,即

$$\Theta_{\mathrm{v}} = h\nu / k_{\mathrm{B}} \tag{10.33}$$

大多数气体分子的 Θ_{v} 很高,在常温下 $T \ll \Theta_{\mathrm{v}}$,说明分子基本上处于振动基态.

只有在很高温度下, $T \gg \Theta_{\mathrm{v}}$,振动能级才开放,这时,式(10.33) 为

$$q_{\mathrm{v}} = \frac{1}{1 - (1 - h\nu / k_{\mathrm{B}} T)} = \frac{k_{\mathrm{B}} T}{h\nu} \tag{10.34}$$

对于线形 n 个原子的分子,有 $3n$ 个自由度,其中平动自由度 3,转动自由度 2,振动自由度 $(3n - 5)$,其配分函数为

$$q_{v} = \prod_{i=1}^{3n-5} \frac{\exp(- h\nu_i /2k_{B}T)}{1 - \exp(- h\nu_i /k_{B}T)} \tag{10.35}$$

非线形 n 个原子的分子,有 $(3n - 6)$ 个振动自由度,则

$$q_{v} = \prod_{i=1}^{3n-6} \frac{\exp(- h\nu_i /2k_{B}T)}{1 - \exp(- h\nu_i /k_{B}T)} \tag{10.36}$$

3) 电子配分函数 q_e

电子能级的间隔很大,从基态到第一激发态,约有几个电子伏特. 一般说来,电子总是处于基态. 若把最低能态的能量规定为零,则

$$q_e = g_{e,0} \tag{10.37}$$

因电子绕核运动的总动量矩也是量子化的,若总角动量量子数为 J,对应每一个 J 值有 $(2J + 1)$ 个简并态. 所以电子配分函数

$$q_e = 2J + 1 \tag{10.38}$$

式中,J 为原子中电子基态的总角动量量子数.

4) 核自旋配分函数 q_n

由于核自旋能级间隔相差极大,通常除了原子核的反应外,在一般的化学和物理过程中,原子核总处于基态. 若将能量标度零点选在核自旋的基态上,则

$$q_n = g_{n,0} = 2I + 1 \tag{10.39}$$

对于多原子分子,核自旋的总配分函数等于各原子的核自旋配分函数的乘积,即

$$q_{n,总} = \prod_{i} (2I_i + 1) \tag{10.40}$$

式中,I_i 为原子的核自旋量子数.

5) 内转动配分函数 q_{ir}

在多原子分子的振动自由度中,常有在光谱上不活动的振动模式,称为基团内转动自由度. 内转动能谱是

$$\varepsilon_{ir} = \frac{r^2 h^2}{8\pi^2 I_{red}} \qquad (r = 0, \pm 1, \pm 2, \cdots) \tag{10.41}$$

式中,I_{red} 为折合转动惯量. 自由内转动配分函数 q_{ir}

$$q_{ir} = \frac{1}{\sigma_{ir}} \sum_{r=-\infty}^{\infty} \exp\left(- \frac{r^2 h^2}{8\pi^2 I_{red} k_{B}T}\right)$$

$$\approx \frac{1}{\sigma_{ir}} \int_{-\infty}^{\infty} \exp\left(- \frac{r^2 h^2}{8\pi^2 I_{red} k_{B}T}\right) dr$$

$$= \frac{1}{\sigma_{ir}} \left(- \frac{8\pi^3 I_{red} k_B T}{h^2} \right)^{1/2} \tag{10.42}$$

式中，σ_{ir} 为内转动对称数.

如果分子由两个同轴对称陀螺组成，则

$$I_{red} = \frac{I_1 I_2}{I_1 + I_2} \tag{10.43}$$

式中，I_1, I_2 为两个基团绕内转动轴旋转的转动惯量.

对于黏结在刚性非对称结构上的对称陀螺，则

$$I_{red} = I_1 - I_1^2 \left\{ \frac{\lambda_x^2}{I_A} + \frac{\lambda_y^2}{I_B} + \frac{\lambda_z^2}{I_C} \right\} \tag{10.44}$$

式中：$\lambda_x, \lambda_y, \lambda_z$ 为内转动轴和分子主轴 x, y, z 之间的方向余弦；I_A, I_B 和 I_C 为分子的主转动惯量.

如分子中有 n 个独立旋转基团与一个刚性结构黏合在一起，则内转动配分函数

$$q_{ir} \approx \prod_{i=1}^{n} q_{ir,i} \tag{10.45}$$

当内部旋转基团的转动惯量比 I_A、I_B、I_C 小时，这种近似正确.

(3) 配分函数在相空间中的表达和计算

1) 相空间

在经典力学中，相空间是一个表达质点运动状态或相状态的多维概念空间.

μ 空间(子相宇)　　是描述一个个分子的运动状态的相空间. 若分子运动自由度为 s，则它的 μ 空间为 $2s$ 维的概念空间. 例如，单原子分子相当于一个三维平动子，它的 μ 空间是一个 (2×3) 维的空间.

Γ 空间(系相宇)　　是描述由 N 个分子组成的整个体系的运动状态的相空间. 例如，由 N 个三维平动子组成体系，其运动状态可以 $(2 \times 3N)$ 个正交坐标明确表达

$$
\begin{array}{cccccc}
x_1, & y_1, & z_1, & p_{x_1}, & p_{y_1}, & p_{z_1} \\
x_2, & y_2, & z_2, & p_{x_2}, & p_{y_2}, & p_{z_2} \\
\cdots & \cdots & \cdots & \cdots & \cdots & \cdots \\
x_N, & y_N, & z_N, & p_{x_N}, & p_{y_N}, & p_{z_N}
\end{array}
$$

故该体系的 Γ 空间是由 $(2 \times 3N)$ 个正交坐标构成的多维概念空间. 在该空间中，每个点代表整个体系的一个运动状态. 如组成体系的每个分子具有 s 个运动自由度，则整个体系的 Γ 空间为一个 $(2 \times sN)$ 维的概念空间.

根据量子力学的海森伯(Heisenberg)测不准原理,质点运动的位置坐标和相应动量不能同时测准.

$$\Delta q \Delta p \sim h$$

据此,在一个 $(2 \times s)$ 维 μ 空间中,代表分子每一个量子状态的不是一个相点,而是相体积为 h^s 的相胞.

分子在子相宇中的配分函数为

$$q = \frac{1}{h^3} \int \cdots \int \exp[-(q_1 \cdots p_s)/k_B T] dq_1 \cdots dq_s dp_1 \cdots dp_s \tag{10.46}$$

同理,在-上 $(2 \times sN)$ 维 Γ 空间中,代表体系的一个量子状态的相胞为 h^{sN},例如 N 个单原子组成的体系的配分函数为

$$Q = \frac{1}{N! h^{3N}} \int\limits_{(E \to E+dE)} \cdots \int \exp(-E/k_B T) dx_1 dy_1 dz_1 \cdots dp_{x_N} dp_{y_N} dp_{z_N}$$
$$\tag{10.47}$$

2) 分子配分函数在相空间中的计算

三维平动子　一个质量为 m 的三维平动子的能量函数

$$\varepsilon_{3d} = \frac{1}{2m}(p_x^2 + p_y^2 + p_z^2)$$

三维平动子的平动配分函数

$$q_t = \frac{1}{h^3} \int_0^a \int_0^b \int_0^c \int_{-\infty}^{\infty} \int_{-\infty}^{\infty} \int_{-\infty}^{\infty} \exp[-(p_x^2 + p_y^2 + p_z^2)/2mk_B T]$$
$$\times dx dy dz dp_x dp_y dp_x$$
$$= V \left(\frac{2\pi m k_B T}{h^2} \right)^{3/2} \tag{10.48}$$

单维简谐振子　一个质量为 m 和弹力常数为 f 的单维简谐振子的能量函数为

$$\varepsilon_{1d} = \frac{1}{2m}p_x^2 + \frac{1}{2}fx^2$$

单维简谐振子振动配分函数

$$q_v = \frac{1}{h} \int_{-\infty}^{\infty} \int_{-\infty}^{\infty} \exp\left[-\left(\frac{1}{2m}p_x^2 + \frac{1}{2}fx^2\right)\middle/ k_B T\right] dx dp_x$$
$$= \frac{1}{h} \sqrt{2\pi m k_B T} \sqrt{2\pi k_B T/f} = \frac{2\pi k_B T}{h\sqrt{f/m}}$$
$$= \frac{k_B T}{h\nu} = \frac{T}{\Theta_v} \tag{10.49}$$

与式(10.35)一致.由相空间给出的配分函数,只能适用于子的能谱量子化并不显著的经典场合.

直线转子　　双原子分子的能量函数为

$$\varepsilon_r = \frac{1}{2I}\left(p_\theta^2 + \frac{p_\varphi^2}{\sin^2\theta}\right) \tag{10.50}$$

直线转子的转动配分函数

$$q_r = \frac{1}{\sigma h^2}\int_0^{2\pi}\int_0^\pi\int_{-\infty}^\infty\int_{-\infty}^\infty \exp\left(-\frac{p_\theta^2 + p_\varphi^2/\sin^2\theta}{2Ik_BT}\right)d\varphi d\theta dp_\varphi dp_\theta$$

$$= \frac{8\pi^2 I k_B T}{\sigma h^2} \quad (\text{异核 } \sigma = 1, \text{同核 } \sigma = 2) \tag{10.51}$$

多原子分子的转动配分函数　　根据经典力学,刚性转子的能量函数为

$$\varepsilon_r = \frac{1}{2I_A}p_A^2 + \frac{1}{2I_B}p_B^2 + \frac{1}{2I_C}p_C^2$$

其中

$$p_A = p_\theta\cos\psi + \frac{\sin\psi}{\sin\theta}(p_\varphi - p_\psi\cos\theta)$$

$$p_B = p_\theta\cos\psi + \frac{\sin\psi}{\sin\theta}(p_\varphi - p_\psi\cos\theta)$$

$$p_C = p_\psi$$

多原子分子的转动配分函数

$$q_r = \frac{1}{h^3}\int_{-\infty}^\infty\int_{-\infty}^\infty\int_{-\infty}^\infty\int_0^\pi\int_0^{2\pi}\int_0^{2\pi} \times \exp\left(-\frac{\varepsilon_r}{k_BT}\right)d\varphi d\theta d\psi dp_\varphi dp_\theta dp_\psi$$

$$= \frac{1}{h^3}\iiint\iiint \exp\left[-\left(\frac{p_A^2}{2I_A} + \frac{p_B^2}{2I_B} + \frac{p_C^2}{2I_C}\right)\middle/(k_BT)\right]d\varphi d\theta d\psi dp_\varphi dp_\theta dp_\psi$$

$$= \frac{\sqrt{\pi}(8\pi^2 k_B T)^{3/2}(I_A I_B I_C)^{1/2}}{\sigma h^3}$$

10-38　　现设一气体温度为 T K,组成它的单原子分子的质量为 m,请按下列状况分别写出分子的配分函数:

(a) 1×10^{-6} m³ 气体.

(b) $1.013\,25 \times 10^5$ Pa 的 1 mol 气体.

(c) 压力 p 为 $1.013\,25 \times 10^5$ Pa 和分子数为 N 的气体.

解　　(a) $V = 1 \times 10^{-6}$ m³,气体分子质量为 m (kg)

$$Q_t = \left(\frac{2\pi m k T}{h^2}\right)^{3/2}V$$

$$= \left[\frac{2 \times 3.1416 \times (1.381 \times 10^{-23} \, J \cdot K^{-1}) \times m \, kg \times T \, K}{(6.626 \times 10^{-34} \, J \cdot s)^2} \right]^{3/2}$$

$$\times 1 \times 10^{-6} m^3$$

$$= 2.778 \times 10^{60} (mT)^{3/2}$$

(b) $p = 1.013\,25 \times 10^5 \, Pa, n = 1 \, mol$

$$V = \frac{nRT}{p}$$

$$= \frac{1 \, mol \times (8.314 \, J \cdot mol^{-1} \cdot K^{-1}) \times T \, K}{1.013\,25 \times 10^5 \, Pa}$$

$$= (8.205 \times 10^{-5} \, m^3 \cdot K^{-1})(T \, K)$$

$$= (8.205 \times 10^{-5} T) m^3$$

$$Q_t = \left(\frac{2\pi mkT}{h^2} \right)^{3/2} V$$

$$= \left[\frac{2 \times 3.1416 \times (1.381 \times 10^{-23} \, J \cdot K^{-1}) \times m \, kg \times T \, K}{(6.626 \times 10^{-34} \, J \cdot s)^2} \right]^{3/2}$$

$$\times (8.205 \times 10^{-5} T) m^3$$

$$= 2.280 \times 10^{62} m^{3/2} T^{5/2}$$

(c) $p = 1.013\,25 \times 10^5 \, Pa$, 分子数为 N

$$V = \frac{nRT}{p} = \frac{NRT}{Lp} \qquad (L \text{ 为阿伏伽德罗常量})$$

$$Q_t = \left(\frac{2\pi mkT}{h^2} \right)^{3/2} V = \left(\frac{2\pi mkT}{h^2} \right)^{3/2} \frac{NRT}{Lp}$$

$$= \left[\frac{2 \times 3.1416 \times (1.381 \times 10^{-23} \, J \cdot K^{-1}) \times m \, kg \times T \, K}{(6.626 \times 10^{-34} \, J \cdot s)^2} \right]^{3/2}$$

$$\times \frac{N \times 8.314 \, J \cdot mol^{-1} \cdot K^{-1} \times T \, K}{(6.022 \times 10^{23} \, mol^{-1}) \times (1.013\,25 \times 10^5 \, Pa)}$$

$$= 3.786 \times 10^{38} N m^{3/2} T^{5/2}$$

10-39　计算 300 K 及标准压力 $p^{\ominus}$ 下, 体积为 $1 \times 10^{-6} m^3$ 的 Ne 原子的配分函数. 这个值代表什么? 有无量纲? 并求算 N/q.

解　因为 Ne 是单原子气体, 外层电子总角动量为 0, $g_e = 1$, $g_n = 1$, 无转动和振动.

$$Q = Q_t = V \left(\frac{2\pi mk_B T}{h^2} \right)^{3/2}$$

$$= (1 \times 10^{-6}) m^3$$

$$\times \left[\frac{2 \times 3.1416 \times 20.17 \times 10^{-3}\ \text{kg} \cdot \text{mol}^{-1}}{6.022 \times 10^{23}\ \text{mol}^{-1} \times (6.626 \times 10^{-34}\ \text{J} \cdot \text{s})^2}\right.$$

$$\left.\times (1.381 \times 10^{-23}\ \text{J} \cdot \text{K}^{-1}) \times (300\ \text{K})\right]^{3/2}$$

$$= 8.84 \times 10^{25}$$

Q 代表有效状态数,为量纲一的量.

$$N = \frac{pV}{RT} N_A$$

$$= \frac{(1.013 \times 10^5\ \text{Pa}) \times (1 \times 10^{-6}\ \text{m}^3)}{8.314\ \text{J} \cdot \text{mol}^{-1} \cdot \text{K}^{-1} \times 300\ \text{K}} \times 6.022 \times 10^{23}\ \text{mol}^{-1}$$

$$= 2.45 \times 10^{19}$$

$$\frac{N}{Q} = \frac{2.45 \times 10^{19}}{8.84 \times 10^{25}} = 2.77 \times 10^{-7}$$

由此可见,$N \ll Q$,在气体状态下,有效状态数比分子数大得多.

10-40 证明理想气体分子的平动配分函数可写成下式:

$$Q_t = 5.95 \times 10^{30} \times (MT)^{3/2} V$$

式中:M 为相对分子质量;T 为温度;V 为容积.

若氧为理想气体,用上式求 298 K、体积 $1 \times 10^{-6}\ \text{m}^3$ 时,每个氧分子的平动配分函数的数值.

解 根据平动配分函数的公式:

$$Q_t = \left(\frac{2\pi mkT}{h^2}\right)^{3/2} V, \qquad M = Lm$$

$$Q_t = \left(\frac{2\pi MkT}{Lh^2}\right)^{3/2} V$$

$$= \left(\frac{2\pi k}{Lh^2}\right)^{3/2} (MT)^{3/2} V$$

$$= \left[\frac{2 \times 3.1416 \times (1.381 \times 10^{-23}\ \text{J} \cdot \text{K}^{-1})}{6.022 \times 10^{23}\ \text{mol}^{-1} \times (6.626 \times 10^{-34}\ \text{J} \cdot \text{s})^2}\right]^{3/2} (MT)^{3/2} V$$

$$= 5.95 \times 10^{30} (MT)^{3/2} V$$

已知 $M_{O_2} = 32 \times 10^{-3}\ \text{kg} \cdot \text{mol}^{-1}$,$V = 1 \times 10^{-6}\ \text{m}^3$,$T = 298\ \text{K}$,则

$$Q_t = 5.95 \times 10^{30} \times (32 \times 10^{-3}\ \text{kg} \cdot \text{mol}^{-1} \times 298\ \text{K})^{3/2} \times 1 \times 10^{-6}\ \text{m}^3$$

$$= 1.75 \times 10^{26}$$

10-41 平动子的配分函数

$$V_m \left(\frac{2\pi mkT}{h^2}\right)^{3/2} \quad \text{和} \quad \frac{RT}{p} \left(\frac{2\pi mkT}{h^2}\right)^{3/2}$$

试验证单原子理想气体的下列公式:

$$U_T - U_0 = LkT^2 \left(\frac{\partial \ln Q_t}{\partial T} \right)_V = \frac{3}{2}RT$$

解　对于平动在体积为 V 的容器中的平动子(单原子分子理想气体),其

$$Q_t = V_m \left(\frac{2\pi mkT}{h^2} \right)^{3/2}$$

$$\ln Q_t = \ln V_m + \frac{3}{2}\ln T + \ln\left(\frac{2\pi mk}{h^2} \right)^{3/2}$$

$$\left(\frac{\partial \ln Q_t}{\partial T} \right)_V = \frac{3}{2T}$$

所以

$$U_m^t = LkT^2 \times \frac{3}{2T} = \frac{3}{2}LkT = \frac{3}{2}RT = U_T - U_0$$

式中: U_0 代表 1 mol 原子气体平动的基态能级; U_T 代表 1 mol 原子单原子气体的平动能.上式乃将平动能标的零点取在平动的基态能级 U_0 上.

10-42　298 K时,氩在某固体表面A上吸附,如看成是二维气体,试导出其摩尔平动能公式,并计算其数值.

解
$$Q_{2d}^t = \frac{2\pi mkT}{h^2}A$$

$$U_m^t = RT^2 \frac{\partial \ln Q_{2d}^t}{\partial T} = RT^2 \frac{1}{T} = RT$$

$$= (8.314 \text{ J} \cdot \text{mol}^{-1} \cdot \text{K}^{-1}) \times (298 \text{ K})$$

$$= 2478 \text{ J} \cdot \text{mol}^{-1}$$

10-43　请逐步演证下列结论:

(a) 设想一个立方点阵,立方体单胞的边长各为一个长度单位,今以某一点阵点为中心作两个半径各为 R 和 $R + dR$ 的球面,那么在这两个球面间应包含 $4\pi R^2 dR$ 个点阵点,而每个象限分到 $\frac{1}{2}\pi R^2 dR$ 个点阵点.

(b) 在这个立方点阵的每一象限中,坐标为 p,q,r 的点阵点可以代表平动子的一个量子状态,而这个代表点离点阵原点的距离为 $\sqrt{p^2 + q^2 + r^2}$.

(c) 在平动子的能量间隔 $\varepsilon \to \varepsilon + d\varepsilon$ 中,各个量子态的代表点当分布在半径为 $R = \left(\frac{8mV^{2/3}\varepsilon}{h^2} \right)^{1/2}$ 和 $R + dR = \left(\frac{8mV^{2/3}\varepsilon}{h^2} \right)^{1/2} + \frac{1}{2} \times \left(\frac{8mV^{2/3}\varepsilon}{h^2} \right)^{1/2} \varepsilon^{-1/2}d\varepsilon$ 的两个同心球面之间,而这个间隔中的量子状态数当为这两个球面在第一象限内所包含的点阵点数,即

$$\omega(\varepsilon)\mathrm{d}\varepsilon = \frac{1}{2}\pi R^2 \mathrm{d}R = \frac{2}{\sqrt{\pi}}\left(\frac{2\pi m}{h^2}\right)^{3/2} V\varepsilon^{1/2}\mathrm{d}\varepsilon$$

(d) 证明平动子的配分函数为

$$Q = \int_0^\infty \omega(\varepsilon)e^{-\frac{\varepsilon}{kT}}\mathrm{d}\varepsilon = V\left(\frac{2\pi mkT}{h^2}\right)^{3/2}$$

(e) 证明

$$\frac{N}{Q}\omega(\varepsilon) = 4\sqrt{2}\pi N\left(\frac{1}{2\pi kT}\right)^{3/2}\varepsilon^{1/2}$$

解 (a) 两个球面之间体积

$$V = \int_R^{R+\mathrm{d}R} 4\pi R^2 \mathrm{d}R = \left[\frac{4}{3}\pi R^3\right]_R^{R+\mathrm{d}R} = 4\pi R^2 \mathrm{d}R \quad (\text{忽略 } \mathrm{d}R \text{ 的高次项})$$

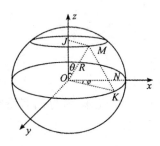

因立方体单元的边长各为一个长度单位,故 V 中含有 $4\pi R^2 \mathrm{d}R$ 个点阵点.球体分为 8 个象限(见左图),每个象限分到 $4\pi R^2 \mathrm{d}R/8 = \pi R^2 \mathrm{d}R/2$ 个点阵点.

(b) 在此立方点阵的第一象限中,直角坐标为 p, q, r 的点阵点,各代表平动子的一个量子状态.

$$p = ON = R\sin\theta\cos\varphi$$
$$q = NK = R\sin\theta\cos\varphi$$
$$r = OJ = R\cos\theta$$

所以

$$p^2 + q^2 + r^2 = R^2$$

(c) 根据量子理论,在体积 V 内,质量为 m 的分子平动能级为

$$\varepsilon(p, q, r) = \frac{h^2}{8mV^{2/3}}(p^2 + q^2 + r^2)$$

因为

$$R^2 = p^2 + q^2 + r^2$$

所以

$$R = \left(\frac{8mV^{2/3}\varepsilon}{h^2}\right)^{1/2}$$

$$\mathrm{d}R = \frac{1}{2}\left(\frac{8mV^{2/3}}{h^2}\right)^{1/2}\varepsilon^{-1/2}\mathrm{d}\varepsilon$$

$$R + \mathrm{d}R = \left(\frac{8mV^{2/3}\varepsilon}{h^2}\right)^{1/2} + \frac{1}{2}\left(\frac{8mV^{2/3}}{h^2}\right)^{1/2}\varepsilon^{-1/2}\mathrm{d}\varepsilon$$

因量子数 p, q, r 必须为正值,只有第一象限才满足,故 $\omega(\varepsilon)\mathrm{d}\varepsilon$ 为两个球面在第一象限内包含的点阵点数.

$$\omega(\varepsilon)d\varepsilon = \frac{1}{2}\pi R^2 dR = \frac{1}{2}\pi\left(\frac{8mV^{2/3}\varepsilon}{h^2}\right) \times \frac{1}{2}\left(\frac{8mV^{2/3}}{h^2}\right)^{1/2}\varepsilon^{-1/2}d\varepsilon$$

$$= \frac{2}{\sqrt{\pi}}\left(\frac{2\pi m}{h^2}\right)^{3/2}V\varepsilon^{1/2}d\varepsilon$$

(d) 平动子的配分函数 Q

$$Q = \int_0^\infty \omega(\varepsilon)e^{-\varepsilon/kT}d\varepsilon$$

$$= \int_0^\infty \frac{2}{\sqrt{\pi}}\left(\frac{2\pi m}{h^2}\right)^{3/2}V\varepsilon^{1/2}e^{-\frac{\varepsilon}{kT}}d\varepsilon$$

$$= \frac{2}{\sqrt{\pi}}\left(\frac{2\pi m}{h^2}\right)^{3/2}V\int_0^\infty \varepsilon^{1/2}e^{-\frac{\varepsilon}{kT}}d\varepsilon$$

$$= \frac{2}{\sqrt{\pi}}\left(\frac{2\pi m}{h^2}\right)^{3/2}V\frac{\sqrt{\pi}}{2}(kT)^{3/2}$$

$$= \left(\frac{2\pi mkT}{h^2}\right)^{3/2}V$$

(e)
$$\frac{N}{Q}\omega(\varepsilon) = \frac{N}{\left(\frac{2\pi mkT}{h^2}\right)^{3/2}V} \times \frac{2}{\sqrt{\pi}}\left(\frac{2\pi m}{h^2}\right)^{3/2}V\varepsilon^{1/2}$$

$$= 4\sqrt{2}\pi N\left(\frac{1}{2\pi kT}\right)^{3/2}\varepsilon^{1/2}$$

10-44　三维平动子的能量函数为 $\varepsilon = \frac{1}{2}m(\dot{x}^2 + \dot{y}^2 + \dot{z}^2)$ 试验证：

(a) 在球面极坐标系中,这个函数成为: $\varepsilon = \frac{1}{2}m[\dot{r}^2 + r^2\dot{\theta}^2 + r^2(\sin^2\theta)\dot{\phi}^2]$

(b) 根据经典力学中广义动量的定义式

$$p_r = \frac{\partial\varepsilon}{\partial\dot{r}} = m\dot{r}$$

$$p_\theta = \frac{\partial\varepsilon}{\partial\dot{\theta}} = mr^2\dot{\theta}$$

$$p_\phi = \frac{\partial\varepsilon}{\partial\dot{\phi}} = mr^2\sin^2\theta\,\dot{\phi}$$

引出能量函数: $\varepsilon = \frac{1}{2m}\left(p_r^2 + \frac{1}{r^2}p_\theta^2 + \frac{1}{r^2\sin^2\theta}p_\phi^2\right)$

(c) 现设平动子局限在半径为 a 的圆球内,则请在位置坐标 r、θ、ϕ 与相应的

动量坐标 p_r、p_θ、p_ϕ 所构成的相空间中表达和求算这个平动子的配分函数.

解　(a) 据三维空间从笛卡儿坐标系与极坐标系的变换公式:

$$x = r\sin\theta\cos\phi$$
$$y = r\sin\theta\sin\phi$$
$$z = r\cos\theta$$
$$\dot{x} = \dot{r}\sin\theta\sin\phi + r\dot{\theta}\cos\theta\cos\phi - r\dot{\phi}\sin\theta\sin\phi$$
$$\dot{y} = \dot{r}\sin\theta\sin\phi + r\dot{\theta}\cos\theta\sin\phi + r\dot{\phi}\sin\theta\cos\phi$$
$$\dot{z} = \dot{r}\sin\theta - r\dot{\theta}\sin\theta$$

则

$$\dot{x}^2 + \dot{y}^2 + \dot{z}^2 = \dot{r}^2 + r^2\dot{\theta}^2 + r^2\dot{\phi}^2\sin^2\theta$$

故

$$\varepsilon = \frac{1}{2}m(\dot{x}^2 + \dot{y}^2 + \dot{z}^2)$$
$$= \frac{1}{2}m[\dot{r}^2 + r^2\dot{\theta}^2 + r^2(\sin^2\theta)\dot{\phi}^2] \tag{1}$$

(b)
$$p_r = m\dot{r}$$
$$p_\theta = mr^2\dot{\theta}$$
$$p_\phi = mr^2\sin^2\theta \cdot \dot{\phi}$$

代入式(1),得

$$\varepsilon = \frac{1}{2m}[m^2\dot{r}^2 + m^2r^2\dot{\theta}^2 + m^2r^2(\sin^2\theta)\dot{\phi}^2]$$
$$= \frac{1}{2m}\left(p_r^2 + \frac{1}{r^2}p_\theta^2 + \frac{1}{r^2\sin^2\theta}p_\phi^2\right)$$

(c) 平动子在相空间中配分函数 Q_t

$$Q_t = \frac{1}{h^3}\iiint_{-\infty}^{+\infty}\int_0^a\int_0^\pi\int_0^{2\pi}\exp\phi\left(-\frac{p_r^2 + \frac{1}{r^2}p_\theta^2 + \frac{1}{r^2\sin\theta}p_\phi^2}{2mkT}\right)dr d\theta d\phi dp_r dp_\theta dp_\phi$$

因题意局限在半径为 a 的圆球内,故

$$r\,从\,0\to a \qquad \theta\,从\,0\to\pi \qquad \phi\,从\,0\to2\pi$$

$$Q_t = \frac{1}{h^3}\int_0^a dr\int_0^\pi d\theta\int_0^{2\pi}d\phi\int_{-\infty}^{+\infty}\exp\left(-\frac{p_r^2}{2mkT}\right)dp_r\int_{-\infty}^{+\infty}\exp\left(-\frac{p_\theta^2}{2mr^2kT}\right)dp_\theta$$

$$\times\int_{-\infty}^{+\infty}\exp\left[-\frac{p_\varphi^2}{r^2(\sin^2\theta)2mkT}\right]dp_\phi$$

$$= \frac{1}{h^3} \int_0^{2\pi} \mathrm{d}\phi \int_{-\infty}^{+\infty} \exp\left(-\frac{p_r^2}{2mkT}\right) \mathrm{d}p_r \int_0^\pi \int_0^a \left\{ \int_{-\infty}^{+\infty} \exp\left(-\frac{p_\theta^2}{2mr^2kT}\right) \mathrm{d}p_\theta \right.$$

$$\left. \times \int_{-\infty}^{+\infty} \exp\left[-\frac{p_\phi^2}{r^2(\sin^2\theta)2mkT}\right] \mathrm{d}p_\phi \right\} \mathrm{d}r \mathrm{d}\theta$$

$$= \frac{2\pi}{h^3} \sqrt{2\pi mkT} \int_0^\pi \int_0^a r \sqrt{2\pi mkT} \, r\sin\theta \sqrt{2\pi mkT} \, \mathrm{d}r \, \mathrm{d}\theta$$

$$= \frac{2\pi}{h^3} (2\pi mkT)^{3/2} \int_0^\pi \sin\theta \mathrm{d}\theta \int_0^a r^2 \mathrm{d}r$$

$$= 2\pi \left(\frac{2\pi mkT}{h^2}\right)^{3/2} \left(-\cos\theta \Big|_0^\pi\right) \left(\frac{1}{3} r^3 \Big|_0^a\right)$$

$$= 2\pi \left(\frac{2\pi mkT}{h^2}\right)^{3/2} \times 2 \times \frac{1}{3} a^3$$

$$= \frac{4\pi}{3} a^3 \left(\frac{2\pi mkT}{h^2}\right)^{3/2}$$

10-45　按照两种不同的能量标度零点,可以给出粒子的两种不同形式的配分函数

$$q' = \sum_j g_j \exp\left(-\frac{\varepsilon_j}{k_B T}\right), \qquad q = \sum_j q_j \exp\left(-\frac{\varepsilon_j - \varepsilon_1}{k_B T}\right)$$

式中:$\varepsilon_1, \varepsilon_j$ 分别为最低能级和第 j 能级的能量;g_j 为 ε_j 能级的简并度;k_B 为玻耳兹曼常量.

(a) 试问在 q' 和 q 中,我们已把粒子的最低能级的能量分别定为 _____ 和

_____ .

(b) q' 和 q 之间有什么定量关系?

解　(a)ε_1 和 0.

$$(b)　q' = q \exp\left(-\frac{\varepsilon_1}{k_B T}\right).$$

10-46　单维简谐振子的配分函数可写成:$Q_v = \dfrac{\exp\left(-\dfrac{h\nu}{2kT}\right)}{1 - \exp\left(-\dfrac{h\nu}{2kT}\right)}$ 和

$(Q_0)_v = \left[1 - \exp\left(-\dfrac{h\nu}{2kT}\right)\right]^{-1}$,请明确这两种写法各相当于怎样的能量标度零点.

解
$$(Q_0)_v = \frac{1}{1 - \exp\left(-\dfrac{h\nu}{kT}\right)}$$

是将振动能量标度零点放在 $\varepsilon_0 = 0$ 上,即选在比基态($v = 0$)还小 $\dfrac{1}{2}h\nu$ 上,这个能级是虚的、人为假设的.

$$Q_v = \frac{\exp\left(-\dfrac{h\nu}{2kT}\right)}{1 - \exp\left(-\dfrac{h\nu}{kT}\right)}$$

是将振动能量标度零点,选在基态 $v = 0$, $\varepsilon_0 = \dfrac{1}{2}h\nu$ 上.

10-47 根据公式 $Q_v = \dfrac{1}{1 - \exp\left(-\dfrac{h\nu}{kT}\right)}$(规定最低振动态的能量为零)计算

N_2 在 300 K 及 1000 K 时的振动配分函数,已知波数 $\nu_{N_2} = 2360 \text{ cm}^{-1}$,并请计算 N_2 在 300 K 时,在振动能级 v 为 0 和 1 时的粒子分布分数.

解 (a) 300 K

$$Q_v = \frac{1}{1 - \exp\left(-\dfrac{h\nu}{kT}\right)}$$

因为 $\dfrac{hc}{k} = \dfrac{(6.626 \times 10^{-34} \text{ J} \cdot \text{s}) \times (2.998 \times 10^8 \text{ m} \cdot \text{s}^{-1})}{1.381 \times 10^{-23} \text{ J} \cdot \text{K}^{-1}} = 1.438 \times 10^{-2} \text{ m}$

故
$$Q_v = \frac{1}{1 - \exp\left[\dfrac{(-1.438 \times 10^{-2} \text{ m}) \times (2.360 \times 10^5 \text{ m}^{-1})}{300 \text{ K}}\right]}$$

$$= \frac{1}{1 - e^{-11.31}} \approx 1$$

(b) 1000 K

$$Q_v = \frac{1}{1 - \exp\left[-\dfrac{(1.438 \times 10^{-2} \text{ m}) \times (2.360 \times 10^5 \text{ m}^{-1})}{1000 \text{ K}}\right]}$$

$$= \frac{1}{1 - e^{-3.39}}$$

$$= 1.04$$

(c) $\varepsilon_V = vh\nu = vh\bar{\nu}c$　　式中规定最低振动态能量为零,v 为振动量子数.

$$\frac{n_{v=1}}{n_{v=0}} = \frac{g_1 \exp\left(-\dfrac{\varepsilon_1}{kT}\right)}{g_0 \exp\left(-\dfrac{\varepsilon_0}{kT}\right)} = \exp\left(\frac{\varepsilon_1 - \varepsilon_0}{kT}\right) = \exp\left(-\frac{hc\bar{v}}{kT}\right)$$

$$= \exp\left[-\frac{(1.438 \times 10^{-2}\ \text{m}) \times (2.360 \times 10^5\ \text{m}^{-1})}{300\ \text{K}}\right]$$

$$= e^{-11.31} \approx 0$$

说明在室温下,由于分子的振动能级差大,分子由基态跃迁到激发态很少,即基本上处于 $v = 0$ 的基态上.

10-48　在铅和金刚石中,Pb 原子和 C 原子的基本频率分别为 $2 \times 10^{12}\ \text{s}^{-1}$ 和 $4.00 \times 10^{13}\ \text{s}^{-1}$,试求算它们的爱因斯坦温度 $\Theta_E = \dfrac{hv}{k}$ 和振动配分函数在 300 K 下的数值.

解　(a) 铅

$$\Theta_E = \frac{hv}{k} = \frac{6.626 \times 10^{-34}\ \text{J} \cdot \text{s} \times 2 \times 10^{12}\ \text{s}^{-1}}{1.381 \times 10^{-23}\ \text{J} \cdot \text{K}^{-1}} = 96\ \text{K}$$

设将振动能标作为零点放在振子基态上,即 $\varepsilon_0 = 0$,其振动配分函数:

$$Q_v = \frac{1}{1 - e^{-\frac{hv}{kT}}} = \frac{1}{1 - e^{-\Theta_E/T}} = \frac{1}{1 - e^{-\frac{96\ \text{K}}{300\ \text{K}}}} = 3.65$$

(b) 金刚石

$$\Theta_E = \frac{hv}{k} = \frac{(6.626 \times 10^{-34}\ \text{J} \cdot \text{s}) \times (4.00 \times 10^{13}\ \text{s}^{-1})}{1.381 \times 10^{-23}\ \text{J} \cdot \text{K}^{-1}} = 1.92 \times 10^3\ \text{K}$$

$$Q_v = \frac{1}{1 - e^{\frac{1920\ \text{K}}{300\ \text{K}}}} \simeq 1$$

10-49　从 HCl 分子光谱中的转动谱线,测出两相邻谱线间波数差为 $2.083 \times 10^3\ \text{m}^{-1}$ 中原子间距离 r.

解　根据转动能级公式,初态时能量为

$$\varepsilon_J = \frac{h^2}{8\pi^2 I} J(J+1)$$

改变后能量为

$$\varepsilon_{J'} = \frac{h^2}{8\pi^2 I} (J+1)(J+2)$$

两相邻谱线间的能级差为

$$\Delta\varepsilon = \varepsilon_{J'} - \varepsilon_J = \frac{h^2(J+1)}{4\pi^2 I}$$

因为 $\Delta\varepsilon \approx h\nu$，所以

$$\nu = \frac{h(J+1)}{4\pi^2 I}$$

又因为 $\nu = c\bar{\nu}$，则 $c\Delta\bar{\nu} = \Delta\nu$，所以两相邻谱线间的频率差：

$$\Delta\nu = \frac{h}{4\pi^2 I} = c\Delta\bar{\nu}$$

$$I = \frac{h}{4\pi^2 c\Delta\bar{\nu}}$$

因为

$$I = \frac{m_1 m_2}{(m_1 + m_2)} r^2$$

所以

$$\frac{m_1 m_2}{(m_1 + m_2)} r^2 = \frac{h}{4\pi^2 c\Delta\bar{\nu}}$$

$$m_1 = \frac{1.008 \times 10^{-3} \text{ kg} \cdot \text{mol}^{-1}}{6.022 \times 10^{23} \text{ mol}^{-1}} = 1.674 \times 10^{-27} \text{ kg}$$

$$m_2 = \frac{35.5 \times 10^{-3} \text{ kg} \cdot \text{mol}^{-1}}{6.022 \times 10^{23} \text{ mol}^{-1}} = 5.895 \times 10^{-26} \text{ kg}$$

代入上式，得

$$r^2 = \frac{(6.626 \times 10^{34} \text{ J} \cdot \text{s})}{4 \times (3.1416)^2 \times (2.998 \times 10^8 \text{ m} \cdot \text{s}^{-1}) \times (2.083 \times 10^3 \text{m}^{-1})}$$
$$\times \frac{(1.674 \times 10^{-27} \text{ kg} + 5.895 \times 10^{-26} \text{ kg})}{(1.674 \times 10^{-27} \text{ kg}) \times (5.895 \times 10^{-26} \text{ kg})}$$
$$= 1.65 \times 10^{-20} \text{ m}^2$$
$$r = 1.29 \times 10^{-10} \text{ m}$$

10-50 单维简谐振子的能谱为 $\varepsilon(v) = \left(v + \dfrac{1}{2}\right)h\nu$，振动量子数 $v = 0,1,$ $2\cdots$ 试证明：

(a) $Q = \displaystyle\sum_v \exp\left(\frac{-\varepsilon(v)}{kT}\right) = \frac{1}{\exp\left(\dfrac{h\nu}{2kT}\right) - \exp\left(\dfrac{-h\nu}{2kT}\right)}$

(b) $kT^2\left(\dfrac{\partial Q}{\partial T}\right) = \displaystyle\sum_v \exp\left(\frac{-\varepsilon(v)}{kT}\right)\varepsilon(v)$

(c) 总能量 $E = \displaystyle\sum_v n(v)\varepsilon(v) = 3NkT^2\frac{\partial\ln Q}{\partial T}$

(d) $E = 3N\left[\dfrac{1}{2}h\nu + \dfrac{h\nu}{\exp\left(\dfrac{h\nu}{kT}\right) - 1}\right]$（$3N$ 为单维简谐振子总数）

证 (a) $Q = \sum\limits_{v}\exp\left(\dfrac{-\varepsilon(v)}{kT}\right) = \sum\limits_{v}\exp\left[\dfrac{-\left(v + \dfrac{1}{2}\right)h\nu}{kT}\right]$

$\qquad = \exp\left(\dfrac{-h\nu}{2kT}\right) + \exp\left(\dfrac{-3h\nu}{2kT}\right) + \cdots$

$\qquad = \exp\left(\dfrac{-h\nu}{2kT}\right)\left[1 + \exp\left(\dfrac{-h\nu}{kT}\right) + \exp\left(\dfrac{-2h\nu}{kT}\right) + \cdots\right]$

$\qquad = \exp\left(\dfrac{-h\nu}{2kT}\right) \times \dfrac{1}{1 - \exp\left(\dfrac{-h\nu}{kT}\right)}$

$$\qquad = \dfrac{1}{\exp\left(\dfrac{h\nu}{2kT}\right) - \exp\left(\dfrac{-h\nu}{2kT}\right)} \tag{1}$$

(b) 因为 $\quad Q = \sum\limits_{v}\exp\left(\dfrac{-\varepsilon(v)}{kT}\right)$

$$\dfrac{\partial Q}{\partial T} = \sum\limits_{v}\dfrac{\varepsilon(v)}{kT^2}\exp\left(\dfrac{-\varepsilon(v)}{kT}\right)$$

所以

$$kT^2\dfrac{\partial Q}{\partial T} = \sum\limits_{v}\varepsilon(v)\exp\left(\dfrac{-\varepsilon(v)}{kT}\right) \tag{2}$$

(c) 据玻耳兹曼分布定律：

$$n(v) = \lambda\exp\left(\dfrac{-\varepsilon(v)}{kT}\right) \quad （因简并度 $g_v = 1$）$$

$$\sum\limits_{v}n(v) = \lambda\sum\limits_{v}\exp\left(\dfrac{-\varepsilon(v)}{kT}\right) = 3N$$

$$\lambda = \dfrac{3N}{\sum\limits_{v}\exp\left(\dfrac{-\varepsilon(v)}{kT}\right)} = \dfrac{3N}{Q}$$

$$n(v) = \dfrac{3N}{Q}\exp\left(\dfrac{-\varepsilon(v)}{kT}\right)$$

$$E = \sum\limits_{v}n(v)\varepsilon(v) = \sum\limits_{v}\dfrac{3N}{Q}\exp\left(\dfrac{-\varepsilon(v)}{kT}\right)\varepsilon(v) \tag{3}$$

由式(2)知 $\qquad kT^2\dfrac{\partial Q}{\partial T} = \sum\limits_{v}\varepsilon(v)\exp\left(\dfrac{-\varepsilon(v)}{kT}\right)$

$$kT^2\dfrac{\partial\ln Q}{\partial T} = \dfrac{1}{Q}\sum\limits_{v}\varepsilon(v)\exp\left(\dfrac{-\varepsilon(v)}{kT}\right)$$

代入式(3),得

$$E = \sum_v n(v)\varepsilon(v) = 3NkT^2 \frac{\partial \ln Q}{\partial T} \qquad (4)$$

(d) 由(a) 已证得

$$Q = \frac{1}{\exp\left(\frac{h\nu}{2kT}\right) - \exp\left(\frac{-h\nu}{2kT}\right)} = \frac{\exp\left(\frac{-h\nu}{2kT}\right)}{1 - \exp\left(\frac{-h\nu}{kT}\right)}$$

$$\ln Q = -\frac{h\nu}{2kT} - \ln\left[1 - \exp\left(-\frac{h\nu}{kT}\right)\right]$$

$$\frac{\partial \ln Q}{\partial T} = \frac{h\nu}{2kT^2} + \frac{\frac{h\nu}{kT^2}\exp\left(\frac{-h\nu}{kT}\right)}{1 - \exp\left(\frac{-h\nu}{kT}\right)}$$

由(c) 已证得

$$E = 3NkT^2 \frac{\partial \ln Q}{\partial T}$$

$$= 3NkT^2 \left\{ \frac{h\nu}{2kT^2} + \frac{h\nu\exp\left(\frac{-h\nu}{kT}\right)}{kT^2\left[1 - \exp\left(\frac{-h\nu}{kT}\right)\right]} \right\}$$

$$= 3N\left[\frac{1}{2}h\nu + \frac{h\nu}{\exp\left(\frac{h\nu}{kT}\right) - 1}\right]$$

10-51　原子晶体可以看成是由 N 个三维(3d) 简谐振子组居的体系,又可以看成 $3N$ 个独立的单维(1d) 简谐振子.试证明:

(a) 原子晶体可看成 $3N$ 个单维简谐振子.

(b)　$q_{3d} = \exp\left(\frac{3}{2}\frac{k\nu}{k_B T}\right)\left[1 - \exp\left(\frac{-h\nu}{k_B T}\right)\right]^{-3} = \sum_s g(s)\exp\left[-\frac{g(s)}{k_B T}\right]$

$$= \left[\sum_v \exp\left(\frac{-h\nu}{k_B T}\right)\right]^3$$

式中,s 为三维简谐振子振动量子数.

$$s = v_x + v_y + v_z = 0, 1, 2, \cdots$$

(c) 体系总能量

$$U = \sum_s n(s)\varepsilon(s) = Nk_B T^2 \frac{\partial \ln q_{3d}}{\partial T} = 3N\bar{\varepsilon}_{1d}$$

证　(a) 三维简谐振子的位能函数为

$$U = \frac{1}{2} f(r^2) = \frac{1}{2} f(x^2 + y^2 + z^2)$$

实际上可看成三个独立的单维简谐振子.因此,原子晶体可看成 $3N$ 个单维简谐振子.

(b) 根据量子理论,单维简谐振子在各量子状态的能量或振子的能谱为

$$\varepsilon(v) = \left(v + \frac{1}{2} \right) h\nu \qquad (v = 0,1,2,\cdots)$$

则三维简谐振子的能量为

$$\varepsilon(s) = \left(v_x + \frac{1}{2} \right) h\nu + \left(v_y + \frac{1}{2} \right) h\nu + \left(v_z + \frac{1}{2} \right) h\nu$$

$$= \left[(v_x + v_y + v_z) + \frac{3}{2} \right] h\nu$$

$$= \left(s + \frac{3}{2} \right) h\nu$$

式中,$s = v_x + v_y + v_z = 0,1,2,\cdots$.

三维简谐振子能级 $\varepsilon(s)$ 的简并度 $g(s)$ 为

$$g(s) = \frac{1}{2}(s+2)(s+1)$$

$$q_{3d} = \sum_{s=0} g(s) \exp \left[\varepsilon(s) k_B T \right] = \exp \left(-\frac{3}{2} \frac{h\nu}{k_B T} \right) \sum_{s=0} \frac{1}{2}(s+1)(s+2) \exp \left(\frac{-sh\nu}{k_B T} \right) \tag{1}$$

$$q_{1d} = \sum_{v} \exp \left(\frac{-\varepsilon(v)}{k_B T} \right) = \sum_{v} \exp \left[\frac{-\left(v + \frac{1}{2} \right) h\nu}{k_B T} \right]$$

$$= \exp \left(\frac{-h\nu}{2k_B T} \right) + \exp \left(\frac{-3h\nu}{2k_B T} \right) + \cdots$$

$$= \exp \left(\frac{-h\nu}{2k_B T} \right) \left[1 + \exp \left(\frac{-h\nu}{k_B T} \right) + \exp \left(\frac{-2h\nu}{k_B T} \right) + \cdots \right]$$

$$= \frac{\exp \left(\frac{-h\nu}{2k_B T} \right)}{1 - \exp \left(\frac{-h\nu}{k_B T} \right)} = \frac{1}{\exp \left(\frac{h\nu}{2k_B T} \right) - \exp \left(\frac{-h\nu}{2k_B T} \right)} \tag{2}$$

令 $x = \exp \left(\frac{-h\nu}{k_B T} \right)$,利用二项式公式

$$(1-x)^{-n} = 1 + \sum_{s=1} \frac{n(n+1)(n+2) \cdot \cdots \cdot (n+s-1)}{s!} x^s$$

$$= 1 + \sum_{s=1} \frac{(n-1)! \, n(n+1)(n+2) \cdot \cdots \cdot (n+s-1)}{s!(n-1)!} x^s$$

$$= 1 + \sum_{s=1} \frac{(n+s-1)!}{s!(n-1)!} x^s$$

令 $n = 3$，则

$$(1-x)^{-3} = 1 + \sum_{s=1} \frac{(s+2)!}{s!(3-1)!} x^s$$

$$= 1 + \sum_{s=1} \frac{(s+1)(s+2)}{2} x^s$$

$$= \sum_{s=0} \frac{1}{2}(s+1)(s+2) x^s$$

由式(1)得出

$$q_{3d} = \exp\left(\frac{-3h\nu}{2k_B T}\right) \sum_{s=0} \frac{1}{2}(s+1)(s+2)\exp\left(\frac{-sh\nu}{k_B T}\right)$$

$$= \exp\left(\frac{-3h\nu}{2k_B T}\right)\left[1 - \exp\left(\frac{-h\nu}{k_B T}\right)\right]^{-3} \tag{3}$$

$$= q_{1d}^3 = \left[\sum_{v=0} \exp\left(\frac{-\varepsilon(v)}{k_B T}\right)\right]^3 \tag{4}$$

(c) 三维简谐振子的能量分布函数为

$$n(s) = \frac{N}{q_{3d}} g(s)\exp\left(\frac{-\varepsilon(s)}{k_B T}\right)$$

体系能量

$$U = \sum_{s=0} n(s)\varepsilon(s) = N \frac{\sum\limits_{s=0} \varepsilon(s)g(s)\exp\left(\frac{-\varepsilon(s)}{k_B T}\right)}{\sum g(s)\exp\left(\frac{-\varepsilon(s)}{k_B T}\right)}$$

$$= Nk_B T^2 \frac{\dfrac{\partial q_{3d}}{\partial T}}{T} = (Nk_B T^2)\frac{\partial \ln q_{3d}}{\partial T}$$

$$= Nk_B T^2 \frac{\partial \ln q_{1d}^3}{\partial T}$$

$$= 3Nk_B T^2 \frac{\partial}{\partial T}\left\{\ln\exp\left(\frac{-h\nu}{k_B T}\right) - \ln\left[1 - \exp\left(\frac{-h\nu}{k_B T}\right)\right]\right\}$$

$$= 3N\left[\frac{h\nu}{2} + \frac{h\nu}{\exp\left(\frac{h\nu}{k_B T}\right) - 1}\right]$$

$$\bar{\varepsilon}_{1d} = \sum n(v)\varepsilon(v) = \frac{\sum \varepsilon(v)\exp\left(\dfrac{-\varepsilon(v)}{k_B T}\right)}{q_{1d}} = k_B T^2 \frac{\partial \ln q_{1d}}{\partial T}$$

所以

$$U = 3N\bar{\varepsilon}_{1d}$$

10-52 若取双原子分子的转动惯量 I 为 $10 \times 10^{-47}\,\mathrm{kg \cdot m^2}$,则其第三与第四转动能级的能量间隔 $\Delta\varepsilon_r$ 等于多少?

```
        ε                          J
       30 ─────────────────────── 5



       20 ─────────────────────── 4

h²/8π²单位

       12 ─────────────────────── 3


        6 ─────────────────────── 2
        2 ─────────────────────── 1
        0 ─────────────────────── 0
```

解 根据转动能级公式

$$\varepsilon_r = \frac{J + (J+1)h^2}{8\pi^2 I} \qquad (J = 0,1,2\cdots)$$

第三转动能级 $J = 2$

第四转动能级 $J' = 3$

所以

$$\Delta\varepsilon_r = \frac{[J'(J'+1) - J(J+1)]h^2}{8\pi^2 I}$$

$$= \frac{(3\times4 - 2\times3) \times (6.626 \times 10^{-34}\,\mathrm{J \cdot s})^2}{8 \times (3.1416)^2 \times (10 \times 10^{-47}\,\mathrm{kg \cdot m^2})}$$

$$= 3.34 \times 10^{-22}\,\mathrm{J}$$

10-53 由右图示的能级间隔约值,分别计算转动、振动、电子能级间隔的玻耳兹曼因子 $\exp\left(\dfrac{-\Delta\varepsilon}{kT}\right)$ 等于多少?

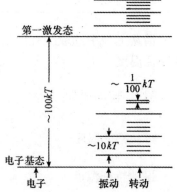

解 转动能级 $\sim \dfrac{1}{100}kT$

转动能级间隔的玻耳兹曼因子

$$\exp\left(\frac{-\Delta\varepsilon_r}{kT}\right) = \exp\left(\frac{-\dfrac{1}{100}kT}{kT}\right) = e^{-0.01}$$

$$= 0.999$$

振动能级 $\sim 10kT$

振动能级间隔的玻耳兹曼因子

$$\exp\left(\frac{-\Delta\varepsilon_v}{kT}\right) = \exp\left(\frac{-10kT}{kT}\right) = e^{-10} = 4.53 \times 10^{-5} \simeq 0$$

电子能级 $\sim 100kT$

电子能级间隔的玻耳兹曼因子

$$\exp\left(\frac{-\Delta\varepsilon_e}{kT}\right) = \exp\left(\frac{-100kT}{kT}\right) = e^{-100} \simeq 0$$

根据玻耳兹曼能量分布定律,有

$$n_i = \frac{N}{Q}g_i\exp\left(\frac{-\varepsilon_i}{kT}\right)$$

由以上计算可知,在室温时,分子在转动能级上可以发生跃迁,而振动和电子能级均处于基态不激发.

10-54　下面给出若干双原子在振动基态上时的平均核间距离 r_0 和振动的基本频率:

双原子分子	$r_0 \times 10^{10}/\text{m}$	$\nu/c \times 10^{-5}/\text{m}^{-1}$
H_2	0.751	4.395
N_2	1.097	2.360
O_2	1.211	1.580
CO	1.131	2.170
NO	1.154	1.904
HCl	1.264	2.990
HBr	1.432	2.650
HI	1.615	2.310
I_2	2.668	0.214

请从上表中选取二三种双原子分子,求算它们的转动惯量,转动特征温度和振动特征温度.

解　转动惯量　　　　　　　$$I = \left(\frac{m_1 m_2}{m_1 + m_2}\right)r_0^2$$

转动特征温度　　　　　　$$\Theta_r = \frac{h^2}{8\pi^2 Ik}$$

振动特征温度　　　　　　$$\Theta_v = \frac{h\nu}{k} = \frac{hc\bar{\nu}}{k}$$

(a) H_2

$$I = \frac{m_1^2}{2m_1} r_0^2 = \frac{1}{2} m_1 r_0^2$$

$$= \frac{(1.008 \times 10^{-3} \text{ kg} \cdot \text{mol}^{-1}) \times (0.751 \times 10^{-10} \text{ m})^2}{(2 \times 6.022 \times 10^{23} \text{ mol}^{-1})}$$

$$= 4.72 \times 10^{-48} \text{ kg} \cdot \text{m}^2$$

$$\Theta_r = \frac{h^2}{8\pi^2 Ik}$$

$$= \frac{(6.626 \times 10^{-34} \text{ J} \cdot \text{s})^2}{8 \times (3.1416)^2 \times (4.72 \times 10^{-48} \text{ kg} \cdot \text{m}^2) \times 1.381 \times 10^{-23} \text{ J} \cdot \text{K}^{-1}}$$

$$= 85.3 \text{ K}$$

$$\Theta_v = \frac{hc\bar{\nu}}{k}$$

$$= \frac{(6.626 \times 10^{-34} \text{ J} \cdot \text{s}) \times (2.998 \times 10^8 \text{ m} \cdot \text{s}^{-1}) \times (4.395 \times 10^5 \text{m}^{-1})}{1.381 \times 10^{-23} \text{ J} \cdot \text{K}^{-1}}$$

(b) O_2

$$I = \frac{1}{2} m_1 r_0^2 = \frac{(16 \times 10^{-3} \text{ kg} \cdot \text{mol}^{-1}) \times (1.211 \times 10^{-10} \text{ m})^2}{2 \times 6.022 \times 10^{23} \text{ mol}^{-1}}$$

$$= 1.95 \times 10^{-46} \text{ kg} \cdot \text{m}^2$$

$$\Theta_r = \frac{h^2}{8\pi^2 Ik}$$

$$= \frac{(6.626 \times 10^{-34} \text{ J} \cdot \text{s})^2}{8 \times (3.1416)^2 \times (1.95 \times 10^{-46} \text{ kg} \cdot \text{m}^2) \times 1.381 \times 10^{-23} \text{ J} \cdot \text{K}^{-1}}$$

$$= 2.07 \text{ K}$$

$$\Theta_v = \frac{hc\bar{\nu}}{k}$$

$$= \frac{(6.626 \times 10^{-34} \text{ J} \cdot \text{s}) \times (2.998 \times 10^8 \text{ m} \cdot \text{s}^{-1}) \times (1.580 \times 10^5 \text{ m}^{-1})}{1.381 \times 10^{-23} \text{ J} \cdot \text{K}^{-1}}$$

$$= 227.3 \text{ K}$$

(c) HI

$$I = \frac{m_1 m_2}{m_1 + m_2} r_0^2$$

$$= \frac{(1.008 \times 10^{-3} \text{ kg} \cdot \text{mol}^{-1}) \times (127 \times 10^{-3} \text{ kg} \cdot \text{mol}^{-1}) \times (1.615 \times 10^{-10} \text{ m})^2}{(1.008 + 127) \times 10^{-3} \text{ kg} \cdot \text{mol}^{-1} \times (6.022 \times 10^{23} \text{ mol}^{-1})}$$

$$= 4.33 \times 10^{-47} \text{ kg} \cdot \text{m}^2$$

$$\Theta_r = \frac{h^2}{8\pi^2 Ik}$$

$$= \frac{(6.626 \times 10^{-34} \text{ J} \cdot \text{s})^2}{8 \times (3.1416)^2 \times (4.33 \times 10^{-47} \text{ kg} \cdot \text{m}^2) \times (1.381 \times 10^{-23} \text{ J} \cdot \text{K}^{-1})}$$

$$= 9.30 \text{ K}$$

$$\Theta_v = \frac{hc\bar{\nu}}{k}$$

$$= \frac{(6.626 \times 10^{-34} \text{ J} \cdot \text{s}) \times (2.998 \times 10^8 \text{ m} \cdot \text{s}^{-1}) \times (2.310 \times 10^5 \text{ m}^{-1})}{(1.381 \times 10^{-23} \text{ J} \cdot \text{K}^{-1})}$$

$$= 3323 \text{ K}$$

10-55 请求算双原子分子 H_2、N_2、NO 和 HI 在 300 K 下的转动配分函数 Q_r 和振动配分函数 $(O_0)_v$, 这些数值代表什么? 有没有量纲? 已知双原子分子转动惯量数据如下:

分子	H_2	N_2	NO	HI
$I \times 10^{47}/(\text{kg} \cdot \text{m}^2)$	0.459	13.9	16.4	4.31

解 根据转动配分函数公式

$$Q_r = \frac{8\pi^2 IkT}{\sigma h^2}$$

H_2:

$$Q_r = \frac{8 \times (3.1416)^2 \times (0.459 \times 10^{-47} \text{ kg} \cdot \text{m}^2) \times (1.381 \times 10^{-23} \text{ J} \cdot \text{K}^{-1}) \times (300 \text{ K})}{2 \times (6.626 \times 10^{-34} \text{ J} \cdot \text{s})^2}$$

$$= 1.71$$

N_2:

$$Q_r = \frac{8 \times (3.1416)^2 \times (13.9 \times 10^{-47} \text{ kg} \cdot \text{m}^2) \times (1.381 \times 10^{-23} \text{ J} \cdot \text{K}^{-1}) \times (300 \text{ K})}{2 \times (6.626 \times 10^{-34} \text{ J} \cdot \text{s})^2}$$

$$= 51.8$$

NO:

$$Q_r = \frac{8 \times (3.1416)^2 \times (16.4 \times 10^{-47} \text{ kg} \cdot \text{m}^2) \times (1.381 \times 10^{-23} \text{ J} \cdot \text{K}^{-1}) \times (300 \text{ K})}{1 \times (6.626 \times 10^{-34} \text{ J} \cdot \text{s})^2}$$

$$= 122$$

HI:

$$Q_r = \frac{8 \times (3.1416)^2 \times (4.31 \times 10^{-47} \text{ kg} \cdot \text{m}^2) \times (1.381 \times 10^{-23} \text{ J} \cdot \text{K}^{-1}) \times (300 \text{ K})}{1 \times (6.626 \times 10^{-34} \text{ J} \cdot \text{s})^2}$$

$$= 32.1$$

以上这些数值代表双原子分子转动状态的有效状态数,它无量纲.

振动配分函数公式

$$(Q_0)_v = \cfrac{1}{1 - \exp\left(\cfrac{-h\nu}{kT}\right)}$$

设将振动能标作为零点放在振子基态上,即 $\varepsilon_0 = 0$

$$\frac{h\nu}{kT} = \frac{(6.626 \times 10^{-34} \text{ J} \cdot \text{s}) \times 2.998 \times 10^8 \text{ m} \cdot \text{s}^{-1}}{(1.381 \times 10^{-23} \text{ J} \cdot \text{K}^{-1}) \times 300 \text{ K}} \times \bar{\nu}$$

$$= (4.80 \times 10^{-5} \text{ m})(\bar{\nu} \text{ m}^{-1})$$

H_2: $\quad (Q_0)_v = \cfrac{1}{1 - e^{(-4.80 \times 10^{-5} \text{ m}) \times (4.395 \times 10^5 \text{ m}^{-1})}} = \cfrac{1}{1 - e^{-21.1}}$

$$= \cfrac{1}{1 - 6.86 \times 10^{-10}} \simeq 1$$

N_2: $\quad (Q_0)_v = \cfrac{1}{1 - e^{(-4.80 \times 10^{-5} \text{ m}) \times (2.360 \times 10^5 \text{ m}^{-1})}} = \cfrac{1}{1 - e^{-11.3}}$

$$= \cfrac{1}{1 - 1.24 \times 10^{-5}} \simeq 1$$

O_2: $\quad (Q_0)_v = \cfrac{1}{1 - e^{(-4.80 \times 10^{-5} \text{ m}) \times (1.580 \times 10^5 \text{ m}^{-1})}} = \cfrac{1}{1 - e^{-7.58}}$

$$= \cfrac{1}{1 - 5.11 \times 10^{-4}} \simeq 1$$

HI: $\quad (Q_0)_v = \cfrac{1}{1 - e^{(-4.80 \times 10^{-5} \text{ m}) \times (2.310 \times 10^5 \text{ m}^{-1})}} = \cfrac{1}{1 - e^{-11.09}}$

$$= \cfrac{1}{1 - 1.53 \times 10^{-5}} \simeq 1$$

NO: $\quad (Q_0)_v = \cfrac{1}{1 - e^{(-4.80 \times 10^{-5} \text{ m}) \times (1.904 \times 10^5 \text{ m}^{-1})}} = \cfrac{1}{1 - e^{-9.14}}$

$$= \cfrac{1}{1 - 1.07 \times 10^{-4}} \simeq 1$$

从上述计算结果说明在 300 K 时,这些分子都处在振动能级的基态上.

10-56 在水分子中,O—H 键的键长为 97.0×10^{-12} m,键角 H—O—H 为 105°,按主轴系,求算水分子的转动惯量组元 I°_{xx}、I°_{yy}、I°_{zz}、I°_{xy}、I°_{yz}、I°_{zx}.

解 在计算非直线形分子的转动惯量时,我们可在分子中安放三个互相垂直

和通过质心的笛卡儿坐标轴 x, y 和 z 然后按下列公式得出分子转动惯量的各个组元:

$$I_{xx} = \sum_{\alpha=1}^{n} m_\alpha (y_\alpha^2 + z_\alpha^2)$$

$$I_{yy} = \sum_{\alpha=1}^{n} m_\alpha (z_\alpha^2 + x_\alpha^2)$$

$$I_{zz} = \sum_{\alpha=1}^{n} m_\alpha (x_\alpha^2 + y_\alpha^2)$$

$$I_{xy} = \sum_{\alpha=1}^{n} m_\alpha x_\alpha y_\alpha$$

$$I_{yz} = \sum_{\alpha=1}^{n} m_\alpha y_\alpha z_\alpha$$

$$I_{zx} = \sum_{\alpha=1}^{n} m_\alpha z_\alpha x_\alpha$$

对任何非直线形分子来说,通过分子的质心,我们总可以找到这样一个笛卡儿坐标系 $x°、y°$ 和 $z°$,按照这个坐标系给出的交叉组元: $I°_{xy} = I°_{yz} = I°_{zx} = 0$

而其他组元当直接给出

$$I°_{xx} = I_A, \qquad I°_{yy} = I_B, \qquad I°_{zz} = I_C$$

这样的笛卡儿坐标轴 $x°、y°$ 和 $z°$ 称为分子的三个主轴.

找出分子质心 P

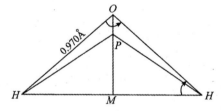

$$OM = (97 \times 10^{-12} \text{ m})\sin 37.5° = 97 \times 10^{-12} \text{ m} \times 0.6088 = 59 \times 10^{-12} \text{ m}$$

$$HM = (97 \times 10^{-12} \text{ m})\cos 37.5° = 97 \times 10^{-12} \text{ m} \times 0.7934 = 77 \times 10^{-12} \text{ m}$$

因等腰三角形质心处在垂线的某一点 P 上

$$m_0 \times OP = 2m_H \times PM$$

$$\frac{16 \times 10^{-3} \text{ kg} \cdot \text{mol}^{-1}}{6.022 \times 10^{23} \text{ mol}^{-1}} \times OP = \frac{2 \times 10^{-3} \text{ kg} \cdot \text{mol}^{-1}}{6.022 \times 10^{23} \text{ mol}^{-1}}(OM - OP)$$

所以

$$OP = 6.6 \times 10^{-12} \text{ m}$$

$$PM = OM - OP = 52.4 \times 10^{-12} \text{ m}$$

今以质心 P 为笛卡儿坐标原点,则 H 和 O 原子的坐标为

$$O(0, \qquad 0, \quad -6.6 \times 10^{-12} \text{ m})$$
$$H(77 \times 10^{-12} \text{ m}, \qquad 0, \quad 52.4 \times 10^{-12} \text{ m})$$
$$H(-77 \times 10^{-12} \text{ m}, \quad 0, \quad 52.4 \times 10^{-12} \text{ m})$$

将 H_2O 分子置于 zx 平面,以质心 P 为原点,y 轴垂直纸面向里.

$$
\begin{aligned}
I^{\circ}_{xx} &= \sum_{a=1}^{n} m_a(y_a^2 + z_a^2) \\
&= m_0(y_0^2 + z_0^2) + 2m_H(y_H^2 + z_H^2) \\
&= \frac{16 \times 10^{-3} \text{ kg} \cdot \text{mol}^{-1}}{6.022 \times 10^{23} \text{ mol}^{-1}} \times [0 + (-6.6 \times 10^{-12} \text{ m})^2] \\
&\quad + \frac{2 \times 10^{-3} \text{ kg} \cdot \text{mol}^{-1}}{6.022 \times 10^{23} \text{ mol}^{-1}} \times (52.4 \times 10^{-12} \text{ m})^2 \\
&= 1.03 \times 10^{-47} \text{ kg} \cdot \text{m}^2
\end{aligned}
$$

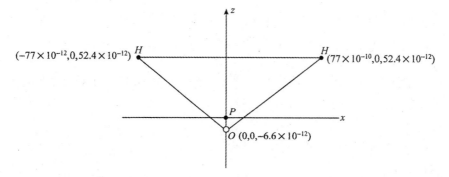

$$
\begin{aligned}
I^{\circ}_{zz} &= \sum_{a=1}^{n} m_a(x_a^2 + y_a^2) \\
&= m_O(x_O^2 + y_O^2) + 2m_H(x_H^2 + y_H^2) \\
&= m_O(0 + 0) + 2m_H(x_H^2 + 0) = 2m_H x_H^2 \\
&= \frac{2 \times 10^{-3} \text{ kg} \cdot \text{mol}^{-1}}{6.022 \times 10^{23} \text{ mol}^{-1}} \times (77 \times 10^{-12} \text{ m})^2 \\
&= 1.9 \times 10^{-47} \text{ kg} \cdot \text{m}^2
\end{aligned}
$$

$$
\begin{aligned}
I^{\circ}_{yy} &= \sum_{a=1}^{n} m_a(z_a^2 + x_a^2) \\
&= [16 \times (-6.6 \times 10^{-12} \text{ m})^2 + 2 \times (77.0 \times 10^{-12} \text{ m})^2 \\
&\quad + 2 \times (52.4 \times 10^{-12} \text{ m})^2] \times \frac{10^{-3} \text{ kg} \cdot \text{mol}^{-1}}{6.022 \times 10^{23} \text{ mol}^{-1}}
\end{aligned}
$$

$$= 3.01 \times 10^{-47} \text{ kg} \cdot \text{m}^2$$

$$I^{\circ}_{xy} = I^{\circ}_{yz} = I^{\circ}_{zx} = 0$$

所以 x°、y°、z° 称为水分子的三个主轴.

10-57　水和二氧化碳分子各有几个转动和振动自由度?请写出这两种分子的配分函数.在求算这些配分函数时,我们需要哪些有关 H_2O 和 CO_2 分子的数据?并给出这些数据.

H_2O 和 CO_2 在经典场合下会给出怎样的比热数值?而在室温下又会给出怎样的比热容值?

解　(a) H_2O 是非直线形多原子分子,它的运动系由一个三维平动子、一个具三个自由度的刚性转子和 $(3n - 6) = 3$ 个简维简谐振子组成

$$Q_t = V\left(\frac{2\pi m kT}{h^2}\right)^{3/2}$$

$$Q_r = \left[\frac{\sqrt{\pi}(8\pi^2 kT)^{3/2}(I_A I_B I_C)^{1/2}}{\sigma h^3}\right]$$

室温时,振动能级不开放,求算配分函数时,需知:

$$m_{H_2O} = \frac{18 \times 10^{-3} \text{ kg} \cdot \text{mol}^{-1}}{6.022 \times 10^{23} \text{ mol}^{-1}} = 2.989 \times 10^{-26} \text{ kg}$$

H_2O 分子中的 O—H 键长 $= 97 \times 10^{-10}$ m,键角 H—O—H $= 105°$;对称数 $\sigma = 2$.

$$Q_{H_2O} = Q_t Q_r = V\left(\frac{2\pi m kT}{h^2}\right)^{3/2} \times \frac{\sqrt{\pi}(8\pi^2 kT)^{3/2}(I_A I_B I_C)^{1/2}}{\sigma h^3}$$

(b) CO_2 是直线形多原子分子,它有三维平动、两个转动自由度及 $(3n - 5) = 4$ 个振动自由度.

$$Q_t = V\left(\frac{2\pi^2 m kT}{h^2}\right)^{3/2}$$

$$Q_r = \frac{8\pi^2 I kT^{3/2}}{\sigma h^2}$$

$$Q_{CO_2} = Q_t Q_r = V\left(\frac{2\pi m kT}{h^2}\right)^{3/2} \frac{8\pi^2 I kT}{\sigma h^2}$$

求配分函数时,需知:

$$m_{CO_2} = \frac{4.4 \times 10^{-3} \text{ kg} \cdot \text{mol}^{-1}}{6.022 \times 10^{23} \text{ mol}^{-1}} = 7.306 \times 10^{-26} \text{ kg}$$

CO_2 分子中的 C—O 键长 $= (115 \pm 2) \times 10^{-10}$ m,对称数 $\sigma = 2$.

(c) 根据能量均分定律,在温度够高和量子效应不显著的经典场合中,体系按照组成它的分子的每个运动自由度分配能量 $\frac{1}{2}RT$ 和比热容 $\frac{1}{2}R$.室温时振动能

级不开放.

分子	平动	转动	振动	C_v	
				经典极限值	室温下
CO_2	3	2	$3n-5=4$	$\dfrac{13}{2}R$	$\dfrac{5}{2}R$
H_2O	3	3	$3n-6=3$	$6R$	$3R$

10-58　验证:(a) 双原子分子 H_2、HD 和 D_2 的转动惯量成 $3:4:6$,而它们的转动特征温度成 $4:3:2$ 之比.(b) 双原子分子 H_2、HD 和 D_2 的基本振动频率,若以 $\omega=\nu/c$ 计,各为 $4.395\ m^{-1}$、$3.817\ m^{-1}$ 和 $3.118\times10^5\ m^{-1}$,请证明这些基本频率当成 $2:\sqrt{3}:\sqrt{2}$ 之比.

解　(a) 因 H_2、HD 和 D_2 只是核内中子数不同,核外电子云分布相同,因此 r_0 相同.所以

$$I_{H_2}:I_{HD}:I_{D_2}=\frac{m_H^2}{2m_H}:\frac{m_A m_D}{m_H+m_D}:\frac{m_D^2}{2m_D}$$

$$=\frac{1}{2}:\frac{2}{3}:\frac{4}{4}=3:4:6$$

$$\Theta_{r,H_2}:\Theta_{r,HD}:\Theta_{r,D_2}=\frac{1}{I_{H_2}}:\frac{1}{I_{HD}}:\frac{1}{I_{D_2}}$$

$$=2:\frac{3}{2}:1=4:3:2$$

(b) 因为　　　　　$$\Theta_v=\frac{h\nu}{k}=\frac{kc\omega}{k}=\frac{h}{2\pi k}\sqrt{\frac{f}{\mu}}$$

式中:μ(折合质量)$=\dfrac{m_1 m_2}{m_1+m_2}$;$f$ 为弹性系数;$\mu_{H_2}=\dfrac{1}{2}$;$\mu_{HD}=\dfrac{3}{2}$;$\mu_D=1$. 由于这三种分子 r_0 相等,所以 f 对这三种分子可看成相等.

$$\nu_{H_2}:\nu_{HD}:\nu_{D_2}=\frac{1}{\sqrt{\mu_{H_2}}}:\frac{1}{\sqrt{\mu_{HD}}}:\frac{1}{\sqrt{\mu_{D_2}}}$$

$$=\sqrt{2}:\sqrt{\frac{3}{2}}:1$$

$$=2:\sqrt{3}:\sqrt{2}$$

$$=4.395:3.817:3.118$$

10-59　试根据近似斯特林公式验证玻耳兹曼分布的微观状态数公式为

$$\ln t_B=\ln\left[Q^N\exp\left(\frac{E}{kT}\right)\right]\qquad(定域子体系)$$

$$\ln t_B = \ln\left[\frac{1}{N!}Q^N\exp\left(\frac{E}{kT}\right)\right] \quad \text{(离域子体系)}$$

式中：$Q = \sum_j g_j \exp\left(\frac{-\varepsilon_j}{kT}\right); E = \sum_j n_j\varepsilon_j.$

解 (a) 对于定域子体系：$t = N!\prod\frac{g_j^{n_j}}{n_j!}$

利用斯特林近似公式

$$\ln N! = N\ln N - N = N\ln N - N + \sum n_j\ln g_j - \sum n_j\ln n_j + \sum n_j \quad (1)$$

$$\ln t = \ln N! + \sum n_j\ln g_j - \sum \ln n_j$$

因为

$$n_j = \frac{N}{Q}g_j\exp\left(\frac{-\varepsilon_j}{kT}\right)$$

所以

$$\ln n_j = \ln N - \ln Q + \ln g_j - \frac{\varepsilon_j}{kT} \quad (2)$$

将式(2)代入式(1)，得

$$\ln t = N\ln N - N + \sum n_j\mathrm{nl}g_i - \sum n_j\left(\ln N - \ln Q + \ln g_j - \frac{\varepsilon_j}{kT}\right) + \sum n_j$$

$$= N\ln Q + \sum\frac{n_j\varepsilon_j}{kT} = N\ln Q + \frac{E}{kT} = \ln\left[Q^N\exp\left(\frac{E}{kT}\right)\right]$$

(b) 离域子体系：

$$t = \prod\frac{g_j^{n_j}}{n_j!}$$

$$\ln t = \sum n_j\ln g_j - \sum\ln n_j! = \sum n_j\ln g_j - \sum n_j\ln n_j + \sum n_j$$

将式(2)代入，得

$$\ln t = -N\ln N + N + N\ln Q + \sum\frac{n_j\varepsilon_j}{kT}$$

$$= -\ln N! + \ln Q^N + \frac{E}{kT}$$

$$= \ln\left[\frac{1}{N!}Q^N\exp\left(\frac{E}{kT}\right)\right]$$

10-60 当热力学体系的熵函数上增$\frac{1}{10}$ J·K^{-1}时，则体系的微观状态数要增长多少倍?

解 $S = k\ln\Omega$

$$\Delta S = k \ln \frac{\Omega_2}{\Omega_1} = k \times 2.30 \lg \frac{\Omega_2}{\Omega_1}$$

$$\lg \frac{\Omega_2}{\Omega_1} = \frac{\Delta S}{2.303k} = \frac{0.1\ \mathrm{J \cdot K^{-1}}}{2.303 \times (1.381 \times 10^{-23}\ \mathrm{J \cdot K^{-1}})} = 3.14 \times 10^{21}$$

所以

$$\frac{\Omega_2}{\Omega_1} = 10^{3.14 \times 10^{21}}$$

10-61　证明单原子分子理想气体在任何温度区间内,压力保持不变时的熵变为体积保持不变时的熵变的 $\frac{5}{3}$ 倍.

证明　对于理想气体的等压过程:

$$\Delta S_p = \int_{T_1}^{T_2} \frac{C_p \mathrm{d}T}{T} = C_p \ln \frac{T_2}{T_1}$$

等容过程

$$\Delta S_V = \int_{T_1}^{T_2} \frac{C_V \mathrm{d}T}{T} = C_V \ln \frac{T_2}{T_1}$$

对于理想气体

$$C_V = \left(\frac{\partial U}{\partial T}\right)_V, \qquad C_p = \left(\frac{\partial H}{\partial T}\right)_p$$

按能量均分原理

$$U = \frac{3}{2} NkT = \frac{3}{2} RT$$

$$H = U + pV = \frac{5}{2} RT$$

$$\frac{\Delta S_p}{\Delta S_V} = \frac{5}{3}$$

10-62　有两个体积相同的容器,它们之间通过一个活栓连续起来,而其中一个容器盛放一克原子氦气,另一个容器则为真空,并把容器和气体合起来当成一个孤立体系.

(a) 证明体系的微观状态数为 $\Omega_1 = \dfrac{Q_1^L}{L!} \exp\left(\dfrac{E}{kT}\right)$.

(b) 证明当活栓打开后,则为 $\Omega_2 = \dfrac{Q_2^L}{L!} \exp\left(\dfrac{E}{kT}\right) = \dfrac{(2Q_1)^L}{L!} \exp\left(\dfrac{E}{kT}\right)$.

(c) 当活栓重新关上时,体系的微观状态数为

$$\Omega_3 = \frac{Q_1^{\frac{L}{2}\pm m}}{\left(\frac{L}{2}\pm m\right)!} \times \frac{Q_1^{\frac{L}{2}\mp m}}{\left(\frac{L}{2}\mp m\right)!} \exp\left(\frac{E}{kT}\right) = \sqrt{\frac{2}{\pi L}}\ \exp\left(-\frac{2m^2}{L}\right)\Omega_2$$

证　(a)　$\Omega_1 = \prod_i \dfrac{g_i^{n_i}}{n_i!}$

$$\ln\Omega_1 = \sum n_i \ln g_i - \sum \ln n_i!$$

$$= \sum n_i \ln g_i - \sum (n_i \ln n_i - n_i)$$

$$= \sum n_i \ln \frac{g_i}{n_i} + N$$

因为

$$n_i = g_i \frac{N}{Q}\exp\left(\frac{-\varepsilon_i}{kT}\right), \qquad \frac{g_i}{n_i} = \frac{Q}{N}\exp\left(\frac{\varepsilon_i}{kT}\right) \tag{1}$$

则

$$\ln \frac{g_i}{n_i} = \ln Q + \frac{\varepsilon_i}{kT} - \ln N$$

代入式(1),得

$$\ln\Omega_1 = \sum n_i\left(\ln Q + \frac{\varepsilon_i}{kT} - \ln N\right) + N$$

$$= N\ln Q + \frac{E}{kT} + N - N\ln N$$

$$= \ln Q^N - \ln N! + \frac{E}{kT}$$

$$\Omega_1 = \frac{Q^N}{N!}e^{E/kT} \tag{2}$$

故在活栓打开前

$$\Omega_1 = \frac{Q_1^L}{L!}\exp\left(\frac{E}{kT}\right) \qquad (L \text{ 表示阿伏伽德罗常量})$$

$$Q_1 = V_1\left(\frac{2\pi mkT}{h^2}\right)^{3/2}$$

(b) 当活栓打开后

$$\Omega_2 = \frac{Q_2^L}{L!}\ \exp\left(\frac{E}{kT}\right) \tag{3}$$

$$Q_2 = 2V_1\left(\frac{2\pi mkT}{h^2}\right)^{3/2}$$

将 $Q_2 = 2Q_1$ 代入式(3),得

$$\Omega_2 = \frac{(2Q_1)^L}{L!} \exp\left(\frac{E}{kT}\right) \tag{4}$$

(c) 当把活栓重新关上时,体系的微观状态数为

$$\Omega_3 = \Omega_1' \Omega_2' = \frac{Q_1^{\frac{L}{2}\pm m}}{\left(\frac{L}{2}\pm m\right)!} \times \frac{Q_1^{\frac{L}{2}\mp m}}{\left(\frac{L}{2}\mp m\right)!} \times \exp\left(\frac{E}{kT}\right)$$

$$= \frac{Q_1^L}{\left(\frac{L}{2}+m\right)!\left(\frac{L}{2}-m\right)!\exp\left(\frac{E}{kT}\right)}$$

将式(4) 代入,得

$$\Omega_3 = \frac{L!}{\left(\frac{L}{2}+m\right)!\left(\frac{L}{2}-m\right)!}\left(\frac{1}{2}\right)^L \Omega_2 = P\left(\frac{L}{2}\pm m\right)\Omega_2$$

其中

$$\left(\frac{L}{2}\pm m\right) = \frac{L!}{\left(\frac{L}{2}+m\right)!\left(\frac{L}{2}-m\right)!}\left(\frac{1}{2}\right)^L$$

$P\left(\frac{L}{2}\pm m\right)$ 即 L 个粒子分在两个相等的容器中,两容器中分子数偏离平均值

m 的概率. 由于 $m \ll L$,可将 $\ln P\left(\frac{L}{2}\pm m\right)$ 展开成 m 的泰勒级数,得

$$P\left(\frac{L}{2}\pm m\right) = \sqrt{\frac{2}{\pi L}} \exp\left(\frac{-2m^2}{L}\right)$$

$$\Omega_3 = \sqrt{\frac{2}{\pi L}} \exp\left(\frac{-2m^2}{L}\right)\Omega_2$$

10-63 由 Sackur-Tetrode 方程证明,1 mol 理想气体的平动熵可写成下式:

$$S_m^t = \frac{5}{2}R\ln T - R\ln p + \frac{3}{2}R\ln M - 2.315$$

式中,P 的单位是 $1.013\,25 \times 10^5$ Pa. 计算 298 K 及 $1.013\,25 \times 10^5$ Pa 时氪的摩尔平动熵,并与实验值 146.4 J·K^{-1} 比较.

解 (a) 独立等同粒子体系的热力学函数

$$S_m^t = k\ln\frac{Q_t^L}{L!} + LkT\left(\frac{\partial \ln Q_t}{\partial T}\right)_{V,N}$$

$$Q_t = \left(\frac{2\pi mkT}{h^2}\right)^{3/2}V$$

$$\left(\frac{\partial \ln Q_t}{\partial T}\right)_{V,N} = \frac{3}{2} \times \frac{1}{T}$$

$$S_m^t = Lk \ln Q_t - k \ln L! + \frac{3}{2}Lk$$

$$= Lk \ln\left(\frac{2\pi mkT}{h^2}\right)^{3/2} V - Lk \ln L + Lk + \frac{3}{2}Lk$$

$$= Lk \ln\left[\frac{(2\pi mkT)^{3/2} V}{Lh^3}\right] + \frac{5}{2}Lk$$

$$= R\left[\ln \frac{(2\pi mkT)^{3/2} V}{Lh^3 + \frac{5}{2}}\right], \qquad \left(\text{因为 } V = \frac{RT}{p}\right)$$

$$= R\Big[\ln \frac{2 \times 3.1416 \times (1.381 \times 10^{-23} \text{ J} \cdot \text{K}^{-1})}{(6.022 \times 10^{23} \text{ mol}^{-1})}$$

$$\times \frac{\dfrac{M \times 10^{-3} \text{ kg} \cdot \text{mol}^{-1}}{6.022 \times 10^{23} \text{ mol}^{-1}} \times (8.314 \text{ J} \cdot \text{mol}^{-1} \cdot \text{K}^{-1})T}{\times (6.626 \times 10^{-34} \text{ J} \cdot \text{s})^3 \times p} + \frac{5}{2}\Big]$$

$$= R\left(\ln \frac{M^{3/2} T^{5/2}}{p} - 1.165\right)$$

$$= R\left(\frac{5}{2}\ln T + \frac{3}{2}\ln M - \ln p - 1.165\right)$$

所以

$$S_m^t = \frac{5}{2}R\ln T - R\ln p + \frac{3}{2}R\ln M - 9.686 \text{ J} \cdot \text{mol}^{-1} \cdot \text{K}^{-1}$$

式中, p 的单位为 $1.013\,25 \times 10^5$ Pa; M 为氖的相对分子质量.

(b) 氖

$$T = 298\text{K}, \qquad p^{\ominus} = 1.013\,25 \times 10^5 \text{ Pa}, \qquad M = 20.18$$

$$S_m^t = 8.314 \text{ J} \cdot \text{mol}^{-1} \cdot \text{K}^{-1} \times \Big[\frac{5}{2}\ln 298 \text{ K} - \ln \frac{1.013\,25 \times 10^5 \text{ Pa}}{1.013\,25 \times 10^5 \text{ Pa}}$$

$$+ \frac{3}{2}\ln 20.18 - 1.165\Big]$$

$$= 146.2 \text{ J} \cdot \text{mol}^{-1} \cdot \text{K}^{-1}$$

10-64　计算 298 K 与压力 $1.013\,25 \times 10^5$ Pa 时, 1mol N_2 的转动熵. 已知 N_2 分子的转动惯量为 $13.9 \times^{-47}$ kg $\cdot$ m^2.

解　(a) 对直线形分子: 当 $T \gg \Theta_r$ 时, 其转动配分函数为

$$Q_r = \frac{8\pi^2 IkT}{\sigma h^2} \quad (\sigma \text{ 为分子的对称数})$$

1 mol N_2 气的转动熵

$$S_m^r = Lk\left(\ln Q_r + T\frac{\partial \ln Q_r}{\partial T}\right)$$

$$= Lk\left[\ln T + \ln(I \times 10^{47}) - \ln\sigma + \ln\frac{8\pi^2 k \times 10^{-47}}{h^2} + 1\right]$$

其中,

$$\ln\frac{8\pi^2 k \times 10^{-47}}{h^2} = \ln\frac{8 \times (3.1416)^2 \times 1.381 \times 10^{-23}\ J \cdot K^{-1} \times 10^{-47}}{(6.626 \times 10^{-34}\ J \cdot s)^2}$$

$$= -3.695$$

$$S_m^r = R[\ln T + \ln(I \times 10^{47}) - \ln\sigma - 2.695]$$

(b) 已知 N_2 分子 $\sigma = 2, T = 298\ K, I = 13.9 \times 10^{-47}\ kg \cdot m^2$,则

$$S_m^r = 8.314 \times [\ln 298\ K + \ln(13.9 \times 10^{-47} kg \cdot m^2 \times 10^{47}) - \ln 2 - 2.695]$$

$$= 41.08\ J \cdot mol^{-1} \cdot K^{-1}$$

10-65 求算 298 K 和 $p^\ominus$ 压力下的 HI、H_2 和 I_2 气体的摩尔平动熵、转动熵和光谱熵. 已知双原子分子 HI、H_2 和 I_2 有如下数据:

分子	$I \times 10^{47}/(kg \cdot m^2)$	$\nu \times 10^{-12}/s^{-1}$	$D/(kJ \cdot mol^{-1})$
HI	4.284	69.24	295.0
H_2	0.4544	132.4	432.0
I_2	741.6	6.424	148.7

解 (a) 根据理想气体的摩尔平动熵公式

$$S_m^t = R\left(\ln\frac{M^{\frac{3}{2}} T^{\frac{5}{2}}}{p} - 1.164\right)$$

式中,p 以 $1.013\,25 \times 10^5$ Pa 为单位;M 以 $(10^{-3}\ kg \cdot mol^{-1})$ 为单位.

HI: $M = 128, T = 298\ K, p = p^\ominus = 1.013\,25 \times 10^5$ Pa

$$S_m^t = 8.314\ J \cdot mol^{-1} \cdot K^{-1} \times \left[\ln\frac{(128)^{\frac{3}{2}} \times (298\ K)^{\frac{5}{2}}}{1} - 1.164\right]$$

$$= 169.2\ J \cdot mol^{-1} \cdot K^{-1}$$

H_2: $M = 2, T = 298\ K, p = p^\ominus = 1.013\,25 \times 10^5$ Pa

$$S_m^t = 8.314\ J \cdot mol^{-1} \cdot K^{-1} \times \left[\ln\frac{(2)^{\frac{3}{2}} \times (298\ K)^{\frac{5}{2}}}{1} - 1.164\right]$$

$$= 117.4\ J \cdot mol^{-1} \cdot K^{-1}$$

I_2: $M = 254, T = 298\ K, p = p^\ominus = 1.013\,25 \times 10^5$ Pa

$$S_m^t = 8.314 \text{ J} \cdot \text{mol}^{-1} \cdot \text{K}^{-1} \times \left[\ln \frac{(254)^{\frac{3}{2}} \times (298 \text{ K})^{\frac{5}{2}}}{1} - 1.164 \right]$$

$$= 178.0 \text{ J} \cdot \text{mol}^{-1} \cdot \text{K}^{-1}$$

(b) 转动熵

$$S_m^t = R \left(\ln \frac{IT}{\sigma} + 105.54 \right) \qquad (\text{对同核 } \sigma = 2, \text{异核 } \sigma = 1)$$

HI:　$S_m^r = 8.314 \text{ J} \cdot \text{mol}^{-1} \cdot \text{K}^{-1} \times \left[\ln \frac{(4.284 \times 10^{-47} \text{ kg} \cdot \text{m}^2) \times 298 \text{ K}}{1} + 105.54 \right]$

　　　$= 37.17 \text{ J} \cdot \text{mol}^{-1} \cdot \text{K}^{-1}$

H_2:　$S_m^r = 8.314 \text{ J} \cdot \text{mol}^{-1} \cdot \text{K}^{-1} \times \left[\ln \frac{(0.4544 \times 10^{-47} \text{ kg} \cdot \text{m}^2) \times 298 \text{ K}}{2} + 105.54 \right]$

　　　$= 12.75 \text{ J} \cdot \text{mol}^{-1} \cdot \text{K}^{-1}$

I_2:　$S_m^r = 8.314 \text{ J} \cdot \text{mol}^{-1} \cdot \text{K}^{-1} \times \left[\ln \frac{(741.6 \times 10^{-47} \text{ kg} \cdot \text{m}^2) \times 298 \text{ K}}{2} + 105.54 \right]$

　　　$= 74.25 \text{ J} \cdot \text{mol}^{-1} \cdot \text{K}^{-1}$

(c) 振动熵

$$S_m^v = R \left[-\ln(1 - \exp^{\frac{-h\nu}{kT}}) + \frac{h\nu/kT}{e^{\frac{h\nu}{kT}} - 1} \right]$$

HI:　　$\dfrac{h\nu}{kT} = \dfrac{6.626 \times 10^{-34} \text{ J} \cdot \text{s} \times 69.24 \times 10^{12} \text{ s}^{-1}}{1.381 \times 10^{-23} \text{ J} \cdot \text{K}^{-1} \times 298 \text{ K}} = 11.15$

　　　$S_m^v = R \left[-\ln \left(1 - e^{-11.15} + \dfrac{11.15}{e^{11.15} - 1} \right) \right]$

　　　　　$= (8.314 \text{ J} \cdot \text{mol}^{-1} \cdot \text{K}^{-1}) \times e^{-11.15} \times 12.15$

　　　　　$= 1.33 \times 10^{-3} \text{ J} \cdot \text{mol}^{-1} \cdot \text{K}^{-1}$

H_2:　　$\dfrac{h\nu}{kT} = \dfrac{6.626 \times 10^{-34} \text{ J} \cdot \text{s} \times 132.4 \times 10^{12} \text{ s}^{-1}}{1.381 \times 10^{-23} \text{ J} \cdot \text{K}^{-1} \times 298 \text{ K}} = 21.32$

　　$S_m^v = 8.314 \text{ J} \cdot \text{mol}^{-1} \cdot \text{K}^{-1} \left[-\ln(1 - e^{-21.32}) + \dfrac{21.32}{e^{21.32} - 1} \right]$

　　　$= 9.76 \times 10^{-8} \text{ J} \cdot \text{mol}^{-1} \cdot \text{K}^{-1}$

I_2:　　$\dfrac{h\nu}{kT} = \dfrac{6.626 \times 10^{-34} \text{ J} \cdot \text{s} \times 6.424 \times 10^{12} \text{ s}^{-1}}{1.381 \times 10^{-23} \text{ J} \cdot \text{K}^{-1} \times 298 \text{ K}} = 1.034$

　　$S_m^v = 8.314 \text{ J} \cdot \text{mol}^{-1} \cdot \text{K}^{-1} \times \left[-\ln(1 - e^{-1.034}) + \dfrac{1.034}{e^{1.034} - 1} \right]$

　　　$= 8.43 \text{ J} \cdot \text{mol}^{-1} \cdot \text{K}^{-1}$

(d) 光谱熵(或统计熵)

$$S_m^\ominus = S_m^t + S_m^r + S_m^v$$

HI: $S_m^\ominus = 169.2 + 37.17 + 1.33 \times 10^{-3} = 206.4 \ J \cdot mol^{-1} \cdot K^{-1}$

H$_2$: $S_m^\ominus = 117.38 + 12.75 + 9.76 + 10^{-8} = 130.1 \ J \cdot mol^{-1} \cdot K^{-1}$

I$_2$: $S_m^\ominus = 177.79 + 74.25 + 8.43 = 260.5 \ J \cdot mol^{-1} \cdot K^{-1}$

10-66 下表给出气体 CH$_4$、H$_2$O、CO、CO$_2$ 和 H$_2$ 在 298.2 K、500 K、1000 K 和 1500 K 的自由能函数值和 298.2 K 的 $H^\ominus - U_0^\ominus$ 函数值.

下面两个反应的标准反应热为

(a) $CH_4 + H_2O \Longrightarrow CO + 3H_2$, $\Delta H_{298\ K}^\ominus = 206.15 \ kJ$

(b) $CH_4 + 2H_2O \Longrightarrow CO_2 + 4H_2$, $\Delta H_{298\ K}^\ominus = 164.99 \ kJ$

请求算上面两个反应在 298.2 K、500 K、1000 K、1500 K 的平衡常数.

温度 /K	$\dfrac{G^\ominus - U_0^\ominus}{T}$/(J · mol^{-1} · K^{-1})				
	CH$_4$	H$_2$O	CO	CO$_2$	H$_2$
298.2	− 152.5	− 155.5	− 168.8	− 182.2	102.2
500	− 170.5	172.8	− 183.9	− 199.4	− 116.9
1000	− 199.4	− 197.1	− 204.4	− 226.4	− 137.0
1500	− 221.1	− 211.8	− 217.1	− 244.6	− 148.9
$H^\ominus - U_0^\ominus$/(kJ · mol^{-1})					
298.2	10.03	9.896	8.672	9.364	8.530

解 (a) $CH_4 + H_2O \Longrightarrow CO + 3H_2$

$$- R \ln K_p^\ominus = \frac{\Delta G^\ominus}{T} = \Delta\left(\frac{G^\ominus - U_0^\ominus}{T}\right) + \frac{\Delta U_0^\ominus}{T}$$

$$\Delta U_0^\ominus = \Delta H_{298.2\ K}^\ominus - \Delta(H_{298.2\ K}^\ominus - U_0^\ominus)$$

$$= 206.15 \ kJ - [(8.672 + 3 \times 8.530) - (10.03 + 9.896)] \ kJ$$

$$= 191.81 \ kJ$$

$$\Delta\left(\frac{G^\ominus - U_0^\ominus}{T}\right)_{298.2\ K} = (- 168.8 - 3 \times 102.2 + 152.5 + 155.50) \ J$$

$$= - 167.1 \ J$$

$$\Delta\left(\frac{G^\ominus - U_0^\ominus}{T}\right)_{500\ K} = (- 183.9 - 3 \times 116.9 + 170.5 + 172.8) \ J$$

$$= - 191.3 \ J$$

$$\Delta\left(\frac{G^\ominus - U_0^\ominus}{T}\right)_{1000\ K} = (- 204.4 - 137.0 \times 3 + 199.4 + 197.1) \ J$$

$$= -218.9 \text{ J}$$

$$\Delta\left(\frac{G^\ominus - U_0^\ominus}{T}\right)_{1500 \text{ K}} = (-217.1 - 3 \times 148.9 + 221.1 + 211.8) \text{ J}$$

$$= -230.9 \text{ J}$$

$$\ln K_p^\ominus = \frac{1}{R}\left[-\Delta\left(\frac{G^\ominus - U_0^\ominus}{T}\right) - \frac{\Delta U_0^\ominus}{T}\right]$$

$$\ln K_p^\ominus(298.2 \text{ K}) = \frac{1}{8.314 \text{ J} \cdot \text{mol}^{-1} \cdot \text{K}^{-1}}\left(167.1 \text{ J} - \frac{191.81 \times 10^3 \text{ J}}{298.2 \text{ K}}\right)$$

$$K_p^\ominus(298.2 \text{ K}) = 1.35 \times 10^{-25}$$

同理

$$K_p^\ominus(500 \text{ K}) = 8.99 \times 10^{-11}$$

$$K_p^\ominus(1000 \text{ K}) = 26.01$$

$$K_p^\ominus(1500 \text{ K}) = 2.41 \times 10^5$$

(b) $CH_4 + 2H_2O \rightleftharpoons CO_2 + 4H_2$

同理

$$\Delta U_0^\ominus = 151.32 \text{ kJ}$$

$$\Delta\left(\frac{G^\ominus - U_0^\ominus}{T}\right)_{298.2 \text{ K}} = -127.37 \text{ J}$$

$$\Delta\left(\frac{G^\ominus - U_0^\ominus}{T}\right)_{500 \text{ K}} = -151.16 \text{ J}$$

$$\Delta\left(\frac{G^\ominus - U_0^\ominus}{T}\right)_{1000 \text{ K}} = -180.73 \text{ J}$$

$$\Delta\left(\frac{G^\ominus - U_0^\ominus}{T}\right)_{1500 \text{ K}} = -195.55 \text{ J}$$

求得

$$K_p^\ominus(298.2 \text{ K}) = 1.40 \times 10^{-20}$$

$$K_p^\ominus(1000 \text{ K}) = 34.44$$

代入

$$\ln K_p^\ominus = \frac{1}{R}\left[-\Delta\left(\frac{G^\ominus - U_0^\ominus}{T}\right) - \frac{\Delta U_0^\ominus}{T}\right]$$

$$K_p^\ominus(500 \text{ K}) = 1.22 \times 10^{-8}$$

$$K_p^\ominus(1500 \text{ K}) = 8.82 \times 10^4$$

10-67 计算同位素交换反应 $O_2^{16} + O_2^{18} \rightleftharpoons 2O^{16}O^{18}$ 在 298.2 K 的平衡常数. 已知

$\dfrac{\Delta U_0^{\ominus}}{RT} = 0.029$,各振动配分函数的比值为 1,各同位素分子的核间距相同.

解 $$O_2^{16} + O_2^{18} \Longrightarrow 2O^{16}O^{18}$$

该同位素交换反应是分子数不变的反应,$\Delta n = 0$,K_p 式中 L 可以消去.

$$K_p = \frac{(Q_{O^{16}O^{18}}^{\ominus})^2}{Q_{O_2^{16}}^{\ominus} Q_{O_2^{18}}^{\ominus}} e^{-\frac{\Delta U_0^{\ominus}}{RT}}$$

式中,$Q^{\ominus} = Q_t^{\ominus} Q_r Q_v Q_e Q_n$,由于反应前后核状态不变,核自旋运动配分函数 Q_n 可不计,而反应前后电子运动配分函数 Q_e 比值近似为 1,故 Q_n、Q_e 可不考虑. $Q^{\ominus}$ 是标准状态下的分子配分函数.

$$Q^{\ominus} = Q_t^{\ominus} Q_r Q_v \tag{1}$$

$$Q_t^{\ominus} = \left(\frac{2\pi m k T}{h^2}\right)^{3/2} V = aM^{3/2} \tag{2}$$

式中,$a = \left(\dfrac{2\pi k T}{L h^2}\right)^{3/2} V$,在平动配分函数中的 $m = \dfrac{M}{L}$,只有相对分子质量 M 和物质种类有关,Q_t 中其余各量各物相同,均可在 K_p 式中消去.

$$Q_r = \frac{8\pi^2 I k T}{\sigma h^2} = b \frac{I}{\sigma} \tag{3}$$

其中

$$b = \frac{8\pi^2 k T}{h^2}$$

将式(2)、式(3) 两式代入式(1),得

$$Q^{\ominus} = aM^{3/2} b \frac{I}{\sigma} Q_v \tag{4}$$

$$K_p = \frac{\left(aM^{3/2} b \dfrac{I}{\sigma} Q_v\right)_{O^{16}O^{18}}^2}{\left(aM^{3/2} b \dfrac{I}{\sigma} Q_v\right)_{O_2^{16}} \left(aM^{3/2} b \dfrac{I}{\sigma} Q_v\right)_{O_2^{18}}} e^{-\frac{\Delta U_0^{\ominus}}{RT}}$$

$$= \frac{(Q_v)_{O^{16}O^{18}}^2}{(Q_v)_{O_2^{16}}(Q_v)_{O_2^{18}}} \left(\frac{M_{O^{16}O^{18}}^2}{M_{O_2^{16}} M_{O_2^{18}}}\right)^{3/2} \left(\frac{I_{O^{16}O^{18}}^2}{I_{O_2^{16}} I_{O_2^{18}}}\right) \left(\frac{\sigma_{O^{16}O^{18}}^2}{\sigma_{O_2^{16}} I_{O_2^{18}}}\right)^{-1} e^{-\frac{\Delta U_0^{\ominus}}{RT}}$$

由于

$$\frac{(Q_v)_{O^{16}O^{18}}^2}{(Q_v)_{O_2^{16}}(Q_v)_{O_2^{18}}} \approx 1$$

$$K_p = \left(\frac{M_{O^{16}O^{18}}^2}{M_{O_2^{16}} M_{O_2^{18}}}\right)^{3/2} \left(\frac{I_{O^{16}O^{18}}^2}{I_{O_2^{16}} I_{O_2^{18}}}\right) \left(\frac{\sigma_{O^{16}O^{18}}^2}{\sigma_{O_2^{16}} I_{O_2^{18}}}\right)^{-1} e^{-\frac{\Delta U_0^{\ominus}}{RT}}$$

$$= \left[\frac{(16+18)^2}{32 \times 36} \right]^{3/2} \left[\frac{\left(\frac{16 \times 18}{16 + 18} \right)^2 r^4}{\frac{16}{2} r^2 \times \frac{18}{2} r^2} \right] \left(\frac{1^2}{2 \times 2} \right)^{-1} e^{-0.029}$$

$$= 3.89$$

10-68 求算反应 $Na_2(g) \Longrightarrow 2Na(g)$ 在 1000 K 时的平衡常数. 已知 Na_2 分子的基本频率 $\nu = 4.7743 \times 10^{12}$ s^{-1}, 核间距 $r = 307.8 \times 10^{-10}$ m, 离解能 $D = 1.169 \times 10^{-19}$ J, 钠原子基态的总角动量量子数 $j = \frac{1}{2}$.

解　　　　　　　　　　　$Na_2(g) \Longrightarrow 2Na(g)$

对于单原子分子只有平动和电子运动, $Q^0(Na,g) = (Q_t^0 \cdot Q_e)_{Na}$; 对于双原子分子有平动、振动、转动及电子运动, $Q^0(Na_2,g) = (Q_t^0 \cdot Q_v \cdot Q_r \cdot Q_e)_{Na_2}$, 电子运动配分函数 $Q_e(Na_2,g) \simeq 1$, 对于 Na 原子, 温度不很高时, 可只考虑其基态, 此时 $j = \frac{1}{2}$, $Q_e(Na) = 2j + 1 = 2$.

$$K_p = \frac{\left(\frac{Q^\circ}{L} \right)_{Na,g}^2}{\left(\frac{Q^0}{L} \right)_{Na_2,g}} e^{-\frac{\Delta U_0^\circ}{RT}}$$

$$= \frac{\left(\frac{Q_t^\circ}{L} Q_e \right)_{Na}^2}{\left(\frac{Q_t^\circ}{L} Q_r Q_v Q_e \right)_{Na_2}} e^{-\frac{\Delta U_0^\circ}{RT}}$$

$$= \frac{\left[(Q_e)_{Na} \left(\frac{2\pi m_{Na} kT}{h^2} \right)^{3/2} \frac{RT}{p} \right]^2 e^{-\frac{D}{kT}}}{(Q_e)_{Na_2} \left[\left(\frac{2\pi m_{Na_2} kT}{h^2} \right)^{3/2} \frac{RT}{p} \right]} \times \frac{1}{\left(\frac{8\pi^2 I_{Na_2} kT}{2h^2} \right) (1 - e^{-\frac{h\nu}{kT}})^{-1}}$$

$$= \frac{(Q_e)_{Na}^2}{(Q_e)_{Na_2}} \left(\frac{m_{Na}^2}{m_{Na_2}} kT \right)^{3/2} \frac{(1 - e^{-\frac{h\nu}{kT}})}{(2\pi)^{1/2} h I_{Na_2}} e^{-\frac{D}{kT}}$$

$$= \frac{(2)^2}{1} \left(\frac{m_{Na}}{2} kT \right)^{3/2} \frac{1 - e^{-\frac{h\nu}{kT}}}{(2\pi)^{1/2} h I_{Na_2}} e^{-\frac{D}{kT}}$$

$$= \frac{(m_{Na} kT)^{3/2}}{(\pi)^{1/2} I_{Na_2} h} (1 - e^{-\frac{h\nu}{kT}}) e^{-\frac{D}{kT}}$$

因为　　　　$I_{Na_2} = \dfrac{1}{2} m_{Na} r^2 = \dfrac{23 \times 10^{-3} \text{ kg} \cdot \text{mol}^{-1} \times (307.8 \times 10^{-10} \text{ m})^2}{2 \times 6.022 \times 10^{23} \text{ mol}^{-1}}$

$$= 1.81 \times 10^{-41} \text{ kg} \cdot \text{m}^2$$

所以

$$K_p = \left\{ \left[\frac{23 \times 10^{-3} \text{ kg}}{6.022 \times 10^{23} \text{ mol}^{-1}} \times (1.381 \times 10^{-23} \text{ J} \cdot \text{K}^{-1} \times 1000 \text{ K}) \right]^{3/2} \right/$$

$$\left[(3.1416)^{1/2} \times \frac{23 \times 10^{-3}}{2} \text{kg} \times \frac{1}{6.022 \times 10^{23} \text{ mol}^{-1}} \right.$$

$$\left. \times (307.8 \times 10^{-10} \text{ m})^2 \times 6.626 \times 10^{-34} \text{ J} \cdot \text{s} \right] \right\}$$

$$\times \left\{ 1 - \exp\left[- \frac{(6.626 \times 10^{-34} \text{ J} \cdot \text{s}) \times (4.7743 \times 10^{12} \text{ s}^{-1})}{(1.381 \times 10^{-23} \text{ J} \cdot \text{K}^{-1}) \times 1000 \text{ K}} \right] \right\}$$

$$\times \exp\left[- \frac{1.169 \times 10^{-19} \text{ J}}{(1.381 \times 10^{-23} \text{ J} \cdot \text{K}^{-1}) \times 1000 \text{ K}} \right]$$

$$= 25.35$$

若压力为 $p^\ominus$，则 $K_p^\ominus = 25.35$.

10-69　设双原子分子 A_2、B_2 和 AB 的质量为 m_{A_2}、m_{B_2}、m_{AB}，转动惯量为 I_{A_2}、I_{B_2} 和 I_{AB}，它们的基本振动频率为 ν_{A_2}、ν_{B_2} 和 ν_{AB}，电子运动基态是非简并的.

（a）试为这三种分子给出它们的配分函数 $Q_0^\ominus$. 现考虑反应

$$A_2 + B_2 \rightleftharpoons 2AB$$

在如下温度区间进行：A_2 和 AB 分子的振动自由度并未开放，而 B_2 的振动自由度已有所开放.

（b）试为此反应写出平衡常数表示式及简化结果.

（c）作图表示出反应物、生成物和离解产物基态能级及其关系，并指出分子 A_2、B_2 和 AB 的离解能 D_{A_2}、D_{B_2} 和 D_{AB}.

解　令 1 mol 气体在 $p^\ominus$ 标准状态下的配分函数为 $Q_0^\ominus$. 配分函数中，只有平动配分函数直接与压力有关.

$$Q_t^\ominus = \left(\frac{2\pi mkT}{h^2} \right)^{3/2} V = \left(\frac{2\pi mkT}{h^2} \right)^{3/2} RT \qquad (V = RT \text{ 条件}, p \text{ 为 } p^\ominus)$$

（a）$(Q_0^\ominus)_{A_2} = (Q_t^\ominus Q_r Q_v Q_e)_{A_2}$

$$= RT \left(\frac{2\pi m_{A_2} kT}{h^2} \right)^{3/2} \left(\frac{8\pi^2 I_{A_2} kT}{2h^2} \right) \times (1 - e^{-\frac{h\nu_{A_2}}{kT}})^{-1} \times 1 \qquad (1)$$

$$(Q_0^\ominus)_{B_2} = RT \left(\frac{2\pi m_{B_2} kT}{h^2} \right)^{3/2} \left(\frac{8\pi^2 I_{B_2} kT}{2h^2} \right) \times (1 - e^{-\frac{h\nu_{B_2}}{kT}})^{-1} \times 1 \qquad (2)$$

$$(Q_0^\ominus)_{AB} = RT\left(\frac{2\pi m_{AB}kT}{h^2}\right)^{3/2}\left(\frac{8\pi^2 I_{AB_2}kT}{1h^2}\right) \times (1 - e^{-\frac{h\nu_{AB}}{kT}})^{-1} \times 1 \qquad (3)$$

式中，$Q_e \approx 1$，对于双原子分子(除少数例外，如 O_2、NO 分子)，电子态的基态一般是单重态(自旋为 0)，将基态能值定为零，故电子配分函数为

$$Q_e = 1 + \sum g_e e^{-\frac{\varepsilon_e}{kT}}$$

在温度不很高情况下，因分子的电子能态间差值很大，各激发态的 $e^{-\frac{\varepsilon_e}{kT}}$ 项可略去，因而一般情况下，$Q_e \approx 1$.

(b) $\qquad\qquad\qquad A_2 + B_2 \Longrightarrow 2AB$

$$K_N = \frac{N_{AB}^2}{N_{A_2}N_{B_2}}$$

$$= \frac{[(Q_0)_{AB}]^2}{[(Q_0)_{A_2}][(Q_0)_{B_2}]} \times e^{\frac{\Delta\varepsilon_1}{kT}}$$

$$= \frac{\left[\dfrac{V}{RT}(Q_0^\ominus)_{AB}\right]^2}{\left[\dfrac{V}{RT}(Q_0^\ominus)_{A_2}\right]\left[\dfrac{V}{RT}(Q_0^\ominus)_{B_2}\right]} \times e^{\frac{\Delta\varepsilon_1}{kT}}$$

因为 A_2 和 AB 分子的振动自由度并未开放，故 $(Q_0)_{v,A_2} = 1$；$(Q_0)_{v,AB_2} = 1$.

将式(1)、式(2)、式(3) 代入，得

$$K_N = \left(\frac{m_{AB}^2}{m_{A_2}m_{B_2}}\right)^{3/2} \times \frac{4I_{AB}^2}{I_{A_2}I_{B_2}} \times \frac{1^2}{1 \times (1 - e^{-\frac{h\nu}{kT}})^{-1}} \times e^{-\frac{\Delta\varepsilon}{kT}}$$

(c) 反应物、生成物和离解产物基态能级图.

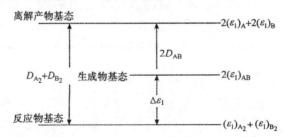

10-70 试回答下列问题：

(a) 设有 N 个三维平动子在体积为 $1~dm^3$ 的容器中. 问怎样在 μ 空间中表达这样的平动子的配分函数？在 Γ 空间中怎样表达这个体系的配分函数？

(b) 能级 ε_j 拥有 g_j 个状态，n_j 个离域子分布在其中的方式有几种？若每个状态至多只能安放一个离域子时，当有几种方式？

(c) 今考虑一个温度为 T K、压力为 101.325 kPa 的气体,它由 N 个质量为 m 的单原子分子组成,怎样表达气体中一个分子的配分函数?

解 (a) 根据经典力学,一个质量为 m 的三维平动子的能量函数为

$$\varepsilon = \frac{1}{2m}(p_x^2 + p_y^2 + p_z^2)$$

根据海森堡测不准关系,在一个 $(2s)$ 维的 μ 空间中,代表分子每一个运动状态的是一个相体积为 h^s 的相胞.

三维平动子在 μ 空间(子相宇)中的配分函数为

$$Q_t = \frac{1}{h^3} \iiint_{-\infty}^{+\infty} \int_0^c \int_0^b \int_0^a e^{\frac{p_x^2 + p_y^2 + p_z^2}{2mkT}} \mathrm{d}x\mathrm{d}y\mathrm{d}z\mathrm{d}p_x\mathrm{d}p_y\mathrm{d}p_z$$

$$= \frac{1}{h^3} \int_0^a \mathrm{d}x \int_0^b \mathrm{d}y \int_0^c \mathrm{d}z \int_{-\infty}^{+\infty} e^{-\frac{p_x^2}{2mkT}} \mathrm{d}p_x \times \int_{-\infty}^{+\infty} e^{-\frac{p_y^2}{2mkT}} \mathrm{d}p_y \times \int_{-\infty}^{+\infty} e^{-\frac{p_z^2}{2mkT}} \mathrm{d}p_z$$

$$= \frac{abc}{h^3} \left(\int_{-\infty}^{+\infty} e^{-\frac{p^2}{2mkT}} \mathrm{d}p \right)^3 = V \left(\frac{2\pi mkT}{h^2} \right)^{3/2}$$

因为

$$V = 1 \text{ dm}^3 = 10^{-3} \text{ m}^3$$

所以

$$Q_t = 10^{-3} \left(\frac{2\pi mkT}{h^2} \right)^{3/2}$$

在 Γ 空间(系相宇)中,体系的配分函数以 Φ 表示. N 个三维平动子组成的体,是在一个 $(2 \times 3N)$ 维的 Γ 空间中,代表体系的一个量子状态的相胞的相体积为 h^{3N}.

$$\Phi = \frac{1}{N! h^{3N}} \int \cdots \int e^{-\frac{E_t}{kT}} \mathrm{d}x_1 \mathrm{d}y_1 \mathrm{d}z_1 \cdots \mathrm{d}x_N \mathrm{d}y_N \mathrm{d}z_N$$

$$\times \mathrm{d}px_1 \mathrm{d}py_1 \mathrm{d}pz_1 \cdots \mathrm{d}p_{x_N} \mathrm{d}p_{y_N} \mathrm{d}p_{z_N}$$

因为

$$E_t = \sum_{i=1}^N \frac{1}{2m}(p_{x_i}^2 + p_{y_i}^2 + p_{z_i}^2)$$

所以

$$\Phi = \frac{1}{N!} \left[V \left(\frac{2\pi mkT}{h^2} \right)^{3/2} \right]^N = \frac{1}{N!} \left[10^{-3} \left(\frac{2\pi mkT}{h^2} \right)^{3/2} \right]^N$$

(b) 分下列两种情况:

　　每个量子状态粒子数不限制情况,则相当于 n_j 个粒子与分隔 g_j 个房间的 $(g_j - 1)$ 片墙壁排成一列的方式:

$$t_x = \frac{(n_j + g_j - 1)!}{n_j!(g_j - 1)!}$$

　　每个量子状态只能安放一个离域子情况,则相当于 $(g_j - n_j)$ 个空位与 n_j 个占有的位子的排列,其方式总数:

$$t_x = \frac{[(g_j + n_j) - n_j]!}{(g_j - n_j)!n_j!} = \frac{g_j!}{(g_j - n_j)!n_j!}$$

　　(c) 因为是单原子分子气体,故可将其当成 N 个三维平动子组成体系,它无振动,且 $Q_r = 1$. 设气体中一个分子的配分函数为

$$Q = Q_t Q_v Q_r = Q_t$$

$$= V\left(\frac{2\pi mkT}{h^2}\right)^{3/2} = \frac{NkT}{p}\left(\frac{2\pi mkT}{h^2}\right)^{3/2}$$

$$= \frac{NkT}{p \times 1.013 \times 10^5\,\mathrm{Pa}}\left(\frac{2\pi mkT}{h^2}\right)^{3/2}$$

式中,p 的单位为标准压力单位 $p^{\ominus}$.

第十一章 综合试题

试 卷 一

11-1(20分)　回答下列问题:

(a) 一个含有 K^+,Na^+,SO_4^{2-},NO_3^- 的水溶液,试求它的组分数.此体系最多能有几相平衡共存? 自由度最大为多少? 并写出一组体现这些自由度的具体热力学变量.

(b) 组分 A 和 B 能够形成一个化合物 A_2B. A 的熔点比 B 的低,且 A_2B 没有相合熔点.试画出该体系在定压下的温度-成分示意图.

(c) 298 K 时,一种相对分子质量为 120 的液体(A)在水中的溶解度 s 为 0.012 g/100 g 水,设水在此液体中不溶解,试计算 298 K 下该液体在水的饱和溶液中的活度和活度系数.设以纯液体为标准态.

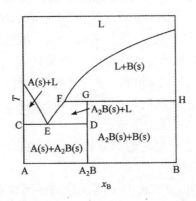

解　(a) 体系有 5 个物种 K^+,Na^+,SO_4^{2-},NO_3^- 和 H_2O,即物种数 $S=5$,独立的化学反应数 $R=0$,电中性的浓度限制条件 $R'=1$.故体系的组分数为 $K=S-R-R'=5-0-1=4$.自由度为 0 时,体系能平衡共存的相数最大,根据相律 $f=K-\Phi+2$ 即得 $0=4-\Phi+2$,因而最大平衡共存的相数为 $\Phi=6$.体系的相数最少其自由度最大,体系最少应有一相,根据相律,体系最大的自由度为

$$f=4-1+2=5$$

这 5 个自由度可以是 T、p、X_{Na^+}、X_{K^+} 和 $X_{SO_4^{2-}}$ 五个热力学变量.

(b) A 和 B 二组分体系的定压相图如上.

(c) A 在被它饱和的水溶液中的化学势为

$$\mu_A(T,p,X_A) = \mu_A^0(T,p) + RT\ln a_A \tag{1}$$

式中,$\mu_A^0(T,p)$为纯液体 A 的化学势即标准态的化学势.

由于水不溶于 A,而且 A 在水中饱和,这就是说体系是纯液体 A 和溶液两相平衡,根据相平衡条件则有

$$\mu_A(T,p,X_A) = \mu_A^0(T,p) \tag{2}$$

比较式(1)和式(2),即得 A 在饱和水溶液中的活度为 1.
因为

$$X_A = \frac{\dfrac{0.012}{120}}{\dfrac{0.012}{120} + \dfrac{100}{18}} = 1.80 \times 10^{-5}$$

故 A 在饱和溶液中的活度系数为

$$\gamma_A = \frac{a_A}{X_A} = \frac{1}{1.80 \times 10^{-5}} = 5.56 \times 10^4$$

11-2(20 分)　298 K 时,正辛烷(C_8H_{18},g)的标准燃烧热是 -5512.4 kJ·mol^{-1},二氧化碳(g)和液态水的标准生成热分别是 -393.51 kJ·mol^{-1}和-285.84 kJ·mol^{-1},正辛烷(g)、氢气和石墨标准熵分别为 463.67 J·mol^{-1}·K^{-1}、130.59 J·mol^{-1}·K^{-1}、5.694 J·mol^{-1}·K^{-1}.设正辛烷和氢气是理想气体.

(a) 试求 298 K 下,正辛烷生成反应的平衡常数 $K_p^\ominus$ 和 $K_c^\ominus$.

(b) 增加压力对提高正辛烷的产率是否有利? 为什么?

(c) 升高温度对提高正辛烷的产率是否有利? 为什么?

(d) 如果在 298 K 及 $p^\ominus$ 压力下进行此反应,平衡混合物中正辛烷的摩尔分数能否达到 0.1? 如果希望正辛烷的摩尔分数在平衡混合物中达到 0.5,问 298 K 时需要多大压力才行?

解　(a) 由所给数据知,298 K 时下列反应的标准摩尔焓变分别为

$$C_8H_{18}(g) + 12\frac{1}{2}O_2(g) \longrightarrow 8CO_2(g) + 9H_2O(l) \tag{1}$$

$$\Delta H_{m,1}^\ominus = -5512.4 \text{ kJ·mol}^{-1}$$

$$C(石墨) + O_2(g) \longrightarrow CO_2(g) \tag{2}$$

$$\Delta H_{m,2}^\ominus = -393.51 \text{ kJ·mol}^{-1}$$

$$H_2(g) + \frac{1}{2}O_2(g) \longrightarrow H_2O(l) \tag{3}$$

$$\Delta H_{m,3}^\ominus = -285.84 \text{ kJ·mol}^{-1}$$

由 $8\times$式(2)$+9\times$式(3)$-$式(1)即得正辛烷生成反应

$$8C(石墨)+9H_2(g)\longrightarrow C_8H_{18}(g) \qquad (4)$$

因此,式(4)的标准焓变为

$$\Delta H_m^\ominus = 8\Delta H_{m,2}^\ominus + 9\Delta H_{m,3}^\ominus - \Delta H_{m,1}^\ominus = -208.36 \text{ kJ}\cdot\text{mol}^{-1}$$

而式(4)的标准熵变为

$$\Delta S_m^\ominus = S_{m,C_8H_{18}(g)}^\ominus - 8S_{m,C(石墨)}^\ominus - 9S_{m,H_2(g)}^\ominus$$

$$= -757.18 \text{ J}\cdot\text{mol}^{-1}\cdot\text{K}^{-1}$$

故 298 K 下,正辛烷生成式(4)的标准自由焓变为

$$\Delta G_m^\ominus = \Delta H_m^\ominus - T\Delta S_m^\ominus = 17.40 \text{ kJ}\cdot\text{mol}^{-1}$$

由

$$\ln K_p^\ominus = -\frac{\Delta G_m^\ominus}{RT} = -\frac{17.40\times10^3 \text{ J}\cdot\text{mol}^{-1}}{(8.314 \text{ J}\cdot\text{mol}^{-1}\cdot\text{K}^{-1})\times(298 \text{ K})}$$

得

$$K_p^\ominus = 8.91\times10^{-4}$$

$$K_c^\ominus = K_p^\ominus\left(\frac{RTc^\ominus}{p^\ominus}\right)^{-\sum\nu_{B(g)}}$$

$$= 8.91\times10^{-4}\times\left(\frac{8.314 \text{ J}\cdot\text{mol}^{-1}\cdot\text{K}^{-1}\times298 \text{ K}\times10^3 \text{ mol}\cdot\text{m}^{-3}}{101\ 325 \text{ Pa}}\right)^8$$

$$= 1.14\times10^8$$

(b) 由于 $\left(\dfrac{\partial\ln K_x}{\partial p}\right)_T = -\dfrac{\sum\nu_{B(g)}}{p} > 0$,即以摩尔分数表示的平衡常数 K_x 随压力的增加而增大. 因此,增加压力对提高正辛烷的产率有利.

(c) 由于 $\Delta H_m^\ominus = -208.36 \text{ kJ}\cdot\text{mol}^{-1}$,故得

$$\left(\frac{\partial\ln K_p^\ominus}{\partial T}\right)_p = \frac{\Delta H_m^\ominus}{RT^2} < 0$$

即 $K_p^\ominus$ 随温度升高而下降,因而升温对提高正辛烷的产率是不利的.

对于(b)和(c)也可直接用勒夏特里原理得到同样的结论.

(d) 正辛烷的生成反应

$$8C(石墨)+9H_2(g)\rightleftharpoons C_8H_{18}(g)$$

令 x 为平衡气相中 C_8H_{18} 的摩尔分数,由于气相中只有 C_8H_{18} 和 H_2 两种气体,因而 $1-x$ 即为气相中 H_2 的摩尔分数.设气相为理想气体,则

$$K_p^\ominus = K_x\left(\frac{p}{p^\ominus}\right)^{\sum\nu_{B(g)}} = \frac{x}{(1-x)^9}\left(\frac{p}{p^\ominus}\right)^{-8} \qquad (5)$$

当 $p = p^\ominus$ 时

$$K_p^\ominus = \frac{x}{x(1-x)^9} = 8.91 \times 10^{-4}$$

求得 $x = 8.83 \times 10^{-4}$,说明平衡混合物中正辛烷的摩尔分数不能达到 0.1.

令 $x = 0.5$,由式(5)可得

$$\frac{0.5}{(0.5)^9}\left(\frac{p}{p^\ominus}\right)^{-8} = 8.91 \times 10^{-4}$$

求得

$$p = 4.81 p^\ominus = 4.87 \times 10^5 \text{ Pa}$$

11-3(20 分)　673.15 K 时,反应 $NO_2(g) \longrightarrow NO(g) + \frac{1}{2}O_2(g)$ 经实验证明可以进行完全,并且是一个二级反应(产物 NO 及 O_2 对反应速率无影响). 以二氧化氮消失表示的反应速度常数 k 与热力学温度 T 之间的关系为

$$\lg k = -\frac{25\,600}{4.575T/K} + 8.80 \quad (\text{式中 } k \text{ 的单位为 } dm^3 \cdot mol^{-1} \cdot s^{-1})$$

(a) 若在 673.15 K 时,将压力为 2.666×10^4 Pa 的二氧化氮通入一反应器,使之发生上述反应.试计算反应器中的压力达到 3.200×10^4 Pa 所需的时间.

(b) 试求出此反应的表现活化能 E_a 及指前因子 A.

解　(a) $T = 673.15$ K 时

$$\lg k = -\frac{256\,000}{4.575 \times 673.15} + 8.80 = 0.487$$

故

$$k = 3.07 \text{ dm}^3 \cdot mol^{-1} \cdot s^{-1} = 3.07 \times 10^{-3} \text{ m}^3 \cdot mol^{-1} \cdot s^{-1}$$

据题意,恒容下 673.15 K 进行下列单向反应,令 p_x 为 t 时刻 NO_2 压力的降低值,这样我们可将反应进行中在不同时刻 t 时各物的分压及浓度归结如下:

$$NO_2(g) \longrightarrow NO(g) + \frac{1}{2}O_2(g)$$

	$NO_2(g)$	$NO(g)$	$\frac{1}{2}O_2(g)$
$t = 0$ 时的分压	2.666×10^4 Pa	0	0
t 时的分压	$(2.666 \times 10^4 \text{ Pa}) - p_x$	p_x	$\frac{1}{2}p_x$
t 时的体积摩尔浓度	$\dfrac{(2.666 \times 10^4 \text{ Pa}) - p_x}{RT}$	$\dfrac{p_x}{RT}$	$\dfrac{1}{2}\left(\dfrac{p_x}{RT}\right)$

在 t 时体系的总压为

$$p = (2.666 \times 10^4 \text{ Pa}) - p_x + p_x + \frac{1}{2}p_x = 3.200 \times 10^4 \text{ Pa}$$

解得

$$p_x = 1.068 \times 10^4 \text{ Pa}$$

由于反应是二级的,而且产物 NO 及 O_2 对反应速率无影响,因此上述反应的速度方程为

$$-\frac{d[NO_2]}{dt} = k[NO_2]^2$$

即

$$-\frac{d\left(\dfrac{2.666 \times 10^4\ Pa - p_x}{RT}\right)}{dt} = k\left(\frac{2.666 \times 10^4\ Pa - p_x}{RT}\right)^2$$

$$\frac{dp_x}{[(2.666 \times 10^4\ Pa) - p_x]^2} = \frac{k}{RT}dt$$

积分上式,得

$$\frac{p_x}{(2.666 \times 10^4\ Pa - p_x) \times 2.666 \times 10^4\ Pa} = \frac{kt}{RT}$$

故

$$t = \frac{p_x RT}{2.666 \times 10^4\ Pa \times (2.666 \times 10^4\ Pa - p_x)k}$$

$$= \frac{(1.068 \times 10^4\ Pa) \times 8.314\ J \cdot mol^{-1} \cdot K^{-1}}{2.666 \times 10^4\ Pa \times (2.666 - 1.068) \times 10^4\ Pa} \times \frac{673.15\ K}{3.07 \times 10^{-3}\ m^3 \cdot mol^{-1} \cdot s^{-1}}$$

$$= 47.5\ s$$

(b) 表观活化能为

$$E_a = RT^2 \frac{d\ln k}{dT} = 2.303RT^2 \times \frac{25\ 600}{4.575 T^2} = 107.1\ kJ \cdot mol^{-1}$$

由于 $k = Ae^{-\frac{E_a}{RT}}$ 的对数形式为

$$\lg k = -\frac{E_a}{2.303RT} + \lg A$$

将它与所给 k 与 T 的关系式比较即得

$$\lg A = 8.80$$

故指前因子为 $A = 6.31 \times 10^8\ dm^3 \cdot mol^{-1} \cdot s^{-1}$.

11-4(20 分) 电池 $Pt|H_2(1p^{\ominus}$压力$)|KOH(0.1\ mol \cdot dm^{-3})|HgO(s)|Hg(l)$ 在298 K时的电动势是 0.926 V.试问从热力学角度看,在298 K 及 $1p^{\ominus}$压力下,汞能否被空气中的水蒸气转化为氧化汞和氢?设空气中水蒸气和氢的摩尔分数分别为 1.1% 和 0.01%.又 298 K 及 $1p^{\ominus}$压力下 $H_2O(l) \longrightarrow H_2O(g)$ 的 $\Delta G_m^{\ominus} = 8598$ $J \cdot mol^{-1}$.

解

左电极反应　　　　$H_2(g, p^\ominus) + 2OH^-(aq) \longrightarrow 2H_2O(l) + 2e^-$

右电极反应　　　　$HgO(s) + H_2O(l) + 2e^- \longrightarrow Hg(l) + 2OH^-(aq)$

电池反应为　　　　$HgO(s) + H_2O(g, p^\ominus) \longrightarrow H_2O(l) + Hg(l)$ 　　　　(1)

它的标准摩尔吉布斯自由能变化为

$$\Delta G_{m,1}^\ominus = -nE^\ominus F = -2 \times 0.926 \times 96\,500 = -178.7 \text{ kJ·mol}^{-1}$$

又 298 K 及 $1p^\ominus$ 压力下，$H_2O(l) \longrightarrow H_2O(g)$ 　　　　(2)

$$\Delta G_{m,2}^\ominus = 8.598 \text{ kJ·mol}^{-1}$$

式(1)+式(2)的逆反应为

$$Hg(l) + H_2O(g, p^\ominus) \longrightarrow HgO(s) + H_2(g, p^\ominus)$$

因此，它的标准摩尔吉布斯自由能变化为

$$\Delta G_m^\ominus = -(\Delta G_{m,1}^\ominus + \Delta G_{m,2}^\ominus) = 170.1 \text{ kJ·mol}^{-1}$$

这样在 298 K 及 $1p^\ominus$ 压力时，下列反应．

$$Hg(l) + H_2O(g, 1.1 \times 10^{-2} p^\ominus) \longrightarrow HgO(s) + H_2(g, 10^{-4} p^\ominus)$$

的自由焓变，据化学反应等温式应为

$$\Delta G_m = \Delta G_m^\ominus + RT\ln \frac{p_{H_2}}{p_{H_2O}}$$

$$= 170.1 \times 10^3 \text{ J} + 8.314 \times 298\ln \frac{10^{-4}}{1.1 \times 10^{-2}}$$

$$= 158.5 \text{ kJ·mol}^{-1} > 0$$

因而根据自由焓减小原理，在 298 K 及 $1p^\ominus$ 压力下，汞不能被空气中的水气转化为氧化汞和氢气．

11-5（20 分）　若 1 mol 某气体的状态方程为 $\left(p + \dfrac{a}{V^2}\right)V = RT$，其中 a 是常数．试求出 1 mol 该气体从 (p_1, V_1) 经恒温可逆过程变至 (p_2, V_2) 时的 W、Q 及 ΔU、ΔH、ΔS 和 ΔG．

解

$$W = \int_{V_1}^{V_2} p\,dV = \int_{V_1}^{V_2}\left(\frac{RT}{V} - \frac{a}{V^2}\right)dV = RT\ln\frac{V_2}{V_1} + a\left(\frac{1}{V_2} - \frac{1}{V_1}\right)$$

$$\Delta U = \int_{V_1}^{V_2}\left(\frac{\partial U}{\partial V}\right)_T dV = \int_{V_1}^{V_2}\frac{a}{V^2}dV = a\left(\frac{1}{V_1} - \frac{1}{V_2}\right)$$

$$Q = \Delta U + W = RT\ln\frac{V_2}{V_1}$$

$$\Delta S = \frac{Q}{T} = R\ln\frac{V_2}{V_1}\ (\text{因为是恒温可逆过程})$$

$$\Delta H = \Delta U + \Delta(pV) = \Delta U + (p_2 V_2 - p_1 V_1)$$

$$= a\left(\frac{1}{V_1} - \frac{1}{V_2}\right) + \left[\left(RT - \frac{a}{V_2}\right) - \left(RT - \frac{a}{V_1}\right)\right]$$

$$= 2a\left(\frac{1}{V_1} - \frac{1}{V_2}\right)$$

$$\Delta G = \Delta H - T\Delta S = 2a\left(\frac{1}{V_1} - \frac{1}{V_2}\right) - RT\ln\frac{V_2}{V_1}$$

试 卷 二

11-6（40分） 填出下列各题的正确答案：

(a) 物质的量为 n 的范德华气体的状态方程是_____.

(b) 反应 $Pb(C_2H_5)_4 \longrightarrow Pb + 4C_2H_5$ 是否可能为基元反应？

(c) 把 6×10^{-4} kg 尿素 $[CO(NH_2)_2]$ 和 3.42×10^{-3} kg 蔗糖 $(C_{12}H_{22}O_{11})$ 各分别溶解在 1.000 kg 水中，这两个溶液的冰点分别是_____ K 和_____ K. 水的质量摩尔冰点降低常数为 1.86 K·kg·mol^{-1}. C、O 和 N 的相对原子质量分别为 12、16 和 14.

(d) 在下列的反应历程中（P 是最终产物，C 是活性中间物）：

$$A + B \xrightarrow{k_1} C \tag{1}$$

$$C \xrightarrow{k_2} A + B \tag{2}$$

$$C \xrightarrow{k_3} P \tag{3}$$

如果 $k_2 \gg k_3$，则产物 P 生成的速率方程是 $\dfrac{dc_P}{dt} = $ _____.

(e) 气体的压缩因子 Z 的定义是 $Z \equiv$ _____.

(f) 某反应物反应掉 3/4 所需要的时间是它反应掉 1/2 所需的时间的 2 倍，此反应的级数是_____.

(g) 正常液体的摩尔气化熵近似为_____ J·mol^{-1}·K^{-1}.

(h) 气相基元反应 $2A \longrightarrow B$ 在一个恒容的容器中进行，p_0 为 A 的初始压力，p_t 为时间 t 时反应体系的总压力，此反应的速率方程是 $\dfrac{dp_t}{dt}$ _____.

(i) 由 Na^+、Ca^{2+}、NO_3^-、Cl^- 和 $H_2O(l)$ 组成的体系，最多能有_____个相平衡共存.

(j) 一个二级反应速度常数 $k = 5.0\times10^{-5}$ dm^3·mol^{-1}·s^{-1}，如果浓度改用

"$mol \cdot m^{-3}$",时间改用"min"为单位,则 k 的值是_____.

(k) 盐 AB 可以形成以下几种水合物:$AB \cdot H_2O(s)$、$2AB \cdot 5H_2O(s)$、$2AB \cdot 7H_2O(s)$和 $AB \cdot 6H_2O(s)$.所有这些水合物都有相合的熔点.这个盐水体系可有_____个低共熔点.

(l) 热力学关系式 $Q_p = Q_V + p \Delta V$ 适用于_____体系,其中 Q_p 及 Q_V 分别为等压和等容热产应.

(m) 由两个液体所形成的溶液中,组分的蒸气压对拉乌尔定律产生不大的正偏差,如果浓度用摩尔分数表示,且选取纯液体组分为标准状态,则组分的活度系数值_____于 1;如果以组分在极稀的溶液中服从亨利定律为参考状态,则组分的活度系数值_____于 1.

解　(a) $\left(p + \dfrac{n^2 a}{V^2} \right)(V - nb) = nRT$

(b) 不可能.若是基元反应,根据微观可逆性原理其逆反应也应为基元反应.今逆反应为五分子反应,而分子数超过三的五分子反应是不可能的,所以逆反应不是基元反应,因而正反应也不可能是基元反应.

(c) $-0.0186℃(273.13\ K)$,$-0.0186℃(273.13\ K)$

(d) $\dfrac{k_1 k_3}{k_2} c_A c_B$

(e) $\dfrac{pV}{nRT}$ 或 $\dfrac{pV_m}{RT}$

(f) 1 级

(g) 21~22

(h) $k(2p_t - p_0)^2$

(i) 6

(j) $3.0 \times 10^{-6}\ m^3 \cdot mol^{-1} \cdot min^{-1}$

(k) 5

(l) 无其他功的理想气体反应的封闭体系

(m) 大,小

11-7(20 分)　试画图表明用电动势法测定氯化银($AgCl$)的活度积 K_{ap} 的实验装置,并说明测定的原理.

解　$AgCl$ 的活度积 K_{ap} 可通过测定下列可逆电池的平衡电动势得到:

$Ag | AgCl | 0.01\ mol \cdot dm^{-3} KCl(AgCl 饱和) | 0.01\ mol \cdot dm^{-3} AgNO_3 | Ag$

盐桥为 $1\ mol \cdot dm^{-3} KNO_3$.

左电极反应:　　$Ag(s) + Cl^-(0.01\ mol \cdot dm^{-3}) \longrightarrow AgCl(s) + e^-$

右电极反应:　　$Ag^+(0.01\ mol \cdot dm^{-3}) + e^- \longrightarrow Ag(s)$

电池反应为

$$Ag^+(0.01\ mol\cdot dm^{-3}) + Cl^-(0.01\ mol\cdot dm^{-3}) \longrightarrow AgCl(s) \tag{1}$$

由于 $0.01\ mol\cdot dm^{-3}KCl$ 溶液被 AgCl 所饱和,故存在下列平衡:

$$AgCl(s) \Longleftrightarrow Ag^+(a_{Ag^+}) + Cl^-(0.01mol\cdot dm^{-3}) \tag{2}$$

因此电池反应也可以看成是式(1)和式(2)两反应之和,即为

$$Ag^+(c'_{Ag^+} = 0.01\ mol\cdot dm^{-3}) \longrightarrow Ag^+(a_{Ag^+}) \tag{3}$$

根据电动势的能斯特公式,电池的电动势为

$$E = \frac{RT}{F}\ln\frac{a'_{Ag^+}}{a_{Ag^+}} = \frac{RT}{F}\ln\frac{0.01\gamma'_{Ag^+}}{a_{Ag^+}} = \frac{RT}{F}\ln\frac{0.01\gamma'_{\pm}}{a_{Ag^+}} \tag{4}$$

式中, a'_{Ag^+}、γ'_{Ag^+} 为 $0.01\ mol\cdot dm^{-3}AgNO_3$ 溶液中 Ag^+ 的活度及活度系数,对 $1-1$ 价电解质 $\gamma'_+ = \gamma'_{\pm}$, $\gamma'_{\pm}$ 为 $0.01\ mol\cdot dm^{-3}AgNO_3$ 的平均活度系数. a_{Ag^+} 为 $0.01\ mol\cdot dm^{-3}KCl$ 溶液中 Ag^+ 的活度. 由于 $\gamma_{\pm}$ 可由手册中查得或用电动势法测得,因此只要测得电池的电动势 E,就可由式(4)求出 a_{Ag^+}.

由平衡方程(2)知,AgCl 的活度积为

$$K_{ap} = a_{Ag^+}a_{Cl^-} = a_{Ag^+}\left(\gamma - \frac{c_{Cl^-}}{c^\ominus}\right) = 0.01\gamma_{\pm}a_{Ag^+} \tag{5}$$

式中, $\gamma_{\pm}$ 为 $0.01\ mol\cdot dm^{-3}KCl$ 的平均活度系数,它可由手册上查得或用电动势法测得.

总之,测定出上述电池的 E 值,由式(4)求出 a_{Ag^+},然后再由式(5)求得 AgCl 的 K_{ap}.

实验上用对消法(又称补偿法)测定电池的电动势. 它能使电池在无电流通过时测得两电极的电位差. 其实验装置的线路如下图所示:

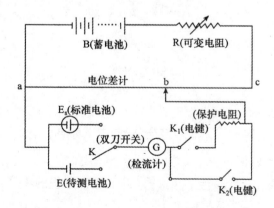

对消法的原理是使电位差计 abc 中 b 点的电位与电池一个电极的电位相等,而 a 点的电位与另一极的相等,这样就在 aEGba 回路中无电流通过(对消了). 因

而 ba 的电位差就是电池的电动势.

现在简要说明测定的方法:先将电位差计 abc 上的读数固定为标准电池的电动势 E_s 数值或者 E_s 的倍数.用 K 使 E_s 与 G 连通,调节 R 使检流计 G 中无电流通过(这步操作是先用 K_1 粗调,而后用 K_2 细调),这时在电位差计中的电流就为一定值.然后用 K 使 E 与 G 连通,滑动电位差计的 b 点到某一位置使 G 中无电流通过时,由电位差计上读出的 ba 两点的电位差值就是电池的电动势.

11-8(20 分)　$A_2 + B_2 \longrightarrow 2AB$ 的反应历程如下:

$$A_2 \underset{k_{-1}}{\overset{k_1}{\rightleftharpoons}} 2A(快速平衡)$$

$$2A + B_2 \overset{k_2}{\longrightarrow} 2AB(慢步骤)$$

(a) 试证明:由此历程推导的速率方程为

$$\frac{dc_{AB}}{dt} = Kc_{A_2}c_{B_2}$$

(b) 若上述速率方程与实验符合,且 A_2 和 B_2 的初浓度皆为 c_0,试证明半衰期,$t_{1/2} = \dfrac{1}{kc_0}$.

(c) 若 300 K 和 320 K 时,上述半衰期(初浓度皆为 c_0)之比为 10∶1,求此反应的活化能 E_a.

(d) 若上述反应历程中,快速平衡反应的反应热为 Q,慢步骤的活化能为 E_2,总反应的活化能为 E_a,试证明:$E_a = E_2 + Q$.若 $Q = 41.84$ kJ·mol^{-1},求 E_2.

解　(a) 由于第二步为慢步骤,故

$$\frac{dc_{AB}}{dt} = k_2 c_A^2 c_{B_2} \tag{1}$$

根据第一步平衡得

$$c_A^2 = Kc_{A_2} \tag{2}$$

因此

$$\frac{dc_{AB}}{dt} = k_2 Kc_{A_2}c_{B_2} = kc_{A_2}c_{B_2} \tag{3}$$

(b) 式中的 $k = k_2 K$.

(c) 当初始浓度 $c_{A_2} = c_{B_2} = c_0$ 时,式(3)中速率方程的积分式为

$$kt = \frac{1}{c} - \frac{1}{c_0}(c \ 为 \ t \ 时的浓度)$$

则

$$t_{1/2} = \frac{1}{k}\left(\frac{1}{\dfrac{c_0}{2}} - \frac{1}{c_0}\right) = \frac{1}{kc_0}$$

(d) 已知 $\dfrac{(t_{1/2})_2}{(t_{1/2})_1} = \dfrac{k_1}{k_2} = \dfrac{1}{10}$

设 E_a 及指前因子 A 在此温度范围内为常数,则

$$\ln\frac{k_1}{k_2} = \frac{E_a}{R}\left(\frac{1}{T_2} - \frac{1}{T_1}\right)$$

$$E_a = \frac{RT_1T_2}{T_2 - T_1}\ln\frac{k_2}{k_1}$$

$$= \frac{8.314\ \text{J·mol}^{-1}\cdot\text{K}^{-1}\times 300\ \text{K}\times 320\ \text{K}}{20\ \text{K}}\ln 10$$

$$= 91.89\ \text{kJ·mol}^{-1}$$

由 $k = k_2 K$ 可得

$$RT^2\frac{\mathrm{d}\ln k}{\mathrm{d}T} = RT^2\frac{\mathrm{d}\ln k_2}{\mathrm{d}T} + RT^2\frac{\mathrm{d}\ln K}{\mathrm{d}T}$$

即

$$E_a = E_2 + \Delta H = E_2 + Q$$

故

$$E_2 = E_a - Q = (91.89 - 41.84)\text{kJ·mol}^{-1} = 50.05\ \text{kJ·mol}^{-1}$$

11-9(20 分) 1 mol 某气体的状态方程是 $pV_m = RT + ap\ (a > 0)$

(a) 常数 a 有什么物理意义?

(b) 此气体的温度在焦耳-盖吕萨克实验中如何变化?

(c) 此气体的温度在焦耳-汤姆孙实验中如何变化?

(d) 求此气体在 T, p 时的逸度 f.

解 (a) 状态方程可改写成为下列形式

$$p(V_m - a) = RT \tag{1}$$

将它与 1 mol 理想气体的状态方程

$$pV_m = RT \tag{2}$$

对比,就可看出式(1)中的 $V_m - a$ 是气体分子自由运动所不可及的体积,因此 a 可以认为是 1 mol 气体分子在体积为 V_m 的容器中自由运动所不可及的体积. 或者可以将式(1)与范德华方程对比,则式(1)就是无压力校正而只有体积校正项的范德华方程. 这样 a 的物理意义仍同前所述.

(b) 焦耳-盖吕萨克实验是恒内能的膨胀过程,考查气体温度在此实验中的变

化,实际上就是研究 $\left(\dfrac{\partial T}{\partial V}\right)_U$ 或 $\left(\dfrac{\partial T}{\partial p}\right)_U$ 的正负与数值. 今以前者为例进行讨论.

因为

$$dU = TdS - pdV = T\left[\left(\frac{\partial S}{\partial T}\right)_V dT + \left(\frac{\partial S}{\partial V}\right)_T dV\right] - pdV$$

$$= C_V dT + \left[T\left(\frac{\partial S}{\partial V}\right)_T - p\right]dV$$

所以

$$\left(\frac{\partial T}{\partial V}\right)_U = \frac{p - T\left(\frac{\partial S}{\partial V}\right)_T}{C_V}$$

应用麦克斯韦关系式, $\left(\dfrac{\partial S}{\partial V}\right)_T = \left(\dfrac{\partial p}{\partial T}\right)_V$,上式可化为

$$\left(\frac{\partial T}{\partial V}\right)_U = \frac{p - T\left(\frac{\partial p}{\partial T}\right)_V}{C_V}$$

对于遵守状态方程 $p(V_m - a) = RT$ 的气体, $\left(\dfrac{\partial p}{\partial T}\right)_V = \dfrac{R}{V_m - a}$,因此,

$$\left(\frac{\partial T}{\partial V}\right)_U = \frac{p - T\left(\frac{\partial p}{\partial T}\right)_V}{C_V} = \frac{p - \dfrac{RT}{V_m - a}}{C_V} = 0$$

即该气体的温度在焦耳-盖吕萨克实验中是不变的.

(c) 用类似于(b)的方法,不难得出

$$\left(\frac{\partial T}{\partial p}\right)_H = -\frac{q}{C_p} < 0$$

则该气体的温度在焦耳-汤姆孙实验中是升高的.

(d) 纯气体在 T, p 时的逸度 f 的定义式为

$$\mu(T, p) = \mu^{\ominus}(T) + RT\ln f \tag{1}$$

式中: $\mu(T, p)$ 为气体在 T, p 时的化学势; $\mu^{\ominus}(T)$ 是理想化的该气体在 T K 及 $p^{\ominus}$ 压力下的化学势,也就是标准状态的化学势.

在恒温下由式(1)得

$$d\mu = RTd\ln f \tag{2}$$

根据热力学基本方程 $d\mu = -S_m dT + V_m dp$,在恒温下

$$d\mu = V_m dp \tag{3}$$

因此

$$RTd\ln f = V_m dp \tag{4}$$

由状态方程知
$$V_m = \frac{RT}{p} + a$$

所以
$$RT\mathrm{d}\ln f = \frac{RT}{p}\mathrm{d}p + a\mathrm{d}p = RT\mathrm{d}\ln p + a\mathrm{d}p$$

即
$$RT\mathrm{d}\ln\frac{f}{p} = a\mathrm{d}p \tag{5}$$

积分式(5),得
$$\lim_{p^* \to 0}\left(RT\int_{p^*}^{p}\mathrm{d}\ln\frac{f}{p}\right) = \lim_{p^* \to 0}\int_{p^*}^{p}a\mathrm{d}p$$

式中, p^* 为无限小之压力,此时气体服从 $pV_m = RT$,即
$$\lim_{p^* \to 0}\left[RT\left(\ln\frac{f}{p} - \ln\frac{f^*}{p^*}\right)\right] = \lim_{p^* \to 0}\left[a(p - p^*)\right] = ap \tag{6}$$

由于 $p^* \to 0$ 时, $f^* = p^*$,即 $\dfrac{f^*}{p^*} = 1$,因而式(6)化为
$$RT\ln\frac{f}{p} = ap$$

于是该气体在 T, p 时的逸度为 $f = p\exp\left(\dfrac{ap}{RT}\right)$.此式表明, a 值越大, f 与 p 的偏差就越大.当 $a \to 0$ 时 $f \to p$,这与 $a \to 0$ 时该气体即为理想气体是一致的.

试 卷 三

11-10(25 分) 回答下列各题:

(a) 试指出应用下列各热力学关系式的条件

1) $\Delta G = \Delta H - T\Delta S$

2) $\mathrm{d}G = -S\mathrm{d}T + V\mathrm{d}p$

3) $\Delta H = \Delta U + (\Delta n)RT$

4) $\Delta S = R\ln\dfrac{V_2}{V_1}$

(b) $FeCl_3$ 和 H_2O 能形成四种水合物: $FeCl_3 \cdot 6H_2O$; $2FeCl_3 \cdot 7H_2O$; $2FeCl_3 \cdot 5H_2O$; $FeCl_3 \cdot 2H_2O$.试问这个体系的组分数是多少? 此体系最多能有几个相呈平衡共存? 与冰共晶的是什么水合物?

(c) 在 313 K 时,液体 A 的饱和蒸气压是液体 B 的饱和蒸气压的 21 倍,A、B 两液体形成理想溶液.若气相中 A 和 B 的摩尔分数相等,试问溶液中 A 和 B 的摩

尔分数各为多少?

(d) 碘的热分解反应:

$$I_2(g) \longrightarrow 2I(g)$$

在 2273 K 时每摩尔 I_2 的反应热 $\Delta H = 160.25$ kJ·mol^{-1},如果碘原子的复合反应可以认为不需要活化能,试问 2273 K 时碘热分解反应的活化能是多少?

(e) 含有 0.01 mol·dm^{-3}KCl 及 0.02 mol·dm^{-3}ACl(强电解质)的水溶液的电导率是 0.382 Ω^{-1}·m^{-1},如果 K$^+$ 及 Cl$^-$ 的离子当量电导分别是 7.4×10^{-3} Ω^{-1}·m^2·mol^{-1}和7.6×10^{-3} Ω^{-1}·m^2·mol^{-1},试问离子 A 的当量电导是多少?

解 (a) 各热力学关系式应用的条件如下:

1) 始态、终态温度相等.

2) 将热力学第一、第二定律应用于封闭体系、均相或各相温度压力相等的多相、只做体积功的微小可逆过程即得此方程.因此该方程在上述条件下一定适用.但是,在热力学中有关全是状态变量变化的等式,虽然推引中应用了可逆过程的条件,但所得等式可撤去过程限制而成为对一定条件下的始态、终态同样适用.本方程对于 T、p、V 中的双变量体系的始态、终态仍成立.

3) 始态、终态温度相等的理想气体或其反应体系.

4) 1 mol 理想气体,始态、终态温度相等,由 V_1 变到 V_2.

(b) 体系的物种数 $S = 6$,即 H_2O、$FeCl_3$、$FeCl_3 \cdot 6H_2O$、$2FeCl_3 \cdot 7H_2O$、$2FeCl_3 \cdot 5H_2O$ 及 $FeCl_3 \cdot 2H_2O$.共有 4 个独立的化学反应,例如

$$FeCl_3 + 6H_2O \longrightarrow FeCl_3 \cdot 6H_2O$$

$$2FeCl_3 + 7H_2O \longrightarrow 2FeCl_3 \cdot 7H_2O$$

$$2FeCl_3 + 5H_2O \longrightarrow 2FeCl_3 \cdot 5H_2O$$

$$FeCl_3 + 2H_2O \longrightarrow FeCl_3 \cdot 2H_2O$$

因而独立的化学反应数 $R = 4$.体系无同一相内的浓度限制条件,即 $R' = 0$.故体系的组分数为

$$K = S - R - R' = 6 - 4 - 0 = 2$$

自由度为 0 时体系平衡共存的相数最大,根据相律 $f = K - \Phi + 2 = 4 - \Phi = 0$ 得 $\Phi = 4$,即体系最多能有 4 相平衡共存.与冰能共晶的是含水最多的水合物 $FeCl_3 \cdot 6H_2O$.

(c) 令 p_A^0、p_B^0 分别为 A、B 的饱和蒸气压;p_A、p_B 分别为 A、B 在气相中的分压;x_A、x_B 分别为 A、B 在溶液中的摩尔分数;y_A、y_B 分别为 A、B 在气相中的摩尔分数;p 为气相中的总压力.据题意知

$$p_A^0 = 21 p_B^0 \tag{1}$$

$$y_A = y_B \tag{2}$$

由于溶液是理想的,据拉乌尔定律有

$$p_A = p_A^0 x_A \tag{3}$$

$$p_B = p_B^0 x_B \tag{4}$$

假设气相为理想混合气体,据分压定律有

$$p_A = p y_A \tag{5}$$

$$p_B = p y_B \tag{6}$$

由式(2)~式(6)不难得出

$$p_A^0 x_A = p_B^0 x_B \tag{7}$$

将式(1)与 $x_A = 1 - x_B$ 代入式(7)即得

$$21 p_B^0 (1 - x_B) = p_B^0 x_B$$

故

$$x_A = \frac{1}{22}, \quad x_B = \frac{21}{22}$$

(d) 由于正逆反应的活化能 $E_正$ 和 $E_逆$ 之差等于 ΔH,即

$$E_正 - E_逆 = \Delta H$$

今知 $E_逆 \approx 0, \Delta H = 160.24 \ kJ \cdot mol^{-1}$,故得 $E_正 = 160.24 \ kJ \cdot mol^{-1}$.

(e) 摩尔电导 Λ_m 与电导率 κ 及当量浓度 c 的关系为

$$\Lambda_{KCl} = \kappa_{KCl} V_m = \kappa_{KCl} / c_{KCl} \tag{1}$$

$$\Lambda_{m,ACl} = \kappa_{ACl} / c_{ACl} \tag{2}$$

溶液的电导率 κ 等于各电解质电导率之和.在忽略水的电导率的情况下,有

$$\kappa = \kappa_{KCl} + \kappa_{ACl} \tag{3}$$

由式(1)、式(2)、式(3),得

$$\kappa = c_{KCl} \Lambda_{m,KCl} + c_{ACl} \Lambda_{m,ACl} \tag{4}$$

假设柯尔劳希离子独立运动定律近似成立,即

$$\Lambda_{m,KCl} = \lambda_{m,K^+} + \lambda_{m,Cl^-} \tag{5}$$

$$\Lambda_{m,ACl} = \lambda_{m,A^+} + \lambda_{m,Cl^-} \tag{6}$$

将式(5)、式(6)两式代入式(4),得

$$\kappa = c_{KCl}(\lambda_{m,K^+} + \lambda_{m,Cl^-}) + c_{ACl}(\lambda_{m,A^+} + \lambda_{m,Cl^-})$$

即

$$3.82 \times 10^{-1} \ \Omega^{-1} \cdot m^{-1}$$
$$= [0.01 \times 10^3 \ mol \cdot m^{-3} \times (7.4 + 7.6) \times 10^{-3} m^2 \cdot \Omega^{-1} \cdot mol^{-1}]$$
$$+ [0.02 \times 10^3 \ mol \cdot m^{-3} \times (\lambda_{m,A^+} + 7.6 \times 10^{-3}) m^2 \cdot \Omega^{-1} \cdot mol^{-1}]$$

故

$$\lambda_{m,A^+} = 4.0 \times 10^{-3} \ m^2 \cdot \Omega^{-1} \cdot mol^{-1}$$

11-11（15分）　对于下列电池

$$Pt|Cl_2(g, p^\ominus)|HCl(0.1 \text{ mol·dm}^{-3}|AgCl(s)|Ag(s)$$

已知 $AgCl(s)$ 在 298 K 的标准摩尔生成焓是 $-127.03 \text{ kJ·mol}^{-1}$，$Ag(s)$，$AgCl(s)$ 和 $Cl_2(g)$ 在 298 K 的标准摩尔熵分别是 $42.702 \text{ J·mol}^{-1}\text{·K}^{-1}$、$96.106 \text{ J·mol}^{-1}\text{·K}^{-1}$ 和 $222.95 \text{ J·mol}^{-1}\text{·K}^{-1}$，试计算在 298 K 时

(a) 电池的电动势.

(b) 电池可逆操作时分解 1 mol $AgCl(s)$ 的热效应.

(c) 电池电动势的温度系数.

(d) $AgCl(s)$ 的分解压力.

解　(a)

左电极反应：　$Cl^-(0.1 \text{ mol·dm}^{-3}) \longrightarrow \dfrac{1}{2}Cl_2(p^\ominus) + e^-$

右电极反应：　　　　$AgCl(s) + e^- \longrightarrow Ag(s) + Cl^-(0.1 \text{ mol·dm}^{-3})$

_____

电池反应：　　　　　　$AgCl(s) \longrightarrow Ag(s) + \dfrac{1}{2}Cl_2(p^\ominus)$

电池反应的标准摩尔焓、摩尔熵和摩尔自由焓的改变分别为

$$\Delta_r H_m^\ominus = \Delta_f H_{m,Ag(s)}^\ominus + \frac{1}{2}\Delta_f H_{m,Cl_2(g)}^\ominus - \Delta_f H_{m,AgCl(s)}^\ominus$$

$$= 0 + 0 - (-127.03)\text{kJ·mol}^{-1} = 127.03 \text{ kJ·mol}^{-1}$$

$$\Delta_r S_m^\ominus = S_{m,Ag(s)}^\ominus + \frac{1}{2}S_{m,Cl_2(g)}^\ominus - S_{m,AgCl(s)}^\ominus$$

$$= \left(42.702 + \frac{1}{2}\times 222.95 - 96.106\right) \text{ J·mol}^{-1}\text{·K}^{-1}$$

$$= 58.07 \text{ J·mol}^{-1}\text{·K}^{-1}$$

$$\Delta_r G_m^\ominus = \Delta_r H_m^\ominus - T\Delta_r S_m^\ominus$$

$$= 127.03 \text{ kJ·mol}^{-1} - (298 \text{ K})\times 58.07 \text{ J·mol}^{-1}\text{·K}^{-1}$$

$$= 109.72 \text{ kJ·mol}^{-1}$$

因为 $Cl_2(g)$ 的压力为 $1p^\ominus$，故所求电池的电动势就是其标准电动势. 由 $\Delta_r G_m^\ominus = -nFE^\ominus$ 即得

$$E^\ominus = \frac{-\Delta_r G_m^\ominus}{nF} = \frac{-109.72\times 10^3 \text{ J·mol}^{-1}}{96\,500 \text{ C·mol}^{-1}} = -1.137 \text{ V}$$

(b) 电池可逆操作时分解 1 mol $AgCl(s)$ 的热效应为

$$Q_R = T\Delta_r S_m^\ominus = 298 \text{ K}\times 58.07 \text{ J·mol}^{-1}\text{·K}^{-1} = 17.30 \text{ kJ·mol}^{-1}$$

(c) 电池电动势的温度系数为

$$\left(\frac{\partial E^\ominus}{\partial T}\right)_p = \frac{\Delta S_m^\ominus}{zF} = \frac{58.07 \text{ J·mol}^{-1}\text{·K}^{-1}}{96\,500 \text{ C·mol}^{-1}} = 6.018\times 10^{-4} \text{ V·K}^{-1}$$

(d) 令 p_{Cl_2} 为下列 AgCl(s) 分解反应的 $Cl_2(g)$ 的平衡压力, 也就是 AgCl(s) 的分解压力.

$$AgCl(s) \longrightarrow Ag(s) + \frac{1}{2}Cl_2(g, p_{Cl_2})$$

假设 $Cl_2(g)$ 为理想气体, 故上述反应的平衡常数为

$$K_p^\ominus = (p_{Cl_2})^{1/2}$$

由

$$\Delta_r G_m^\ominus = -RT\ln K_p = -RT\ln\left(\frac{p_{Cl_2}}{p^\ominus}\right)^{1/2} = -\frac{1}{2}RT\ln\frac{p_{Cl_2}}{p^\ominus}$$

得

$$\ln\frac{p_{Cl_2}}{p^\ominus} = -\frac{2\Delta_r G_m^\ominus}{RT} = \frac{2 \times 109.72 \times 10^3\ \text{J}\cdot\text{mol}^{-1}}{8.314\ \text{J}\cdot\text{mol}^{-1}\cdot\text{K}^{-1} \times 298\ \text{K}} = 88.57$$

故

$$p_{Cl_2} = 2.92 \times 10^{-38} \times 1.013\ 25 \times 10^5\ \text{Pa} = 2.96 \times 10^{-33}\ \text{Pa}$$

11-12 (20 分)　光气 $(COCl_2)$ 合成反应 $CO(g) + Cl_2(g) \longrightarrow COCl_2(g)$ 很可能是按照以下的自由基反应机理, 通过高活性中间产物 Cl 和 COCl 进行的:

$$Cl_2 + M \xrightarrow{k_1} 2Cl + M \tag{1}$$

$$Cl + CO + M \xrightarrow{k_2} COCl + M \tag{2}$$

$$COCl + M \xrightarrow{k_3} CO + Cl + M \tag{3}$$

$$COCl + Cl_2 \xrightarrow{k_4} COCl_2 + Cl \tag{4}$$

$$COCl_2 + Cl \xrightarrow{k_5} COCl + Cl_2 \tag{5}$$

$$2Cl + M \xrightarrow{k_6} Cl_2 + M \tag{6}$$

式中: M 代表第三体分子; k 为速率常数.

(a) 试应用稳态近似法得出光气合成反应的速率方程 (用 $COCl_2$ 的生成表示反应速率).

(b) 写出过诱导期后反应的初速表示式.

(c) 机理中哪个基元反应的速率常数最大? 哪个最小?

解　(a) 光气的生成速率为

$$\frac{d[COCl_2]}{dt} = k_4[COCl][Cl_2] - k_5[COCl_2][Cl] \tag{7}$$

对高活性的中间产物 Cl 和 COCl 作稳态近似,得

$$\frac{d[Cl]}{dt} = 2k_1[Cl_2][M] - k_2[Cl][CO][M] + k_3[COCl][M]$$

$$+ k_4[COCl][Cl_2] - k_5[COCl_2][Cl] - 2k_6[Cl]^2[M]$$

$$= 0 \tag{8}$$

$$\frac{d[COCl]}{dt} = k_2[Cl][CO][M] - k_3[COCl][M] - k_4[COCl][Cl_2]$$

$$+ k_5[COCl_2][Cl] = 0 \tag{9}$$

由式(8)＋式(9),得

$$[Cl] = \sqrt{\frac{k_1}{k_6}}\ [Cl_2]^{1/2} \tag{10}$$

将式(10)代入式(9),得

$$[COCl] = \frac{k_2[CO][M] + k_5[COCl_2]}{k_3[M] + k_4[Cl_2]}\sqrt{\frac{k_1}{k_6}}\ [Cl_2]^{1/2} \tag{11}$$

将式(10)和式(11)两式代入式(7),即得速率方程为

$$\frac{d[COCl_2]}{dt} = k_4\sqrt{\frac{k_1}{k_6}}\ \frac{k_2[CO][M] + k_5[COCl_2]}{k_3[M] + k_4[Cl_2]}[Cl_2]^{3/2}$$

$$- k_5\sqrt{\frac{k_1}{k_6}}\ [COCl_2][Cl_2]^{1/2} \tag{12}$$

(b) 在式(12)中令[COCl_2]＝0,即得过诱导期后的初速率表示式为

$$\frac{d[COCl_2]}{dt} = k_4\sqrt{\frac{k_1}{k_6}}\ \frac{k_2[CO][M][Cl_2]^{3/2}}{k_3[M] + k_4[Cl_2]} \tag{13}$$

(c) 分子解离为自由原子的反应式(1),其活化能是所断键的键能,此值一般较大;分子与自由原子或高活性分子的反应式(2)～式(5),其活化能一般较小;自由原子复合反应式(6)几乎不需要活化能,有时甚至活化能 E_a 为负值. 由此可知 k_1 应最小,而 k_6 应最大.

11-13 (20 分)　　下面是金属 A 和 B 在 $1p^{\ominus}$ 下的固液平衡相图,A_2B 和 AB_2 分别是由 A 和 B 生成的两种化合物.

(a) 注明各相区的相数及相态.

(b) 绘出 $a \to a'$,$b \to b'$ 的步冷曲线,并说明步冷过程中相变化的情况.

(c) 指出相图中哪些情况下体系的自由度是 0,并说明理由.

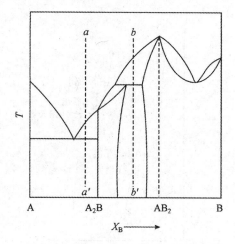

解 （a）

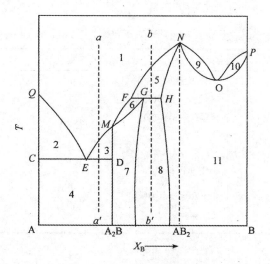

相区	相数	相　　态	相区	相数	相　　态
1	1	L	8	2	$s_1 + s_2$
2	2	L+A(s)	9	2	$L + s_2$
3	2	L+A$_2$B(s)	10	2	$L + s_2$
4	2	A(s)+A$_2$B(s)	11	1	s_2
5	2	$L + s_2$	CED 线	3	L+A(s)+A$_2$B(s)
6	2	$L + s_1$	FGH 线	3	$L + s_1 + s_2$
7	1	s_1			

注：L 表示 A 和 B 的溶液；s_1 表示 A$_2$B 和 AB$_2$ 的固溶体（以 A$_2$B 为主体）；s_2 表示 AB$_2$ 和 B 或 A$_2$B 的固溶体的统称.

(b) 见温度-时间图.

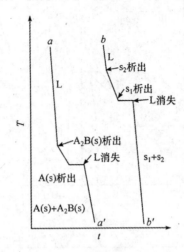

(c) 相图中自由度为 0 处及其理由列于下表:

自由度为 0 的点或线	相　　态	由相律得自由度
Q(A 的熔点)	A(l) + A(s)	
M(A_2B 的熔点)	A_2B(l) + A_2B(s)	$f = K - \Phi + 1$
N(AB_2 的熔点)	AB_2(l) + AB_2(s)	$= 1 - 2 + 1$
O(B 与 AB_2 的最低恒熔点)	L + s_2	$= 0$
P(B 的熔点)	B(l) + B(s)	
CED 线	L + A(s) + A_2B(s)	$f = K - \Phi + 1$
FGH 线	L + s_1 + s_2	$= 2 - 3 + 1$
		$= 0$

11-14（15 分）　设 1 mol 某气体的物态方程为 $pV = RT + \dfrac{a}{V} + \dfrac{b}{V^2}$,式中 V 为摩尔体积,a 和 b 为常数.试求:

(a) 1 mol 该气体的 $C_p - C_V$.

(b) 1 mol 该气体由 (T, V_1) 到 (T, V_2) 的熵变.

解　(a) $C_p - C_V = \left(\dfrac{\partial H}{\partial T}\right)_p - \left(\dfrac{\partial V}{\partial T}\right)_V$

$$= T\left(\dfrac{\partial S}{\partial T}\right)_p - T\left(\dfrac{\partial S}{\partial T}\right)_V$$

$$= T\left[\left(\dfrac{\partial S}{\partial T}\right)_p - \left(\dfrac{\partial S}{\partial T}\right)_V\right] \qquad (1)$$

$$\mathrm{d}s = \left(\dfrac{\partial S}{\partial V}\right)_T \mathrm{d}V + \left(\dfrac{\partial S}{\partial T}\right)_V \mathrm{d}T$$

$$\left(\frac{\partial S}{\partial T}\right)_p = \left(\frac{\partial S}{\partial V}\right)_T\left(\frac{\partial V}{\partial T}\right)_p + \left(\frac{\partial S}{\partial T}\right)_V \tag{2}$$

应用麦克斯韦关系式
$$\left(\frac{\partial S}{\partial V}\right)_T = \left(\frac{\partial p}{\partial T}\right)_V \tag{3}$$

$$\left(\frac{\partial S}{\partial T}\right)_p - \left(\frac{\partial S}{\partial T}\right)_V = \left(\frac{\partial p}{\partial T}\right)_V\left(\frac{\partial V}{\partial T}\right)_p \tag{4}$$

将式(4)代入式(1),得

$$C_p - C_V = T\left(\frac{\partial p}{\partial T}\right)_V\left(\frac{\partial V}{\partial T}\right)_p \tag{5}$$

该气体的物态方程

$$pV = RT + \frac{a}{V} + \frac{b}{V^2}$$

$$\left(\frac{\partial p}{\partial T}\right)_V = \frac{R}{V} \tag{6}$$

$$\left(\frac{\partial V}{\partial T}\right)_p = \frac{R}{p + \dfrac{a}{V^2} + \dfrac{2b}{V^3}} = \frac{R}{\dfrac{RT}{V} + \dfrac{2a}{V^2} + \dfrac{3b}{V^3}} \tag{7}$$

将式(6)和式(7)两式代入式(5),得

$$C_p - C_V = \frac{R^2T}{RT + \dfrac{2a}{V} + \dfrac{3b}{V^2}} = \frac{R}{1 + \dfrac{1}{RT}\left(\dfrac{2a}{V} + \dfrac{3b}{V^2}\right)} \tag{8}$$

(b) 气体始态、终态的温度相同,故可通过恒温可逆过程求算其熵变,即

$$\Delta S = \int_{V_1}^{V_2}\left(\frac{\partial S}{\partial V}\right)_T dV = \int_{V_1}^{V_2}\left(\frac{\partial p}{\partial T}\right)_V dV = \int_{V_1}^{V_2}\frac{R}{V}dV = R\ln\frac{V_2}{V_1}$$

试 卷 四

11-15 (20 分) 回答下列问题:

(a) 对于任何宏观物质,其焓 H(一定大于、不一定大于)内能 U,为什么? 对于等温理想气体反应,其 ΔH(一定大于、不一定大于)ΔU,为什么?

(b) 指出下述各过程中,体系的 ΔU、ΔH、ΔS、ΔF、ΔG 何者为零?

1) 理想气体的真空自由膨胀.

2) 真实气体的节流膨胀.

3) CH_4 气体由 T_1、p_1 绝热可逆膨胀到 T_2、p_2.

4) H_2 和 Cl_2 在坚固的绝热的容器中变为 HCl.

5) 在 273 K 和 $p^{\ominus}$ 压力下,水结冰.

(c) 在 T-p 与 S-H 坐标中,绘出理想气体卡诺循环的示意图.标出每一过程的始态、终态.循环方向以箭头表示.

(d) 在 $p^{\ominus}$ 压力和 298 K 时,$C_6H_5COOH(s)$ 的燃烧热 $\Delta_cH_m^{\ominus}$ 为 -3.228×10^3 $kJ\cdot mol^{-1}$,$CO_2(g)$ 和 $H_2O(l)$ 的标准摩尔生成热 $\Delta_fH_m^{\ominus}$ 分别 -3.941×10^2 $kJ\cdot mol^{-1}$ 和 -2.858×10^2 $kJ\cdot mol^{-1}$.求 C_6H_5COOH 的燃烧热 $\Delta_cH_m^{\ominus}$.

解 (a)对于任何宏观物质,其 H(一定大于 U),因为(由定义 $H\equiv U+pV$,而 p 和 V 均大于零).对于等温理想气体反应,其 ΔH(不一定大于)ΔU,因为($\Delta H=\Delta U+\Delta(pV)$,而 $\Delta(pV)=\Delta nRT$,Δn 可大于零也可小于零).

(b) 1) 理想气体真空自由膨胀,$\Delta U=0$,$\Delta H=0$.

2) 真空气体节流膨胀 $\Delta H=0$.

3) CH_4 气体由 T_1p_1 绝热可逆膨胀到 T_2p_2,$\Delta S=0$.

4) $\Delta U=0$.

5) 在 273 K 和 $p^{\ominus}$ 压力下,$\Delta G=0$.

(c) 依题意,下面绘的是理想气体卡诺循环示意图,循环方向以箭头表示.

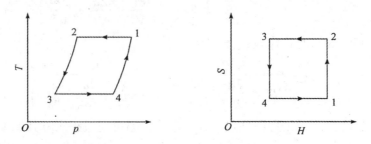

上两图中:1→2 表示恒温可逆膨胀;2→3 表示绝热可逆膨胀;3→4 表示恒温可逆压缩;4→1 表示绝热可逆压缩.

(d) 反应 $C_6H_5COOH(s)+7\dfrac{1}{2}O_2(g)\!=\!=\!7CO_2(g)+3H_2O(l)$

$$\Delta_cH_m^{\ominus}=7\times(-3.941\times10^2\ kJ\cdot mol^{-1})+3(-2.858\times10^2\ kJ\cdot mol^{-1})$$
$$-(-3.228\times10^3\ kJ\cdot mol^{-1})$$
$$=-3.881\times10^2\ kJ\cdot mol^{-1}$$

11-16(20 分) $NH_4HS(s)$放入抽空的瓶中发生分解,反应为:$NH_4HS(s)\longrightarrow$ $NH_3(g)+H_2S(g)$今控制在 298 K 下,问:

(a) 分解达到平衡时,该物系的独立组分数、相数、自由度各为多少?

(b) 实验测得系统达到平衡时的压力为 6.665×10^4 Pa,气体只是 NH_3 和 H_2S(假设为理想气体)求平衡常数 K_p.今在同温度下有一 NH_3 和 H_2S 的混合气,已知

NH_3 的压力为 1.333×10^4 Pa,在恒容下为保证物系中不形成 NH_4HS 的固体,问 H_2S 的压力应怎样控制?

解 (a) 分解达到平衡时,因为温度已定,故相律为

$$f = K - \Phi + 1$$

独立组分数 $\qquad K = S - R - R' = 3 - 1 - 1 = 1$

相数 $\qquad \Phi = 2$

自由度数(T 一定) $\qquad f = K - \Phi + 1 = 1 - 2 + 1 = 0$

(b) $NH_4HS(s) \longrightarrow NH_3(g) + H_2S(g)$

$$K_p^{\ominus} = \frac{p_{NH_3}}{p^{\ominus}} \times \frac{p_{H_2S}}{p^{\ominus}} = \left(\frac{\dfrac{6.665 \times 10^4 \text{ Pa}}{1.013\,25 \times 10^5 \text{ Pa}}}{2} \right)^2 = 0.108$$

要使上述物系中不形成 NH_4HS 固体,即要使上述反应向右进行.由化学反应等温式知

$$\Delta_r G_m = -RT\ln K_p^{\ominus} + RT\ln Q_p$$

要使 $\Delta_r G_m < 0$,则必须 $Q_p < K_p$,即

$$\frac{p'_{NH_3}}{p^{\ominus}} \cdot \frac{p'_{H_2S}}{p^{\ominus}} < K_p^{\ominus}$$

$$p'_{H_2S} < \frac{K_p^{\ominus}}{p'_{NH_3}}(p^{\ominus})^2 = \frac{0.108}{1.334 \times 10^4 \text{ Pa}} \times (101\,325 \text{ Pa})^2 = 8.317 \times 10^4 \text{ Pa}$$

即欲使物系中不生成 NH_4HS 固体,应控制 H_2S 的压力小于 8.317×10^4 Pa.

11-17(15 分) 电池 $Hg | Hg_2Br_2(s) | Br^- | AgBr(s) | Ag$ 在 $p^{\ominus}$ 压力下,298 K 附近时,电池电动势与温度的关系是:$E/mV = 68.04 + 0.312(T/K - 298.2)$,写出通过 1F 电量时的电极反应与电池反应.计算在 $p^{\ominus}$,298 K 时该电池反应的 ΔG、ΔH 和 ΔS.若通过 2F 电量,则电池所做的电功为多少?

解 通电 1F 电量时:

阴极 $\qquad Hg(l) + Br^-(aq) \longrightarrow \dfrac{1}{2} Hg_2Br_2(s) + e^-$

阳极 $\qquad AgBr(s) + e^- \longrightarrow Ag(s) + Br^-(aq)$

电池反应 $Hg(l) + AgBr(s) \longrightarrow \dfrac{1}{2} Hg_2Br_2(s) + Ag(s)$

298 K 及 $p^{\ominus}$ 压力下,$E = 68.04$ mV $= 6.804 \times 10^{-2}$ V

故

$$\Delta G = -nEF = -1 \times 96\,500 \times 0.0684 = -6.566 \text{ kJ}$$

今

$$E/mV = 68.04 + 0.312(T/K - 298.2)$$

从而

$$\left(\frac{\partial E}{\partial T}\right)_p = 0.312 \times 10^{-3} \text{ V} \cdot \text{K}^{-1}$$

$$\Delta S = nF\left(\frac{\partial E}{\partial T}\right)_p = 1 \times 96\,500 \times 0.312 \times 10^{-3} = 30.11 \text{ J} \cdot \text{K}^{-1}$$

$$\Delta H = \Delta G + T\Delta S = -6566 + 298.2 \times 30.108 = 2412 \text{ J}$$

若通过 2F 电量,则电池所做电功为

$$W_{电} = nEF = 2 \times 96\,500 \times 6.804 \times 10^{-2} = 13.13 \text{ kJ}$$

11-18(15 分)　试判断下面提法是否正确,并说明其理由:

(a) 某体系总的化学势应当是体系中各组分化学势之和.

(b) 对于 $A_2 + B_2 \longrightarrow 2AB$;$\frac{1}{2}A_2 + \frac{1}{2}B_2 \longrightarrow AB$ 两反应式,前者是基元反应,后者写法虽不同,但在同一条件下,它们的速率常数、平衡常数、级数、分子数全应当相同.

(c) 对于气体而言,它的活度数值就应等于它的逸度数值.

(d) 在真空容器中放入纯 $CaCO_3$ 固体,高温下 $CaCO_3$ 分解为 CaO 及 CO_2,此体系的自由度是 1.

(e) 在求绝热不可逆过程的 ΔS 时,可以根据 S 是状态函数概念出发,去设计绝热可逆过程来求,因而 ΔS 等于零.

解　(a) 不对.因为化学势只是对一个多组分体系中某一组分而定义的,它是指在一定条件下体系某种性质随组分的数量变化的变化率,所以一个多组分体系不存在所谓总化学势.

(b) 不正确.它们的速率常数、级数相同,平衡常数不同.第一种写法平衡常数为 K_1,第二种写法平衡常数为 K_2,则有 $K_1 = K_2^2$.第二种写法,表明其不是基元反应,不存在分子数的概念.

(c) 不一定,这涉及标准态的选定.活度 $a_i = f_i/f_i^\circ$.f_i° 为混合气体中气体 i 的标准态的逸度,只是当我们将任意指定温度 T K 下的逸度为 1 的纯气体 i 选定为标准态时,才有 $a_i = f_i$.

(d) 正确.因该体系独立组分数 $K = 2$,相数 $\Phi = 3$,故 $f = K - \Phi + 2 = 2 - 3 + 2 = 1$.

(e) 不正确.S 是状态函数,对相同的始、终态的不同过程具有相同的 ΔS 值,但根据第二定律,对一个绝热不可逆过程,不可能从同一个始态经绝热可逆过程达到相同的终态.故题述论断是错误的.

11-19(15 分)　$ClCOOCCl_3$ 的热分解反应:$ClCOOCCl_3(g) \longrightarrow 2COCl_2(g)$ 是

一级反应. 某量的 $ClCOOCCl_3$ 迅速引入一个 553 K 的容器中, 经 454s, 测得压力为 2.475×10^3 Pa, 经过极长的时间后压力为 4.007×10^3 Pa. 此实验在 578 K 下重复一次, 经过 320s 后, 测得压力为 2.838×10^3 Pa, 经极长时间后压力为 3.554×10^3 Pa, 求此分解反应的活化能.

解 反应 $\quad ClCOOCCl_3(g) \longrightarrow 2COCl_2(g)$

$t = 0 \qquad\qquad p_0 \qquad\qquad\quad 0$

$t = t \qquad\qquad p_0 - p_x \qquad\quad 2p_x$

$t = \infty \qquad\qquad 0 \qquad\qquad\quad p_\infty = 2p_0$

$T = 553$ K 时,

$$p_0 = \frac{1}{2} p_\infty = \frac{1}{2} \times 4.007 \times 10^3 \ \text{Pa} = 2.003 \times 10^3 \ \text{Pa}$$

$$p_x = p_总 - p_0 = 2.475 \times 10^3 \ \text{Pa} - 2.003 \times 10^3 \ \text{Pa} = 4.72 \times 10^2 \ \text{Pa}$$

$$p_t = p_0 - p_x = p_\infty - p_总$$
$$= 4.007 \times 10^3 \ \text{Pa} - 2.475 \times 10^3 \ \text{Pa} = 1.532 \times 10^3 \ \text{Pa}$$

$$k_1 = \frac{1}{t} \ln \frac{p_0}{p_t} = \frac{1}{454} \ln \frac{2.003 \times 10^3 \ \text{Pa}}{1.532 \times 10^3 \ \text{Pa}} = 5.90 \times 10^{-4} \text{s}^{-1}$$

$T = 578$K 时,

$$p_0 = \frac{1}{2} \times 3.554 \times 10^3 \ \text{Pa} = 1.777 \times 10^3 \ \text{Pa}$$

$$p_x = 2.838 \times 10^3 \ \text{Pa} - 1.777 \times 10^3 \ \text{Pa} = 1.061 \times 10^3 \ \text{Pa}$$

$$p_t = 3.554 \times 10^3 \ \text{Pa} - 2.838 \times 10^3 \ \text{Pa} = 7.16 \times 10^2 \ \text{Pa}$$

$$k_2 = \frac{1}{320} \ln \frac{1.777 \times 10^3}{7.16 \times 10^2} = 2.82 \times 10^{-3} \ \text{s}^{-1}$$

由于 $\ln \dfrac{k_2}{k_1} = \dfrac{E}{R} \times \dfrac{T_2 - T_1}{T_2 T_1}$, 其中 E 为活化能, 即

$$\ln \frac{2.82 \times 10^{-3}}{5.90 \times 10^{-4}} = \frac{E}{8.314 \ \text{J} \cdot \text{mol}^{-1} \cdot \text{K}^{-1}} \times \frac{25 \ \text{K}}{553 \ \text{K} \times 578 \ \text{K}}$$

故

$$E = 1.69 \times 10^2 \ \text{kJ} \cdot \text{mol}^{-1}$$

11-20 (15 分) 大气的温度与压力均随高度增加而降低. 压力 p 随高度 h 的变化率由下式表示 $dp/dh = -\rho g$, 式中 ρ 为空气的密度, g 为重力加速度. 大气的温度随压力变化可近似地按绝热可逆过程处理, 试求出大气温度 T 随高度 h 变化率 dT/dh 的数值. (设空气为双原子分子的理想气体, 其 $C_{v,m} = \dfrac{5}{2} R$, $M = 29$, $g = 9.81 \ \text{m} \cdot \text{s}^{-2}$).

解 绝热可逆过程方程为 $T^\gamma p^{1-\gamma} = C$,即

$$T = Cp^{\gamma - 1/\gamma}$$

$$\ln T = \ln C + \frac{\gamma - 1}{\gamma}\ln p$$

$$d\ln T = \frac{\gamma - 1}{\gamma}d\ln p$$

$$\frac{d\ln T}{dh} = \frac{\gamma - 1}{\gamma}\frac{d\ln p}{dh}$$

$$\frac{dT}{Tdh} = \frac{\gamma - 1}{\gamma}\frac{dp}{pdh}$$

$$\frac{dT}{dh} = \frac{\gamma - 1}{\gamma}\frac{T}{P}\frac{dp}{dh}$$

将 $\dfrac{dp}{dh} = -\rho g$ 代入,得

$$\frac{dT}{dh} = \frac{\gamma - 1}{\gamma}\frac{T}{p}(-\rho g)$$

根据 $pV = \dfrac{W}{M}RT$,$p = \dfrac{\rho}{M}RT$,则

$$\frac{dT}{dh} = -\frac{\gamma - 1}{\gamma}\frac{Mg}{R} = -\frac{2}{7}\frac{Mg}{R}$$

$$= -\frac{2\times 0.029\ \text{kg·mol}^{-1}\times 9.81\ \text{m·s}^{-2}}{7\times 8.314\ \text{J·mol}^{-1}\cdot\text{K}^{-1}}$$

$$= -9.8\times 10^{-3}\ \text{K·m}^{-1}$$

该题尚有 4 种解法,以本法最简明,读者可试解之.

试 卷 五

11-21(30 分) 扼要明确回答下列问题:

(a) 以 T、S 为坐标,画出卡诺循环的 T-S 图. T-S 图有何优点?

(b) 试用相律说明等压相图中,二元恒沸点的自由度为多少? 恒沸混合物与化合物有何不同?

(c) 离子的平均活度为什么定义为离子活度的几何平均值,而不定义为数学平均值?

(d) 焦耳-汤姆孙实验说明了什么问题?

(e) 从热力学函数表上可查出 298 K 时 $p^{\ominus}$ 压力下,$H_2(g)$ 的生成热等于零. 试问 373 K 及 $p^{\ominus}$ 压力下,$H_2(g)$ 的生成热是否也等于零? 如果也等于零,你如何解

释 $H_2(g)$ 在 $p^\ominus$ 压力下,从 298~373 K 时的热焓变化值为 $\Delta H = \int_{298K}^{373K} C_{p,H_2} dT$.

(f) $C_{p,m}$ 是否恒大于 $C_{V,m}$,两者之差是否恒等于 R,$\left(\dfrac{\delta Q}{\partial T}\right)_V$ 是否恒等于 $\left(\dfrac{\partial U}{\partial T}\right)_V$?

(g) 可逆电池的电动势是否随压力而改变?

(h) 某气相反应:$a\text{A} + b\text{B} \longrightarrow c\text{C} + d\text{D}$,其中 D 为所需要的产品,若增加原料 A 的用量.对于工业生产是否有利?

(i) 对于一个给定的反应来说,在低温区反应速率随温度的变化较高温区要敏感,为什么? 对于两个活化能不同的反应,当温度同样从 T_1 升到 T_2 时,具有活化能较高的反应,其反应速率增加的倍数比活化能较低的反应增加的倍数为大,为什么?

(j) 为什么工业上 SO_2 的催化氧化反应要分多段进行?

解　(a) 卡诺循环由以下四步组成:①恒温可逆膨胀(T=常数);②绝热可逆膨胀(S=常数);③恒温可逆压缩(T=常数);④绝热可逆压缩(S=常数).右为卡诺循环的 T-S 图,在 T-S 图上,卡诺循环是一个矩形,这样热机所做的净功就等于矩形的面积,容易从图上计算.

(b) 恒沸点时气相与液相的组成相同.由于组分数 K=物种数 S-限制条件数,这时无化学反应及同一相内的浓度限制条件,但出现在不同相中浓度相等的一个限制条件,因此体系的组分数

$$K = S - 1 = 2 - 1 = 1$$

今压力恒定,故由相律得

$$f = K - \Phi + 1 = 1 - 2 + 1 = 0$$

恒沸混合物无确定的组成,它随压力而变.但化合物的组成是确定的,不随压力而改变.

(c) 及(d)的解略.

(e) 一物质的生成热指的是在标准状态下,由元素的稳定单质完全生成 1 mol 该物质的反应热.对于 $H_2(g)$,它在不同温度下的生成热都为零.

298 K　$H_2(g, 1p^\ominus) \longrightarrow H_2(g, 1p^\ominus)$　$\Delta H_f = \Delta H = 0$

373 K　$H_2(g, 1p^\ominus) \longrightarrow H_2(g, 1p^\ominus)$　$\Delta H_f = \Delta H = 0$

$\int_{298K}^{373K} C_{p,m}(H_2) dT$ 指的是 $H_2(g)$ 从状态(298 K,$p^\ominus$ 压力)到状态(373 K,$p^\ominus$ 压

力)的焓变.它与生成热是截然不同的含义.

(f) $C_{p,m}$ 并非恒大于 $C_{V,m}$,例如 $T \to 0$ 时,或 4℃ 的水,此时 $C_{p,m} = C_{V,m}$,$C_{p,m} - C_{V,m}$ 也并非恒等于 R,只在特殊情况下才相等,如理想气体.

(g) 可逆电池电动势一般说来随压力而变.

因为 $\Delta G = -nEF$ 　　$\left(\dfrac{\partial \Delta G}{\partial p}\right)_T = \Delta V = -nF\left(\dfrac{\partial E}{\partial p}\right)_T$

由于 $nF > 0$,一般 $\Delta V \neq 0$,故 $\left(\dfrac{\partial E}{\partial p}\right)_T \neq 0$ 只有 $\Delta V = 0$ 时(如凝聚相反应,分子数不变的理想气体反应等)电动势才与压力无关.

(h) 从热力学考虑,反应物按计量系数配比,产品 D 的产率最高,故增加反应物 A 的用量,未必对生产有利.从化学动力学考虑,若反应速率与 A 的浓度关系为:$r \propto [A]$.增加原料 A 的用量时,对于单位时间内 D 的产量的影响视 n 的符号而定.$n > 0$ 时,可提高 D 的产量;$n = 0$ 时,无影响;$n < 0$ 时,减少 D 的产量.

(i) 根据反应速率常数 k 与温度的关系式 $\dfrac{\mathrm{d}\ln k}{\mathrm{d}T} = \dfrac{E_a}{RT^2}$ 对同一反应,E_a 是常数.低温时 k 随 T 增加的幅度比高温时大.对于两个不同的反应

$$\frac{\mathrm{d}\ln k_1}{\mathrm{d}T} = \frac{E_1}{RT^2}$$

$$\frac{\mathrm{d}\ln k_2}{\mathrm{d}T} = \frac{E_2}{RT^2}$$

在同一温度时,若 $E_1 > E_2$,则 $\dfrac{\mathrm{d}\ln k_1}{\mathrm{d}T} > \dfrac{\mathrm{d}\ln k_2}{\mathrm{d}T}$ 即活化能大的反应,k 随 T 增加的倍数比活化能低的大.

(j) SO_2 的氧化反应是一个可逆的放热反应,从热力学上看,升高温度对反应不利.为将所放的热量不断取走,使反应控制在催化剂具有显著活性的适当温度进行,因而生产上采用多段催化氧化过程.

11-22 (15 分) 　(a) $1p^{\ominus}$ 压力下丙烯在气相中的二聚反应为

$$2CH_3\!-\!CH\!=\!CH_2(1) \underset{}{\overset{I}{\rightleftharpoons}} CH_3CH_2\overset{\overset{\displaystyle H}{|}}{C}\!=\!\overset{\overset{\displaystyle H}{|}}{C}\!-\!CH_2\!-\!CH_3$$

$$2CH_3\!-\!CH\!=\!CH_2(1) \underset{}{\overset{II}{\rightleftharpoons}} CH_3\!-\!\underset{\underset{\displaystyle CH_3}{|}}{C}\!=\!C\!-\!CH_2\!-\!CH_2\!-\!CH_3$$

已知 500 K 时,$K_p^{\ominus}(\text{I}) = 7.19$,$K_p^{\ominus}(\text{II}) = 8.9$.试求平衡时混合物中各气体的组成(设为理想混合气体).

(b) 反应 I：$2H_2(g) + HCOOCH_3(g) \Longrightarrow 2CH_3OH(g)$

反应Ⅱ：　　CH$_3$OH(g) + CO(g) $\Longleftrightarrow$ HCOOCH$_3$(g)

平衡常数与温度的关系分别为

$$\lg K_p^\ominus(\text{Ⅰ}) = \frac{3149}{T/\text{K}} - 5.43$$

$$\lg K_p^\ominus(\text{Ⅱ}) = \frac{1835}{T/\text{K}} - 6.61$$

试计算反应(Ⅲ)CO(g) + 2H$_2$(g) $\Longleftrightarrow$ CH$_3$OH(g)在标准状态下的反应热.

解　(a) 设平衡时各组分的分压分别为

$$p_1/p^\ominus = x, \quad p_2/p^\ominus = y, \quad p_3/p^\ominus = 1 - x - y$$

则

$$K_p^\ominus(\text{Ⅰ}) = \frac{p_2/p^\ominus}{(p_1/p^\ominus)^2} = \frac{y}{x^2} = 7.19 \tag{1}$$

$$K_p^\ominus(\text{Ⅱ}) = \frac{p_3/p^\ominus}{p_2/p^\ominus} = \frac{1 - x - y}{y} = 8.9 \tag{2}$$

解式(1)、式(2),得

$$p_1 = xp^\ominus = 0.1115p^\ominus = 1.130 \times 10^4 \text{ Pa}$$

$$p_2 = yp^\ominus = 0.089\ 39p^\ominus = 9.057 \times 10^3 \text{ Pa}$$

$$p_3 = 0.7991p^\ominus = 8.097 \times 10^4 \text{ Pa}$$

因而气相平衡组成(摩尔分数)为

$$x_1 = 11.15\%, \quad x_2 = 8.94\%, \quad x_3 = 79.91\%$$

(b) 因为反应(Ⅰ) + 反应(Ⅱ) = 反应(Ⅲ)

所以

$$K_p^\ominus(\text{Ⅲ}) = K_p^\ominus(\text{Ⅰ}) \times K_p^\ominus(\text{Ⅱ})$$

$$\lg K_p^\ominus(\text{Ⅲ}) = \lg K_p^\ominus(\text{Ⅰ}) + \lg K_p^\ominus(\text{Ⅱ}) = \frac{4984}{T/\text{K}} - 12.04$$

所以

$$\begin{aligned}
\Delta_r H_m^\ominus(\text{Ⅲ}) &= 2.303RT^2 \frac{\text{d}\lg K_p^\ominus(\text{Ⅲ})}{\text{d}T} \\
&= 2.303RT^2 \left(\frac{-4984 \text{ K}}{T^2} \right) \\
&= 2.303 \times (8.314 \text{ J·mol}^{-1}\text{·K}^{-1})(-4984 \text{ K}) \\
&= -95.43 \text{ kJ·mol}^{-1}
\end{aligned}$$

11-23（15 分）　电池(甲)Cl$_2$(1$p^\ominus$)│HCl(0.01 mol·dm^{-3}│HCl(0.1 mol·dm^{-3})│Cl$_2$(0.5p$^\ominus$)

电池(乙)$O_2(1p^\ominus)|KOH(1\ mol\cdot dm^{-3}|O_2(0.5p^\ominus)$

电池(丙)$H_2(1p^\ominus)|H_2SO_4(0.1\ mol\cdot dm^{-3}|O_2(0.5\ p^\ominus)$

(a) 写出电池反应,列出计算电池电动势的公式.如题给的数据不够,还需要哪些数据?

(b) 要计算电池反应的 ΔG、ΔS、ΔH,还需什么数据? 在电池中进行的恒压反应热 Q_p 是否等于 ΔH?

解　(a)(甲)电池反应为

$$2Cl^-(0.1\ mol\cdot dm^{-3},a_{Cl^-})+Cl_2(g,1p^\ominus)\longrightarrow$$

$$2Cl^-(0.01\ mol\cdot dm^{-3},a'_{Cl^-})+Cl_2(g,0.5p^\ominus)$$

设 Cl_2 为理想气体,则

$$E=-\frac{RT}{2F}\ln\frac{(a'_{Cl^-})^2 0.5}{(a_{Cl^-})^2 1.0}$$

为求 E 值,尚需 0.01 $mol\cdot dm^{-3}$ 及 0.1 $mol\cdot dm^{-3}$ HCl 溶液中 Cl^- 的活度或活度系数.

(乙) 电池反应为　　$O_2(g,p^\ominus)\longrightarrow O_2(g,0.5p^\ominus)$

设 O_2 为理想气体,则

$$E=-\frac{RT}{2F}\ln\frac{0.5}{1}=\frac{RT}{2F}\ln 2$$

(丙) 电池反应为

$$H_2(g,1p^\ominus)+\frac{1}{2}O_2(g,1p^\ominus)\longrightarrow H_2O(1,1p^\ominus)$$

则

$$E=E^\ominus=-\frac{\Delta_f G_m^\ominus(H_2O)}{2F}$$

故只要知道水的标准生成自由焓,即可求得 E 值.

(b) 因为 $\Delta G=-nEF$,　$\Delta S=-\left(\frac{\partial\Delta G}{\partial T}\right)_p=nF\left(\frac{\partial E}{\partial T}\right)_p$,则

$$\Delta H=\Delta G+T\Delta S=-nEF+nFT\left(\frac{\partial E}{\partial T}\right)_p$$

故除求得的 E 外还需知道 $\left(\frac{\partial E}{\partial T}\right)_p$,才能求算出 ΔG、ΔS 及 ΔH.

因为在不做非体积功的情况下,$Q_p=\Delta H$.今电池做电功(非体积功),故反应在电池中进行的恒压反应热 Q_p 不等于 ΔH.

11-24(10 分)　某化合物的分解是一级反应.该反应的活化能 $E=14.43\times 10^4 J\cdot mol^{-1}$.已知 557 K 时该反应的速率常数 $k_1=3.3\times 10^{-2}\ s^{-1}$.现在要控制此反应在 10 min 内转化率达到 90%,试问反应温度应控制在多少度?

解　一级反应速率方程积分式为 $\ln\dfrac{c_0}{c}=kt$，故 10 min 转化率达到 90% 的速率常数即为

$$k_2=\frac{\ln\dfrac{c_0}{0.1c_0}}{10\times60}=3.8\times10^{-3}\ \mathrm{s}^{-1}$$

根据阿伦尼乌斯公式

$$\ln\frac{k_1}{k_2}=\frac{E}{R}\left(\frac{1}{T_2}-\frac{1}{T_1}\right)$$

得

$$\frac{1}{T_2}=\frac{8.314\ \mathrm{J\cdot mol^{-1}\cdot K^{-1}}\ln\dfrac{3.3\times10^{-2}}{3.8\times10^{-3}}}{14.43\times10^4\ \mathrm{J\cdot mol^{-1}}}+\frac{1}{557\ \mathrm{K}}=1.92\times10^{-3}\ \mathrm{K}^{-1}$$

故

$$T_2=520\ \mathrm{K}$$

11-25（20 分）　（a）合成氨的反应机理可写成：

$$N_2+2(Fe)\xrightarrow{k_1}2N(Fe) \tag{1}$$

$$N(Fe)+\frac{3}{2}H_2\underset{k'_2}{\overset{k_2}{\rightleftharpoons}}NH_3+(Fe) \tag{2}$$

试证明 $-\dfrac{dc_{N_2}}{dt}=\dfrac{kc_{N_2}}{\left(1+K\dfrac{c_{NH_3}}{c_{H_2}^{1.5}}\right)^2}$，式中 $K=\dfrac{k'_2}{k_2}$，k 为常数.

（b）设气体适合于范德华方程. 该气体在恒温可逆膨胀时，ΔU 是否等于零？ΔH 是否等于零？如不等于零，应如何计算，还需要什么数据？

解　（a）假定反应式（1）为整个反应的决速步骤，有

$$-\frac{dc_{N_2}}{dt}=k_1c_{N_2}c_{(Fe)}^2 \tag{3}$$

由平衡式（2）可得

$$\frac{c_{N(Fe)}c_{H_2}^{1.5}}{c_{NH_3}c_{(Fe)}}=\frac{k'_2}{k_2}=K$$

从而

$$\frac{c_{N(Fe)}+c_{(Fe)}}{c_{(Fe)}}=1+K\frac{c_{NH_3}}{c_{H_2}^{1.5}} \tag{4}$$

$$c_{(Fe)}^2 = \left(\frac{c_{N(Fe)} + c_{(Fe)}}{1 + K \dfrac{c_{NH_3}}{c_{H_2}^{1.5}}} \right)^2$$

将式(4)代入式(3),得

$$-\frac{dc_{N_2}}{dt} = k_1 c_{N_2} [c_{N(Fe)} + c_{(Fe)}]^2 \times \left(\frac{1}{1 + K \dfrac{c_{NH_3}}{c_{H_2}^{1.5}}} \right)^2 \tag{5}$$

由于单位体积中催化剂活化中心的总数一定,因而$[c_{N(Fe)} + c_{(Fe)}]$为一常数.

令 $k = k_1 [c_{N(Fe)} + c_{(Fe)}]^2$,则式(5)变为

$$-\frac{dc_{N_2}}{dt} = \frac{k c_{N_2}}{\left(1 + K \dfrac{c_{NH_3}}{c_{H_2}^{1.5}} \right)^2}$$

(b) 适合范德华方程的实际气体,在恒温可逆膨胀时 ΔU、ΔH 均不等于零. 因为

$$dU = \left(\frac{\partial U}{\partial T} \right)_V dT + \left(\frac{\partial U}{\partial V} \right)_T dV$$

在恒温下

$$dU = \left(\frac{\partial U}{\partial V} \right)_T dV = \left[T \left(\frac{\partial S}{\partial V} \right)_T - p \right] dV = \left[T \left(\frac{\partial p}{\partial T} \right)_V - p \right] dV \tag{6}$$

根据范德华方程 $p = \dfrac{RT}{V - b} - \dfrac{a}{V^2}$,得

$$\left(\frac{\partial p}{\partial T} \right)_V = \frac{R}{V - b}$$

将其代入式(6)积分,得

$$\Delta U = \frac{a}{V_1} - \frac{a}{V_2}$$

而

$$\begin{aligned}
\Delta H &= \Delta U + p_2 V_2 - p_1 V_1 \\
&= \left(\frac{a}{V_1} - \frac{a}{V_2} \right) + \left(\frac{RTV_2}{V_2 - b} - \frac{a}{V_2} \right) - \left(\frac{RTV_1}{V_1 - b} - \frac{a}{V_1} \right) \\
&= (V_1 - V_2) \left[\frac{2a}{V_1 V_2} + \frac{bRT}{(V_1 - b)(V_2 - b)} \right]
\end{aligned}$$

故计算 ΔU 及 ΔH 时尚需a、b 两个数据.

11-26（10 分）　判断下面的说法是否正确:根据溶液表面吸附公式,若溶液表面张力 γ 随溶液浓度 c 增加,则必为正吸附(溶液表面浓度大于内部浓度).已知乙醇水溶液表面张力与浓度的关系为

$$\gamma/\text{N}\cdot\text{m}^{-1}=0.072-5\times10^{-4}c/c^{\ominus}+2\times10^{-4}(c/c^{\ominus})^2$$

由此式可知 $c/c^{\ominus}>1.25$ 时,$\Gamma>0$.

解　是错的.

吉布斯吸附公式应为 $\Gamma=-\dfrac{c}{RT}\left(\dfrac{\partial\gamma}{\partial c}\right)_T$,可知若溶液的表面张力 γ 随溶液浓度 c 增加,则产生负吸附,即表面层浓度低于溶液内部的浓度.

对于乙醇水溶液

$$\left(\frac{\partial\gamma}{\partial c}\right)_T=-5\times10^{-4}+4\times10^{-4}(c/c^{\ominus})$$

当 $c/c^{\ominus}>1.25$ 时,$\left(\dfrac{\partial\gamma}{\partial c}\right)_T>0$,则

$$\Gamma=-\frac{c}{RT}\left(\frac{\partial\gamma}{\partial c}\right)_T<0$$

试　卷　六

11-27（10 分）　将一玻璃球放入真空容器中.球中已封入 1 mol 水($p^{\ominus}$,373 K),真空容器的内部恰好容纳 1 mol 的水蒸气($p^{\ominus}$,373 K).若保持整个体系的温度为 373K,小球被击破后,水全部气化成水蒸气.计算 Q、W、ΔH、ΔU、ΔS、ΔF 和 ΔG.根据计算结果,这个过程是自发的吗? 用哪一个热力学性质作为判据? 试说明之.水在 $p^{\ominus}$ 及 373 K 时的蒸发热为 40.668 kJ·mol^{-1}.

解　以整个容器为体系,并设过程进行中其体积不变,水蒸气为理想气,则

$$W=0,\quad \Delta H=40.668\ \text{kJ}\cdot\text{mol}^{-1}$$

$\Delta U\simeq\Delta H-RT$

$\qquad=40.668\ \text{kJ}\cdot\text{mol}^{-1}-8.314\ \text{J}\cdot\text{mol}^{-1}\cdot\text{K}^{-1}\times373\ \text{K}\times10^{-3}$

$\qquad=37.567\ \text{kJ}\cdot\text{mol}^{-1}$

$Q=\Delta U\approx37.567\ \text{kJ}\cdot\text{mol}^{-1}$

$\Delta S=\dfrac{Q_r}{T}=\dfrac{40.668\times10^3\ \text{J}}{373\ \text{K}}=109.0\ \text{J}\cdot\text{K}^{-1}$

$\Delta F=\Delta(U-TS)=\Delta U-T\Delta S=\Delta U-\Delta H$

$\qquad=-RT=-8.314\ \text{J}\cdot\text{mol}^{-1}\cdot\text{K}^{-1}\times373\ \text{K}=3.101\ \text{kJ}\cdot\text{mol}^{-1}$

$\Delta G=0$

此过程是自发的,因为$(\Delta F)_{T,V} < 0$.

11-28 (15 分)　$C_2H_5Cl(g) \Longrightarrow C_2H_4(g) + HCl(g)$,400K 时该反应的 $\Delta G^\ominus = 19.46$ kJ

(a) 计算 400 K 时的 K_p.

(b) 最初由 1 mol $C_2H_5Cl(g)$ 反应,计算 400 K 和平衡总压力为 $p^\ominus$ 时 $C_2H_5Cl(g)$ 的离解度.

(c) 若平衡总压力为 $2p^\ominus$ 时,$C_2H_5Cl(g)$ 的离解度为何值?

(d) 若最初为 1 mol $C_2H_5Cl(g)$ 和 1 mol $HCl(g)$ 的情况下,计算平衡总压为 $p^\ominus$ 时,$C_2H_5Cl(g)$ 的离解度.

(e) 若最初为 1 mol 的 $C_2H_5Cl(g)$ 和 1 mol 的惰性气体,计算平衡总压力为 $p^\ominus$ 时,$C_2H_5Cl(g)$ 的离解度.

解　(a) $\ln K_p^\ominus = \dfrac{-\Delta G_m^\ominus}{RT} = \dfrac{-19.46 \times 10^3 \text{ J}}{(8.314 \text{ J} \cdot \text{mol}^{-1} \cdot \text{K}^{-1}) \times 400 \text{ K}} = -5.852$

$$K_p^\ominus = 2.87 \times 10^{-3}$$

(b) 设离解度为 α,物质总量为 $1 + \alpha$,则 $\dfrac{\alpha^2}{1-\alpha^2} p = K_p$,而 $p = p^\ominus$ 时,$\alpha = 5.4\%$.

(c) 同理,$p = 2p^\ominus$ 时,$\alpha = 3.8\%$.

(d) $\dfrac{\alpha(1+\alpha)}{(2+\alpha)(1-\alpha)} = K_p^\ominus$,$\alpha = 0.6\%$.

(e) $\dfrac{\alpha^2}{(2+\alpha)(1-\alpha)} = K_p^\ominus$,$\alpha = 7.7\%$.

11-29 (15 分)　原电池 $Ag | AgI(s) | KI(1 \text{ mol} \cdot \text{kg}^{-1}, \gamma_\pm = 0.65) \parallel AgNO_3$ $(0.001 \text{ mol} \cdot \text{kg}^{-1}, \gamma_\pm = 0.95) | Ag(s)$ 在 298 K 时测得其电动势为 0.72 V.

(a) 求 AgI 的溶度积.

(b) 求 AgI 在水中的溶解度(298 K).

解　(a) 此电池反应为

$$Ag^+(0.001 \text{ mol} \cdot \text{kg}^{-1}) + I^-(1 \text{ mol} \cdot \text{kg}^{-1}) \longrightarrow AgI(s)$$

则

$$E = E^\ominus + \frac{RT}{F} \ln(a_{Ag^+} a_{I^-})$$

$$E^\ominus = E - \frac{RT}{F} \ln(a_{Ag^+} a_{I^-})$$

$$= 0.72\text{V} - \frac{8.314 \text{ J} \cdot \text{mol}^{-1} \cdot \text{K}^{-1} \times 298 \text{ K}}{96\,500 \text{ C} \cdot \text{mol}^{-1}} \ln(0.95 \times 10^{-3} \times 0.65)$$

$$=0.91 \text{ V}$$

而

$$RT\ln\frac{1}{K_{ap}} = -\Delta_r G_m^\ominus = E^\ominus F$$

所以

$$\lg K_{ap} = -\frac{E^\ominus F}{2.303RT} = -\frac{0.91 \text{ V} \times 96\,500 \text{ C·mol}^{-1}}{2.303 \times 8.314 \text{ J·mol}^{-1}\text{·K}^{-1} \times 298 \text{ K}}$$

$$= -15.39$$

$$K_{ap} = 4.1 \times 10^{-16}$$

（b）在纯水中

$$K_{ap} \simeq \frac{m_{Ag^+}}{m^\ominus} \times \frac{m_{I^-}}{m^\ominus} = \left(\frac{m_{AgI}}{m^\ominus}\right)^2$$

$$m_{AgI} = \sqrt{K_{ap}}\, m^\ominus = 2.0 \times 10^{-8} \text{ mol·kg}^{-1}$$

$$S = M m_{AgI} = (2.35 \times 10^{-3} \text{ kg·mol}^{-1}) \times (2.0 \times 10^{-8} \text{ mol·kg}^{-1}) = 4.7 \times 10^{-11}$$

11-30（15 分）　在下面的表里列出了有关反应的标准自由焓变 $\Delta G^\ominus$ 与温度的函数关系：

反　　　应	$\Delta G^\ominus$ 与 T 的关系
(1) $C(s) + \frac{1}{2}O_2(g) \Longrightarrow CO(g)$	$\Delta G_1^\ominus = -26\,700 - 20.95T$
(2) $Si(s) + \frac{1}{2}O_2(g) \Longrightarrow SiO(s)$	$\Delta G_2^\ominus = -17\,300 - 15.71T$
(3) $Si(s) + C(s) \Longrightarrow SiC(s)$	$\Delta G_3^\ominus = -12\,700 + 1.66T$
(4) $ZrSiO_4(s) + 4C(s) \Longrightarrow ZrC + SiO_{(s)} + 3CO(g)$	$\Delta G_4^\ominus = 100\,574 - 47.62T$

试根据这些数据，求下列反应，在 $p^\ominus$ 压力下开始进行反应的最低温度.

$$ZrSiO_4(s) + 6C(s) \longrightarrow ZrC(s) + SiC(s) + 4CO(g)$$

解　反应(1) + 反应(3) + 反应(4) - 反应(2)，得

$$ZrSiO_4(s) + 6C(s) \longrightarrow ZrC(s) + SiC(s) + 4CO(g)$$

则上反应的标准自由焓变即为

$$\Delta G^\ominus = \Delta G_4^\ominus + \Delta G_1^\ominus + \Delta G_3^\ominus - \Delta G_2^\ominus = 78\,472 - 51.20T$$

欲使所指反应进行，就必须使 $\Delta G^\ominus \leqslant 0$，由此即得反应的最低温度为 $T = 1532 \text{ K}$.

11-31（15 分）　Hg-Cd 的相图如下，指出相图的特点以及各平衡相区的相态和自由度，实验室中常用的标准镉电池的一个电极就是由含 Cd 8%～12% 的镉汞齐制备成的.试说明在一定温度下含 Cd 8%～12% 浓度范围中镉汞齐电极电势是恒定不变的.

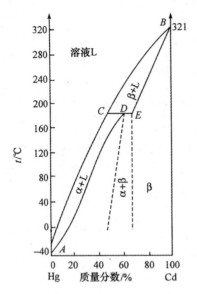

解　此相图为转熔型相图,其各区的相态标于图上.其中 α、β 分别为固溶体.各相区的自由度如下:A、B 两点及 CDE 线自由度分别为零;各一相区(L、α、β),$f = 2$;各二相区(L + α、L + β、α + β),$f = 1$.

Hg-Cd 二元体系有固溶体生成.在室温下,8% ~ 12% 的镉汞齐在相图中正处在 Cd 浓度恒定的 L + α 区.因 T、p 一定时,$f^* = K - \Phi$,今 $\varphi = 2$,则 $f^* = 0$,故在溶液 L 及固溶体 α 中 Cd 含量必一定,不能任意变动.故在指定温度下,体系中 Cd 含量从 8% 变化到 12% 时,改变的只是溶液 L 和固溶体 α 的相对质量,两相中镉汞的浓度不变,因此镉汞齐的电极电位也是恒定的.

11-32（15 分）　$AgNO_3$ 溶液通电 40min,测得银电量计上沉积出 8.95 mg 的银.

(a) 计算所通电流的平均值.

(b) 若称量的准确度为 ± 0.01 mg,时间测量的准确度是 ± 0.1 s,问电流测量值的相对误差是多少? 银的相对原子质量为 107.87.

解　(a)
$$I = \frac{Q}{t} = \frac{nF}{t} = \frac{\dfrac{W}{M} \times F}{t}$$
$$= \frac{8.95 \times 10^{-6}\ \text{kg} \times 96\ 500\ \text{C·mol}^{-1}}{107.87 \times 10^{-3}\text{kg·mol}^{-1} \times (40 \times 60\ \text{s})}$$
$$= 3.34 \times 10^{-3}\ \text{A} = 3.34\ \text{mA}$$

(b)
$$\frac{\Delta I}{I} = \frac{\Delta W}{W} + \frac{\Delta t}{t} = \pm \left(\frac{0.01}{8.95}\right) + \frac{0.1}{40 \times 60} = \pm 0.1\%$$

11-33（15 分）　可逆反应(或称对峙反应)$A \underset{k_2}{\overset{k_1}{\rightleftharpoons}} B$,设 k_1 为 A 变 B 一级反应的速率常数,k_2 为 B 变 A 一级反应的速率常数,若由纯 A 开始,问经过若干时间 t 后,A 和 B 的浓度相等?（要求出一个 t 和 k_1、k_2 的关系式,并标明 k_1、k_2、t 的单位.）

解
$$A \underset{k_2}{\overset{k_1}{\rightleftharpoons}} B$$

$$
\begin{array}{ccc}
t = 0 & a & 0 \\
t & a - x & x
\end{array}
$$

$$\frac{\mathrm{d}x}{\mathrm{d}t} = k_1(a - x) - k_2 x$$

积分得

$$\ln\left[\frac{k_1 a}{k_1 a - (k_1 + k_2)x}\right] = (k_1 + k_2)t$$

将 $a - x = x = \dfrac{a}{2}$ 代入上式,得 A 和 B 浓度相等时的时间为

$$t = \frac{1}{k_1 + k_2}\ln\frac{2k_1}{k_1 - k_2}$$

当 t 以 s 为单位,则 k_1、k_2 的单位为 s^{-1}.

试 卷 七

11-34(10 分) 已知 $dU = \delta Q - \delta W = \delta Q - p dV$,又有 $dU = \left(\dfrac{\partial U}{\partial T}\right)_V dT + \left(\dfrac{\partial U}{\partial V}\right)_T dV$. \hfill (1)

因

$$\left(\frac{\partial U}{\partial T}\right)_V = C_V \tag{2}$$

所以

$$\left(\frac{\partial U}{\partial T}\right)_V dT = C_V dT = \delta Q \tag{3}$$

即

$$dU = \delta Q + \left(\frac{\partial U}{\partial V}\right)_T dV$$

对比式(1)和式(3)可得 $-P = \left(\dfrac{\partial U}{\partial T}\right)$,这个结果对不对? 为什么?

解 任何组成不变也无相变的封闭体系只做体积功时,在等容条件下,$C_V dT = \left(\dfrac{\partial U}{\partial T}\right)_V dT = \delta Q_V$,题中等式 $C_V dT = \delta Q$ 不成立,故所得结论是错误的.

11-35(10 分) 指出下列哪个偏微商式是化学势? 哪个是偏摩尔数量?

$$\left(\frac{\partial U}{\partial n_i}\right)_{S,V,n_j}, \quad \left(\frac{\partial U}{\partial n_i}\right)_{T,p,n_j}, \quad \left(\frac{\partial F}{\partial n_i}\right)_{T,V,n_j}, \quad \left(\frac{\partial G}{\partial n_i}\right)_{T,p,n_j}, \quad \left(\frac{\partial H}{\partial n_i}\right)_{T,V,n_j},$$

$$\left(\frac{\partial H}{\partial n_i}\right)_{S,p,n_j}.$$

解 根据化学势的定义,$\left(\dfrac{\partial U}{\partial n_i}\right)_{S,V,n_j}$,$\left(\dfrac{\partial F}{\partial n_i}\right)_{T,V,n_j}$,$\left(\dfrac{\partial G}{\partial n_i}\right)_{T,p,n_j}$,

$$\left(\frac{\partial H}{\partial n_i}\right)_{S,p,n_j}$$ 均为化学势 μ_i.

偏摩尔数量是等温等压下,状态函数中之广度量(如 U、S、H、F、G、V 等),对物质数量 n_i 的偏微商,故 $\left(\dfrac{\partial U}{\partial n_i}\right)_{T,p,n_j} = U_{i,m}$,$\left(\dfrac{\partial G}{\partial n_i}\right)_{T,p,n_j} = G_{i,m} = \mu_i$ 是偏摩尔数量.

11-36（10分）　今有一 A 与 B 的溶液,已知 $p_B^0 > p_A^0$,而 p_A 对拉乌尔定律有很大正偏差,则可推知该体系的温度-组成图类型如下左图所示:

若将组成为 a 的溶液进行分馏,则可将 A 蒸出,而恒沸物 C 留在分馏釜中. 打 √ 或 ×,并说明理由.

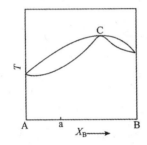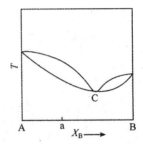

解　（×）,因已知 $p_B^0 > p_A^0$,说明同温下 B 比 A 有较高蒸气压,即纯组分 B 的沸点低于纯 A 的沸点. 在多数情况下,组分 A 对拉乌尔定律有很大正偏差,则组分 B 也往往对拉乌尔定律有很大正偏差. 因而在 p-X 图上应有最高点,而在相应的 T-X 图上应有最低点,故 T-X 图应如上右图.

如将组成为 a 的溶液进行分馏,则可将恒沸物 C 蒸出,而 A 留在分馏釜中.

11-37（10分）　反应 $Cu^{2+}(a_1) \longrightarrow Cu^{2+}(a_2)$ $(a_1 > a_2)$ 可构成两种电池

$$Cu|Cu^{2+}(a_2) \parallel Cu^{2+}(a_1)|Cu \tag{1}$$

$$Pt|Cu^{2+}(a_2),Cu^+(a') \parallel Cu^{2+}(a_1),Cu^+(a')|Pt \tag{2}$$

试证明第一个电池的可逆电动势恰好等于第二个可逆电池的一半,并判断此结论是否合理,说明原因.

解　电池(1)、电池(2)的电池反应都为

$$Cu^{2+}(a_1) \longrightarrow Cu^{2+}(a_2)$$

但两电池的反应电荷不同,电池(1)为 $2F$,电池(2)为 F,故两电池的电动势分别为

$$E_1 = -\frac{RT}{2F}\ln\frac{a_2}{a_1} \qquad E_2 = -\frac{RT}{F}\ln\frac{a_2}{a_1}$$

由此即得

$$E_1 = \frac{1}{2}E_2$$

这个结果是合理的.对于始终态相同的同一反应,其 ΔG 应相同.令

$$\Delta_r G_{m,1} = -2E_1 F, \qquad \Delta_r G_{m,2} = -E_2 F$$

由
$$\Delta_r G_{m,1} = \Delta_r G_{m,2}$$

得

$$E_1 = \frac{1}{2} E_2$$

11-38(10分)　某物质 A 的分解反应为二级,当反应进行到 A 消耗了 1/3 时所需的时间为 120 s.若继续反应掉同样这些量 A 应需多长时间?

解　所求反应时间即三分之二寿期 $t_{2/3}$,二级反应速率方程 $-\dfrac{d[A]}{dt} = k[A]^2$ 的积分式为

$$\frac{1}{[A]} - \frac{1}{[A]_0} = kt$$

式中:$[A]_0$ 为 A 的起始浓度;$[A]$ 为 A 在 t 时的浓度.

由于
$$t_{1/3} = \frac{1}{k}\left(\frac{1}{\frac{2}{3}[A]_0} - \frac{1}{[A]_0} \right) = \frac{1}{k} \times \frac{1}{2[A]_0}$$

$$t_{2/3} = \frac{1}{k}\left(\frac{1}{\frac{1}{3}[A]_0} - \frac{1}{[A]_0} \right) = \frac{1}{k} \times \frac{2}{[A]_0}$$

故

$$t_{2/3} = 4 \times t_{1/3} = 4 \times 120 = 480 \text{ s}$$

11-39(15分)　一理想气体在 300 K 从状态 I 变到状态 II 时,$Q_1 = 1000$ J,$\Delta S = S_{II} - S_I = 10$ J·K^{-1}

(a) 判断该过程是否可逆,为什么?

(b) 在 300 K 欲让体系复原,环境至少应做多少功,放多少热?

(c) 上述循环过程中,环境放热和做功至少多少卡?

(d) 证明环境若是只以热量的形式供给体系能量,则体系不可能复原.

解　(a) 如果该过程可逆,则从所吸之热求得体系的熵变为

$$\Delta S = S_{II} - S_I = \frac{Q}{T} = \frac{1000 \text{ J}}{300 \text{ K}} = 3.33 \text{ J·K}^{-1}$$

此值与题给熵变值 10 J·K^{-1} 不符,故能判断该过程为不可逆过程.

(b) 因为等温中以可逆过程环境做功最小,故用恒温可逆过程使体系复原,由于理想气体的内能只是温度的函数,故 $(\Delta U)_2 = U_I - U_{II} = 0$.因而在复原过程中,体系所做之功应与体系所吸之热相等,即得

$$W_2 = Q_2 = T(S_I - S_{II}) = -T\Delta S$$
$$= -300\ \text{K} \times 10\ \text{J} \cdot \text{K}^{-1} = -3000\ \text{J}$$

故环境至少做的功为

$$W = -W_2 = 3000\ \text{J}$$

同时,环境放的热为

$$Q' = Q_2 = -3000\ \text{J}$$

(c) 原过程与使体系复原的过程构成循环,因而 $\Delta U = 0$,据热力学第一定律知

$$Q = W$$

在循环过程中,体系吸的热为

$$Q = Q_1 + Q_2 = (1000 - 3000)\text{J} = -2000\ \text{J}$$

体系做的功　　　　　　　　$W = -2000\ \text{J}$

因此,在循环过程中

环境放的热　　　　　　　　$Q' = Q = -2000\ \text{J}$

环境做的功　　　　　　　　$W' = -W = 2000\ \text{J}$

(d) 由于理想气体的始终态温度相等,因而 $\Delta U = 0$,即体系的内能不变,若环境只以热的形式或者只以功的形式供给体系能量时,则体系的内能必然改变,故体系永不能回到内能不变的状态,也就是说体系不能复原.

11-40 (10 分)　　根据在 $505 \sim 565\text{K}$ 的范围内,反应 $C_6H_5C_2H_5(g) + 3H_2(g)$ $\longrightarrow C_6H_{11}C_2H_5(g)$ 的平衡常数与温度的关系为 $\lg K_p = \dfrac{9620}{T} - 18.04$,设最初混合物的组成(体积分数)为:40% 乙苯,50% 氢气和 10% 乙基环己烷,且总压力为 101.3 kPa,求在此组成下反应能进行的最高温度.

解　根据 $\lg K_p = \dfrac{9620}{T} - 18.04$ 可知,该反应为放热反应,因而提高温度对反应不利,故所求温度必为反应能进行的高限.

由于 $\Delta G = \Delta G^\ominus + RT\ln Q_p = -RT\ln K_p + RT\ln Q_p$ 若使反应进行,必须满足 $(\Delta G)_{T,p} \leqslant 0$,即

$$\lg Q_p \leqslant \lg K_p$$

$$\lg \frac{0.1}{0.4 \times (0.5)^3} \leqslant \frac{9620}{T} - 18.04$$

解得

$$T \leqslant 525\ \text{K}$$

故在所给条件下,反应能进行的最高温度为 525 K.

11-41 (15 分)　　乙酸乙酯皂化反应是二级反应:

$$CH_3COOC_2H_5 + NaOH \longrightarrow CH_3COONa + C_2H_5OH$$

当乙酸乙酯和氢氧化钠的起始浓度相等(c_0),其速率公式为

$$k = \frac{1}{t}\frac{x}{c_0(c_0-x)}$$

式中,起始浓度(c_0)较稀;x 为时间 t 时消耗掉的氢氧化钠的浓度.

试论证可以应用测量电导的办法来跟踪反应的进程,从而求得反应速率常数 k. 即证明

$$k = \frac{1}{tc_0}\frac{G_0-G_t}{G_t-G_\infty}$$

式中:G_0 为起始时的电导;G_t 为 t 时的电导;G_∞ 为乙酸乙酯完全反应后的电导. 说明需测定什么数据及如何求得 k 值的方法.

解 在稀溶液中每种强电解质的电导 G 与浓度成线性关系,而溶液的总电导就等于组成溶液的电解质电导之和.

在乙酸乙酯皂化反应中,反应物中只有 NaOH 为强电解质,生成物中只有 NaAc 是强电解质,那么

$$t=0, \quad G_0=K_1c_0 \tag{1}$$

$$t=\infty, \quad G_\infty=K_2c_0 \tag{2}$$

$$t=t, \quad G_t=K_1(c_0-x)+K_2x=K_1c_0-(K_1-K_2)x \tag{3}$$

式中:G_0、G_∞、G_t 分别为当 $t=0,\infty,t$ 时溶液的总电导;K_1,K_2 为电解质 NaOH、NaAc 电导和浓度之间的比例常数.

由式(1)和式(2),得

$$K_1-K_2=\frac{G_0-G_\infty}{c_0} \tag{4}$$

由式(1)、式(3)、式(4),得

$$x=\left(\frac{G_0-G_t}{G_0-G_\infty}\right)c_0$$

因此

$$k=\frac{1}{tc_0}\frac{x}{c_0-x}=\frac{1}{tc_0}\frac{\dfrac{G_0-G_t}{G_0-G_\infty}c_0}{c_0-\dfrac{G_0-G_t}{G_0-G_\infty}c_0}=\frac{1}{tc_0}\frac{G_0-G_t}{G_t-G_\infty}$$

实验测定的是电解质溶液在不同时刻的总电阻 R_0、R_∞ 及 R_t,由它们的倒数得电导 G_0、G_∞ 和 G_t,将它们以及 t、c_0 代入 k 表述式中即得 k 值.

11-42(10 分) 把 H_2 和四甲基铅[$Pb(CH_3)_4$]的混合物,以 14 m·s^{-1} 的速率通过一狭窄的石英管.在管的某一点 P 处用火焰加热,因而在该点处生成铅和游

离的甲基·CH_3,然后自由基经一级反应,(如像 $CH_3 + H_2 \longrightarrow CH_4 + H$)而消失(氢气是过量的).在管中各点自由基的浓度与耗去该点处的金属锑镜以生成挥发性的甲基金属所需的时间成反比.在管中沿流动方向,距 P 点为 $0.22\ m$ 和 $0.37\ m$ 处放置两个厚度完全相同的小锑镜,在经过 $45min$ 和 $150min$ 以后,这两个锑镜都先后消失.

试求在该实验条件下,自由基的半衰期.

解　根据题意,在锑镜 1、2 处,自由基的浓度分别为

$$c_1 = K\ \frac{1}{45},\quad c_2 = K\ \frac{1}{150}$$

式中,K 为比例常数.

·CH_3 浓度从 $c_1 \longrightarrow c_2$ 所需的时间为

$$t = \frac{37 \times 10^{-2}\ m}{14\ m \cdot s^{-1}} - \frac{22 \times 10^{-2}\ m}{14\ m \cdot s^{-1}} = \frac{15}{14} \times 10^{-2}\ s$$

对于一级反应

$$k = \frac{1}{t}\ln\frac{c_1}{c_2} = \frac{\ln\dfrac{150}{45}}{\dfrac{15}{14} \times 10^{-2}} = 112.4\ s^{-1}$$

故

$$t_{1/2} = \frac{\ln 2}{k} = \frac{0.693}{112.4\ s^{-1}} = 6.17 \times 10^{-3}\ s$$

试　卷　八

11-43（10 分＋15 分）　(a) 证明

$$C_p - C_V = T\ \frac{\left\{\left[\dfrac{\partial}{\partial T}\left(\dfrac{\partial F}{\partial V}\right)_T\right]_V\right\}^2}{\left(\dfrac{\partial^2 F}{\partial V^2}\right)_T}$$

(b) 设 A、B 二元系理想溶液的各纯组分的饱和蒸气压分别可用下列经验式表示:

$$\lg p_A^* = A_1 - \frac{B_1}{T},\quad \lg p_B^* = A_2 - \frac{B_2}{T}$$

试导出溶液的组成与沸点的关系式.

证　(a) $C_p - C_V = T\left(\dfrac{\partial p}{\partial T}\right)_V\left(\dfrac{\partial V}{\partial T}\right)_p$　　　　　　　　　　　　　　(1)

根据热力学基本方程

$$dF = -SdT - pdV$$

可得

$$\left(\frac{\partial F}{\partial V}\right)_T = -p, \quad \left(\frac{\partial^2 F}{\partial V^2}\right)_T = -\left(\frac{\partial p}{\partial V}\right)_T$$

又因为

$$\left(\frac{\partial p}{\partial T}\right)_V \left(\frac{\partial T}{\partial V}\right)_p \left(\frac{\partial v}{\partial p}\right)_T = -1$$

故

$$T \frac{\left\{\left[\frac{\partial}{\partial T}\left(\frac{\partial F}{\partial V}\right)_T\right]_V\right\}^2}{\left(\frac{\partial^2 F}{\partial V^2}\right)_T} = T \frac{\left[\left(\frac{\partial p}{\partial T}\right)_V\right]^2}{-\left(\frac{\partial p}{\partial V}\right)_T}$$

$$= -T\left(\frac{\partial p}{\partial T}\right)_V \left(\frac{\partial p}{\partial T}\right)_V \left(\frac{\partial V}{\partial p}\right)_T$$

$$= T\left(\frac{\partial p}{\partial T}\right)_V \left(\frac{\partial v}{\partial T}\right)_p \tag{2}$$

比较式(1)与式(2),即得所要证明的结果.

解　(b) 令溶液沸点为 T_b,相应组成为 x_A.由于两者组成理想溶液,则

$$p_A x_A + p_B(1 - x_A) = 760$$

由此可得

$$x_A = \frac{760 - p_B^*}{p_A^* - p_B^*} \tag{3}$$

已知 $\lg p_A^* = A_1 - \dfrac{B_1}{T}$,$\lg p_B^* = A_2 - \dfrac{B_2}{T}$,则在 $T = T_b$ 时,有

$$p_A^* = e^{2.303A_1} e^{-2.303B_1/T_b} \tag{4}$$

$$p_B^* = e^{2.303A_2} e^{-2.303B_2/T_b} \tag{5}$$

将式(4)、式(5)代入式(3),得

$$x_A = \frac{760 - e^{2.303A_2}e^{-2.303B_2/T_b}}{e^{2.303A_1}e^{-2.303B_1/T_b} - e^{2.303A_2}e^{-2.303B_2/T_b}}$$

$$= \frac{(760/A_2')e^{B_2'/T_b} - 1}{(A_1'/A_2')e^{(B_2'-B_1')/T_b} - 1}$$

式中:$A_1' = e^{2.303A_1}$;$A_2' = e^{2.303A_2}$;$B_1' = 2.303B_1$;$B_2' = 2.303B_2$.

11-44（15 分）　现有一单分子分解的可逆反应：

$$CH_2OHCH_2CH_2COOH \underset{k'}{\overset{k}{\rightleftharpoons}} \underbrace{CH_2CH_2CH_2CO}_{O} + H_2O$$

动力学研究显示下列数据：

时间 t/s	21	120	∞
内酯浓度 $x/(mol \cdot dm^{-3})$	2.41	8.90	13.28

γ -羟基丁酸的起始浓度 $a = 18.23$ mol·dm^{-3},计算:

(a) 反应的平衡常数.

(b) 正、逆反应的速率常数.

解　今将反应在时间 t 时各物的浓度(mol·dm^{-3})表示为

$$CH_2OHCH_2CH_2COOH \underset{k'}{\overset{k}{\rightleftharpoons}} \underbrace{CH_2CH_2CH_2CO}_{O} + H_2O$$

$t=0$	a	0	b
t	$a-x$	x	$b+x$
$t=\infty$	$a-13.28$	13.28	$b+13.28$

(a) 平衡常数

$$K = \frac{k}{k'} = \frac{13.28 \text{ mol·dm}^{-3} \times (b + 13.28 \text{ mol·dm}^{-3})}{(a - 13.28 \text{mol·dm}^{-3})}$$

$$= \frac{13.28 \text{ mol·dm}^{-3} \times (55.56 + 13.28) \text{mol·dm}^{-3}}{(18.23 - 13.28) \text{mol·dm}^{-3}}$$

$$= 184.7 \text{ mol·dm}^{-3} \tag{1}$$

其中

$$b = \frac{1.00 \text{ kg}}{\dfrac{0.018 \text{ kg·mol}^{-1}}{1 \text{ dm}^3}} = 55.56 \text{ mol·dm}^{-3}$$

注:水的起始浓度为近似值,因为无密度数据.

(b) 反应速率方程为

$$\frac{dx}{dt} = k(a-x) - k'x(b+x) = ka - (k + k'b)x - k'x^2 \tag{2}$$

将 $k = 184.7k'$ 及 a 和 b 的数值代入式(2),得

$$\frac{dx}{3367 - 240.2x - x^2} = k'dt \tag{3}$$

积分式(3),得

$$\int_0^x \frac{dx}{3367 - 240.2x - x^2} = \int_0^t k'dt$$

由此得

$$k' = \frac{2.303}{266.8t} \lg \frac{26.6 \times (507.0 + 2x)}{507.0 \times (26.6 - 2x)} \tag{4}$$

将两组实验数据代入式(4)即得 k' 值如下:

t/s	$x/(mol \cdot dm^{-3})$	$k'/(dm^3 \cdot mol^{-1} \cdot s^{-1})$
21	2.41	3.74×10^{-5}
120	8.9	3.56×10^{-5}

因此逆反应的比速为

$$k' = \frac{3.74 + 3.56}{2} \times 10^{-5} = 3.60 \times 10^{-5} \ dm^3 \cdot mol^{-1} \cdot s^{-1}$$

由式(1)得正反应比速为

$$k = 184.7k' = 6.65 \times 10^{-3} \ s^{-1}$$

11-45(20分) 试用方程式表明:

(a) 以强碱的浓溶液滴定强酸稀溶液时,酸液的电导率与所加入的碱液体积成线性关系.

(b) 以强碱的浓溶液滴定弱酸溶液时,随着滴定的进行,酸液的电导率可能增大.设酸液的初始浓度为 c_1,碱液的初始浓度为 c_2,酸液的初始体积为 V_0.

解 (a) 以强碱的浓溶液滴定强酸的稀溶液,这时 $c_2 \gg c_1$,设滴入碱的体积为 V,则溶液中

酸的当量浓度 $\qquad c_{酸} = \dfrac{Z_1 c_1 V_0 - Z_2 c_2 V}{V_0 + V}$

盐的当量浓度 $\qquad c_{盐} = \dfrac{Z_2 c_2 V}{V_0 + V}$

式中,Z_1, Z_2 为酸与碱的价数.

酸液中酸与盐的当量电导为

$$\Lambda_{酸} = k_{酸} \frac{1}{c_{酸}} \qquad \Lambda_{盐} = k_{盐} \frac{1}{c_{盐}}$$

忽略水的电导率,则酸液的电导率为

$$k = k_{酸} + k_{盐} = \Lambda_{酸} c_{酸} + \Lambda_{盐} c_{盐} = \frac{\Lambda_{酸} Z_1 c_1 V_0 - (\Lambda_{酸} - \Lambda_{盐}) Z_2 c_2 V}{(V_0 + V)} \tag{1}$$

据题意应有下列关系式

$$\left.\begin{array}{l}\Lambda_{酸} \simeq \Lambda^\circ_{酸} = 常数\\[4pt]\Lambda_{盐} \simeq \Lambda^\circ_{盐} = 常数\end{array}\right\}(因为强电解质稀溶液)$$

$$\Lambda_{酸} > \Lambda\ 盐 \qquad (因为\ H^+\ 的\ \Lambda_+ > 碱离子的\ \Lambda_+)$$

$$V_0 \gg V \qquad (浓碱滴稀酸)$$

将这些结果代入式(1)，得

$$k = \frac{\Lambda^\circ_{酸} Z_1 c_1 V_0 - (\Lambda^\circ_{酸} - \Lambda^\circ_{盐}) Z_2 c_2 V}{V_0} = A - BV \tag{2}$$

其中

$$A = \frac{\Lambda^\circ_{酸} Z_1 c_1 V_0}{V_0} = 常数, \quad B = \frac{(\Lambda^\circ_{酸} - \Lambda^\circ_{盐}) Z_2 c_2}{V_0} = 常数$$

式(2)表明酸液的电导率 k 与加入的碱液体积 V 呈线性关系，而且随着 V 的增加而减小. 这些结论当然是指在等当点前的情况.

(b) 以强碱的浓溶液滴定弱酸溶液.

设 a 为弱酸的电离度，则酸的当量浓度(电离部分)为

$$c_{酸} = \frac{Z_1 c_1 a V_0 - Z_2 c_2 V}{V_0 + V}$$

盐的当量浓度为

$$c_{盐} = \frac{Z_2 c_2 V}{V_0 + V}$$

因而酸液的电导率为

$$k = \Lambda_{酸} c_{酸} + \Lambda_{酸} c_{盐} = \frac{\Lambda_{酸} Z_1 c_1 a V_0}{(V_0 + V)} - \frac{(\Lambda_{酸} - \Lambda_{盐}) Z_2 c_2}{(V_0 + V)} V \tag{3}$$

对于弱酸 $\Lambda_{酸}$ 可能小于 Λ 盐，若如此则有

$$\Lambda_{酸} - \Lambda_{盐} < 0$$

由式(3)即得酸液电导率 k 随着 V 的增加可能增大. 当 $a \simeq$ 常数，$\Lambda_{酸} \simeq$ 常数而且 $V_0 \gg V$ 时，式(3)才能写成下列线性关系的形式

$$k = C + DV$$

11-46 (20 分)　今将某物质 A 放入一反应器内，反应 3600 s 消耗掉 75%，试问反应 7200 s 还剩下多少? 如果此反应为(a)一级反应; (b)二级反应; (c)零级反应.

解　(a) 一级反应

$$k_1 = \frac{1}{t} \ln \frac{a}{a-x} = \frac{2.303}{3600\ \text{s}} \lg \frac{100}{25} = 3.861 \times 10^{-4} \text{s}^{-1}$$

$t = 7200\ \text{s}$

$$\lg \frac{a}{a-x} = \frac{3.861 \times 10^{-4} \times 7200}{2.303} = 1.21$$

$$\lg \frac{a-x}{a} = -1.21$$

则 $\frac{a-x}{a} = 6\%$，即剩下 6% 未反应.

（b）对于二级反应

$$\frac{1}{t_1} \times \frac{x_1}{a(a-x_1)} = \frac{1}{t_2} \times \frac{x_2}{a(a-x_2)}$$

将 $t_1, t_2, \frac{x_1}{a}$ 的值代入，得

$$x_2 = \frac{6}{7}a$$

则 $1 - \frac{x_2}{a} = 14.3\%$，即剩下 14.3%.

（c）零级反应

$$x = k_0 t$$

$$k_0 = \frac{x}{t} = 0.75$$

$$t = \frac{1}{k_0} = \frac{1}{0.75} = 4788 \text{ s}$$

即 4788 s 后 A 已全部反应完.

11-47（20 分）　试设计一个原电池，写出电池反应式，并计算固体氯化银的标准生成自由焓及 298 K 的分解压. 现提供下列数据：

电极	$Li^+|Li$	$H^+|H_2$	$Cl^-|AgCl|Ag$	$Ag^+|Ag$	$Cl^-|Cl_2$
$E^\ominus /V$	-3.01	0.000	$+0.222$	$+0.799$	$+1.358$

解　设计下列电池：

$$Ag|AgCl|HCl(aq)|Cl_2|Pt$$

电池反应为

$$Ag(s) + \frac{1}{2}Cl_2(g) \longrightarrow AgCl(s)$$

电池的标准电动势为

$$E^\ominus = E^\ominus_{\text{右}} - E^\ominus_{\text{左}} = 1.358 - 0.222 = 1.136 \text{ V}$$

因而氯化银的标准生成自由焓为

$$\Delta_f G^\ominus_m = -zFE^\ominus = -96\,500 \text{ C·mol}^{-1} \times 1.136 \text{ V} = -109.6 \text{ kJ·mol}^{-1}$$

氯化银分解反应为电池反应的逆反应，故分解反应的标准自由焓改变为

$$\Delta G^{\ominus}_{分解} = 109.6 \ kJ \cdot mol^{-1}$$

根据

$$lgK_p = lg(p_{分解})^{1/2} = -\frac{\Delta G^{\ominus}_{分解}}{2.303 \ RT}$$

$$= -\frac{109.6 \times 10^3 \ J \cdot mol^{-1}}{2.303 \times 8.314 \ J \cdot mol^{-1} \cdot K^{-1} \times 298 \ K} = -19.2$$

求得 AgCl 的分解压为

$$p_{分解} = 4.03 \times 10^{-34} \ Pa$$

试 卷 九

11-48 (20 分)　求 $\left(\dfrac{\partial H}{\partial p}\right)_T = ?$ $\left(\dfrac{\partial S}{\partial p}\right)_T = ?$ $\left(\dfrac{\partial G}{\partial p}\right)_T = ?$

以理想气体为例,讨论压力对焓(H)、熵(S)、自由焓(G)的影响.

解　因为 $dG = -SdT + Vdp$,所以

$$\left(\frac{\partial G}{\partial p}\right)_T = V \tag{1}$$

根据全微分存在的必要充分的条件,得

$$\left(\frac{\partial S}{\partial p}\right)_T = -\left(\frac{\partial V}{\partial T}\right)_p \tag{2}$$

因为

$$dH = TdS + Vdp$$

所以

$$\left(\frac{\partial H}{\partial p}\right)_T = T\left(\frac{\partial S}{\partial p}\right)_T + V$$

将式(2)代入,得

$$\left(\frac{\partial H}{\partial p}\right)_T = V - T\left(\frac{\partial V}{\partial T}\right)_p \tag{3}$$

对于理想气体 $pV = nRT$,压力对 H、S、G 的影响如下

$$\left(\frac{\partial H}{\partial p}\right)_T = V - T\left(\frac{\partial V}{\partial T}\right)_p = \frac{nRT}{p} - T\frac{nR}{p} = 0$$

$$\left(\frac{\partial S}{\partial p}\right)_T = -\left(\frac{\partial V}{\partial T}\right)_p = -\frac{nR}{p}$$

$$\left(\frac{\partial G}{\partial p}\right)_T = V = \frac{nRT}{p}$$

即 T 一定时,当 $\Delta p > 0$,则 $\Delta H = 0, \Delta S < 0, \Delta G > 0$.

11-49(20 分) 设有一气体,它的内能仅是温度的函数而与压力和体积无关;在一定温度下此气体的 pV 与 p 呈线性关系,而且当压力趋于零时符合理想气体的行为.请得出此气体的状态方程.并推导 2 mol 此气体由 V_1 恒温可逆膨胀至体积 V_2 时所吸的热的公式.表达和推导的主要地方应做简要的文字说明.

解 在气体的内能仅是温度的函数时,由下式

$$\left(\frac{\partial U}{\partial V}\right)_T = T\left(\frac{\partial p}{\partial T}\right)_V - p = 0$$

即得

$$\left(\frac{\partial p}{\partial T}\right)_V = \frac{p}{T} \tag{1}$$

今知气体在一定温度下的 pV 与 p 呈线性关系,即

$$pV = ap + K \tag{2}$$

式中,a、K 与 p、V 无关,只可能是 T 的函数.

将式(2)在恒 V 下对 T 微商即得

$$\left(\frac{\partial p}{\partial T}\right)_V (V - a) = p\frac{\mathrm{d}a}{\mathrm{d}T} + \frac{\mathrm{d}K}{\mathrm{d}T} \tag{3}$$

由式(1)、式(2)、式(3)可化为

$$\frac{K}{T} = p\frac{\mathrm{d}a}{\mathrm{d}T} + \frac{\mathrm{d}K}{\mathrm{d}T} \tag{4}$$

由于 K、a 只可能是温度的函数,要使式(4)对任意 p 恒能成立,这只有当

$$\frac{\mathrm{d}a}{\mathrm{d}T} = 0 \quad \text{或} \quad a = \text{常数}$$

时才行.因此,式(4)应为

$$\frac{K}{T} = \frac{\mathrm{d}K}{\mathrm{d}T}$$

由此即得

$$K = cT \tag{5}$$

式中,c 为不依赖于 p、V、T 的常数.

将式(5)代入式(2),得

$$pV = ap + cT \tag{6}$$

由于 $p \to 0$ 时,该气体符合理想气体的行为,即此时式(5)应与理想气体的状态方程

$$pV = nRT$$

一致,由此可确定出式(6)中的 C 为 $C = nR$.到此我们得出了此气体的状态方程为

$$pV = aP + nRT$$

或

$$p(V-a) = nRT \quad (a = 常数)$$

现在推导 2 mol 此气体,经恒温可逆膨胀由 V_1 至 V_2 所吸的热的公式.

此气体的内能仅是温度的函数,因此在恒温过程中体系内能的改变 $\Delta U = 0$,根据热力学第一定律及体积功的求算式,即得

$$Q = W = \int_{V_1}^{V_2} p\,\mathrm{d}V = \int_{V_1}^{V_2} \frac{2RT}{V-a}\,\mathrm{d}V = 2RT\ln\frac{V_2 - a}{V_1 - a}$$

11-50 (20分)　今知乙醛热分解机理为:

(a) $CH_3CHO \xrightarrow{k_1} \cdot CH_3 + \cdot CHO$

(b) $\cdot CH_3 + CH_3CHO \xrightarrow{k_2} CH_4 + \cdot CH_2CHO$

(c) $\cdot CH_2CHO \xrightarrow{k_3} CO + \cdot CH_3$

(d) $\cdot CH_3 + \cdot CH_3 \xrightarrow{k_4} C_2H_6$

试用稳态法导出生成甲烷的速率方程,如果以上各基元反应的活化能 ($kJ \cdot mol^{-1}$)依次为 $E_1 = 76, E_2 = 10, E_3 = 18, E_4 = 0$.计算生成甲烷反应的表观活化能.

解　分别对 $\cdot CH_3$ 及 $\cdot CH_2CHO$ 进行稳态假设,可得

$$\frac{\mathrm{d}[\cdot CH_3]}{\mathrm{d}t} = k_1[\cdot CH_3CHO] - k_2[\cdot CH_3][CH_3CHO]$$

$$+ k_3[\cdot CH_2CHO] - 2k_4[\cdot CH_3]^2 = 0 \tag{1}$$

$$\frac{\mathrm{d}[\cdot CH_2CHO]}{\mathrm{d}t} = k_2[\cdot CH_3][CH_3CHO] - k_3[\cdot CH_2CHO] = 0 \tag{2}$$

式(1)与式(2)联立,得

$$[\cdot CH_3] = \left(\frac{k_1}{2k_4}[CH_3CHO]\right)^{1/2} \tag{3}$$

则

$$\frac{\mathrm{d}[CH_4]}{\mathrm{d}t} = k_2[\cdot CH_3][CH_3CHO]$$

$$= k_2\left(\frac{k_1}{2k_4}[CH_3CHO]\right)^{1/2}[CH_3CHO]$$

$$= k_2\left(\frac{k_1}{2k_4}\right)^{1/2}[CH_3CHO]^{3/2}$$

$$= k[CH_3CHO]^{3/2} \tag{4}$$

由式(4)知

$$k = k_2 \left(\frac{k_1}{2k_4} \right)^{1/2}$$

$$\ln k = \ln k_2 + \frac{1}{2} \ln k_1 - \frac{1}{2} \ln k_4 - \frac{1}{2} \ln 2$$

$$\frac{\mathrm{d}\ln k}{\mathrm{d}t} = \frac{\mathrm{d}\ln k_2}{\mathrm{d}t} + \frac{1}{2} \frac{\mathrm{d}\ln k_1}{\mathrm{d}t} - \frac{1}{2} \frac{\mathrm{d}\ln k_4}{\mathrm{d}t}$$

故

$$E_a = E_2 + \frac{1}{2} E_1 - \frac{1}{2} E_4 = 10 + \frac{1}{2} \times 76 - 0 = 48 \text{ kJ} \cdot \text{mol}^{-1}$$

11-51（20 分） 已知 298 K 下,

$$H_2(p^\ominus) | NaOH(aq), HgO | Hg \qquad E^\ominus = 0.926 \text{ V}$$

$$H_2(g) + \frac{1}{2} O_2(g) \rule[0.5ex]{2em}{0.4pt} H_2O(l) \qquad \Delta H^\ominus = -285.8 \text{ kJ}$$

各物质的标准熵$(\text{J} \cdot \text{mol}^{-1} \cdot \text{K}^{-1})$为：$H_2(g)130.6$；$O_2(g)205.0$；$H_2O(l)69.94$；$Hg(l)77.40$；$HgO(s)70.29$. 试求分解反应

$$HgO(s) \rule[0.5ex]{2em}{0.4pt} Hg(l) + \frac{1}{2} O_2(g)$$

(a) 298 K 时氧的平衡分压.

(b) 298 K 时反应热.

(c) 假定反应热与温度无关,HgO 在空气中能够稳定存在的最高温度是多少?

解 (a) 电池 $H_2(p^\ominus) | NaOH(aq), HgO | Hg$ 的反应为

$$H_2(g) + HgO(s) \longrightarrow Hg(l) + H_2O(l) \qquad (1)$$

而

$$H_2(g) + \frac{1}{2} O_2(g) \longrightarrow H_2O(l) \qquad (2)$$

式(1)-式(2),得

$$HgO(s) \longrightarrow Hg(l) + \frac{1}{2} O_2(g)$$

则

$$\Delta G^\ominus = \Delta G_1^\ominus - \Delta G_2^\ominus$$

而

$$\Delta G_1^\ominus = -nFE^\ominus = -2 \text{ mol} \times 96\,500 \text{ C} \cdot \text{mol}^{-1} \times 0.926 \text{ V} = -178.7 \text{ kJ}$$

$$\Delta G_2^\ominus = \Delta H_2^\ominus - T \Delta S_2^\ominus = -285.8 \text{ kJ} - 298 \text{ K} \times (69.94 - 130.6$$

$$-\frac{1}{2} \times 205.0)\text{kJ} \cdot \text{K}^{-1} \times 10^{-3}$$

$$= -237.2 \text{ kJ}$$

故

$$\Delta G^{\ominus} = \Delta G_1^{\ominus} - \Delta G_2^{\ominus} = -178.7 \text{ kJ} + 237.2 \text{ kJ} = 58.5 \text{ kJ}$$

又因为

$$\Delta G^{\ominus} = -RT\ln K_p = -RT\ln p_{O_2}^{1/2} = -\frac{1}{2}RT\ln p_{O_2}$$

所以

$$\lg p_{O_2} = -\frac{2 \times 58.5 \times 10^3 \text{ J}}{2.303 \times 1 \text{ mol} \times 8.314 \text{ J} \cdot \text{mol}^{-1} \cdot \text{K}^{-1} \times 298 \text{ K}} = -20.5$$

$$p_{O_2} = 3.2 \times 10^{-16} \text{ Pa}$$

(b) $\Delta H^{\ominus} = \Delta G^{\ominus} + T\Delta S^{\ominus}$

$$= 58.53 \text{ kJ} + 298 \text{ K} \times \left(\frac{1}{2} \times 205.0 + 77.40 - 70.29\right) \times 10^{-3} \text{ kJ} \cdot \text{K}^{-1}$$

$$= 91.21 \text{ kJ}$$

(c) 空气中氧的分压为 21 273 Pa,若俗使 HgO 有明显的分解,必须升温使 O_2 的平衡压力超过 21 273 Pa.设其温度为 T_2,则

$$\lg \frac{K_2}{K_1} = \lg \frac{p_2^{1/2}}{p_1^{1/2}} = \frac{1}{2}\lg \frac{p_2}{p_1} = -\frac{\Delta H^{\ominus}}{2.303 R}\left(\frac{1}{T_1} - \frac{1}{T_2}\right)$$

$$\frac{1}{T_2} = \frac{1}{T_1} - \frac{2.303 R\lg \frac{p_2}{p_1}}{2\Delta H^{\ominus}}$$

$$= \frac{1}{298 \text{ K}} - \frac{2.303 \times 8.314 \text{ J} \cdot \text{mol}^{-1} \cdot \text{K}^{-1}\lg \dfrac{21\ 273 \text{ Pa}}{3.2 \times 10^{-16} \text{ Pa}}}{2 \times 91.21 \times 10^3 \text{ J} \cdot \text{mol}^{-1}}$$

$$= 1.28 \times 10^{-3} \text{ K}^{-1}$$

因此

$$T_2 = 781 \text{ K}$$

即 HgO 在空气中稳定存在的最高温度为 781 K.

11-52 (10 分)　设由下列两电极组成原电池:

$$\text{Hg(l)} | \text{Hg}_2\text{Cl}_2(s), \text{Cl}^-(a_{c1^-}), \quad \varepsilon_1 = 0.262 \text{ V}$$

$$\text{Pt} | \text{Cr}^{3+}(a_{\text{Cr}}^{3+}), \text{Cr}_2\text{O}_7^{2-}(a_{\text{Cr}_2\text{O}_7}^{2-}), \text{H}^+(a_{\text{H}^+}), \quad E_2 = 1.33 \text{ V}$$

试判定电池的正负极,写出表示放电 $2F$ 电量的反应方程式及电池电动势的能斯特方程.

解　电极 $Hg(l)|Hg_2Cl_2(s),Cl^-(a_{Cl^-})$ 为负极.

电极 $Pt|Cr^{3+}(a_{Cr}^{3+}),Cr_2O_7^{2-}(a_{Cr_2O_7}^{2-}),H^+(a_{H^+})$ 为正极.

电池放电 $2F$ 时的电极反应为

负极：$\qquad\qquad\qquad 2Hg+2Cl^-\longrightarrow Hg_2Cl_2+2e^-$

正极：$\dfrac{1}{3}Cr_2O_7^{2-}+\dfrac{14}{3}H^++2e^-\longrightarrow\dfrac{2}{3}Cr^{3+}+\dfrac{7}{3}H_2O$

电池总反应为

$$2Hg+2Cl^-+\frac{1}{3}Cr_2O_7^{2-}+\frac{14}{3}H^+\longrightarrow Hg_2Cl_2+\frac{2}{3}Cr^{3+}+\frac{7}{3}H_2O$$

$$E=E^\ominus-\frac{RT}{2F}\ln\frac{(a_{Cr}^{3+})^{2/3}}{(a_{Cl^-})^2(a_{Cr_2O_7}^{2-})^{1/3}(a_{H^+})^{14/3}}$$

$$=(\varphi_{右}^\ominus-\varphi_{左}^\ominus)-\frac{RT}{6F}\ln\frac{(a_{Cr}^{3+})^2}{(a_{Cl^-})^6(a_{Cr_2O_7}^{2-})(a_{H^+})^{14}}$$

11-53（10 分）　已知某高聚物溶液的浓度为 $0.01\ kg\cdot dm^{-3}$,测得其渗透压为 $470.7\ Pa$,试求高聚物相对分子质量,并标明所得结果属于何种性质平均值.

解　设测定工作在室温下进行,所以

$$\pi=cRT=\frac{W}{MV}RT$$

式中,渗透压 π 以 $1.013\times10^5\ Pa$ 为 1 个单位,R 值则用 $0.0821p^\ominus$ $dm^3\cdot mol^{-1}\cdot K^{-1}$,浓度单位 $g\cdot dm^{-3}$.

$$M=\frac{WRT}{V\pi}=\left(\frac{W}{V}\right)\frac{RT}{\pi}$$

$$=10\ g\cdot dm^{-3}\times\frac{0.0821p^\ominus dm^3\cdot mol^{-1}\cdot K^{-1}\times298\ K}{\left(\dfrac{63.18}{13.6}\times\dfrac{1}{760}\right)p^\ominus}$$

$$=4.00\times10^4\ g\cdot mol^{-1}=40\ kg\cdot mol^{-1}$$

所得结果为数均相对分子质量.

试　卷　十

11-54（15 分）　根据溶液表面吸附公式 $p=\dfrac{c}{RT}\left(\dfrac{d\gamma}{dc}\right)$,可知若溶液表面张力 γ 随溶液浓度 c 增加,则必为正吸附(溶液表面浓度大于溶液内部浓度).已知乙醇水溶液表面张力与浓度的关系为

$$\gamma=72-0.5\,c+0.2\,c^2$$

由此式可知 $c > 1.25$ 时 $\Gamma > 0$，试判断是否正确?

解 （×），因为吉布斯吸附公式应为 $\Gamma = -\dfrac{c}{RT}\left(\dfrac{\partial \gamma}{\partial c}\right)_T$，可知若溶液的表面张力 γ 随溶液浓度 c 增加，则产生负吸附，即表面层的浓度低于溶液内部的浓度.

对于乙醇水溶液

$$\left(\frac{\partial \gamma}{\partial c}\right)_T = -0.5 + 0.4\, c$$

当 $c > 1.25$ 时

$$\left(\frac{\partial \gamma}{\partial c}\right)_T > 0$$

则

$$\Gamma = -\frac{c}{RT}\left(\frac{\partial \gamma}{\partial c}\right)_T < 0.$$

11-55（20 分）　已知 298 K 时电池

$\text{Pt}|\text{H}_2(p^{\ominus})|$ 稀 $\text{NaOH(aq)}|\text{Ag}_2\text{O}|\text{Ag}$ 的电动势为 1.172 V，又知在此温度下

$$\text{H}_2(\text{g}) + \frac{1}{2}\text{O}_2(\text{g}) \longrightarrow \text{H}_2\text{O}(\text{l})$$

反应的 $\Delta G^{\ominus} = -237.3\ \text{kJ}$，求 298 K 时 Ag_2O 分解压力.

解　电池反应为

$$\text{Ag}_2\text{O(s)} + \text{H}_2(\text{g}, p^{\ominus}) \longrightarrow 2\text{Ag(s)} + \text{H}_2\text{O(l)} \tag{1}$$

该反应的反应物和产物均处在标准状态，故

$$E^{\ominus} = 1.172\ \text{V}$$

$$\Delta G_1^{\ominus} = -2E^{\ominus}F = -2\ \text{mol} \times 1.172\ \text{V} \times 96\,500\ \text{C} \cdot \text{mol}^{-1} = -2.26 \times 10^5\ \text{J}$$

已知反应

$$\text{H}_2(\text{g}, p^{\ominus}) + \frac{1}{2}\text{O}_2(\text{g}, p^{\ominus}) \longrightarrow \text{H}_2\text{O(l)} \tag{2}$$

$$\Delta G_2^{\ominus} = -237.3 \times 10^3\ \text{J} = -2.373 \times 10^5\ \text{J}$$

式(1)－式(2)，得

$$\text{Ag}_2\text{O(s)} \longrightarrow 2\text{Ag(s)} + \frac{1}{2}\text{O}_2(\text{g}, p^{\ominus}) \tag{3}$$

$$\Delta G_3^{\ominus} = \Delta G_1^{\ominus} - \Delta G_2^{\ominus} = -2.262 \times 10^5\ \text{J} - (-2.373 \times 10^5)\text{J} = 1.11 \times 10^4\ \text{J}$$

由

$$\Delta G_3^{\ominus} = -RT\ln K_p = -RT\ln p_{\text{O}_2}^{1/2}$$

得

$$\lg p_{O_2} = -\frac{2 \times 1.11 \times 10^4\ J \cdot mol^{-1}}{2.303 \times 8.314\ J \cdot mol^{-1} \cdot K^{-1} \times 298\ K}$$

故

$$p_{O_2} = 13.07\ Pa$$

11-56（15 分）　NH_2NO_2 在碱性溶液中分解为气态 N_2O 和液态水,反应为一级反应,当把 0.0500 g NH_2NO_2 加入保持在 288.2 K 具有一定碱性缓冲溶液中,经 70 min 后有 6.19 mL N_2O 气体放出(已换算成 288.2 K 和 1.013×10^5 Pa 下的干燥体积),求 288.2 K 时的 NH_2NO_2 在此溶液中发生分解反应的半寿期.

解　开始时 NH_2NO_2 的物质的量为

$$n_0 = \frac{0.0500}{62.0} = 8.07 \times 10^{-4}\ mol$$

生成 N_2O 的物质的量为

$$n' = \frac{pV}{RT} = \frac{1 \times 6.19}{82.06 \times 288.2} = 2.62 \times 10^{-4}\ mol$$

剩下的 NH_2NO_2 的物质的量为

$$n = (8.07 - 2.62) \times 10^{-4} = 5.45 \times 10^{-4}\ mol$$

根据一级反应速率方程

$$k_1 = \frac{2.303}{t} \lg \frac{[NH_2NO_2]_0}{[NH_2NO_2]}$$

设溶液在反应前后体积不变,故

$$k_1 = \frac{2.303}{t} \lg \frac{n_0/V}{n/V} = \frac{1}{70\,min} \times 2.303 \lg \frac{8.07 \times 10^{-4}}{5.45 \times 10^{-4}} = 5.61 \times 10^{-3}\ min^{-1}$$

$$t_{1/2} = \frac{0.693}{k_1} = \frac{0.693}{5.61 \times 10^{-3}\ min^{-1}} = 124\ min$$

11-57（15 分）　今有一化学反应,其反应历程为

$$A \underset{k_2}{\overset{k_1}{\rightleftharpoons}} M + C$$

$$M + B \overset{k_3}{\longrightarrow} P$$

其中间产物 M 的量不随时间变化,试写出产物的生成速率表达式.

解　$$\frac{d[P]}{dt} = k_3[M][B]$$

已知中间产物 M 的量不随时间变化

$$\frac{d[M]}{dt} = k_1[A] - k_2[M][C] - k_3[M][B] = 0$$

或

$$k_1[A] - k_2[M][C] - k_3[M][B] = 0$$

因此

$$[M] = \frac{k_1[A]}{k_2[C] + k_3[B]}$$

代入速率方程,得

$$\frac{d[P]}{dt} = \frac{k_1 k_3 [A][B]}{k_2[C] + k_3[B]}$$

11-58（20 分）　盐 MA 及其水合物 $MA \cdot 3H_2O$ 的溶度图如下：

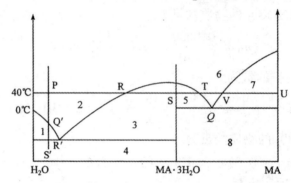

(a) 标明 1 和 8 各相区的相态.

(b) 叙述组成为 P 的溶液,在 40℃时等温蒸发至干的相变化过程.

(c) 若把组成为 P 的溶液,一直冷到完全固化,叙述其相变化.

(d) 用相律分析 Q 点的自由度.

解　(a)上图中,相区 1 为 $H_2O(s)$+溶液;相区 2 为溶液;相区 3 为 $MA \cdot 3H_2O$(s)+溶液;相区 4 为 $H_2O(s)$+$MA \cdot 3H_2O(s)$;相区 5 为 $MA \cdot 3H_2O(s)$+溶液;相区 6 为溶液;相区 7 为 MA(s)+溶液;相区 8 为 $MA \cdot 3H_2O(s)$+MA(s).

(b)组成为 P 的溶液,在 40℃时等温蒸发,当由 P 至 R 时,出现 $MA \cdot 3H_2O$(s).由 R 至 S 为 $MA \cdot 3H_2O$(s)和溶液两相平衡区,到 S 完全变为 $MA \cdot 3H_2O$(s).在 S 至 T 区,$MA \cdot 3H_2O$(s)又逐渐溶解,到 T 后 $MA \cdot 3H_2O$(s)完全溶解,至 V 析出 MA(s),由 V 至 U 区为 MA(s)和溶液两相平衡区,至 U 则完全蒸干成 MA(s).

(c)若把组成 P 的溶液,一直冷却到完全固化.其相变过程为:当由 P 冷却至 Q′,出现冰,由 Q′R′区为冰与溶液两相平衡,到 R′为冰+$MA \cdot 3H_2O$(s)+溶液三相呈平衡,至 S′为冰和 $MA \cdot 3H_2O$(s)呈平衡.

(d) $f = K - \Phi + 1 = 2 - 3 + 1 = 0$

11-59（15 分）　一个理想的二元溶液中,求证组分 A 的偏摩尔自由焓与温度、压力、浓度有下列关系

$$dG_{A,m} = -S_{A,m}dT + V_{A,m}dp + \frac{n_B/n_A}{n_A + n_B}RTdn_A - \frac{RT}{n_A + n_B}dn_B$$

证 由 $G_{A,m} = G_{A,m}(T,p,x_A)$,全微分得

$$dG_{A,m} = \left(\frac{\partial G_{A,m}}{\partial T}\right)_{p,x_A}dT + \left(\frac{\partial G_{A,m}}{\partial p}\right)_{T,x_A}dp + \left(\frac{\partial G_{A,m}}{\partial x_A}\right)_{T,p}dx_A$$

$$= -S_{A,m}dT + V_{A,m}dp + \left(\frac{\partial G_{A,m}}{\partial x_A}\right)_{T,p}dx_A \qquad (1)$$

对于理想溶液

$$G_{A,m} = G_{A,m}^{\ominus}(T,p) + RT\ln x_A$$

则

$$\left(\frac{\partial G_{A,m}}{\partial x_A}\right)_{T,p} = RT\left(\frac{\partial \ln x_A}{\partial x_A}\right) = \frac{RT}{x_A}$$

$$\left(\frac{\partial G_{A,m}}{\partial x_A}\right)_{T,p}dx_A = \frac{RT}{x_A}dx_A = RTd\ln x_A$$

$$= RTd\ln\left(\frac{n_A}{n_A + n_B}\right)$$

$$= RTd[\ln n_A - \ln(n_A + n_B)]$$

$$= RT\left[\frac{n_B}{n_A(n_A + n_B)}dn_A - \frac{1}{n_A + n_B}dn_B\right] \qquad (2)$$

将式(2)代入式(1),得

$$dG_{A,m} = -S_{A,m}dT + V_{A,m}dp + RT\frac{n_B/n_A}{n_A + n_B}dn_A - \frac{RT}{n_A + n_B}dn_B$$

试卷十一

11-60(10 分) 什么过程体系的 ΔU、ΔH、ΔS 和 ΔG 都等于零? 除了这类过程外,什么过程 $\Delta U=0$? 什么过程 $\Delta H=0$? 什么过程 $\Delta S=0$? 什么过程 $\Delta G=0$?

解 循环过程 ΔU、ΔH、ΔS 和 ΔG 都等于零. 此外,孤立体系中的任意过程或封闭的理想气体等温过程,$\Delta U=0$;封闭体系的节流过程或理想气体等温过程,$\Delta H=0$;封闭体系,绝热可逆过程或孤立体系的可逆过程,$\Delta S=0$;封闭体系等温等压不作其他功的可逆过程,$\Delta G=0$.

11-61(20 分) 计算 1 mol 水在下列相变

$H_2O(l,373.2\ K,p^{\ominus}) \longrightarrow H_2O(g,373.2\ K,0.1p^{\ominus})$的 ΔU、ΔH、ΔS 和 ΔG.

已知水在 373.2 K 及 $p^{\ominus}$ 时气化热为 4.069×10^4 J·mol^{-1}, $R = 8.314$ J·mol^{-1}·K^{-1}.

解　由于所要求的各物理量皆为状态函数的改变量,所以其值只与始、终态有关,而与过程无关,现按如下图示两步来计算各量:

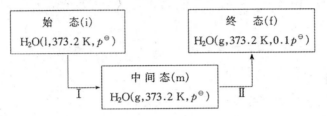

设水汽为理想气体,故

$$\Delta U_{\text{II}} = 0, \quad \Delta H_{\text{II}} = 0.$$

因而

$$\Delta H = \Delta H_{\text{I}} + \Delta H_{\text{II}} = 40.69 \text{ kJ}$$

$$\begin{aligned}
\Delta U &= \Delta U_{\text{I}} + \Delta U_{\text{II}} = \Delta U_{\text{I}} \\
&= \Delta H_{\text{I}} - p(V_{\text{g,m}} - V_{\text{l,m}}) \simeq \Delta H_{\text{I}} - p V_{\text{g,m}} \\
&= \Delta H_{\text{I}} - RT \\
&= 40.69 \text{ kJ·mol}^{-1} - 8.314 \text{ J·mol}^{-1} \cdot \text{K}^{-1} \times 373.2 \text{ K} \\
&= 37.59 \text{ kJ}
\end{aligned}$$

$$\begin{aligned}
\Delta S &= \Delta S_{\text{I}} + \Delta S_{\text{II}} = \frac{\Delta H_{\text{I}}}{T} + R \ln \frac{p_{\text{m}}}{p_{\text{f}}} \\
&= \frac{40.69 \times 10^3 \text{ J·mol}^{-1}}{373.2 \text{ K}} + 8.314 \text{ J·mol}^{-1} \cdot \text{K}^{-1} \times 2.303 \times \lg \frac{1}{0.1} \\
&= 128.1 \text{ J·mol}^{-1} \cdot \text{K}^{-1}
\end{aligned}$$

$$\begin{aligned}
\Delta G &= \Delta(H - TS) = \Delta H - T\Delta S \\
&= 40.69 \times 10^3 \text{ J·mol}^{-1} - 373.2 \text{ K} \times 128.1 \text{ J·mol}^{-1} \cdot \text{K}^{-1} \\
&= -7.117 \text{ kJ·mol}^{-1}
\end{aligned}$$

11-62（20 分）　制取氢气的水煤气转化反应为

$$CO(g) + H_2O(g) \longrightarrow CO_2(g) + H_2(g)$$

已知在 298 K 时产物 $CO_2(g) + H_2(g)$ 与反应物 $CO(g) + H_2O(g)$ 的标准生成焓之差为 -41.2 kJ,标准熵之差(也是 298 K)为 -42.4 J·K^{-1},在温度 T 时产物与反应物标准热容之差

$$\Delta C_p^{\ominus} = 12.55 - 2.34 \times 10^3 \, T - 7.66 \times 10^5 \, T^{-2} \text{J·K}^{-1}$$

（a）试导出该反应的标准熵变 $\Delta S^{\ominus}$ 与 T 的关系式.

　　(b) 工业生产中该反应先在约 673 K 时用比较耐高温的催化剂进行较不彻底的反应(CO 含量降至 3% 以下),然后在约 473 K 用活性较高但不耐高温的催化剂进行较彻底的反应.试用本题所提供的部分数据解释为什么这样做?

　　解　(a) 对纯物质

$$\left(\frac{\partial S}{\partial T}\right)_p = \frac{C_p}{T}$$

对一个反应

$$\left(\frac{\partial \Delta S}{\partial T}\right)_p = \frac{\Delta C_p}{T}$$

　　由于反应的分子数不变,各物质在标准状态下进行反应是一个恒压过程.因此,在恒压下则

$$d(\Delta S^{\ominus}) = \frac{\Delta C_p^{\ominus}}{T} dT$$

积分得

$$\Delta S^{\ominus}(T) = \Delta S_{298\,K}^{\ominus} + \int_{298\,K}^{T} \frac{\Delta C_p^{\ominus}}{T} dT$$

$$= -42.4 + \int_{298\,K}^{T} \left(\frac{12.55}{T} - 2.34 \times 10^{-3} - \frac{7.66 \times 10^5}{T^3}\right) dT$$

$$= -32.72 + 12.55\ln T - 2.34 \times 10^{-3} T + 3.83 \times 10^5 \, T^{-2} \mathrm{J \cdot K^{-1}}$$

　　(b) 由题给数据可求得 673 K 的标准反应热为

$$\Delta H_{673\,K}^{\ominus} = \Delta H_{298\,K}^{\ominus} + \int_{298\,K}^{673\,K} (\Delta C_p^{\ominus}) dT$$

$$= -41.2 \times 10^3 + \int_{298\,K}^{673\,K} (12.55 - 2.34 \times 10^{-3} T - 7.66 \times 10^5 \, T^{-2}) dT$$

$$= -38.4 \, \mathrm{kJ}$$

　　此结果说明反应在 673 K,进行时是一个放热反应.若生产中操作条件控制不当,就要造成体系温度剧升(或局部温度剧升),而温度升高又加快反应速率,形成恶性循环,致使催化剂被烧坏,甚至出现其他事故.所以要先选用比较耐高温而活性不是太高的催化剂来进行生产.而后由于反应物浓度下降,操作又控制在 473 K 的较低温度下,就要选用活性较高的催化剂来加速反应.由于此时反应条件比较温和(反应物浓度低,温度低)反应速率相对为小,即单位时间放出的热量较少,所以就不要求催化剂能耐高温.

　　11-63(15 分)　列出热力学数据和动力学数据相联系的关系式,并做必要的说明.

解　这种关系式有两种，一种为 $K = \dfrac{k_+}{k_-}$，式中，平衡常数 K 是热力学数据，它是两个动力学数据——正向反应速率常数 k_+ 与逆向反应速率常数 k_- 之比；另一关系式是

$$\Delta H = E_1 - E_2$$

此式表示热力学数据，反应热 ΔH 等于两动力学数据——正向反应的活化能 E_1 与逆向反应活化能 E_2 之差.

11-64（15 分）　按下图回答下述问题：

（a）图中 a、b、c 各点意义如何？

（b）acb 曲线以下的区域表示什么？区域内有几个自由度？这些自由度是哪几个热力学变量？

（c）将含 HNO_3 为 70%（摩尔分数）的硝酸用高效分馏塔进行分馏时，塔顶及塔釜分别得到什么？

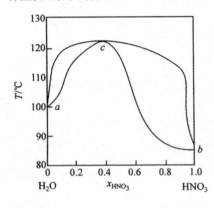

解　（a）a 点表示纯水的沸点；b 点表示纯 HNO_3 的沸点；c 点表示此体系的最高恒沸点（恒沸混合物的沸点及组成）.

（b）曲线 acb 以下区域是水与硝酸的完全互溶的液相区. 其自由度为 $f = 2 - 1 + 1 = 2$. 这两个自由度可以是 x_{HNO_3} 与 T.

（c）塔顶得纯硝酸，塔釜得组成为 C 的恒沸混合物.

11-65（20 分）　在适当条件下丙酮按下列步骤连续分解，求各物质浓度与时间的关系.

$$CH_3COCH_3 \xrightarrow{k_1} CH_2 = CO + CH_4$$

$$CH_2 = CO \xrightarrow{k_2} \frac{1}{2} CH_2 = CH_2 + CO$$

解　根据题给机理，可得下列三个速率方程：

$$-\frac{d[(CH_3)_2CO]}{dt} = k_1[(CH_3)_2CO] \tag{1}$$

$$\frac{d[CH_2CO]}{dt} = k_1[(CH_3)_2CO] - k_2[CH_2CO] \tag{2}$$

$$\frac{d[C_2H_4]}{dt} = \frac{1}{2}k_2[CH_2CO] \tag{3}$$

将式（1）积分，得

$$[(CH_3)_2CO] = [(CH_3)_2CO]_0 e^{-k_1 t} \qquad (4)$$

式中, $[(CH_3)_2CO]_0$ 为丙酮的初始浓度.

将式(4)代入式(2),得

$$\frac{d[CH_2CO]}{dt} = k_1[(CH_3)_2CO]_0 e^{-k_1 t} - k_2[CH_2CO]$$

解此微分方程,得

$$[CH_2CO] = [(CH_3)_2CO]_0 \frac{k_1}{k_2 - k_1}(e^{-k_1 t} - e^{-k_2 t}) \qquad (5)$$

而

$$[(CH_3)_2CO]_0 - [(CH_3)_2CO] = [CH_2CO] + 2[C_2H_4]$$

将式(4)、式(5)两式代入此式,整理得

$$[C_2H_4] = \frac{1}{2}[(CH_3)_2CO]_0\left(1 - \frac{k_2}{k_2 - k_1}e^{-k_1 t} + \frac{k_1}{k_2 - k_1}e^{-k_2 t}\right) \qquad (6)$$

式(4)、式(5)、式(6)即为所求之解.

试 卷 十 二

11-66(20分) 某可逆反应 A $\Longrightarrow$ B 为基元反应. 在 25℃ 时该反应的平衡常数 $K = 9.25$ ℃ 下进行反应,开始时仅有反应物 A,而在 50 min 时反应物有 2% 作用掉,试问 100 min 时,反应物作用掉百分数是多少?

解 今将不同时间 t 的浓度表示如下:

$$A \underset{k_2}{\overset{k_1}{\rightleftharpoons}} B$$

$$t = 0 \quad 1 \qquad 0$$

$$t \quad 1-x \qquad x$$

式中, x 为反应物在 t 时作用掉的百分数.

故上述可逆反应的速率方程为

$$\frac{dx}{dt} = k_1(1-x) - k_2 x \qquad (1)$$

其积分式为

$$\ln\frac{k_1}{k_1 - (k_1 + k_2)x} = (k_1 + k_2)t \qquad (2)$$

利用平衡常数与速率常数的关系式 $K = \dfrac{k_1}{k_2}$,式(2)可化为

$$\ln \frac{K}{K - (K + 1)x} = k_2(K + 1)t \tag{3}$$

将式(3)分别应用于$(t_1, x_1), (t_2, x_2)$,得

$$\ln \frac{K}{K - (K + 1)x_1} = k_2(K + 1)t_1 \tag{4}$$

$$\ln \frac{K}{K - (K + 1)x_2} = k_2(K + 1)t_2 \tag{5}$$

由式(4)和式(5),得

$$\ln \frac{K}{K - (K + 1)x_2} = \frac{t_2}{t_1}\ln \frac{K}{K - (K + 1)x_2}$$

将$t_1 = 50$ min, $t_2 = 100$ min, $x_1 = 0.02$, $K = 9$ 代入式(6),即可解得 $x_2 = 0.0396$,即 100 min 时反应物作用掉3.96%.

11-67（10 分）　在适当的温度,压力下,氨在铁催化剂作用下分解为氮和氢可以达到平衡.今有人做了下列论述,试加以评价。

$$2NH_3(g)\underset{k_2}{\overset{k_1}{\rightleftharpoons}}N_2(g) + 3H_2(g)$$

$$r_1 = k_1[NH_3]^2, \quad r_2 = k_2[N_2][H_2]^3$$

平衡时 $r_1 = r_2$,即 $k_1[NH_3]^2 = k_2[N_2][H_2]^3$,从而得

$$\frac{[N_2][H_2]^3}{[NH_3]^2} = \frac{k_1}{k_2} = K \tag{1}$$

或

$$NH_3(g)\underset{k'_2}{\overset{k'_1}{\rightleftharpoons}}\frac{1}{2}N_2(g) + \frac{3}{2}H_2(g)$$

$$r_1 = k'_1[NH_3], \quad r_2 = k'_2[N_2]^{1/2}[H_2]^{3/2}$$

平衡时即得

$$\frac{[N_2]^{1/2}[H_2]^{3/2}}{[NH_3]} = \frac{k'_1}{k'_2} = K' \tag{2}$$

解　氨分解平衡可用下面方程式表示:

$$2NH_3(g)\rightleftharpoons N_2(g) + 3H_2(g)$$

其逆向反应是 1 个 N_2 分子与 3 个 H_2 分子的 4 分子反应,故它不是基元反应,根据微观可逆性原理,正向也不为基元反应。

非基元反应的方程式只代表化学变化中反应物与产物之间的计量关系,并不表示反应的历程,不能由方程给出反应速率与浓度的关系即速率方程,这就是说速率方程与化学反应方程并无必然的联系.因此直接写出

$$r_1 = k_1[NH_3]^2, \quad r_2 = k_2[N_2][H_2]^3$$

是无任何根据的.

氨分解平衡也可用下列方程表示

$$NH_3(g) \underset{k'_2}{\overset{k'_1}{\rightleftharpoons}} \frac{1}{2}N_2(g) + \frac{3}{2}H_2(g)$$

类似上面的讨论同样适用。因此不能写出

$$r_1 = k'_1[NH_3], \quad r_2 = k'_2[N_2]^{1/2}[H_2]^{3/2}$$

现在我们可从反面说明上述论证的合理性. 假若能从反应方程可直接写出速率方程, 那就会得出这样的结论, 反应速率方程与反应方程式的写法有关, 这是与实验事实不符的. 一个反应不论用什么方程表示, 其速率方程是不变的. 速率方程由实验或反应历程确定。

由上讨论可知, 题中推引平衡常数的方法也是无依据的. 它不能作为平衡常数存在的科学论证.

11-68（15 分）　某绝热刚性容器中, 含 1 mol CO、0.5 mol O_2, 温度为 300 K, 压力为 1.013×10^5 Pa, 经引燃后迅速完全燃烧. 已知反应

$$CO(g) + \frac{1}{2}O_2(g) \longrightarrow CO_2(g)$$

$$\Delta U_{300\,K} = -2.812 \times 10^2 \text{ kJ}$$

CO_2 的 $C_{V,m} = 20.9 + 0.335\,T$, 容器的质量 m 为 5.0×10^{-2} kg, 其比热容 c 为 2.929 kJ$\cdot$kg^{-1}, 求该体系能达到的最高温度和 CO_2 的压力.

解　因为体系（反应物与容器）恒容绝热, 此为孤立体系. 令体系的最高温度为 T_f, 据能量守恒知化学反应释放的能量（$-\Delta U_{300\,K}$）应等于 CO_2 及容器内能的增加, 即

$$-\Delta U_{300\,K} = \int_{300\,K}^{T_f} C_{V,m}\mathrm{d}T + mc(T_f - 300) - 2.812 \times 10^2 \text{ kJ}$$

$$= \int_{300\,K}^{T_f} (20.9 + 0.335\,T)\mathrm{d}T$$

$$+ 5 \times 10^{-2} \text{ kg} \times 2.929 \text{ kJ} \cdot \text{kg}^{-1} \times (T_f - 300 \text{ K})$$

由此可解得

$$T_f = 1023 \text{ K}$$

设体系中的气体为理想气体, 应用物态方程, 由始态、终态的体积相等即得

$$\frac{(n_{CO} + n_{O_2})RT_i}{p_i} = \frac{n_{CO_2}RT_f}{p_{CO_2}}$$

故

$$p_{CO_2} = \frac{n_{CO_2} T_f p_i}{(n_{CO} + n_{O_2}) T_i} = \frac{1 \times 1023 \text{ K} \times 1.013 \times 10^5 \text{ Pa}}{(1 + 0.5) \times 300 \text{ K}} = 2.303 \times 10^5 \text{ Pa}$$

11-69（15 分） 反应 $C(s) + CO_2(g) = 2CO(g)$ 的标准摩尔吉布斯自由能的改变与温度的关系为

$$\Delta_r G_m^\ominus = (29\ 850 - 13.19 T \lg T + 6.25 \times 10^{-3} T^2) \text{ J·mol}^{-1}$$

求在 101.32 kPa 下,1200 K 时平衡混合气体中 CO 体积分数.

解 设起始时 CO_2 的物质的量为 n_0,CO_2 的平衡转化率为 a,则气相中两物质的量有下列关系:

$$C(s) + CO_2(g) = 2CO(g)$$

开始时	n_0	0
平衡时	$n_0(1-a)$	$2n_0 a$
平衡时摩尔分数	$\dfrac{1-a}{1+a}$	$\dfrac{2a}{1+a}$

$$K_p^\ominus = \frac{\left(\dfrac{2a}{1+a}\right)^2}{\dfrac{1-a}{1+a}} \frac{p}{p^\ominus} = \frac{4a^2}{1-a^2} \frac{p}{p^\ominus}$$

由 $\Delta_r G_m^\ominus = -RT \ln K_p^\ominus$,得

$$\lg K_p^\ominus = -\frac{\Delta_r G_m^\ominus}{2.303 RT}$$

$$= -\frac{1}{2.303 R} \left(\frac{29\ 850}{T} - 13.19 \lg T + 6.25 \times 10^{-3} T\right)$$

在 1200 K 时,$\lg K_p^\ominus = -\dfrac{1}{2.303 \times 8.314 \text{ J·mol}^{-1} \cdot \text{K}^{-1}}$

$$\times \left(\frac{29\ 850}{1200} - 13.19 \lg 1200 + 6.25 \times 1.200\right) \text{ J·mol}^{-1} \cdot \text{K}^{-1}$$

$$= 1.800$$

故

$$K_p^\ominus = \frac{4a^2}{1-a^2} = 63.1$$

因此

$$a = \left(\frac{63.1}{67.1}\right)^{1/2} = 0.97$$

设 CO 与 CO_2 皆为理想气体,则它们的体积分数即为各自的摩尔分数,因此 CO 的体积分数为

$$V\% = x_{CO} = \frac{2a}{1+a} = \frac{2 \times 0.97}{1.97} = 98.5\%$$

11-70（15 分）　一电池反应是

$$Pb + Hg_2Cl_2 \longrightarrow PbCl_2 + 2Hg$$

在 298.2 K 时,此电池的电动势为 0.5357 V,温度升高 1 K,电动势增加 1.45 $\times 10^{-4}$ V.

（a）求 1 mol Pb 溶解时,自此电池最多能得多少功?

（b）求 298.2 K 时反应的 ΔH 为多少?

（c）求 298.2 K 时反应的 ΔS 为多少?

（d）问 1 mol Pb 可逆溶解时,电池吸热多少?

解　（a）可逆电池做功最多,此时

$$W = -\Delta G = nFE = 2 \text{ mol} \times 96\,500 \text{ C·mol}^{-1} \times 0.5357 \text{ V} = 1.034 \times 10^2 \text{ kJ}$$

即自此电池最多能得 1.034×10^2 kJ 的功.

（b）$\Delta H = -nFE + nFT \dfrac{dE}{dT}$

$\qquad = -103.4 \times 10^3 \text{ J} + 2 \text{ mol} \times 96\,500 \text{ C·mol}^{-1} \times 298 \text{ K} \times 1.45 \times 10^{-4} \text{ V·K}^{-1}$

$\qquad = -95.1 \text{ kJ}$

（c）$\Delta S = nF \dfrac{dE}{dT} = 2 \text{ mol} \times 96\,500 \text{ C·mol}^{-1} \times 1.45 \times 10^{-4} \text{ V·K}^{-1}$

$\qquad = 28.0 \text{ J·K}^{-1}$

（d）1 mol Pb 可逆溶解时电池吸的热为

$$Q_R = T\Delta S = 298 \text{ K} \times 28.0 \text{ J·K}^{-1}$$
$$= 8.34 \times 10^3 \text{ J} = 8.34 \text{ kJ}$$

11-71（15 分）　（a）A-B 二元凝聚物系的相图如右图所示.试标明各区域的相态;若物系处于 P 点有 3 kg 重,冷却到 C 点时,若 $ac = 2cb$,问液相为若干千克?

（b）已知 298 K 时,NaCl 水溶液的体积 V 与浓度 m 之间的关系为: $V(\text{cm}^3) = 1003 + 16.62m + 1.77m^{3/2} + 0.12m^2$,式中 m 为质量摩尔浓度,V 为含有 1.00 kg 水的浓度为 m 的溶液的体积.试计算 $m = 1$ 时 NaCl 和水的偏摩尔体积 $V_{2,m}$ 和 $V_{1,m}$.

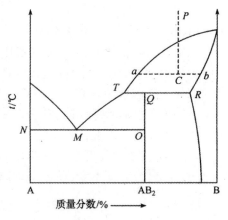

质量分数/%

解　（a）各相区的相态标于下图中.

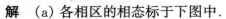

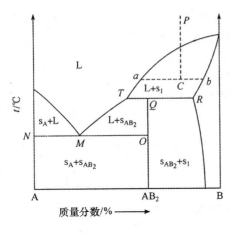

L:液相;S_1:固熔体;S_A:纯固体 A;S_{AB_2} 纯固体 AB_2.NMO 三相线(S_A、L_M、S_{AB_2} 共存)TQR 三相线(L_T、S_{AB_2}、S_1 共存).根据杠杆规则,液相量为

$$W_L = \frac{bc}{ab}W_{总} = \frac{1}{3} \times 3 \text{ kg} = 1 \text{ kg}$$

(b) 由于 V 为含 1 kg 水的溶液的体积,因此

$$V = 1003 + 16.62 n_2 + 1.77 n_2^{3/2} + 0.12 n_2^2$$

(n_2 为 NaCl 的物质的量,mol)

所以

$$V_{2,m} = \left(\frac{\partial V}{\partial n_2}\right)_{T,p,n}$$

$$= 16.62 + \frac{3}{2} \times 1.77 n_2^{1/2} + 0.24 n_2$$

现 $n_2 = 1$,所以

$$V_{2,m} = 16.62 + 2.66 + 0.24 = 19.52 \text{ cm}^3 \cdot \text{mol}^{-1}$$

$$= 1.95 \times 10^{-5} \text{ m}^3 \cdot \text{mol}^{-1}$$

$$V_{1,m} = \frac{V - n_2 V_{2,m}}{n_1}$$

$$= \frac{(1003 + 16.62 + 1.77 + 0.12 - 1 \times 1.95) \times 10^{-5} \text{ m}^3 \cdot \text{mol}^{-1}}{\dfrac{1.00 \text{ kg}}{0.018 \text{ kg} \cdot \text{mol}^{-1}}}$$

$$= 18.35 \times 10^{-5} \text{ m}^3$$

11-72(20 分)　碘化氢分解

$$2HI \longrightarrow H_2 + I_2$$

为二级反应,其活化能为 186.2 $kJ \cdot mol^{-1}$,在 556 K,当 HI 浓度为 1.00 $mol \cdot dm^{-3}$ 时,HI 分子碰撞数为 6.00×10^{31} $cm^{-3} \cdot s^{-1}$,试求:

(a) 每立方厘米每秒钟 HI 分解的分子数.

(b) 反应速率常数.

(c) 上述条件下,反应半寿期.

(d) 若起始浓度不变,使半寿期减少一半的分解温度.

解　(a) $E_c = E_a - \frac{1}{2}RT$

$$= 186.2 \text{ kJ} \cdot \text{mol}^{-1} - \frac{1}{2} \times (8.314 \text{ J} \cdot \text{mol}^{-1} \cdot \text{K}^{-1}) \times (556 \text{ K})$$

$$= 183.9 \text{ kJ} \cdot \text{mol}^{-1}$$

$$r = -\frac{1}{2}\frac{dN_{HI}}{dt} = Z_{AA}\exp\left(-\frac{E_c}{RT}\right)$$

$$\lg(r/\text{cm}^{-3} \cdot \text{s}^{-1}) = \lg(Z_{AA}/\text{cm}^{-3} \cdot \text{s}^{-1}) - \frac{E_c}{2.303RT}$$

$$= \lg(6.00 \times 10^{31}) - \frac{183.9 \times 10^3 \text{ J} \cdot \text{mol}^{-1}}{2.303 \times (8.314 \text{ J} \cdot \text{mol}^{-1} \cdot \text{K}^{-1}) \times (556 \text{ K})}$$

$$= 14.504$$

$$r = 3.19 \times 10^{14} \text{ cm}^{-3} \cdot \text{s}^{-1}$$

所以

$$-\frac{dN_{HI}}{dt} = 2r = 6.38 \times 10^{14} \text{ cm}^{-3} \cdot \text{s}^{-1}$$

此即为每立方厘米每秒钟 HI 分解的分子数.

(b)
$$r' = -\frac{1}{2}\frac{d[HI]}{dt} = -\frac{1}{2}\frac{d\left(\frac{N_{HI}}{L}\right)}{dt} = \frac{r}{L}$$

$$= \frac{3.19 \times 10^{17} \text{dm}^{-3} \cdot \text{s}^{-1}}{6.022 \times 10^{23} \text{ mol}^{-1}} = 5.30 \times 10^{-7} \text{ mol} \cdot \text{dm}^{-3} \cdot \text{s}^{-1}$$

又因为

$$r' = k[HI]^2$$

所以

$$k = \frac{5.30 \times 10^{-7} \text{ mol} \cdot \text{dm}^{-3} \cdot \text{s}^{-1}}{(1.00 \text{ mol} \cdot \text{dm}^{-3})^2} = 5.30 \times 10^{-7} \text{ dm}^3 \cdot \text{mol}^{-1} \cdot \text{s}^{-1}$$

(c)
$$t_{1/2} = \frac{1}{k[HI]}$$

$$= \frac{1}{(5.30 \times 10^{-7} \text{ dm}^3 \cdot \text{mol}^{-1} \cdot \text{s}^{-1}) \times (1.00 \text{ mol} \cdot \text{dm}^{-3})}$$

$$= 1.89 \times 10^6 \text{ s}$$

(d) 在初始浓度相同的条件下,若使 $t_{1/2}$ 减少一半,则

$$\frac{(t_{1/2})_2}{(t_{1/2})_1} = \frac{1}{2} = \frac{k_1}{k_2}$$

又由阿伦尼乌斯公式可得

$$\ln\frac{k_2}{k_1} = \frac{E_a}{2.303R}\left(\frac{1}{T_1} - \frac{1}{T_2}\right)$$

$$\frac{1}{T_2} = \frac{1}{T_1} - \frac{2.303R\lg2}{E_a}$$

$$= \frac{1}{556 \text{ K}} - \frac{2.303 \times (8.314 \text{ J} \cdot \text{mol}^{-1} \cdot \text{K}^{-1}) \times 0.3010}{186.2 \times 10^3 \text{ J} \cdot \text{mol}^{-1}}$$

$$= 1.77 \times 10^{-3} \text{K}^{-1}$$

所以

$$T_2 = 565 \text{ K}$$

试 卷 十 三

11-73（10 分）　萘在其熔点 353.15 K 时的熔化热为 150.62 kJ·kg^{-1},固态萘的密度的 1.145×10^3 kg·m^{-3},而液态萘的密度为 9.81×10^2 kg·m^{-3},试计算出熔点随压力的变化率是多少?

解　每千克萘由固态变为液态时的体积变化为

$$\Delta V = \frac{1 \text{ kg}}{9.81 \times 10^2 \text{ kg} \cdot \text{m}^{-3}} - \frac{1 \text{ kg}}{1.145 \times 10^3 \text{ kg} \cdot \text{m}^{-3}} = 1.46 \times 10^{-4} \text{ m}^3$$

根据克拉贝龙方程得

$$\frac{\text{d}T}{\text{d}p} = \frac{T \Delta V}{\Delta H} = \frac{353.15 \text{ K} \times 1.46 \times 10^{-4} \text{ m}^3}{150.62 \text{ kJ} \cdot \text{kg}^{-1}} = 3.42 \times 10^{-4} \text{ K} \cdot \text{Pa}^{-1}$$

11-74（10 分）　214.15 K 下过冷 CO_2 液体的饱和蒸气压为 4.660×10^5 Pa,同温度下 CO_2 固体的饱和蒸气压为 4.392×10^5 Pa,求 1 mol 过冷 CO_2 液体凝固时体系自由焓的变化.

解　此 ΔG 可通过下列过程求算:

$$CO_2(l, p_1) \xrightarrow{\Delta G} CO_2(s, p_2)$$

$$\downarrow \Delta G_1 \qquad \uparrow \Delta G_3$$

$$CO_2(g, p_1) \xrightarrow{\Delta G_2} CO_2(g, p_2)$$

$$\Delta G = \Delta G_1 + \Delta G_2 + \Delta G_3$$

令 $\Delta G_1 = 0, \Delta G_3 = 0$(恒温、恒压、可逆相变),而

$$\Delta G_2 = \int_{p_1}^{p_2} V_m \text{d}p$$

若设蒸气为理想气体,则

$$\Delta G_2 = RT \ln \frac{p_2}{p_1}$$

$$= 8.314 \text{ J} \cdot \text{mol}^{-1} \cdot \text{K}^{-1} \times (214.15 \text{ K}) \ln \frac{4.392 \times 10^5 \text{ Pa}}{4.660 \times 10^5 \text{ Pa}}$$

$$= -105.4 \text{ J}$$

所以

$$\Delta G = \Delta G_1 + \Delta G_2 + \Delta G_3 = 0 + 105.4 \text{ J} + 0 = 105.4 \text{ J}$$

11-75（15分） 在某铁桶内盛 pH=3.0 的溶液，试讨论铁桶被腐蚀的情况.

解 一般以 $a_{Fe^{2+}} > 10^{-6}$ 作为被腐蚀的标准，在这种情况下

$$\varphi_{Fe^{2+},Fe} = \varphi^{\ominus}_{Fe^{2+},Fe} + \frac{RT}{2F}\ln a_{Fe^{2+}}$$

$$= \left(-0.440 + \frac{RT}{2F}\ln 10^{-6}\right)V$$

$$= -0.617 \text{ V}$$

在 pH=3.0 时

$$\varphi_{H^+,H_2} = -\frac{RT}{F}\ln\frac{1}{a_{H^+}} = (-0.059pH)V$$

$$= (-0.059 \times 3.0)V = -0.177V$$

$\varphi_{Fe^{2+},Fe}$ 比 φ_{H^+,H_2} 小，形成的原电池中 Fe 为阳极而氧化成 Fe^{2+}，铁是会被腐蚀的，在阴极上将有 H_2 气析出. 若有氧气存在，会发生如下反应，

$$O_2(g) + 4H^+(a_{H^+}) + 4e^- \longrightarrow 2H_2O$$

$$\varphi_{O_2,H_2O,H^+} = \varphi^{\ominus}_{O_2,H_2O,H^+} + \frac{RT}{4F}\ln a_{O_2}a_{H^+}^4$$

$\varphi^{\ominus}_{O_2,H_2O,H^+} = 1.229V, a_{O_2} \approx 0.21$，显然 φ_{O_2,H_2O,H^+} 比 φ_{H^+,H_2} 大，与 $\varphi_{Fe^{2+},Fe}$ 组成电池的电动势也大，所以这时铁桶被腐蚀得更快.

11-76（15分） 已知在 1823 K 和 $p^{\ominus}$ 时 CO_2 的离解度为 0.4%，求反应：

$$CO(g) + \frac{1}{2}O_2(g) = CO_2(g) \tag{1}$$

在该温度时的标准自由焓变 $\Delta_r G^{\ominus}_{m,1}$

解 设起始时，体系中只有 1 mol CO_2，则各物质有关物理量间有如下关系：

$$CO_2(g) = CO(g) + \frac{1}{2}O_2(g) \tag{2}$$

起始时	1	0	0
平衡时	$1-\alpha$	α	$\frac{1}{2}\alpha$
平衡分压	$\dfrac{1-\alpha}{1+\frac{1}{2}\alpha}p$	$\dfrac{\alpha}{1+\frac{1}{2}\alpha}p$	$\dfrac{\frac{1}{2}\alpha}{1+\frac{1}{2}\alpha}p$

其中 $1+\frac{1}{2}\alpha$ 为平衡时体系总的物质数量. 因此

$$K_p^{\ominus} = \frac{p_{\text{CO}} \times (p_{\text{O}_2})^{1/2}}{p_{\text{CO}_2}} = \frac{\alpha}{1-\alpha}\sqrt{\frac{\alpha}{2+\alpha}p}$$

将 $\alpha = 0.004, p = p^{\ominus}$ 代入上式,得

$$K_p^{\ominus} = 1.8 \times 10^{-4}$$

故式(2)的标准自由焓变为

$$\Delta G_2^{\ominus} = -RT\ln K_p^{\ominus} = -8.314\ \text{J}\cdot\text{mol}^{-1}\cdot\text{K}^{-1} \times (1823\ \text{K})\ \ln 1.8 \times 10^{-4}$$

$$= 1.31 \times 10^2\ \text{kJ}\cdot\text{mol}^{-1}$$

因而所求式(1)的标准自由焓变为

$$\Delta_r G_{m,1}^{\ominus} = -\Delta_r G_{m,2}^{\ominus} = -1.31 \times 10^2\ \text{kJ}\cdot\text{mol}^{-1}$$

11-77（20分）　H_2O_2 在水溶液中分解反应如下:

$$H_2O_2 \longrightarrow H_2O + \frac{1}{2}O_2 \tag{1}$$

当以 KI 为催化剂时,此分解反应分以下两步进行:

第一步　　　　　$H_2O_2 + KI \longrightarrow KIO + H_2O$ 　　　　(2)

第二步　　　　　$KIO \longrightarrow \frac{1}{2}O_2 + KI$ 　　　　　　(3)

第一步比第二步慢得多.

温度、压力一定,分解反应产生的氧气体积在 t 时为 V,反应终了时为 V_∞,试证明

$$k = \frac{2.303}{t}\lg\frac{V_\infty}{V_\infty - V} \qquad [k\ \text{为式(1)的速率常数}]$$

解　因为反应式(2)为决速步,决定总反应的速率.

$$-\frac{dc_{\text{H}_2\text{O}_2}}{dt} = k' c_{\text{H}_2\text{O}_2} c_{\text{KI}}$$

KI 是催化剂,在反应进程中其浓度为常数,并令

$$k = k' c_{\text{KI}}$$

$$-\frac{dc_{\text{H}_2\text{O}_2}}{dt} = k c_{\text{H}_2\text{O}_2}$$

积分上式,得

$$\ln\frac{c_{\text{H}_2\text{O}_2}^0}{c_{\text{H}_2\text{O}_2}} = kt \tag{4}$$

令 $t = 0$ 时

$$c_{\text{H}_2\text{O}_2}^0 = \frac{n_0}{V_l}$$

$t = t$ 时

$$c_{H_2O_2} = \frac{n_0 - n}{V_1} \qquad (V_1 \text{ 为溶液体积})$$

代入式(4),得

$$\ln \frac{n_0}{n_0 - n} = kt$$

$$k = \frac{2.303}{t} \lg \frac{n_0}{n_0 - n} \tag{5}$$

因

| | H_2O | $\longrightarrow$ | H_2O | $+$ | $\frac{1}{2} O_2$ |

$$
\begin{array}{cccc}
\text{因} & H_2O_2 \longrightarrow & H_2O & + & \frac{1}{2} O_2 \\
t = 0 & n_0 & 0 & & 0 \\
t = t & n_0 - n & n & & \frac{1}{2} n \\
t = \infty & 0 & n_\infty = n_0 & & \frac{1}{2} n_\infty = \frac{1}{2} n_0
\end{array}
$$

设氧气为理想气体,$pV = nRT$,当 p, T 一定时,$n \propto V$,所以

$$\frac{n}{n_0} = \frac{V}{V_\infty}$$

代入式(5),有

$$k = \frac{2.303}{t} \lg \frac{n_0}{n_0 - n} = \frac{2.303}{t} \lg \frac{V_\infty}{V_\infty - V}$$

11-78（15 分）　有一反应 $mA \longrightarrow nB$ 是一个简单反应,其动力学方程为 $-\dfrac{dc_A}{dt} = kc_A^m$,$c_A$ 的单位是 $mol \cdot dm^3$,问

(a) k 的单位是什么?

(b) 写出以 $\dfrac{dc_B}{dt}$ 表达反应速率的动力学方程及其和上述方程间的关系.

(c) 分别写出当 $m = 0$、$m = 1$ 和 $m \neq 1$ 时,k 的积分表达式.

解　(a)若时间的单位用 s,则 k 的单位是 $s^{-1} \cdot dm^{3(m-1)} \cdot mol^{(1-m)}$

(b)
$$\frac{1}{n} \frac{dc_B}{dt} = -\frac{1}{m} \frac{dc_A}{dt} = \frac{k}{m} c_A^m = k' c_A^m$$

(c)
$$m = 0, \quad -dc_A = kdt, \quad k = \frac{1}{t}(c_A^0 - c_A)$$

$$m = 1, \quad -\frac{dc_A}{c_A} = kdt, \quad k = \frac{1}{t} \ln \frac{c_A^0}{c_A}$$

$$m = \neq 1, \qquad -\frac{\mathrm{d}c_A}{c_A^m} = k\mathrm{d}t$$

$$\frac{1}{m-1}(c^{1-m} - c_0^{1-m}) = kt$$

或

$$k = -\frac{1}{t(m-1)}(c^{1-m} - c_0^{1-m})$$

11-79（15 分）　求 298.15 K 时,下列电池的电动势和此反应的自由焓变 ΔG.

$$Zn \mid Zn^{2+}(a = 0.1 \ mol \cdot dm^{-3}) \parallel Cu^{2+}(a = 0.01 \ mol \cdot dm^{-3}) \mid Cu$$

已知标准电极电势 　　　　$\varphi_{Zn^{2+}/Zn}^{\ominus} = -0.763 \ V$

$$\varphi_{Cu^{2+}/Cu}^{\ominus} = 0.337 \ V$$

解　此电池的电池反应为

$$Zn + Cu^{2+} =\!\!=\!\!= Cu + Zn^{2+}$$

$$E^{\ominus} = \varphi_{Cu^{2+}/Cu}^{\ominus} - \varphi_{Zn^{2+}/Zn}^{\ominus} = 0.337 \ V - (-0.763) \ V = 1.10 \ V$$

$$E = E^{\ominus} - \frac{RT}{2F} \ln \frac{a_{Zn^{2+}}}{a_{Cu^{2+}}}$$

$$= 1.10 \ V - \frac{8.314 \ J \cdot mol^{-1} \cdot K^{-1} \times 298.15 \ K}{2 \times 96\,500 \ C \cdot mol^{-1}} \times \ln \frac{0.1 \ mol \cdot dm^{-3}}{0.01 \ mol \cdot dm^{-3}}$$

$$= 1.07 \ V$$

$$\Delta G = -nEF = -2 \times 1.07 \ V \times 96\,500 \ C \cdot mol^{-1} = -206.59 \ kJ$$

试 卷 十 四

11-80（10 分）　指出下列各过程中 ΔU、ΔH、ΔS、ΔF 和 ΔG 何者为零?

(a) 理想气体的卡诺循环.

(b) H_2 和 O_2 在绝热恒容的容器中发生化学反应.

(c) 非理想气体的节流膨胀.

(d) 液态水在 373 K 及 $p^{\ominus}$ 压力下蒸发.

解　(a) ΔU、ΔH、ΔS、ΔF、ΔG 皆等于零.

(b) $\Delta U = 0$.

(c) $\Delta H = 0$.

(d) $\Delta G = 0$.

11-81（15 分）　试证明:

(a) $\left(\dfrac{\partial U}{\partial V}\right)_p = C_p \left(\dfrac{\partial T}{\partial V}\right)_p - p$

(b) $\left(\dfrac{\partial U}{\partial p}\right)_V = C_V \left(\dfrac{\partial T}{\partial p}\right)_V$

并证明对 1 mol 理想气体来说,

$$\left(\frac{\partial U}{\partial V}\right)_p = \frac{C_V p}{R}, \qquad \left(\frac{\partial U}{\partial p}\right)_V = \frac{C_V V}{R}$$

证 (a) 由定义式 $H \equiv U + pV$ 得

$$U = H - pV$$

则

$$\left(\frac{\partial U}{\partial V}\right)_p = \left(\frac{\partial H}{\partial V}\right)_p - p = \left(\frac{\partial H}{\partial T}\right)_p \left(\frac{\partial T}{\partial V}\right)_p - p = C_p \left(\frac{\partial T}{\partial V}\right)_p - p \qquad (1)$$

(b)

$$\left(\frac{\partial U}{\partial p}\right)_V = \left(\frac{\partial U}{\partial T}\right)_V \left(\frac{\partial T}{\partial p}\right)_V = C_V \left(\frac{\partial T}{\partial p}\right)_V \qquad (2)$$

对 1 mol 理想气体, $pV = RT$, 可得

$$\left(\frac{\partial T}{\partial V}\right)_p = \frac{p}{R}, \quad \left(\frac{\partial T}{\partial p}\right)_V = \frac{V}{R}$$

将它们分别代入式(1)、式(2),得

$$\left(\frac{\partial U}{\partial V}\right)_p = C_p \left(\frac{p}{R}\right) - p = (C_V + R)\frac{p}{R} - p = C_V \frac{p}{R}$$

$$\left(\frac{\partial U}{\partial p}\right)_V = C_V \left(\frac{\partial T}{\partial p}\right)_V = C_V \frac{V}{R}$$

11-82(15 分) 试回答下列问题,并解释为什么?

(a) 当等体积的 $0.08\ \mathrm{mol\ dm^{-3}}$ KI 和 $0.1\ \mathrm{mol \cdot dm^{-3}}$ $AgNO_3$ 溶液制备 AgI 溶胶时,下述电解质的聚沉能力的强弱顺序如何?

$$CaCl_2; \quad NaCN; \quad Na_2SO_4; \quad MgSO_4$$

(b) 如果在一玻璃弯管两端有两个大小不同的肥皂泡,当开启玻璃活塞,使两肥皂泡相通时,试问将是大泡变大,小泡变小呢? 还是大泡变小,小泡变大?

解 (a) 由于 Ag^+ 过量,溶胶荷正电. 则此时阴离子价数越高,聚沉能力越强; 阳离子价数越高,聚沉能力越弱. 因此题给各电解质聚沉能力的顺序为 $Na_2SO_4 >$ $MgSO_4 > NaCN > CaCl_2$.

(b) 令大小泡的半径及其内的压力分别为 r_1、r_2 及 p_1、p_2. 根据拉普拉斯公式,则

$$r_1 = \frac{4\sigma}{p_1 - p_外}, \qquad r_2 = \frac{4\sigma}{p_2 - p_外}$$

式中: $p_外$ 为泡外的压力; σ 为肥皂膜的表面张力.

因为 $r_1 > r_2$，所以

$$\frac{4\sigma}{p_1 - p_外} > \frac{4\sigma}{p_2 - p_外}$$

由此可得 $p_2 > p_1$，即小泡内的压力大于大泡内的压力.

当活塞打开时，小泡中的空气将流入大泡，从而使大泡变大，小泡变小.

11-83（20 分）　已知反应 $H_2(p^\ominus) + Ag_2O(s) =\!=\!= 2Ag(s) + H_2O(l)$ 在 298 K 时的恒容热效应 $Q_V = -252.79 \text{ kJ·mol}^{-1}$，将该反应设计成可逆电池，测得其电动势的温度系数为 $-5.044 \times 10^{-4} \text{ V·K}^{-1}$，试根据所给的数据计算电极 $OH^-(aq) |$ $Ag_2O + Ag(s)$ 的标准还原电极电势？（已知 298 K 时 $K_w = 1 \times 10^{-14}$）

解　所设计的电池为

$$Pt, H_2(p^\ominus) | OH^-(aq) | Ag_2O(s) + Ag(s)$$

负极　　　　　$H_2(p^\ominus) + 2OH^-(aq) - 2e^- \longrightarrow 2H_2O(l)$

正极　　　　　$Ag_2O(s) + H_2O(l) + 2e^- \longrightarrow 2Ag(s) + 2OH^-(aq)$

电池反应　　　　$H_2(p^\ominus) + Ag_2O(s) =\!=\!= 2Ag(s) + H_2O(l)$

$$\Delta_r H_m = Q_p = Q_V + \sum v_i RT = Q_V - RT$$

$$= -252.79 \text{ kJ·mol}^{-1} - 8.314 \times 298 \times 10^{-3} \text{ kJ·mol}^{-1}$$

$$= -255.26 \text{ kJ·mol}^{-1}$$

$$\Delta_r S_m = zF\left(\frac{\partial E}{\partial T}\right)_p = 2 \times 96\,500 \text{ C·mol}^{-1} \times (-5.044 \times 10^{-4} \text{ V·K}^{-1})$$

$$= -97.35 \text{ J·mol}^{-1}·K^{-1}$$

$$\Delta_r G_m = \Delta_r H_m - T\Delta_r S_m = -226.25 \text{ kJ·mol}^{-1}$$

$$E = \frac{-\Delta_r G_m}{ZF} = \frac{226\,250 \text{ J·mol}^{-1}}{2 \times 96\,500 \text{ C·mol}^{-1}} = 1.1723 \text{ V}$$

$$E^\ominus = E = \varphi^\ominus_{Ag_2O,Ag,OH^-} - \varphi^\ominus_{H_2O,H_2,OH^-} = 1.1723 \text{ V}$$

为求 $\varphi^\ominus_{H_2O,H_2,OH^-}$，根据已知的 K_w 设计如下电池：

$$Pt, H_2(p^\ominus) | H^+(a_{H^+}) \| OH^-(a_{OH^-}) | H_2(p^\ominus), Pt$$

电池反应为

$$H_2O =\!=\!= H^+(a_{H^+}) + OH^-(a_{OH^-})$$

$$E^\ominus = \varphi^\ominus_{H_2O,H_2,OH^-} - 0 = \frac{RT\ln K_w}{F}$$

$$= \frac{8.314 \times 298 \times \ln 10^{-14}}{96\,500} \text{ V} = -0.8276 \text{ V}$$

所以

$$\varphi^{\ominus}_{Ag_2O,Ag,OH^-} = 1.1723\ V + (-0.8276)\ V = 0.3446\ V$$

11-84（20 分） 要从某溶液中析出锌直到溶液中 Zn^{2+} 的浓度不超过 $10^{-4}\ mol \cdot kg^{-1}$，同时在析出 Zn 的过程中不会有 H_2 逸出，求算溶液的 pH 至少应为若干？设已知在 Zn 阴极 H_2 开始逸出超电势为 $\eta_{H_2} = 0.72\ V$（可设 η_{H_2} 与溶液中电解质的浓度无关），$\varphi^{\ominus}_{Zn^{2+},Zn} = -0.763\ V$.

解 阴极反应 $\qquad\qquad Zn^{2+} + 2e^- \longrightarrow Zn$

$$\varphi_{Zn^{2+},Zn} = \varphi^{\ominus}_{Zn^{2+},Zn} - \frac{RT}{2F}\ln\frac{1}{a_{Zn^{2+}}}$$

$$= -0.763\ V + \frac{8.314\ J \cdot mol^{-1} \cdot K^{-1} \times 298.15\ K}{2 \times 96\ 500\ C \cdot mol^{-1}}\ln 10^{-4}$$

$$= -0.881\ V$$

若有 H_2 逸出时

$$\varphi_{Zn^{2+},Zn} = \varphi_{H^+,H_2} + \eta_{H_2} = \left(\varphi^{\ominus}_{H^+,H_2} - \frac{RT}{F}\ln\frac{p_{H_2}}{a_{H^+}}\right) + \eta_{H_2}$$

即

$$-0.881 = 0 + \frac{8.314\ J \cdot mol^{-1} \cdot K^{-1} \times 298.15\ K}{96\ 500\ C \cdot mol^{-1}}\ln a_{H^+} - 0.72$$

$$-0.161 = 0.026\ \ln a_{H^+} = -2.303 \times 0.026\ pH$$

$$pH = 2.7$$

故溶液 pH 大于 2.7 才不会有氢气逸出.

11-85（20 分） 盐 MA 及其水合物 MA·3H₂O 的溶度图如下，

（a）标明 1~8 各相区的相态.

（b）叙述组成为 P 的溶液，在 313 K 时等温蒸发至干的相变化过程.

（c）若把组成为 P 的溶液，一直冷到完全固化，叙述其相变化.

（d）用相律分析 Q 点的自由度.

解 （a）

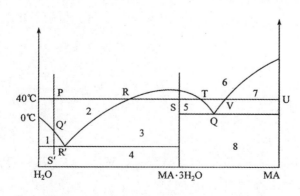

相区 1　　$H_2O(s)$ + 溶液

相区 2　　溶液

相区 3　　$MA·3H_2O(s)$ + 溶液

相区 4　　$H_2O(s)$ + $MA·3H_2O(s)$

相区 5　　$MA·3H_2O(s)$ + 溶液

相区 6　　溶液

相区 7　　$MA(s)$ + 溶液

相区 8　　$MA·3H_2O(s)$ + $MA(s)$

(b) 组成为 P 的溶液,在 40 ℃时等温蒸发,当由 P 至 R 时,出现 $MA·3H_2O$ (s).由 R 至 S 为 $MA·3H_2O(s)$ 和溶液两相平衡区,到 S 完全变为 $MA·3H_2O(s)$.在 S 至 T 区,$MA·3H_2O(s)$ 又逐渐溶解,到 T 后 $MA·3H_2O(s)$ 完全溶解,至 V 析出 $MA(s)$,由 V 至 U 区为 $MA(s)$ 和溶液两相平衡区,至 U 则完全蒸干成 $MA(s)$.

(c) 若把组成为 P 的溶液,一直冷却到完全固化,其相变过程为:当由 P 冷却至 Q′,出现冰,由 Q′R′区为冰与溶液两相平衡,到 R′为冰 + $MA·3H_2O(s)$ + 溶液三相呈平衡,至 S′为冰和 $MA·3H_2O(s)$ 呈平衡.

(d) $f = K - \Phi + 1 = 2 - 3 + 1 = 0$.

试 卷 十 五

11-86（10 分）　如图,n mol 理想气体从 $p_1 V_1$ 状态等温膨胀到 V_2,再等压冷却到 V_1,然后等容加热到原状态($p_1 V_1$),试根据这个循环,求 C_p 与 C_V 的关系.

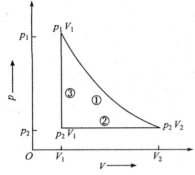

解　该循环由过程①+②+③构成,而

$$\Delta H_1 = 0$$

$$\Delta H_2 = \int_{T_2}^{T_1} C_p dT$$

$$\Delta H_3 = \int_{T_2}^{T_1} C_V dT + (p_1 V_1 - p_2 V_1)$$

因 H 是状态函数,则 $\Delta H_1 + \Delta H_2 + \Delta H_3 = 0$,即

$$\int_{T_1}^{T_2} C_p dT + \int_{T_2}^{T_1} C_V dT + (p_1 V_1 - p_2 V_1) = 0$$

或

$$\int_{T_1}^{T_2} (C_p - C_V) dT = p_2 V_1 - p_1 V_1 = nR(T_2 - T_1)$$

假定 C_p、C_V 为常数,

$$(C_p - C_V)(T_2 - T_1) = nR(T_2 - T_1)$$
$$C_p - C_V = nR$$

11-87 (20 分)有一绝热体系,中间隔板为导热壁,右边容积为左边容积的 2 倍(见下图),已知气体的 $C_{V,m} = 28.03 \text{ J} \cdot \text{mol}^{-1}$. 试求:

(a) 不抽掉隔板达平衡后的 ΔS.

(b) 抽去隔板达平衡后的 ΔS.

解 (a) 不抽掉隔板最后达热平衡,平衡后的温度为 T. 设左边为室 1. 右边为室 2:

$$n_{O_2} C_{V,m}(T - T_1) = n_{N_2} C_{V,m}(T_2 - T)$$

$$1 \text{ mol}(T - 283 \text{ K}) = 2 \text{ mol}(298 \text{ K} - T)$$

$$T = 293 \text{ K}$$

$$\Delta S = n_{O_2} C_{V,m}\ln\frac{T}{T_1} + n_{N_2} C_{V,m}\ln\frac{T}{T_2}$$

$$= 1 \text{ mol}(28.03 \text{ J} \cdot \text{mol}^{-1})\ln\frac{293 \text{ K}}{283 \text{ K}} + 2 \text{ mol}(28.03 \text{ J} \cdot \text{mol}^{-1})\ln\frac{293 \text{ K}}{298 \text{ K}}$$

$$= 0.0248 \text{ J} \cdot \text{K}^{-1}$$

(b) 抽去隔板后的熵变有两部分组成:一部分为上述热熵变化,另一部分为等温混合熵变.

$$\Delta S_1 = 0.0248 \text{ J} \cdot \text{K}^{-1}$$

$$\Delta S_2 = n_{O_2} R\ln\frac{3V}{V} + n_{N_2} R\ln\frac{3V}{2V}$$

$$= (1 \text{ mol}) \times (8.314 \text{ J} \cdot \text{mol}^{-1} \cdot \text{K}^{-1})\ln 3$$

$$+ (2 \text{ mol}) \times (8.314 \text{ J} \cdot \text{mol}^{-1} \cdot \text{K}^{-1})\ln\frac{3}{2}$$

$$= 15.88 \text{ J} \cdot \text{K}^{-1}$$

$$\Delta S = \Delta S_1 + \Delta S_2 = 15.91 \text{ J} \cdot \text{K}^{-1}$$

11-88 (25 分) 在 773 K 并有催化剂存在时,反应 $CO + 2H_2 \Longrightarrow CH_3OH$ 迅即达平衡. 若以 1 mol CO 和 2 mol H_2 开始进行反应,能生成 0.1 mol CH_3OH,则该反应就具有工业价值. 试据此计算体系的压力需为若干? 已知 $CO(g)$ 和 $CH_3OH(g)$ 的标准生成热 $\Delta H_{f,298 \text{ K}}^{\ominus}$ 分别为 $-110.54 \text{ kJ} \cdot \text{mol}^{-1}$ 和 $-201.17 \text{ kJ} \cdot \text{mol}^{-1}$,标准生成自由焓 $\Delta G_{f,298 \text{ K}}^{\ominus}$ 分别为 $-137.28 \text{ kJ} \cdot \text{mol}^{-1}$ 和 $-161.88 \text{ kJ} \cdot \text{mol}^{-1}$.

解 由已知条件可得此反应的标准反应热及标准自由焓变分别为

$$\Delta H_{298 \text{ K}}^{\ominus} = \Delta H_{f,298 \text{ K}}^{\ominus}(CH_3OH) - \Delta H_{f,298 \text{ K}}^{\ominus}(CO) - 2\Delta H_{f,298 \text{ K}}^{\ominus}(H_2)$$

$$= 1\text{mol} \times (-201.17 \text{ kJ} \cdot \text{mol}^{-1}) - (-110.54 \text{ kJ} \cdot \text{mol}^{-1}) \times 1\text{mol} - 2 \times 0$$

$$= -90.63 \text{ kJ}$$

$$\Delta G^{\ominus}_{298 \text{ K}} = \Delta G^{\ominus}_{f,298 \text{ K}}(\text{CH}_3\text{OH}) - \Delta G^{\ominus}_{f,298 \text{ K}}(\text{CO}) - 2\Delta G^{\ominus}_{f,298 \text{ K}}(\text{H}_2)$$

$$= 1\text{mol} \times (-161.88 \text{ kJ} \cdot \text{mol}^{-1}) - (-137.28 \text{ kJ} \cdot \text{mol}^{-1}) \times 1\text{mol} - 2 \times 0$$

$$= -24.60 \text{ kJ}$$

设在 298~773 K 范围内,该反应的 $\Delta H^{\ominus}$ 为常数,则

$$\lg K_p(773 \text{ K}) = \lg K_p(298 \text{ K}) + \frac{1}{2.303R}\int_{298 \text{ K}}^{773 \text{ K}} \frac{\Delta H^{\ominus}}{T^2} dT$$

$$= -\frac{\Delta G^{\ominus}_{298 \text{ K}}}{2.303 \times 298 \text{ K} \times 8.314 \text{ J} \cdot \text{mol}^{-1} \cdot \text{K}^{-1}}$$

$$+ \frac{\Delta H^{\ominus}_{298 \text{ K}}}{2.303 \times 8.314 \text{ J} \cdot \text{mol}^{-1} \cdot \text{K}^{-1}}\left(\frac{1}{298 \text{ K}} - \frac{1}{773 \text{ K}}\right)$$

$$= -5.44$$

而

$$K_p = \frac{x_{\text{CH}_3\text{OH}}}{x_{\text{CO}} x_{\text{H}_2}^2} p^{-2}$$

则欲使该反应在 773 K 时具有工业价值,压力至少应为

$$p = \left(\frac{x_{\text{CH}_3\text{OH}}}{x_{\text{CO}} x_{\text{H}_2}^2 K_p}\right)^{1/2}$$

$$\lg p = \frac{1}{2}(\lg 0.1 - \lg 0.9 - 2\lg 1.8 + 2\lg 2.8 - \lg K_p) = 2.43$$

$$p = 2.7 \times 10^2 p^{\ominus}$$

11-89 (25 分)　298.15 K 时下列电池的电动势 $E_1 = 0.372$ V

$$\text{Cu} | \text{Cu(Ac)}_2(0.1\text{m}) | \text{AgAc(s)} | \text{Ag}$$

(a) 写出电极反应及电池反应.

(b) 计算该电池反应的 ΔU、ΔH 和 ΔS.

(c) 计算 AgAc 的溶度积.

已知 $\text{Ag}^+ | \text{Ag}$, $\varphi^{\ominus}_{298 \text{ K}} = 0.800$ V, $\text{Cu}^{2+} | \text{Cu}$, $\varphi^{\ominus}_{298 \text{ K}} = 0.337$ V;上述电池在 308.15 K 时 $E_2 = 0.374$ V.

解　(a) 左极　　　　　　$\text{Cu} \longrightarrow \text{Cu}^{2+} + 2\text{e}^-$

　　　　　　右极　　　$\text{AgAc} + \text{e}^- \longrightarrow \text{Ag} + \text{Ac}^-$

电池反应　　　　$\text{Cu} + 2\text{AgAc} \longrightarrow 2\text{Ag} + \text{Cu(Ac)}_2$

(b)　$$\frac{dE}{dT} \approx \frac{(0.374 - 0.372) \text{ V}}{10 \text{ K}} = 2 \times 10^{-4} \text{ V} \cdot \text{K}^{-1}$$

$$\Delta S = 2F \frac{dE}{dT} \simeq 2 \times 96\,500 \times 2 \times 10^{-4} = 39 \text{ J} \cdot \text{K}^{-1}$$

$$\Delta H = \Delta G + T\Delta S = 2F\left(T \frac{dE}{dT} - E_1\right)$$

$$\approx 2 \times 96\,500 \text{ C} \cdot \text{mol}^{-1} \times (298 \text{ K} \times 2 \times 10^{-4} \text{ V} \cdot \text{K}^{-1} - 0.372 \text{ V})$$

$$= -60 \text{ kJ}$$

$$\Delta U = \Delta H - \Delta(PV) \simeq \Delta H = -60 \text{ kJ}$$

(c) 上述电池电动势的能斯特公式为

$$E = E^{\ominus} - \frac{RT}{2F} \ln a_{Cu(Ac)_2}$$

设 $Cu(Ac)_2$ 溶液的平均离子活度系数为 1,则

$$\varphi_{Ac^- |AgAc| Ag}^{\ominus} = \varphi_1 + \varphi_{Cu^{2+}|Cu}^{\ominus} + \frac{RT}{2F} \ln 4\left(\frac{m}{m^{\ominus}}\right)^3$$

$$= 0.372 \text{ V} + 0.337 \text{ V} + \frac{8.314 \text{ J} \cdot \text{mol}^{-1} \cdot \text{K}^{-1} \times 298 \text{ K}}{2 \times 96\,500 \text{ C} \cdot \text{mol}^{-1}} \ln 4 \times 10^{-3}$$

$$= 0.638 \text{ V}$$

因而,AgAc 的 K_{sp} 可由电池 $Ag|Ag^+ \parallel Ac^-|AgAc|Ag$ 的标准电动势 $E^{\ominus}$ 求算如下:

$$FE^{\ominus} = -\Delta G^{\ominus} = RT\ln K_{sp}$$

$$\lg K_{sp} = \frac{FE^{\ominus}}{RT} = \frac{96\,500 \text{ C} \cdot \text{mol}^{-1} \times (0.638 - 0.800) \text{ V}}{8.314 \text{ J} \cdot \text{mol}^{-1} \cdot \text{K}^{-1} \times 298 \text{ K}} = -6.31$$

$$K_{ap} = 4.9 \times 10^{-7}$$

$$(\text{因为 } \gamma_{\pm} = 1, K_{sp} = K_{ap})$$

11-90(20 分)　设物质 A 可发生两个平行的一级反应,

$$① \text{ A} \xrightarrow{k_a} \text{B} + \text{C}; \qquad ② \text{ A} \xrightarrow{k_b} \text{D} + \text{E}$$

B 和 C 是需要的产品,而 D 和 E 是不需要的.设两个反应的频率因子相等且与温度无关,而反应①的活化能大于反应②的活化能.

(a) 试在同一张图中画出 $\lg k - \frac{1}{T}$ 的示意图.

(b) 试问反应①和反应②相比较,哪个速率为大?

(c) 升高温度对那个反应更为有利?

解　(a) 根据比速与温度的关系式:

$$\lg k = -\frac{E_a}{2.303RT} + \lg A \tag{1}$$

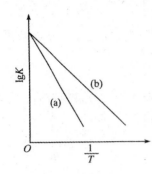

知,当 E_a、A 与温度无关时,$\lg k\text{-}\dfrac{1}{T}$ 图为一直线,而且活化能 E_a 大者其斜率的绝对值要大.因此,反应①及反应②的 $\lg k\text{-}\dfrac{1}{T}$ 图如左图所示.

(b) 指前因子相同的两平行一级反应,由式(1)知活化能小者 k 就大,因而反应速率就快,故反应②的反应速率比反应①的大.

(c) 当指前因子 A 与温度无关时,根据 $\dfrac{\mathrm{d}\ln k}{\mathrm{d}T}=\dfrac{E_a}{RT^2}$ 知,在同温下的两个活化能不同的反应,升高温度对活化能大的 k 的增加要大.因此,升高温度对反应①更为有利.

试卷十六

11-91 (25 分)　(a) 已知 $\mathrm{d}F = -S\mathrm{d}T - p\mathrm{d}V$

求　　　　　$\left(\dfrac{\partial F}{\partial T}\right)_V = ?$　　　　　$\left(\dfrac{\partial F}{\partial V}\right)_T = ?$

$$\left[\dfrac{\partial\left(\dfrac{F}{T}\right)}{\partial T}\right]_V = ?　　　　　\left(\dfrac{\partial S}{\partial V}\right)_T = ?$$

(b) 已知在 298.15 K,乙炔(g)的燃烧热为 $-1.297\times10^3\ \mathrm{kJ\cdot mol^{-1}}$,苯(g)的燃烧热为 $-3.343\times10^3\ \mathrm{kJ\cdot mol^{-1}}$,在 298.15 K 的标准熵分别为:$S^{\ominus}_{\mathrm{C_6H_6}} = 270.0\ \mathrm{J\cdot mol^{-1}\cdot K^{-1}}$,$S^{\ominus}_{\mathrm{C_2H_2}} = 201.01\ \mathrm{J\cdot mol^{-1}\cdot K^{-1}}$,若不考虑反应热随温度的变化,计算在 698.15 K 由乙炔生成苯的平衡常数.

解　(a) 据状态函数是全微分的性质,则

$$\left(\dfrac{\partial F}{\partial T}\right)_V = -S,\quad \left(\dfrac{\partial F}{\partial V}\right)_T = -p,\quad \left(\dfrac{\partial S}{\partial V}\right)_T = \left(\dfrac{\partial p}{\partial T}\right)_V$$

$$\left[\dfrac{\partial\left(\dfrac{F}{T}\right)}{\partial T}\right]_V = -\dfrac{F}{T^2}+\dfrac{1}{T}\left(\dfrac{\partial F}{\partial T}\right)_V = -\dfrac{F}{T^2}-\dfrac{S}{T} = -\dfrac{F+TS}{T^2} = -\dfrac{U}{T^2}$$

(b) 已知

$$\mathrm{C_2H_2(g)} + \dfrac{5}{2}\mathrm{O_2(g)} \longrightarrow 2\mathrm{CO_2(g)} + \mathrm{H_2O(l)} \tag{1}$$

$$\Delta H^{\ominus}_1 = -1.297\times10^3\ \mathrm{kJ}$$

$$C_6H_6(g) + \frac{15}{2}O_2(g) \longrightarrow 6CO_2(g) + 3H_2O(l) \qquad (2)$$

$$\Delta H_2^{\ominus} = -3.343 \times 10^3 \text{ kJ}$$

$3 \times$ 式(1) $-$ 式(2),得

$$3C_2H_2(g) \longrightarrow C_6H_6(g)$$

$$\Delta H^{\ominus} = 3\Delta H_1^{\ominus} - \Delta H_2^{\ominus} = 3 \times (-1.297 \times 10^3 \text{ kJ}) - (-3.343 \times 10^3 \text{ kJ})$$

$$= -5.48 \times 10^2 \text{ kJ}$$

$$\Delta S^{\ominus} = S_{C_6H_6}^{\ominus} - 3S_{C_2H_2}^{\ominus} = (270.0 - 3 \times 201.01) \text{J} \cdot \text{K}^{-1}$$

$$= -3.33 \times 10^2 \text{ J} \cdot \text{K}^{-1}$$

$$\Delta G^{\ominus} = \Delta H^{\ominus} - T\Delta S^{\ominus} = -548.10 \times 10^3 \text{ J} - 298 \text{ K} \times (-333.03 \text{ J} \cdot \text{K}^{-1})$$

$$= -4.49 \times 10^2 \text{ kJ}$$

而

$$\Delta G^{\ominus} = -RT\ln K_p$$

则

$$\lg K_{p,1} = -\frac{\Delta G^{\ominus}}{2.303 \times 8.314 \text{ J} \cdot \text{mol}^{-1} \cdot \text{K}^{-1} \times 298 \text{ K}}$$

$$\Delta G^{\ominus} = -4.49 \times 10^2 \text{ kJ} = 78.69$$

$$\lg K_{p,2} = \lg K_{p,1} + \frac{\Delta H^{\ominus}}{2.303R} \int_{T_1}^{T_2} \frac{1}{T^2} dT$$

$$\lg K_{p,2} = 78.46 + \frac{-548.10 \times 10^3 \text{ J}}{2.303 \times 8.314 \text{ J} \cdot \text{mol}^{-1} \cdot \text{K}^{-1}} \left(\frac{698 - 298}{298 \times 698}\right) \text{K}^{-1}$$

$$= 23.41$$

$$K_{p,2} = 2.6 \times 10^{23}$$

11-92（25分）（a）设有一气体，它的内能仅是温度的函数而与压力和体积无关；在一定的温度下，该气体的 pV 与 p 成线性关系；当压力趋于零时符合理想气体的行为. 请求出此气体的状态方程.

（b）推导 2 mol 该气体由 V_1 恒温可逆膨胀至体积 V_2 时所吸的热的公式.

解 （a）当气体的内能仅为温度的函数时,由下式

$$\left(\frac{\partial U}{\partial V}\right)_T = T\left(\frac{\partial p}{\partial T}\right)_V - p = 0$$

即得

$$\left(\frac{\partial p}{\partial T}\right)_V = \frac{p}{T} \qquad (1)$$

又知该气体在一定温度下的 pV 与 p 成线性关系,即

$$pV = ap + K \tag{2}$$

式中,a、K 与 p、V 无关,只是 T 的函数.

将式(2)在恒定 V 下对 T 微商,即得

$$\left(\frac{\partial p}{\partial T}\right)_V (V - a) = p\frac{\mathrm{d}a}{\mathrm{d}T} + \frac{\mathrm{d}K}{\mathrm{d}T} \tag{3}$$

用式(1)、式(2)和式(3)可化为

$$\frac{K}{T} = p\frac{\mathrm{d}a}{\mathrm{d}T} + \frac{\mathrm{d}K}{\mathrm{d}T} \tag{4}$$

由于 K、a 只可能是温度的函数,要使式(4)对任意 p 均成立,只有当 $\frac{\mathrm{d}a}{\mathrm{d}T} = 0$ 或 $a = $ 常数时才行. 因此,式(4)应为

$$\frac{K}{T} = \frac{\mathrm{d}K}{\mathrm{d}T}$$

由此即得

$$K = CT \tag{5}$$

式中,C 为不依赖于 p、V、T 的常数.

将式(5)代入式(2),得

$$pV = ap + CT \tag{6}$$

由于当 $p \longrightarrow 0$ 时,该气体符合理想气体的行为,即此时式(5)应与理想气体状态方程 $pV = nRT$ 一致,由此可确定式(6)中的 C 为

$$C = nR$$

到此,我们求出该气体的状态方程为

$$pV = ap + nRT$$

或

$$p(V - a) = nRT \quad (a \text{ 为常数}) \tag{7}$$

(b) 今有 2 mol 该气体,经恒温可逆膨胀由 V_1 至 V_2,求其所吸的热的公式.

已知该气体的内能仅是温度的函数,因此在恒温过程中体系内能的改变 $\Delta U = 0$.根据热力学第一定律及体积功的求算式即得

$$Q = W = \int_{V_1}^{V_2} p\mathrm{d}V$$

$$\int_{V_1}^{V_2} \frac{2RT}{V - a}\mathrm{d}V = 2RT\ln\frac{V_2 - a}{V_1 - a}$$

11-93(25 分)　(a) 氯化钠溶液的当量电导随溶液的稀释有没有发生变化? 若有,如何发生变化? 硼酸溶液呢?

(b) 下列电极构成浓差电池,从理论上判断哪一个是正极? 哪一个是负极?

    a) $Cu, Cu^{2+}(1\ mol\cdot kg^{-1}); Cu, Cu^{2+}(1\times 10^{-2}\ mol\cdot kg^{-1})$

    b) $Ag, AgCl|Cl^{-}(1\ mol\cdot kg^{-1}); Ag, AgCl|Cl^{-}(1\times 10^{-2}\ mol\cdot kg^{-1})$

(c) 已知下列反应在 298 K 的标准电极电势:

$$Ag_2C_2O_4(s) + 2e^- \rightleftharpoons 2Ag(s) + C_2O_4^{2-}, \quad \varphi^{\ominus} = 0.472\ V$$

$$Ag^+ + e^- \rightleftharpoons Ag, \qquad\qquad \varphi^{\ominus} = 0.799\ V$$

计算在 298 K 草酸银的活度积.

解 (a) 氯化钠、硼酸溶液的当量电导 Λ 随浓度变化如下图所示. 对氯化钠而言,当其足够稀释时, Λ 与 $\sqrt{c}$ 成直线关系

$$\Lambda = \Lambda_0 - A\sqrt{c}$$

(b)

a) 设安排为电池

$$Cu|Cu^{2+}(1\ mol\cdot kg^{-1}) \parallel Cu^{2+}(1\times 10^{-2}\ mol\cdot kg^{-1})|Cu$$

电池反应

$$Cu^{2+}(1\times 10^{-2}\ mol\cdot kg^{-1}) \longrightarrow Cu^{2+}(1\ mol\cdot kg^{-1})$$

$$E = -\frac{RT}{2F}\ln\frac{a_{Cu^{2+}}(1\ mol\cdot kg^{-1})}{a_{Cu^{2+}}(1\times 10^{-2}\ mol\cdot kg^{-1})} < 0$$

即 $\varphi_{右} < \varphi_{左}$,故左边 $Cu, Cu^{2+}(1\ mol\cdot kg^{-1})$ 为正极.

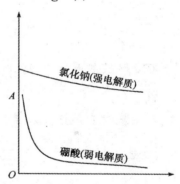

b) $Ag, AgCl|Cl^{-}(1\ mol\cdot kg^{-1}) \parallel Cl^{-}(1\times 10^{-2}\ mol\cdot kg^{-1}|AgCl, Ag$

电池反应: $Cl^{-}(1\ mol\cdot kg^{-1}) \longrightarrow Cl^{-}(1\times 10^{-2}mol\cdot kg^{-1})$

$$E = \varphi_{右} - \varphi_{左} = -\frac{RT}{F}\ln\frac{a_{Cl^{-}}(1\times 10^{-2}\ mol\cdot kg^{-1})}{a_{Cl^{-}}(1\ mol\cdot kg^{-1})} > 0 = \varphi_{正} - \varphi_{负}$$

即 $\varphi_{右} > \varphi_{左}$,故 $Ag|AgCl|Cl^{-}(1\times 10^{-2}\ mol\cdot kg^{-1})$ 为正极.

(c) $Ag_2C_2O_4(s) + 2e^- \rightleftharpoons 2Ag(s) + C_2O_4^{2-}$ (1)

                       $2Ag^+ + 2e^- \rightleftharpoons 2Ag$ (2)

$$\varphi_1^{\ominus} = 0.472V, \quad \varphi_2^{\ominus} = 0.799\ V$$

式(1)−式(2),得

$$Ag_2C_2O_4(s) \rightleftharpoons 2Ag^+ + C_2O_4^{2-}$$

$$E^{\ominus} = 0.472 - 0.799 = -0.327\ V$$

而

$$\Delta G^{\ominus} = -RT\ln K_{ap} = -nE^{\ominus}F$$

则

$$\lg K_{ap} = \frac{2E^{\ominus}F}{2.303RT} = \frac{2 \times (-0.327)\ \text{V}}{0.059\,15} = -11.06$$

$$K_{ap} = 8.7 \times 10^{-12}$$

11-94 (25分)　(a) 某一级反应在 35 min 内反应了 30%, a)计算速率常数 (s^{-1});b)在 5 h 反应了多少?

(b) 已知下列平行反应皆为一级反应:

$$A \xrightarrow{k_1} 2B$$

$$A \xrightarrow{k_2} C + D$$

试列出速率方程,若反应开始时无生成物存在,解此微分方程,将 A、B、C、D 的浓度表示为时间的函数.

(c)某物质的气相分解为一平行反应,两者皆为一级反应.

$$A \xrightarrow{k_1} R$$

$$A \xrightarrow{k_2} S$$

在 298 K 测得 $\frac{k_1}{k_2} = 24$,试估算在 573 K 时 $\frac{k_1}{k_2}$ 的数值.

解　(a)

a) 由一级反应速度方程

$$k = \frac{1}{t} \ln \frac{c_0}{c} = \frac{1}{35 \times 60} \ln \frac{c_0}{c_0 \left(1 - \frac{30}{100}\right)} = 1.7 \times 10^{-4}\ \text{s}^{-1}$$

b)

$$\ln \frac{c_0}{c_0(1-x)} kt$$

$$\ln \frac{1}{1-x} = 1.7 \times 10^{-4} \times 5 \times 3600$$

$$\lg \frac{1}{1-x} = 1.33$$

$$x = 0.95$$

(b) 平行反应:
$$\begin{cases} A \xrightarrow{k_1} 2B \\ A \xrightarrow{k_2} C + D \end{cases}$$

$$\frac{-\mathrm{d}[A]}{\mathrm{d}t} = k_1[A] + k_2[A] = (k_1 + k_2)[A]$$

$$\frac{\mathrm{d}[B]}{\mathrm{d}t} = 2k_1[A]$$

$$\frac{d[C]}{dt} = \frac{d[D]}{dt} = k_2[A]$$

解得

$$[A] = [A]_0 e^{-(k_1+k_2)t}$$

$$\frac{d[B]}{dt} = 2k_1[A]_0 e^{-(k_1+k_2)t}$$

$$[B] = \frac{2k_1[A]_0}{k_1+k_2}[1 - e^{-(k_1+k_2)t}]$$

$$[C] = [D] = \frac{k_2}{k_1+k_2}[A]_0[1 - e^{-(k_1+k_2)t}]$$

(c) 因为

$$k_1 = A_1 e^{-\frac{E_1}{RT}}, \quad k_2 = A_2 e^{-\frac{E_2}{RT}}$$

式中,A_1 和 A_2 分别为两个反应的指前因子.而 $A_1 \simeq A_2$(均为物质 A 的气相分解)所以

$$\frac{k_1}{k_2} = e^{-\frac{E_1-E_2}{RT}}$$

$$\ln\frac{k_1}{k_2} = -\frac{E_1-E_2}{RT}$$

设在 298~573 K 范围内,E_1、E_2 皆为常数,则

$$\lg\left(\frac{k_1}{k_2}\right)_{573\,K} = \frac{298}{573}\lg\left(\frac{k_1}{k_2}\right)_{298\,K} = \frac{298}{573}\lg24 = 0.718$$

所以

$$\left(\frac{k_1}{k_2}\right)_{573\,K} = 5.22$$

试 卷 十 七

11-95(10 分) 293 K 时,把乙烷(1)及丁烷(2)混合气体充入一个抽成真空的 2×10^{-4} m³ 容器中.充入气体重 3.897×10^{-4} kg 时,压力达 1.013×10^5 Pa.求混合气体中乙烷和丁烷的摩尔分数.(碳相对原子质量 12,氢相对原子质量 1)

解 设两者皆为理想气体,则可得如下联立式:

$$pV = (n_1 + n_2)RT$$

$$n_1M_1 + n_2M_2 = W$$

解上两式的联立式,得

$$n_1 = \left(\frac{pV}{RT} - \frac{W}{M_2}\right)\left(\frac{M_2}{M_2 - M_1}\right)$$

则

$$x_1 = \frac{n_1}{n_1 + n_2} = \left(\frac{pV}{RT} - \frac{W}{M_2}\right)\left(\frac{M_2}{M_2 - M_1}\right)\bigg/ \frac{pV}{RT}$$

整理上式,得

$$x_1 = \frac{M_2 pV - WRT}{(M_2 - M_1)pV} =$$

$$\frac{58 \times 10^{-3}\,\text{kg} \times 1.013\,25 \times 10^5\,\text{Pa} \times 2 \times 10^{-4}\,\text{m}^3 - 3.897 \times 10^{-4}\,\text{kg} \times 8.314\,\text{J} \cdot \text{mol}^{-1} \cdot \text{K}^{-1} \times 293\,\text{K}}{(58 - 30) \times 10^{-3}\,\text{kg} \times 1.013\,25 \times 10^5\,\text{Pa} \times 2 \times 10^{-4}\,\text{m}^3}$$

$$= 0.398$$

$$x_2 = 0.602$$

11-96（15分）　$1p^{\ominus}$时,固体碘的恒压比热为$230.0\,\text{J} \cdot \text{kg}^{-1} \cdot \text{K}^{-1}$,液体碘的恒压比热为$452.0\,\text{J} \cdot \text{kg}^{-1} \cdot \text{K}^{-1}$,熔点是$387.2\,\text{K}$,这时熔化热为$48.95\,\text{kJ} \cdot \text{kg}^{-1}$. 求$p^{\ominus}$时,$1\,\text{kg}\ 300\,\text{K}$的固体碘恒压升温到$400\,\text{K}$时液体碘的$\Delta H$及$\Delta S$.

解　此过程体系状态变化如下:

$$\text{I}_2(\text{s}, 300\,\text{K}) \xrightarrow[\Delta S_1]{\Delta H_1} \text{I}_2(\text{s}, 387.2\,\text{K}) \xrightarrow[\Delta S_2]{\Delta H_2} \text{I}_2(\text{l}, 387.2\,\text{K}) \xrightarrow[\Delta S_3]{\Delta H_3} \text{I}_2(\text{l}, 400\,\text{K})$$

$$\begin{aligned}
\Delta H &= \Delta H_1 + \Delta H_2 + \Delta H_3 \\
&= m\left(\int_{300\,\text{K}}^{387.2\,\text{K}} C_{p,\text{s}}\,\text{d}T + \Delta H_m^{\ominus} + \int_{387.2\,\text{K}}^{400\,\text{K}} C_{p,\text{l}}\,\text{d}T\right) \\
&= 1\,\text{kg} \times [230.0\,\text{J} \cdot \text{kg}^{-1} \cdot \text{K}^{-1} \times (387.2 - 300)\,\text{K} + 48.95 \times 10^3\,\text{J} \cdot \text{kg}^{-1} \\
&\quad + 452.0\,\text{J} \cdot \text{kg}^{-1} \cdot \text{K}^{-1} \times (400 - 387.2)\,\text{K}] \\
&= 74.89\,\text{kJ}
\end{aligned}$$

$$\begin{aligned}
\Delta S &= \Delta S_1 + \Delta S_2 + \Delta S_3 \\
&= m\left(\int_{300\,\text{K}}^{387.2\,\text{K}} \frac{C_{p,\text{s}}}{T}\,\text{d}T + \frac{\Delta H_m^{\ominus}}{T_m} + \int_{387.2\,\text{K}}^{400\,\text{K}} \frac{C_{p,\text{l}}}{T}\,\text{d}T\right) \\
&= 1\,\text{kg} \times \left(230.0\,\text{J} \cdot \text{kg}^{-1} \cdot \text{K}^{-1} \times \ln\frac{387.2\,\text{K}}{300\,\text{K}} + \frac{48.95\,\text{kJ} \cdot \text{kg}^{-1}}{387.2\,\text{K}}\right. \\
&\quad \left. \times 452.0\,\text{J} \cdot \text{kg}^{-1} \cdot \text{K}^{-1} \times \ln\frac{400\,\text{K}}{387.2\,\text{K}}\right) \\
&= 199.8\,\text{J} \cdot \text{K}^{-1}
\end{aligned}$$

11-97（15分）　苯(1)和甲苯(2)形成理想溶液. $300\,\text{K}$时纯甲苯的饱和蒸气压为$4.28 \times 10^4\,\text{Pa}$,纯苯的饱和蒸气压为$6.759 \times 10^4\,\text{Pa}$. 求:

(a) 该温度下甲苯摩尔分数为0.60时溶液的蒸气压.

(b) 与该溶液成平衡的气相组成.

解 (a) $\quad p = p_1 + p_2 = p_1^0(1 - x_2) + p_2^0 x_2$

$$= 6.759 \times 10^4 \, \text{Pa}(1 - 0.60) + 4.28 \times 10^4 \, \text{Pa} \times 0.60$$

$$= 5.27 \times 10^4 \, \text{Pa}$$

(b) 设两者的蒸气皆为理想气体,则

$$\frac{p_1}{p_2} = \frac{y_1}{1 - y_1} [y_1 \, \text{为气相中组分(1)的摩尔分数}]$$

$$y_1 = \frac{1}{1 + \dfrac{p_2}{p_1}} = \frac{1}{1 + \dfrac{p_2^0 x_2}{p_1^0 x_1}}$$

$$= \frac{1}{1 + \dfrac{4.28 \times 10^4 \, \text{Pa} \times 0.60}{6.759 \times 10^4 \, \text{Pa} \times 0.40}}$$

$$= 0.513$$

$$y_2 = 1 - y_1 = 0.487$$

11-98 (15 分) 硫氰酸铵(NH_4CNS)在 443 K 时生成硫脲$[CS(NH_2)_2]$为均相可逆反应,反应式如下:

$$NH_4CNS \underset{k_2}{\overset{k_1}{\rightleftharpoons}} CS(NH_2)_2$$

正逆反应均为一级反应,在 443 K 时测得速率常数 $k_1 = 2.5 \times 10^{-4} \, \text{s}^{-1}$,$k_2 = 7.3 \times 10^{-4} \, \text{s}^{-1}$. 若在该温度下将纯 NH_4CNS 放于一容器中,经 10 min,求容器中 NH_4CNS 的质量分数.

解 此可逆反应的动力学方程为

$$\frac{\mathrm{d}x}{\mathrm{d}t} = k_1(a - x) - k_2 x$$

积分得

$$\int_0^x \frac{\mathrm{d}x}{k_1(a - x) - k_2 x} = \int_0^t \mathrm{d}t$$

$$\ln \frac{a}{a - \dfrac{k_1 + k_2}{k_1} x} = (k_1 + k_2)t \tag{1}$$

反应达平衡时,$\dfrac{\mathrm{d}x}{\mathrm{d}t} = 0$,$CS(NH_2)_2$ 的浓度 $x = x_e$,此时正向反应速率等于逆向反应速率,即

$$k_1(a - x_e) = k_2 x_e$$

$$a = \frac{k_1 + k_2}{k_1} x_e$$

代入式(1),得

$$\ln \frac{x_e}{x_e - x} = (k_1 + k_2)t \tag{2}$$

又因

$$K = \frac{k_1}{k_2} = \frac{x_e}{a - x_e}$$

设 NH_4CNS 初始浓度 $a = 1$,则

$$\frac{x_e}{1 - x_e} = \frac{k_1}{k_2} = \frac{2.5 \times 10^{-4} \text{ s}^{-1}}{7.3 \times 10^{-4} \text{ s}^{-1}}$$

解得

$$x_e = 0.255$$

由式(2)将 x_e 值代入,得

$$x = 0.113$$

则 NH_4CNS 的摩尔分数为

$$1 - x = 0.887$$

因 NH_4CNS 和 $CS(NH_2)_2$ 互为异构体,其相对分子质量相同,故 NH_4CNS 的摩尔分数与质量分数相同,即 NH_4CNS 的质量分数为 88.7%.

11-99 (15 分)　原电池 $Pb|PbSO_4(s)|H_2SO_4(1m)|PbSO_4(s),PbO_2(s)|Pb$ 在 $273.2 \sim 333.2$ K 范围内测得电动势与温度 T 的关系为

$$E/V = 1.917\ 37 + 56.1 \times 10^{-6}(T/K - 273.2) + 108 \times 10^{-8}(T/K - 273.2)^2 (V)$$

(a) 指出电极的正、负极,写出两电极反应及原电池反应式.

(b) 计算 273.2 K 时电池反应的 ΔG、ΔH 及 ΔS.

解　(a) $Pb|PbSO_4(s)|SO_4^{2-}$ 为负极,$Pb|PbO_2(s),PbSO_4(s)$ 为正极.

负极反应:　　　　　　$Pb + SO_4^{2-} \Longrightarrow PbSO_4 + 2e^-$

正极反应:　　$PbO_2 + 2e^- + 2H_2SO_4 \Longrightarrow PbSO_4 + 2H_2O + SO_4^{2-}$

原电池反应:　　$Pb + PbO_2 + 2H_2SO_4 \Longrightarrow 2PbSO_4 + 2H_2O$

(b) 273.2 K 时 $E = 1.917\ 37$ V

$$\Delta G = -nFE = -2 \text{ mol} \times 96\ 496 \text{ C} \cdot \text{mol}^{-1} \times 1.917\ 37 \text{ V} = -370.04 \text{ kJ}$$

$$\Delta S = nF\left(\frac{\partial E}{\partial T}\right)_p$$

$$= 2 \text{ mol} \times 96\ 496 \text{ C} \cdot \text{mol}^{-1} \times [56.1 \times 10^{-6} + 2 \times 108 \times 10^{-8}(T/K - 273.2)]$$

$$= 10.83 \text{ J} \cdot \text{K}^{-1}$$

$$\Delta H = \Delta G + T\Delta S$$
$$= -370.04 \times 10^3 \text{ J} + 273.2 \text{ K} \times 10.83 \text{ J} \cdot \text{K}^{-1}$$
$$= -367.1 \text{ kJ}$$

11-100（15 分） 乙酸可由 CO 及 CH_3OH 于羰基钴催化下由如下反应合成：

$$CO(g) + CH_3OH(l) \Longrightarrow CH_3COOH(l)$$

同时有下列两副反应：

$$CO(g) + 2CH_3OH(l) \Longrightarrow CH_3COOCH_3(l) + H_2O(l)$$

$$CO(g) + CH_3OH(l) \Longrightarrow HCOOCH_3(l)$$

系统中气体可视为理想气体,液相可视为理想溶液,在 $T = 480.2$ K, $p_{CO} = 50p^{\ominus}$ 时,用 CO 和 CH_3OH 进行反应并达平衡.

（a）试用相律分析上述条件时系统的自由度并做简单说明.

（b）480.2 K 时三个反应的平衡常数如下,液相组成用分子数 N 表示,CO 压力用 $p^{\ominus}$ 表示：

$$K_A = \frac{N_{CH_3COOH}}{p_{CO}N_{CH_3OH}} = 2.69 \times 10^6$$

$$K_B = \frac{N_{CH_3COOCH_3}N_{H_2O}}{p_{CO}N_{CH_3OH}^2} = 1.82 \times 10^5$$

$$K_C = \frac{N_{HCOOCH_3}}{p_{CO}N_{CH_3OH}} = 4.07 \times 10^{-4}$$

设 CH_3OH 起始量为 1 mol,平衡时 CH_3COOH、CH_3COOCH_3 及 $HCOOCH_3$ 的量分别为 α、β、γ,试求 $\dfrac{\alpha}{\beta}$ 及 $\dfrac{\alpha}{\gamma}$,并说明从平衡的观点来看,由 CO 和 CH_3OH 生产乙酸是否可行?

解 （a） $$K = S - R - R' = 6 - 3 - 1 = 2$$

式中:S 为物种数;R 为独立的化学反应数;R' 为同一相中物质的浓度比例关系数,此题中液相 CH_3COOCH_3 与 H_2O 的浓度比例为 1:1,故 $R' = 1$. 因此

$$f = K - \Phi + 2$$

T, p 一定,

$$f^* = K - \Phi = 2 - 2 = 0$$

（b）由题给条件知:

$$N_{CH_3COOCH_3} = N_{H_2O} = c\beta$$

$$N_{CH_3COOH} = c\alpha$$

$$N_{HCOOCH_3} = c\gamma \quad (c \text{ 为常数})$$

则

$$\frac{K_A^2}{K_B} = \frac{\alpha^2}{\beta^2 p_{CO}}$$

$$\frac{\alpha}{\beta} = K_A \sqrt{\frac{p_{CO}}{K_B}} = 2.69 \times 10^6 \sqrt{\frac{50}{1.82 \times 10^5}} = 4.46 \times 10^4$$

$$\frac{\alpha}{\gamma} = \frac{K_A}{K_C} = \frac{2.69 \times 10^6}{4.07 \times 10^{-4}} = 6.61 \times 10^9$$

从平衡产率来看,主产物 CH_3COOH 远远超过副产物 CH_3COOCH_3 及 $HCOOCH_3$(即 $\frac{\alpha}{\beta}$ 及 $\frac{\alpha}{\gamma}$ 都很大),所以由 CO 和 CH_3OH 生产乙酸是可行的.

11-101 (15 分)　乙胺($C_2H_5NH_2$)溶于水形成 $C_2H_5NH_3OH$. 今有 1 mol 乙胺溶于水制成 $0.016\ m^3$ 溶液,所生成的 $C_2H_5NH_3OH$ 是弱电解质,按下式电离:

$$C_2H_5NH_3OH \Longleftrightarrow C_2H_5NH_3^+ + OH^-$$

298.2 K 时测得该溶液的电导率 $\kappa = 0.1312\ \Omega^{-1} \cdot m^{-1}$,其无限稀释摩尔电导率 $\Lambda_m = 0.0233\ m^2 \cdot \Omega^{-1} \cdot mol^{-1}$. 试求:

(a) 上述条件下 $C_2H_5NH_3OH$ 的离解度.

(b) 溶液中 OH^- 的浓度及电离平衡常数.

解　(a)　$\Lambda_m = \kappa \dfrac{1}{c}$

电离度　$\alpha = \dfrac{\Lambda_m}{\Lambda_m^\infty} = \dfrac{\kappa}{c\Lambda_m^\infty}$

$$= \frac{0.1312\ \Omega^{-1} \cdot m^{-1}}{\dfrac{1}{0.016}\ mol \cdot m^{-3} \times 0.0233\ \Omega^{-1} \cdot m^2 \cdot mol^{-1}} = 0.0901$$

(b)　　　　　$C_2H_5NH_3OH \Longleftrightarrow C_2H_5NH_3^+ + OH^-$

$$c(1-\alpha) \qquad c\alpha \qquad c\alpha$$

电离平衡常数

$$K = \frac{\left(\dfrac{c}{c^\ominus}\alpha\right)^2}{\dfrac{c}{c^\ominus}(1-\alpha)} = \frac{\dfrac{c}{c^\ominus}\alpha^2}{1-\alpha} = \frac{\dfrac{1}{16} \times (0.0901)^2}{1-0.0901} = 5.60 \times 10^{-4}$$

$$c_{OH^-} = c\alpha = \left(\frac{1}{16}\ mol \cdot dm^{-3}\right) \times 0.0901 = 5.63 \times 10^{-3}\ mol \cdot dm^{-3}$$

试 卷 十 八

11-102（20分） 回答下列问题：

(a) 对于理想气体有 $\left(\dfrac{\partial U}{\partial V}\right)_T = 0$ 和 $\left(\dfrac{\partial H}{\partial p}\right)_T = 0$，试证

$$\left(\frac{\partial C_V}{\partial V}\right)_T = 0 \quad 及 \quad \left(\frac{\partial C_p}{\partial p}\right)_T = 0$$

(b) 已知反应 $C(石墨) + O_2(气) = CO_2(气)$，在 298 K 及 $p^{\ominus}$ 时的反应热为 $-393.30 \ kJ \cdot mol^{-1}$．求 CO_2 的生成热和石墨的燃烧热各为若干？

(c) 某水溶液含 $0.100 \ mol \cdot dm^{-3}$ KCl 和 $0.200 \ mol \cdot dm^{-3}$ RbCl，若 K^+、Rb^+ 和 Cl^- 的离子摩尔电导率分别是 $7.44 \times 10^{-3} \ m^2 \cdot \Omega^{-1} \cdot mol^{-1}$、$4.00 \times 10^{-3} \ m^2 \cdot \Omega^{-1} \cdot mol^{-1}$ 和 $7.60 \times 10^{-3} \ m^2 \cdot \Omega^{-1} \cdot mol^{-1}$，试求该溶液的电导率是多少？

(d) 在进行质量分析实验时，为尽可能使沉淀完全，通常加入大量电解质(非沉淀剂)或将溶液适当加热．试从胶体化学观点加以解释．

(e) 液体 A 与液体 B 形成理想溶液，蒸气 A 与蒸气 B 可近似看成理想气体．当以等摩尔 A 和 B 在 298 K 组成溶液时，气相中蒸气 A 的摩尔分数 $Y_A = 0.2$，若在该温度下，纯液体 A 的饱和蒸气压为 $1.33 \times 10^4 \ Pa$，求同温度时液体 B 的饱和蒸气压为多少？

解

(a)
$$\left(\frac{\partial C_V}{\partial V}\right)_T = \left[\frac{\partial}{\partial V}\left(\frac{\partial U}{\partial T}\right)_V\right]_T = \left[\frac{\partial}{\partial T}\left(\frac{\partial U}{\partial V}\right)_T\right]_V = 0$$

$$\left(\frac{\partial C_p}{\partial p}\right)_T = \left[\frac{\partial}{\partial p}\left(\frac{\partial H}{\partial T}\right)_p\right]_T = \left[\frac{\partial}{\partial p}\left(\frac{\partial H}{\partial T}\right)_T\right]_p = 0$$

(b) 此反应的反应热既是 CO_2 的标准生成热又是石墨在该条件下的燃烧热．

(c) 由题给的数据可分别求出两电解质的当量电导．

$$\Lambda_m(KCl) = \lambda_m(K^+) + \lambda_m(Cl^-)$$
$$= (7.44 \times 10^{-3} + 7.60 \times 10^{-3}) \ m^2 \cdot \Omega^{-1} \cdot mol^{-1}$$
$$= 1.50 \times 10^{-2} \ m^2 \cdot \Omega^{-1} \cdot mol^{-1}$$

$$\Lambda_m(RbCl) = \lambda_m(Rb^+) + \lambda_m(Cl^-)$$
$$= (4.00 \times 10^{-3} + 7.60 \times 10^{-3}) \ m^2 \cdot \Omega^{-1} \cdot mol^{-1}$$
$$= 1.16 \times 10^{-2} \ m^2 \cdot \Omega^{-1} \cdot mol^{-1}$$

两者的电导率分别为

$$\kappa_{KCl} = \Lambda_m(KCl) \cdot c_{KCl}$$
$$= 1.50 \times 10^{-2} \text{ m}^2 \cdot \Omega^{-1} \cdot \text{mol}^{-1} \times 0.100 \text{ mol} \cdot \text{dm}^{-3}$$
$$= 1.50 \times 10^{-2} \text{ m}^2 \cdot \Omega^{-1} \cdot \text{mol}^{-1} \times 100 \text{ mol} \cdot \text{m}^{-3}$$
$$= 1.50 \ \Omega^{-1} \cdot \text{m}^{-1}$$
$$\kappa_{RbCl} = \Lambda_m(RbCl) \cdot c_{RbCl}$$
$$= 1.16 \times 10^{-2} \text{ m}^2 \cdot \Omega^{-1} \cdot \text{mol}^{-1} \times (0.200 \times 1000) \text{ mol} \cdot \text{m}^{-3}$$
$$= 2.32 \ \Omega^{-1} \cdot \text{m}^{-1}$$

所以该溶液的电导率为

$$\kappa = \kappa_{KCl} + \kappa_{RbCl} = (1.50 + 2.32) \ \Omega^{-1} \cdot \text{m}^{-1} = 3.82 \ \Omega^{-1} \cdot \text{m}^{-1}$$

(d) 由于沉淀物的分子组成的细小颗粒,它与周围溶液中的离子形成带有相同电荷的胶粒,而具有 ζ 电势,使生成的沉淀不能聚集,一部分沉淀物以溶胶形式存在于溶液中.加入电解质,可降低电势.而加热溶液可使溶液中各种微观粒子的热运动加剧.胶核吸附的离子因而容易解吸,同时胶粒间碰撞的频率与强度皆加剧.所有这些均能促使胶粒聚沉,从而使沉淀完全.

(e) 因为 $x_A = x_B$,所以

$$\frac{p_A}{p_B} = \frac{p_A^*}{p_B^*}$$

而

$$\frac{p_A}{p_B} = \frac{y_A}{y_B}$$

则

$$\frac{p_A^*}{p_B^*} = \frac{y_A}{y_B}$$

故

$$p_B^* = \frac{y_A}{y_B} p_A^* = \frac{0.8}{0.2} \times 1.33 \times 10^4 \text{ Pa} = 5.32 \times 10^4 \text{ Pa}$$

11-103 (20 分) 1.10×10^{-3} kg NOBr 在 218.15 K 时被放入一个抽空的具有 0.001 m³ 容积的玻璃容器内,然后加热到 273.15 K.在此温度下容器内只有气体存在,体系的平衡压力为 $0.30 \ p^\ominus$.再加热到 298.15 K,则平衡压力升到 $0.35 \ p^\ominus$.在 273.15 K 和 298.15 K 时都存在下列平衡:

$$2NOBr \Longrightarrow 2NO + Br_2$$

试计算该反应在 273.15 K 时的平衡常数 $K_p^\ominus$ 和反应热 ΔH(Br 的相对原子质量为 80,反应体系的 ΔC_p 为零).

解
$$2NOBr \Longrightarrow 2NO + Br_2$$

$t = 0$ 处: n_0, 0, 0

平衡时　　　　　　　　　　　$n_0(1-x)$　　n_0x　　$\dfrac{n_0x}{2}$

而

$$n_0 = \frac{W}{M} = \frac{1.10 \times 10^{-3} \text{ kg}}{110 \times 10^{-3} \text{ kg} \cdot \text{mol}^{-1}} = 1.00 \times 10^{-2} \text{ mol}$$

设体系中各气体皆为理想气体,则 273.15 K 时

$$\left[n_0(1-x) + n_0x + \frac{n_0x}{2} \right] RT = pV$$

$$n_0\left(1 + \frac{x}{2}\right)RT = pV$$

$$x = \frac{2pV}{n_0RT} - 2$$

$$= \frac{2 \times 0.30 \times 1.013\,25 \times 10^5 \text{ Pa} \times 0.001 \text{ m}^3}{1.00 \times 10^{-2} \text{ mol} \times 8.314 \text{ J} \cdot \text{mol}^{-1} \cdot \text{K}^{-1} \times 273.15 \text{ K}} - 2$$

$$= 2.677 - 2$$

$$= 0.68$$

则平衡时各物质的摩尔分数分别为 0.24,0.51,0.25. 因此

$$K_p = \frac{(0.51)^2 \times (0.25) \times (0.30)}{(0.24)^2} = 0.34$$

即 273.15 K 时此反应的平衡常数 $K_p^{\ominus} = 0.34$.

同理 298.15 K,可得

$$K_p^{\ominus} = 3.78$$

由于 $\Delta C_p = 0$,故此反应的 ΔH 为一常数,其值为

$$\Delta H = \frac{2.303\,RTT'}{T' - T} \lg \frac{K_p^{\ominus}(298.15 \text{ K})}{K_p^{\ominus}(273.15 \text{ K})}$$

$$= \frac{2.303 \times 8.314 \text{ J} \cdot \text{mol}^{-1} \cdot \text{K}^{-1} \times 273.15 \text{ K} \times 298.15 \text{ K}}{(298.15 - 273.15) \text{ K}} \lg \frac{3.78}{0.34}$$

$$= 65.27 \text{ kJ}$$

11-104(20 分)　　下列电极 298 K 时其标准电极势和电极势温度系数分别如下:

电　　极	$E^{\ominus}/\text{V}$	$\dfrac{dE}{dT}/(\text{V}\cdot\text{K}^{-1})$
(1) $Cu \Longrightarrow Cu^+ + e^-$	-0.52	-0.0020
(2) $2NH_3 + Cu \Longrightarrow Cu(NH_3)_2^+ + e^-$	0.11	-0.0030
(3) $Cu \Longrightarrow Cu^{2+} + 2e^-$	-0.35	-0.0035

(a) 计算反应 $Cu + Cu^{2+} \Longrightarrow 2Cu^+$ 在 298 K 的平衡常数 $K_a^{\ominus}$.

(b) 把过量铜粉加到 $0.01\ mol\cdot dm^{-3}\ Cu^{2+}$ 溶液中,达到平衡时 Cu^+ 的浓度为若干?

(c) 计算反应 $2NH_3 + Cu^+ =\!=\!= Cu(NH_3)_2^+$ 在 298 K 时的 $\Delta_r G_{m,4}^\ominus$、$\Delta_r H_{m,4}^\ominus$、Q_R 和 $\Delta_r S_{m,4}^\ominus$.

解 (a) 反应(1)$Cu =\!=\!= Cu^+ + e^-$, $\Delta_r G_{m,1}^\ominus = -FE_1^\ominus$

         反应(3)$Cu =\!=\!= Cu^{2+} + 2e^-$, $\Delta_r G_{m,3}^\ominus = -FE_3^\ominus$

反应(2)×反应(1)−反应(3)得到所要求的反应:

$$Cu + Cu^{2+} =\!=\!= 2Cu^+$$

则

$$\begin{aligned}
\Delta_r G_m^\ominus &= 2\Delta_r G_{m,1}^\ominus - \Delta_r G_{m,3}^\ominus = -2FE_1^\ominus + 2FE_3^\ominus \\
&= 2 \times 9.65 \times 10^4\ C\cdot mol^{-1}(0.52 - 0.35)V \\
&= 3.28 \times 10^4\ J\cdot mol^{-1}
\end{aligned}$$

而

$$\Delta_r G_m^\ominus = -RT\ln K_a^\ominus$$

所以

$$\begin{aligned}
\lg K_a^\ominus &= \frac{-\Delta_r G_m^\ominus}{2.303\ RT} \\
&= \frac{-3.28 \times 10^4\ J\cdot mol^{-1}}{2.303 \times 8.314\ J\cdot mol^{-1}\cdot K^{-1} \times 298\ K} \\
&= -5.75 \\
K_a^\ominus &= 1.8 \times 10^{-6}
\end{aligned}$$

(b) $K_a^\ominus = \left(\dfrac{a_{Cu^+}^2}{a_{Cu^{2+}} \cdot a_{Cu^+}}\right)_e$

设体系平衡时 Cu^+ 与 Cu^{2+} 在溶液中的 $\gamma_\pm$ 皆为 1,而 $a_{Cu} = 1$,令平衡时 Cu^+ 的浓度为 x,则

$$1.8 \times 10^{-6} = \frac{\left(2\dfrac{x}{c^\ominus}\right)^2}{0.01 - \dfrac{x}{c^\ominus}}$$

由于 $\dfrac{x}{c^\ominus} \ll 0.01$,可近似解得

$$x = 6.7 \times 10^{-5}\ mol\cdot dm^{-3}$$

(c) 反应(1) $Cu =\!=\!= Cu^+ + e^-$, $\Delta_r G_{m,1}^\ominus = -FE_1^\ominus$

       反应(2) $2NH_3 + Cu =\!=\!= Cu(NH_3)_2^+$, $\Delta_r G_{m,2}^\ominus = -FE_2^\ominus$

反应(2)−反应(1),得

$$2NH_3^+ + Cu^+ \Longrightarrow Cu(NH_3)_2^+$$

$$\begin{aligned}
\Delta_r G_{m,4}^{\ominus} &= -FE_2^{\ominus} + FE_1^{\ominus} \\
&= 9.65 \times 10^4 \text{ C} \cdot \text{mol}^{-1} \times (-0.11 - 0.52)\text{V} \\
&= -60.8 \text{ kJ} \cdot \text{mol}^{-1}
\end{aligned}$$

$$\begin{aligned}
\Delta_r S_{m,4}^{\ominus} &= -\left[\frac{\partial}{\partial T}(\Delta_r G_{m,4}^{\ominus})\right]_p \\
&= -\left[\frac{\partial}{\partial T}(-FE_2^{\ominus} + FE_1^{\ominus})\right]_p \\
&= F\left[\left(\frac{\partial E_2^{\ominus}}{\partial T}\right)_p - \left(\frac{\partial E_1^{\ominus}}{\partial T}\right)_p\right]
\end{aligned}$$

由于当 p_{NH_3} 一定时,压力对各电极电势影响不大,且其温度系数是在大气压下测量的,压力变化不大,设此反应中各物质的活度为1,有

$$\left(\frac{\partial E^{\ominus}}{\partial T}\right)_p = \frac{dE^{\ominus}}{dT} = \frac{dE}{dT}$$

则

$$\Delta_r S_{m,4}^{\ominus} = 9.65 \times 10^4 \text{ C} \cdot \text{mol}^{-1} \times (-0.003 + 0.002)\text{V} \cdot \text{K}^{-1} = -96.5 \text{ J} \cdot \text{K}^{-1}$$

$$\begin{aligned}
\Delta_r H_{m,4}^{\ominus} &= \Delta_r G_{m,4}^{\ominus} + T\Delta_r S_{m,4}^{\ominus} \\
&= -60.8 \text{ kJ} - 298 \text{ K} \times 96.5 \times 10^{-3} \text{ kJ} \cdot \text{K}^{-1} \\
&= -89.6 \text{ kJ}
\end{aligned}$$

$$Q_R = T\Delta_r S_{m,4}^{\ominus} = -298 \text{ K} \times 96.5 \times 10^{-3} \text{ kJ} \cdot \text{K}^{-1} = -28.8 \text{ kJ}$$

11-105（20分） 有下列反应

$$A(g) \underset{k_2}{\overset{k_1}{\Longrightarrow}} B(g) + C(g)$$

式中,k_1 与 k_2 分别是正向和逆向基元反应的速率常数,它们在不同温度时的数值如下:

温度/K	298	308
k_1/s^{-1}	3.33×10^{-3}	6.67×10^{-3}
$k_2/(\text{s} \cdot p^{\ominus})^{-1}$	6.67×10^{-7}	1.33×10^{-6}

(a) 计算上述可逆反应在 298 K 时的平衡常数 K_p.

(b) 分别计算正向反应与逆向反应的活化能 E_1 和 E_2.

(c) 计算可逆反应的反应热 ΔH.

(d) 若反应容器中开始时只有 A,其初始压力 p_0 为 $1p^{\ominus}$,问体系总压力 p' 达到 $1.5p^{\ominus}$ 时所需时间为多少?（在 298 K）

解　(a) 298 K 此可逆反应的平衡常数为

$$K_p = \frac{k_1}{k_2} = \frac{3.33 \times 10^{-3}\,\mathrm{s}^{-1}}{6.67 \times 10^{-7}\,\mathrm{s}^{-1} \cdot (p^\ominus)^{-1}} = 5.0 \times 10^3\, p^\ominus$$

(b) 因为 $E = \dfrac{2.303\, RTT'}{T' - T} \lg \dfrac{k'}{k}$

所以

$$E_{1,\text{正}} = \frac{2.303 \times 8.314\,\mathrm{J \cdot mol^{-1} \cdot K^{-1}} \times 298\,\mathrm{K} \times 308\,\mathrm{K}}{(308 - 298)\,\mathrm{K}} \lg \frac{6.67 \times 10^{-3}\,\mathrm{s}^{-1}}{3.33 \times 10^{-3}\,\mathrm{s}^{-1}}$$

$$= 52.7\,\mathrm{kJ \cdot mol^{-1}}$$

$$E_{2,\text{逆}} = \frac{2.303 \times 8.314\,\mathrm{J \cdot mol^{-1} \cdot K^{-1}} \times 298\,\mathrm{K} \times 308\,\mathrm{K}}{(308 - 298)\,\mathrm{K}} \lg \frac{1.33 \times 10^{-6}\,\mathrm{s}^{-1}}{6.67 \times 10^{-7}\,\mathrm{s}^{-1}}$$

$$= 52.7\,\mathrm{kJ \cdot mol^{-1}}$$

(c) $\Delta H = E_1 - E_2 = 0$

(d)　　　　　　　　　　　$A(g) \underset{k_2}{\overset{k_1}{\rightleftharpoons}} B(g) + C(g)$

$t = 0$　　　　　　　　　p_0　　　0　　　　0

$t = t$　　　　　　　　　$p_0 - p$　p　　　　p

由 $p_0 = 1p^\ominus$, $p' = p_0 + p = 1.5 p^\ominus$ 得 $p = 0.5\,p^\ominus$, 因此总压力达 $1.5\,p^\ominus$ 的时间 t 就是 A 的半寿期 $t_{1/2}$.

反应的速率方程为

$$\frac{\mathrm{d}p}{\mathrm{d}t} = k_1(p_0 - p) - k_2 p^2$$

由题给数据知 $k_1 \gg k_2$, 故可忽略逆反应而得一级反应的速率方程. 因而即得总压力达到 $1.5p^\ominus$ 的时间为

$$t = t_{1/2} = \frac{\ln 2}{k_1} = 208\,\mathrm{s}$$

11-106（20 分）　体系 H_2O-KI-I_2 在 298 K 及 $1p^\ominus$ 时的平衡溶解度图如下页图 1 所示, 图中各组分的成分以摩尔分数表示.

(a) 请完成该相图, 并注明各相区的相态.

(b) 指出 D 点代表的意义.

(c) 在 25℃ 及 $1p^\ominus$ 下, I 点为几相共存? 若在等温等压下逐渐蒸发, 试说明直至将水分蒸干的过程中所发生的相态变化.

解　(a) 连接 BD 线及 CD 线即能完成此相图(图 2), 各相区的相态说明如下

AEFGH:液相区 $\Phi = 1$

BEF:固(KI)液(KI 在含 I_2 在水中的饱和溶液)平衡区, $\Phi = 2$

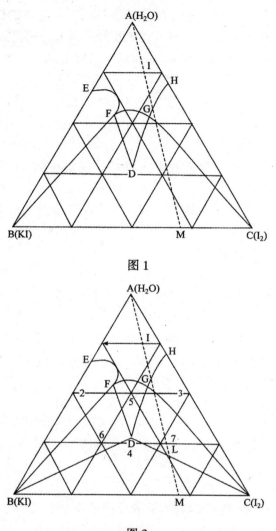

图 1

图 2

GCH：固（I_2）液（I_2 在含 KI 的水中的饱和溶液）平衡区，$\Phi = 2$

BDC：三相平衡区（固体 KI、I_2 与成分由 D 表示的固体），$\Phi = 3$

FGD：固（D）液（D 在含 KI，I_2 的水中的饱和溶液）平衡区，$\Phi = 2$

FBD：三相平衡区（固体 KI 与 D 以及为 KI 与 D 所饱和的水溶液），$\Phi = 3$

DCG：三相平衡区（固体 I_2 与 D，以及为 I_2 与 D 所饱和的水溶液），$\Phi = 3$

（b）D 为 H_2O、KI 与 I_2 形成的 1:1:1 的等分子化合物（固体），即 KI 与 I_2 的含一个结晶水的等分子复合盐.

（c）这个蒸发过程沿图中 AJM 线变化. 当达到 J 点以下时出现固体 I_2，与之呈平衡的溶液为 I_2 的含 KI 的水中的饱和溶液，继续蒸发至 K 点以下，出现新的固体

D.与两固相呈平衡的溶液的成分为 G 点所表达(即 I_2 与 D 的饱和水溶液).进一步蒸发至 L 点以下时液相消失,出现固体 KI,另外两个固相仍为 I_2 与 D.完全蒸干时即达 M 点,变成两个固相 KI 与 I_2,$n_{KI} : n_{I_2} = CM : BM$.

试 卷 十 九

11-107(40 分)　概念题

(a) 体系的强度量和广度量各有何特点? 各举一例.并举例说明二者有何关系?

(b) 状态函数变了,状态是否发生变化? 状态变了是否所有的状态函数都得变化? 试举例说明.

(c) 在什么条件下,$\Delta H = Q_p$ 才成立?

(d) 何谓标准生成自由焓(吉氏函数).

(e) 什么是恒沸混合物? 它与化合物有何异同之处?

(f) 反应 $2H_2(g) + O_2(g) \rightleftharpoons 2H_2O(g)$ 若以 H_2、O_2、H_2O 的比为 $2:1:2$ 及 $1:1:1(mol)$ 混合成两个体系,试问哪一个体系在混合后就已达到平衡? 两个体系的平衡常数是否一样? 两个体系的 ΔG 和 ΔG^0 是否相同? 为什么?

(g) 写出甘汞电极的电极反应和电动势表示式.

(h) 什么叫反应级数? 反应分子数? 反应活化能?

(i) 何谓半衰期? 已知某一级反应的半衰期为 2×10^9 年,试求其速率常数.

(j) 化学反应在温度升高时,速率都变得更快了,也即平衡常数增大了.这句话对不对? 试分析说明之.

解　略

11-108(10 分)　Zn 和 $CuSO_4$ 的置换反应若在 298 K 及 $1p^{\ominus}$ 时可逆地进行,做电功 209.20 kJ,放热 6.28 kJ,试计算此反应体系在 ΔU、ΔH、ΔS、ΔG 数值.

解　　　　　$\Delta G = -W = -209.20 \text{ kJ}$

$$\Delta S = \frac{Q_R}{T} = \frac{-6.28 \times 10^3 \text{ J}}{298 \text{ K}} = -21.07 \text{ J} \cdot \text{K}^{-1}$$

$$\Delta H = \Delta G + T\Delta S$$
$$= -209.20 \text{ kJ} + 298 \text{ K} \times (-21.07 \times 10^{-3}) \text{ kJ} \cdot \text{K}^{-1}$$
$$= -215.48 \text{ kJ}$$

11-109(10 分)　硝酸异丙烷在水溶液中被碱中和,为二级反应,其反应速率常数可用下式表示:

$$\lg k = \frac{-3163}{T} + 11.899$$

时间以 min 为单位,浓度以体积摩尔浓度表示.

(a) 试求其表观活化能 E_a.

(b) 若反应物起始浓度均为 $0.008\ \text{mol·dm}^{-3}$,试求 313.2 K 时该反应的半衰期.

解　(a) $\lg k = -\dfrac{E_a}{2.303\ RT} + A = -\dfrac{3163}{T} + 11.899$

所以

$$E_a = 2.303\ R \times 3163 = 2.303 \times 8.314 \times 3163 = 60.6\ \text{kJ·mol}^{-1}$$

(b)

$$\lg k = -\frac{3163}{313.2} + 11.899$$

$$k = 63\ \text{mol}^{-1} \cdot \text{dm}^3 \cdot \text{min}^{-1} = 1.05 \times 10^{-3}\ \text{mol}^{-1} \cdot \text{m}^3 \cdot \text{s}^{-1}$$

此二级反应的半衰期为

$$t_{1/2} = \frac{1}{ka} = \frac{1}{63\ \text{mol}^{-1} \cdot \text{dm}^3 \cdot \text{min}^{-1} \times 0.008\ \text{mol} \cdot \text{dm}^{-3}} = 2.0\ \text{min} = 120\ \text{s}$$

11-110（20 分）　试求

$$H_2(g) + \frac{1}{2}O_2(g) \longrightarrow H_2O(g)$$

反应在 298 K 时 $K_p^{\ominus}$ 值（已知：$S_{m,298\ K,H_2(g)}^{\ominus} = 130.58\ \text{J·mol}^{-1} \cdot \text{K}^{-1}$, $S_{m,298\ K,O_2(g)}^{\ominus} = 205.02\ \text{J·mol}^{-1} \cdot \text{K}^{-1}$, $S_{m,298\ K,H_2O(l)}^{\ominus} = 69.96\ \text{J·mol}^{-1} \cdot \text{K}^{-1}$）.

298 K 时 $H_2O(g)$ 的标准生成热

$$\Delta_f H_{m,298\ K,H_2O(g)}^{\ominus} = -241.84\ \text{kJ·mol}^{-1}$$

$H_2O(l)$ 的气化热

$$\Delta_V H_{m,298\ K}^{\ominus} = 44.02\ \text{kJ·mol}^{-1}$$

$H_2O(l)$ 的蒸气压是 $3.17 \times 10^3\ \text{Pa}$.

计算时可假设液体水的自由焓 G 值受压力影响很小,可忽略.

解　先求 298 K 时反应(A)$H_2(g, 1p^{\ominus}) + \dfrac{1}{2}O_2(g, 1p^{\ominus}) \longrightarrow H_2O(g, 1p^{\ominus})$ 的熵变.为此需求 298 K 时下列四步的熵变：

(a) $H_2(g, 1p^{\ominus}) + \dfrac{1}{2}O_2(g, 1p^{\ominus}) \longrightarrow H_2O(l, 1p^{\ominus})$

$$\Delta S_1 = S_{(H_2O,l)}^{\ominus} - S_{(H_2,g)}^{\ominus} - \frac{1}{2}S_{(O_2,g)}^{\ominus}$$

$$= (69.96 - 130.58 - \frac{1}{2} \times 205.02)\ \text{J} \cdot \text{mol}^{-1} \cdot \text{K}^{-1}$$

$$= -163.13\ \text{J} \cdot \text{mol}^{-1} \cdot \text{K}^{-1}$$

(b) $H_2O(l,1p^\ominus) \longrightarrow H_2O(l,3.17\times10^3\,Pa), \Delta S_2\approx0.$

这时因为压力变化不大时,凝聚相的熵受压力影响小,因而可忽略.

(c) $H_2O(l,3.17\times10^3\,Pa) \longrightarrow H_2O(g,3.17\times10^3\,Pa)$

$$\Delta S_3 = \frac{\Delta_v H_m^\ominus}{T} = \frac{44.02\ \text{kJ}\cdot\text{mol}^{-1}}{298.2\ \text{K}} = 147.61\ \text{J}\cdot\text{mol}^{-1}\cdot\text{K}^{-1}$$

(d) $H_2O(g,3.17\times10^3\,Pa) \longrightarrow H_2O(g,p^\ominus)$

$$\Delta S_4 = R\ln\frac{p_i}{p_f} = 8.314\ \text{J}\cdot\text{mol}^{-1}\cdot\text{K}^{-1}\lg\frac{3.17\times10^3\ \text{Pa}}{1.013\,25\times10^5\ \text{Pa}}$$

$$= -28.83\ \text{J}\cdot\text{mol}^{-1}\cdot\text{K}^{-1}$$

由于步(a)+步(b)+步(c)+步(d)式得反应(A),因此反应(A)的熵变为

$$\Delta S^\ominus = \Delta S_1 + \Delta S_2 + \Delta S_3 + \Delta S_4$$

$$= [-163.13 + 0 + 147.61 + (-28.83)]\text{J}\cdot\text{mol}^{-1}\cdot\text{K}^{-1}$$

$$= -44.53\ \text{J}\cdot\text{mol}^{-1}\cdot\text{K}^{-1}$$

反应(A)的焓变为

$$\Delta H^\ominus = \Delta_f H_{m,H_2O(g)}^\ominus = -241.84\ \text{kJ}\cdot\text{mol}^{-1}$$

因而反应(A)的标准自由焓变为

$$\Delta G^\ominus = \Delta H^\ominus - T\Delta S^\ominus$$

$$= -241.84\ \text{kJ}\cdot\text{mol}^{-1} - 298.2\ \text{K}\times(-44.53\times10^{-3})\ \text{kJ}\cdot\text{mol}^{-1}\cdot\text{K}^{-1}$$

$$= -228.61\ \text{kJ}\cdot\text{mol}^{-1}$$

则

$$\lg K_p^\ominus = \frac{\Delta G^\ominus}{2.303\ RT} = -\frac{-228.61\ \text{kJ}\cdot\text{mol}^{-1}}{2.303\times8.314\ \text{J}\cdot\text{mol}^{-1}\cdot\text{K}^{-1}\times298.2\ \text{K}} = 40.04$$

故得

$$K_p^\ominus = 1.10\times10^{40}$$

11-111(20分)　今有一混合气体含50%(体积分数)水蒸气,20%甲苯及30%苯,起始总压力为1.33×10^4 Pa,温度为333.2 K.现将此混合气放入密闭容器内恒温压缩,问加压多大时,水、苯和甲苯开始呈液相析出? 液相组成是多少? 继续加压到多大此混合气体全部凝结为液相,那时液体组成是多少? (已知333.2 K时,水(1),甲苯(2),苯(3)的饱和蒸气压分别为2.0×10^4 Pa,1.87×10^4 Pa,5.33×10^4 Pa).

解　由于苯与甲苯可完全互溶,而且苯与甲苯在水中的溶解度极微,可予忽略.同样水在苯与甲苯中的溶解度也可忽略.因此体系最多可出现两个液相,即水相和苯-甲苯溶液相.

当水汽的分压达到其饱和蒸气压时,就开始出现液态水相,设开始出现水相的

总压为 p,假设气相为理想混合气体,根据分压定律即得

$$p = \frac{p_1^0}{y_1} = \frac{2.0 \times 10^4 \text{ Pa}}{0.5} = 4.0 \times 10^4 \text{ Pa}$$

因此,欲使苯、甲苯呈液相析出,其压力定大于 4.0×10^4 Pa,而总压大于 4.0×10^4 Pa 时水汽的分压不会增加,只是一部分水汽继续转化为液态水. 设苯-甲苯溶液近似为理想溶液,令其刚出现的溶液中甲苯与苯的摩尔分数分别为 x_2 与 x_3,此时气相中甲苯与苯的摩尔分数为 y_2 与 y_3,则此液相开始析出的压力为

$$p' = p_1' + p_2' + p_3' = p_1^\circ + p_2^\circ x_2 + p_3^\circ x_3$$
$$= p_1^\circ + p_2^\circ (1 - x_3) + p_3^\circ x_3$$
$$= p_1^\circ + p_2^\circ + (p_3^\circ - p_2^\circ) x_3 \tag{1}$$

根据道尔顿分压定律可得

$$\frac{y_3}{y_2} = \frac{p_3'}{p_2'} = \frac{p_3^\circ x_3}{p_2^\circ (1 - x_3)}$$
$$y_3 p_2^\circ - y_3 p_2^\circ x_3 = y_3 p_3^\circ x_3$$

$$x_3 = \frac{y_3 p_2^\circ}{y_2 p_3^\circ + y_3 p_2^\circ} = \frac{\dfrac{y_3}{y_2} p_2^\circ}{p_3^\circ + \dfrac{y_3}{y_2} p_2^\circ} \tag{2}$$

将式(2)代入式(1),得

$$p' = p_1^\circ + p_2^\circ + (p_3^\circ - p_2^\circ) \frac{\dfrac{y_3}{y_2} p_2^\circ}{p_3^\circ + \dfrac{y_3}{y_2} p_2^\circ}$$

由于水的析出,虽然 y_2, y_3 都不为起始时的 0.20 与 0.30,但两者之比未变. 故有

$$\frac{y_3}{y_2} = \frac{0.30}{0.20} = 1.5$$

因此

$$p' = \Big[2.0 \times 10^4 + 1.87 \times 10^4 + (5.33 \times 10^4 - 1.87 \times 10^4)$$
$$\times \frac{1.5 \times 1.87 \times 10^4}{5.33 \times 10^4 + 1.5 \times 1.87 \times 10^4} \Big]$$
$$= 5.07 \times 10^4 \text{ Pa}$$

试 卷 二 十

11-112（15 分）　(a) 在理想气体绝热过程中 $dU = C_V dT, dH = C_p dT$ 是否适用？为什么？

(b) 什么叫理想溶液(液态)？它是否也像理想气体一样假定分子间无作用力？

(c) 质量同为 m 的两份同种液体,温度分别为 T_1 和 T_2,将两份液体混合起来,试证此混合过程的熵变

$$\Delta S = 2mc\ln\frac{T_1 + T_2}{2(T_1 T_2)^{1/2}}　(c\text{ 是恒压比热容})$$

解　(a) 两式皆适用.因为此两式成立的条件是理想气体的封闭体系不做其他功. U 与 H 为状态函数,只要始终态一定,U、H 的变化量与过程无关.

(b) 理想溶液定义(略).它不像理想气体那样,理想溶液未假定分子间无作用力,而是假定 A-A,A-B 与 B-B 的作用力相同.

(c) 根据熵是状态函数的性质,此过程可设想分两步进行,先达热平衡而后混合,一步完成与两步完成的熵变相同,即

$$\Delta S = \Delta S_{传热} + \Delta S_{混} = \Delta S_{传热}$$

设平衡温度为 T_e,则

$$mc(T_e - T_1) + mc(T_e - T_2) = 0$$

$$T_e = \frac{1}{2}(T_1 + T_2)$$

$$\Delta S = \int_{T_1}^{T_e}\frac{mc}{T}dT + \int_{T_2}^{T_e}\frac{mc}{T}dT$$

$$= mc\ln\frac{T_e^2}{T_1 T_2} = mc\ln\frac{\left[\frac{1}{2}(T_1 + T_2)\right]^2}{T_1 T_2}$$

$$= 2mc\ln\frac{T_1 + T_2}{2(T_1 T_2)^{1/2}}$$

11-113（15 分）　计算反应 $C_3H_6(g) + H_2(g) \Longrightarrow C_3H_8(g)$ 在 298 K 的平衡常数.若原料气相组成(mol%)为 C_3H_6 30%、H_2 40%、C_3H_8 0.5% 和 N_2 29.5%,反应自动向哪个方向进行？体系压力为 $1p^\ominus$. 已知 $C_3H_6(g)$ 和 $C_3H_8(g)$ 的标准生成热 $\Delta_f H_{m,298 K}^\ominus$ 分别为 $+20.42$ kJ·mol^{-1} 和 -103.85 kJ·mol^{-1},绝对熵分别为 $S_{298 K}^\ominus$ 等于 266.94 J·mol^{-1}·K^{-1} 和 269.91 J·mol^{-1}·K^{-1}. H_2 的 $S_{298 K}^\ominus$ 为 130.54

$J \cdot mol^{-1} \cdot K^{-1}$

解 此反应的 $\Delta H^{\ominus}_{298\,K}$ 与 $\Delta S^{\ominus}_{298\,K}$ 分别为

$$\Delta H^{\ominus}_{298\,K} = \Delta_f H^{\ominus}_{m,298\,K}(C_3H_8) - \Delta_f H^{\ominus}_{m,298\,K}(C_3H_6) - \Delta_f H^{\ominus}_{m,298\,K}(H_2)$$

$$= (-103.85 - 20.42 - 0)\ kJ \cdot mol^{-1}$$

$$= -124.27\ kJ \cdot mol^{-1}$$

$$\Delta S^{\ominus}_{298\,K} = S^{\ominus}_{298\,K}(C_3H_8) - S^{\ominus}_{298\,K}(C_3H_6) - S^{\ominus}_{298\,K}(H_2)$$

$$= (-266.94 + 269.91 - 130.54)\ J \cdot mol^{-1} \cdot K^{-1}$$

$$= -127.57\ J \cdot mol^{-1} \cdot K^{-1}$$

则

$$\Delta G^{\ominus}_{298\,K} = \Delta H^{\ominus}_{298\,K} - T\Delta S^{\ominus}_{298\,K}$$

$$= -124.27 \times 10^3\ J - 298\ K \times (-127.57)\ J \cdot mol^{-1} \cdot K^{-1}$$

$$= -86.23\ kJ \cdot mol^{-1}$$

而

$$\Delta G^{\ominus} = -RT\ln K^{\ominus}_p$$

$$\lg K^{\ominus}_{p,298\,K} = \frac{-\Delta G^{\ominus}_{298\,K}}{2.303\,RT} = \frac{86.23 \times 10^3\ J \cdot mol^{-1}}{2.303 \times 8.314\ J \cdot mol^{-1} \cdot K^{-1} \times 298\ K}$$

$$= 15.11$$

$$K^{\ominus}_{p,298\,K} = 1.30 \times 10^{15}$$

又 $\quad \Delta G = \Delta G^{\ominus} + RT\ln Q_p$

$$= -86.23\ kJ \cdot mol^{-1} + 8.314\ J \cdot mol^{-1} \cdot K^{-1} \times 298\ K\ \ln\frac{0.5 \times 10^{-2} \times 1}{0.3 \times 0.40 \times 1^2}$$

$$= -94.10\ kJ \cdot mol^{-1}$$

$$\Delta G < 0$$

说明在所设条件时反应自动向右(生成产物方向)进行.

11-114（10 分） Na_2CO_3 与水形成下列水合物：$Na_2CO_3 \cdot H_2O$，$Na_2CO_3 \cdot 7H_2O$，$Na_2CO_3 \cdot 10H_2O$. 问在一大气压下，与 Na_2CO_3 的水溶液及冰共存的含水盐最多可有几种？并具体指出是哪种含水盐.

解 物种数 $S = 5$

独立平衡方程有下列 3 个：

$$Na_2CO_3 + H_2O \Longleftrightarrow Na_2CO_3 \cdot H_2O$$

$$Na_2CO_3 + 7H_2O \Longleftrightarrow Na_2CO_3 \cdot 7H_2O$$

$$Na_2CO_3 + 10H_2O \Longleftrightarrow Na_2CO_3 \cdot 10H_2O$$

所以组分数 $\qquad\qquad K = 5 - 3 = 2$

根据相律 $f = K - \Phi + 2$，体系达平衡时，自由度 $f = 0$，且 p 恒定，所以

$$0 = 2 - \Phi + 1$$

则相数 $$\phi = 3$$

现体系已存在液相与固相冰,则最多只能出现一种含水盐,应为 $Na_2CO_3 \cdot H_2O$,因为此时体系平衡温度低于 273 K,水蒸气压较小,相应 $Na_2CO_3 \cdot H_2O$ 最稳定.

11-115(10 分) 已知一单分子转化反应 $A \Longrightarrow B$ 令 c_{Ao} c_{Ae} 分别为 A 的初始浓度和平衡浓度,X_{Ae} 为 A 的平衡转化率.试推导反应为(a) 吸热反应($\Delta H > 0$)时,(b) 放热反应($\Delta H < 0$)时,X_{Ae} 随平衡温度 T(K)变化的关系式.

解 平衡常数

$$K = \frac{c_{Be}}{c_{Ae}} = \frac{c_{Ao} - c_{Ae}}{c_{Ae}} = \frac{\dfrac{c_{Ao} - c_{Ae}}{c_{Ao}}}{\dfrac{c_{Ae}}{c_{Ao}}} = \frac{X_{Ae}}{1 - X_{Ae}}$$

$$\ln K = -\ln(1 - X_{Ae}) + \ln X_{Ae}$$

则

$$\frac{\partial}{\partial T}[-\ln(1 - X_{Ae}) + \ln X_{Ae}] = \frac{\Delta H}{RT^2}$$

$$\frac{1}{1 - X_{Ae}}\left(\frac{\partial X_{Ae}}{\partial T}\right) + \frac{\partial \ln X_{Ae}}{\partial T} = \frac{\Delta H}{RT^2}$$

$$\frac{X_{Ae}}{1 - X_{Ae}}\frac{\partial \ln X_{Ae}}{\partial T} + \frac{\partial \ln X_{Ae}}{\partial T} = \frac{\Delta H}{RT^2}$$

$$\left(\frac{1}{1 - X_{Ae}}\right)\frac{\partial \ln X_{Ae}}{\partial T} = \frac{\Delta H}{RT^2}$$

$$\frac{\partial \ln X_{Ae}}{\partial T} = \frac{\Delta H(1 - X_{Ae})}{RT^2}$$

由于 $T > 0$ 及 $(1 - X_{Ae}) > 0$,若 $\Delta H > 0$,则

$$\frac{\partial \ln X_{Ae}}{\partial T} > 0$$

若 $\Delta H < 0$,则

$$\frac{\partial \ln X_{Ae}}{\partial T} < 0$$

11-116(10 分) 设 HBr 的生成反应有如下两种假想的反应历程:

(a) $$Br_2 + M \xrightarrow{k_1} 2Br \cdot + M$$

$$Br \cdot + H_2 \xrightarrow{k_2} HBr + H \cdot$$

$$H\cdot + Br_2 \xrightarrow{k_3} HBr + Br\cdot$$

$$Br\cdot + Br\cdot + M \xrightarrow{k_4} Br_2 + M$$

(b) 在(a)历程中增加一反应：

$$HBr + H\cdot \xrightarrow{k_5} H_2 + Br\cdot$$

请用稳态假设,分别求出 HBr 生成速率的表达式.

解 设[Br·]和[H·]均已达稳态,根据反应历程(b),则有

$$\frac{d[Br\cdot]}{dt} = 2K_1[Br_2][M] - k_2[H_2][Br\cdot] + k_3[Br_2][H\cdot]$$

$$- 2k_4[Br\cdot]^2[M] + k_5[HBr][H\cdot] = 0 \tag{1}$$

$$\frac{d[H\cdot]}{dt} = k_2[H_2][Br\cdot] - k_3[Br_2][H\cdot] - K_s[HBr][H\cdot] = 0 \tag{2}$$

将式(2)代入式(1),得

$$2k_1[Br_2][M] = 2k_4[Br\cdot]^2[M]$$

$$[Br\cdot] = \left(\frac{k_1}{k_4}\right)^{1/2}[Br\cdot]^{1/2} \tag{3}$$

式(3)代入式(2),得

$$[H\cdot] = \frac{k_2\left(\frac{k_1}{k_4}\right)^{1/2}[H_2][Br_2]^{1/2}}{k_3[Br_2] + k_5[HBr]}$$

故

$$\frac{d[HBr]}{dt} = k_2[Br\cdot][H_2] + k_2[H\cdot][Br_2]$$

$$= \frac{2k_3k_2\left(\frac{k_1}{k_4}\right)^{1/2} \times [H_2][Br_2]^{3/2}}{k_3[Br_2] + k_5[HBr]}$$

$$= \frac{2k_2\left(\frac{k_1}{k_4}\right)^{1/2}[H_2][Br_2]^{1/2}}{1 + \left(\frac{k_5}{k_3}\right)\frac{[HBr]}{[Br_2]}} \tag{4}$$

应用稳态假设于反应历程(a),可得

$$\frac{d[HBr]}{dt} = 2k_2\left(\frac{k_1}{k_4}\right)^{1/2}[H_2][HBr]^{1/2} \tag{5}$$

显然式(5)是式(4)的一种特例,当反应刚开始,即$[HBr]_0 = 0$时,式(4)即简化为式(5).

11-117（10分）　A $\longrightarrow$ B+C+…对 A 为一级反应.为了确定此反应的活化能,选四个温度 T_1、T_2、T_3 和 T_4 测定浓度-时间曲线.A 的初始浓度均为$[A]_0$.试问不求出各温度下的速率常数,只根据浓度-时间曲线的数据能否求出活化能 E？ 若能,请提出一个推求活化能 E 的数据处理方法.

解　因为

$$k = A e^{-\frac{E}{RT}}$$

所以

$$E = \frac{RT_1 T_2}{T_2 - T_1} \ln \frac{k_2}{k_1} \tag{1}$$

由题知反应对 A 为一级,则

$$k = \frac{1}{t} \ln \frac{[A]_0}{[A]}$$

若时间 t 取分数寿期,则

$$k = \frac{\ln 2}{t_{1/2}} = \frac{\ln 3}{t_{1/3}} = \cdots = \frac{\ln n}{t_{1/n}} \tag{2}$$

温度不同时

$$\frac{k_2}{k_1} = \frac{(t_{1/n})_2}{(t_{1/n})_1} \tag{3}$$

将式(3)代入式(1),得

$$E = \frac{RT_2 T_1}{T_2 - T_1} \ln \frac{(t_{1/n})_2}{(t_{1/n})_1} \tag{4}$$

数据处理方法:

①作不同温度下的$[A]$-t 曲线.

②在 $\dfrac{C_0}{n}$ 处作一水平线,求得各该温度下的 $t_{1/n}$,n 可取 2、3、4…．

③将 T_1、T_2、T_3、T_4 的数据 $t_{1/n}$,按 T_1、T_2；T_2、T_3；T_3、T_4 等组合.

　当 $n=2$ 时,可求出若干个 E 值;当 $n=3$ 时,也可求出若干个 E 值.

　……

④取平均值,求出 $\overline{E}$.

此题还有其他数据处理法,恕不赘述,留给读者思考.

11-118（15分）　多数烃类的气相热分解反应的表观速率方程对反应物的级数一般为 0.5、1.0 和 1.5 等整数和半整数.这可以用自由基链反应机理来解释(A 为反应物,R_1、R_2…R_6 为产物分子,X_1、X_2 为活性自由基):

链的引发　　　　　　　　A $\xrightarrow{k_0}$ R$_1$+X$_1$ 慢　　　　　　　　(1)

链的持续 $\qquad$ $A + X_1 \xrightarrow{k_1} R_2 + X_2$ $\hfill$ (2)

$$X_2 \xrightarrow{k_2} R_3 + X_1 \tag{3}$$

链的终止 $\qquad$ $2X_1 \xrightarrow{k_4} R_4$ $\hfill$ (4)

$$X_1 + X_2 \xrightarrow{k_5} R_5 \tag{5}$$

$$2X_2 \xrightarrow{k_6} R_6 \tag{6}$$

试分别假设链终止步骤为式(4)、式(5)或式(6)三种情况下,按上述机理推求 A 的分解速率方程.

解 根据基元反应的质量作用定律,可得 A 分解速率方程如下:

$$r = -\frac{\mathrm{d}[A]}{\mathrm{d}t} = k_0[A] + k_1[A][X_1]$$

(a) 终止反应为反应式(4)的情况,对 X_1、X_2 进行稳态假设,即

$$\frac{\mathrm{d}[X_1]}{\mathrm{d}t} = k_0[A] + k_2[X_2] - k_1[A][X_1] - 2k_4[X_1]^2 = 0 \tag{7}$$

$$\frac{\mathrm{d}[X_2]}{\mathrm{d}t} = k_1[A][X_1] - k_2[X_2] = 0 \tag{8}$$

将式(8)代入式(7),得

$$[X_1] = \left(\frac{k_0}{2k_4}\right)^{1/2}[A]^{1/2}$$

则

$$r_a = -\frac{\mathrm{d}[A]}{\mathrm{d}t} = k_0[A] + k_1\left(\frac{k_0}{2k_4}\right)^{1/2}[A]^{3/2}$$

(b) 终止反应为式(5)时,

$$\frac{\mathrm{d}[X_1]}{\mathrm{d}t} = k_0[A] - k_1[A][X_1] + k_2[X_2] - k_5[X_1][X_2] = 0 \tag{9}$$

$$\frac{\mathrm{d}[X_2]}{\mathrm{d}t} = k_1[A][X_1] - k_2[X_2] - k_5[X_1][X_2] = 0 \tag{10}$$

式(9)+式(10),得

$$[X_2] = \frac{k_2}{2k_5} \times \frac{[A]}{[X_1]} \tag{11}$$

将式(11)代入式(10),得

$$k_1[A][X_1] - \frac{k_0 k_2}{2k_5} \times \frac{[A]}{[X_1]} - \frac{k_0}{2}[A] = 0$$

$$[X_1]^2 - \frac{k_0}{2k_1}[X_1] - \frac{k_0 k_2}{2k_1 k_5} = 0 \qquad (12)$$

由式(12)分析$[X_1]$仅为与k有关的常数,令$X_1 = k'$,代入 A 的分解速率方程得

$$r_b = -\frac{d[A]}{dt} = (k_0 + k_1 k')[A]$$

(c)终止反应为式(6)时,应用"稳态假设"可得

$$r_c = 2k_0[A] + k_2\left(\frac{k_0}{2k_6}\right)^{1/2}[A]^{1/2}$$

11-119 (15 分)　298 K 和 $p^\ominus$ 压力下,有化学反应

$$Ag_2SO_4(s) + H_2(p^\ominus) =\!=\!= 2Ag(s) + H_2SO_4(0.1\ mol \cdot kg^{-1})$$

已知 $\varphi^\ominus_{Ag_2SO_4, Ag, SO_4^{2-}} = 0.627V$, $\varphi^\ominus_{Ag^+, Ag} = 0.799V$.

(a) 试为该化学反应设计一可逆电池,并写出其电极和电池反应进行验证.

(b) 试计算该电池的电动势 E,设活度系数都等于 1.

(c) 计算 Ag_2SO_4 的离子活度积 K_{ap}.

解　(a) 从已知的化学反应式中,$Ag_2SO_4(s)$ 被还原成 $Ag(s)$,应作正极,这是二类电极;H_2 氧化成 H^+,作负极,所以设计的电池为

$$Pt, H_2(p^\ominus) | H_2SO_4(0.1\ mol \cdot kg^{-1}) | Ag_2SO_4(s) + Ag(s)$$

负极　　　　　　　$H_2(p^\ominus - 2e^- \longrightarrow 2H^+(a_{H^+})$

正极　　　　　　　$Ag_2SO_4(s) + 2e^- \longrightarrow 2Ag(s) + SO_4^{2-}(a_{SO_4^{2-}})$

电池反应　　　　$H_2(p^\ominus) + Ag_2SO_4(s) \longrightarrow 2Ag(s) + 2H^+(a_{H^+}) + SO_4^{2-}(a_{SO_4^{2-}})$

电池反应和已知的化学反应式相同,说明所设计的电池是正确的.H_2SO_4 写成离子的形式是为了在计算电池电动势时,防止把电解质 H_2SO_4 的活度与离子的活度搞错.

(b) $E = E^\ominus - \dfrac{RT}{2F}\ln(a_{H^+}^2 a_{SO_4^{2-}})$

$\qquad = \varphi^\ominus_{Ag_2SO_4, Ag, SO_4^{2-}} - \dfrac{RT}{2F}\ln(a_{H^+}^2 a_{SO_4^{2-}})$

$\qquad = 0.627\ V - \dfrac{RT}{2F}\ln[(0.2)^2 \times (0.1)]$

$\qquad = 0.698\ V$

(c) 为了计算 K_{ap},需设计一电池,使电池反应就是 Ag_2SO_4 的离解反应,所设计的电池为

$$Ag(s) | Ag^+(a_{Ag^+}) \| SO_4^{2-}(a_{SO_4^{2-}}) | Ag_2SO_4(s) + Ag(s)$$

负极　　　　　　　$2Ag(s) - 2e^- \longrightarrow 2Ag^+(a_{Ag^+})$

正极　　　　　　　　$Ag_2SO_4(s) + 2e^- \longrightarrow 2Ag(s) + SO_4^{2-}(a_{SO_4^{2-}})$

电池反应　　　　　　　　$Ag_2SO_4(s) =\!\!= 2Ag^+(a_{Ag^+}) + SO_4^{2-}(a_{SO_4^{2-}})$

$$E^\ominus = \varphi^\ominus_{Ag_2SO_4,Ag,SO_4^{2-}} - \varphi^\ominus_{Ag^+,Ag}$$

$$= 0.627 \text{ V} - 0.799 \text{ V} = -0.172 \text{ V}$$

$$K_{ap} = a^2_{Ag^+} a_{SO_4^{2-}} = \exp\left(\frac{2E^\ominus F}{RT}\right)$$

$$= \exp\left[\frac{2 \times (-0.172) \times 96\,500}{8.314 \times 298}\right]$$

$$= 1.52 \times 10^{-6}$$

所设计的电池的 $E^\ominus < 0$，是非自发电池，若要使它成为自发电池，只要把正极、负极交换一下位置即可，这时电池反应是 Ag_2SO_4 离解反应的逆反应，用 $E^\ominus$ 算出的平衡常数是 K_{ap}^{-1}.

附　　录

附表 1　国际单位制(SI)

量			单　位		
名　称	符　号	名　称	符　号	用 SI 基本单位和导出单位表示	
基本单位 长度	l	米	m		
质量	m	千克	kg		
时间	t	秒	s		
电流	I	安[培]	A		
热力学温度	T	开[尔文]	K		
物质的量	n	摩[尔]	mol		
发光强度	I_v	坎[德拉]	cd		
导出单位 频率	ν	赫[兹]	Hz	$1\ \mathrm{Hz}=\mathrm{s}^{-1}$	
力	F	牛[顿]	N	$1\ \mathrm{N}=\mathrm{kg \cdot m \cdot s^{-2}}=\mathrm{J \cdot m^{-1}}$	
压力	p	帕[斯卡]	Pa	$1\ \mathrm{Pa}=1\ \mathrm{kg \cdot m^{-1} \cdot s^{-2}}=\mathrm{N \cdot m^{-2}}$	
能量	E	焦[耳]	J	$1\ \mathrm{J}=1\ \mathrm{N \cdot m}=\mathrm{kg \cdot m^2 \cdot s^{-2}}$	
功率	P	瓦[特]	W	$1\ \mathrm{W}=\mathrm{kg \cdot m^2 \cdot s^{-3}}=\mathrm{J \cdot s^{-1}}$	
电荷量	Q	库[仑]	C	$1\ \mathrm{C}=1\ \mathrm{A \cdot s}$	
电位,电势	U	伏特	V	$1\ \mathrm{V}=1\ \mathrm{W/s}=\mathrm{kg \cdot m^2 \cdot s^{-3} A^{-1}}=\mathrm{J \cdot A^{-1} \cdot s^{-1}}$	
电阻	R	欧[姆]	Ω	$1\ \Omega=1\ \mathrm{V/A}=\mathrm{kg \cdot m^2 s^{-3} \cdot A^{-2}}=\mathrm{V \cdot A^{-1}}$	
电导	G	西[门子]	S	$1\ \mathrm{S}=1\ \Omega^{-1}=\mathrm{kg^{-1} \cdot m^{-2} \cdot s^3 \cdot A^2}=\Omega^{-1}$	
电容	C	法[拉]	F	$1\ \mathrm{F}=1\ \mathrm{C/V}=\mathrm{A^2 \cdot s^4 \cdot kg^{-1} \cdot m^{-2}}=\mathrm{A \cdot s \cdot V^{-1}}$	
磁通量	Φ	韦[伯]	Wb	$1\ \mathrm{Wb}=1\ \mathrm{V}=\mathrm{kg \cdot m^2 \cdot s^{-2} \cdot A^{-2}}=\mathrm{V \cdot s \cdot A^{-1}}$	
磁能量密度	B	特[斯拉]	T	$1\ \mathrm{T}=1\ \mathrm{W/m^2}$	
电感	L	亨[利]	H	$1\ \mathrm{H}=1\ \mathrm{Wb/A}$	

附表 2　压力单位换算因子

压力单位	Pa	atm	mmHg	bar	dyn·cm^{-2}
1 Pa	1	9.869×10^{-5}	7.501×10^{-3}	10^{-5}	10
1 atm	1.013×10^5	1	760	1.013	1.013×10^6
1 mmHg (1 torr)	133.3	1.316×10^{-3}	1	1.333×10^{-3}	1333
1 bar	10^5	0.9869	750.1	1	10^6
1 dyn cm^{-2}	10^{-1}	9.869×10^{-7}	7.501×10^{-4}	10^{-6}	1

附表3 能量单位换算因子

$$E = h\nu = hc\bar{\nu} = kT$$

能量单位	波数 $\bar{\nu}$ cm^{-1}	频率 ν MHz	能量 E eV	摩尔能量 En kJ·mol-1	温度 T K
cm^{-1}	1	$2.997\,925 \times 10^4$	$1.239\,842 \times 10^{-4}$	$11.962\,66 \times 10^{-3}$	$1.438\,769$
MHz	$3.335\,64 \times 10^{-5}$	1	$4.135\,669 \times 10^{-9}$	$3.990\,313 \times 10^{-7}$	$4.799\,22 \times 10^{-5}$
eV	8065.54	$2.417\,988 \times 10^8$	1	96.4853	$1.160\,45 \times 10^4$
kJ·mol^{-1}	83.5935	$2.506\,069 \times 10^6$	$1.036\,427 \times 10^{-2}$	1	120.272
K	$0.695\,053\,9$	$2.083\,67 \times 10^4$	$8.617\,38 \times 10^{-5}$	$8.314\,51 \times 10^{-3}$	1

附表4 常用的能量换算

能量单位	J	cal	erg	eV	cm^3·atm
J	1	0.2390	10^7	6.242×10^{18}	9.869
cal	4.184	1	4.184×10^7	2.612×10^{19}	41.29
erg	10^{-7}	2.390×10^{-8}	1	6.242×10^{11}	9.869×10^{-7}
eV	1.602×10^{-19}	3.829×10^{-20}	1.602×10^{-12}	1	1.581×10^{-18}
cm^3·atm	0.1013	2.422×10^{-2}	1.013×10^5	6.325×10^{17}	1

附表5 十进倍数和分数单位的词头

因 子	词头名	符 号	因 子	词头名	符 号
10^{24}	尧[它]	Y	10^{-1}	分	d
10^{21}	泽[它]	Z	10^{-2}	厘	c
10^{18}	艾[可萨]	E	10^{-3}	毫	m
10^{15}	拍[它]	P	10^{-6}	微	μ
10^{12}	太[拉]	T	10^{-9}	纳[诺]	n
10^9	吉[咖]	G	10^{-12}	皮[可]	p
10^6	兆	M	10^{-15}	飞[母托]	f
10^3	千	k	10^{-18}	阿[托]	a
10^2	百	h	10^{-21}	仄[普托]	z
10	十	da	10^{-24}	幺[科托]	y